Manuel de Matos Fernandes

MECÂNICA DOS SOLOS

Introdução à Engenharia Geotécnica

volume 2

Grafia atualizada conforme o Acordo Ortográfico da Língua Portuguesa de 1990, em vigor no Brasil desde 2009.

Capa e projeto gráfico Malu Vallim
Diagramação Casa editorial Maluhy Co.
Preparação de textos Deborah Quintal
Revisão de textos Hélio Hideki Iraha
Impressão e acabamento Prol Editora Gráfica

Dados Internacionais de Catalogação na Publicação (CIP)
(Câmara Brasileira do Livro, SP, Brasil)

Fernandes, Manuel de Matos
Mecânica dos solos : introdução à engenharia geotécnica, volume 2 / Manuel de Matos Fernandes. 1. ed. -- São Paulo : Oficina de Textos, 2014.

Bibliografia
ISBN 978-85-7975-128-8

1. Geotécnica 2. Mecânica dos solos 3. Mecânica dos solos - Estudo e ensino I. Título.

14-06881 CDD-624.1513

Índices para catálogo sistemático:
1. Mecânica dos solos : Engenharia geotécnica 624.1513

Rua Cubatão, 959
CEP 04013-043 São Paulo SP
tel. (11) 3085-7933 fax (11) 3083-0849
www.ofitexto.com.br
atend@ofitexto.com.br

À memória de

Armando Campos e Matos

José Folque

Manuel Rocha

Victor de Mello

grandes Engenheiros, com quem aprendi
para escrever este livro.

apresentação

Recebi com extrema alegria o convite do colega Manuel de Matos Fernandes — ou simplesmente Manuel, como o chamam os amigos — para prefaciar a edição brasileira deste seu magnífico livro.

Ainda não entendi os motivos que o levaram a eleger-me para esta honrosa e agradável tarefa. Admito a hipótese de que a deferência pretendeu homenagear a mim, colega e amigo, que sempre se interessou pelos seus muitos feitos em nosso querido Portugal, sua terra natal. Ou, talvez, a escolha de meu nome tenha sido motivada pelas palavras de estímulo e entusiasmo referentes aos seus planos e pertinácia de levar a cabo a presente tarefa, de produzir uma versão brasileira deste seu livro, que explica e resume com maestria mais de três décadas de ensino e pesquisa em Engenharia Geotécnica na Faculdade de Engenharia da Universidade do Porto, na qual se graduou com distinção em Engenharia Civil em 1976.

Assim, eu pude, antes dos demais leitores, apreciar o conteúdo aqui apresentado.

Com este volume, Manuel complementa um texto inicial sobre os conceitos e princípios básicos da Mecânica dos Solos e atende plenamente o objetivo original de servir como um manual de apoio ao profissional envolvido na concepção e projeto de obras e estruturas geotécnicas.

O leitor vai poder confirmar que o Brasil, tão carente de literatura didática em Engenharia, conta agora com um excelente livro geotécnico, com conceitos atualizados e expostos com o rigorismo e o detalhamento adequados não só aos alunos iniciantes, mas também aos praticantes com larga experiência na engenharia.

Expert em grandes escavações em meio urbano, e também em azulejos antigos, Manuel consegue transmitir ao texto o conhecimento e o entusiasmo que ostenta em ambas as áreas que domina. Profissionalismo e atenção aos detalhes são aspectos de seu caráter que permeiam a obra, que exibem seu zelo e determinação na busca do rigor técnico com conceitos firmes e simples. O livro chega recheado com menções à realidade brasileira, sem abdicar dos temas da atualidade europeia, como um capítulo sobre projeto de obras geotécnicas no âmbito dos eurocódigos, assunto em que Manuel representou Portugal no Comitê Europeu de Normalização (CEN).

Intensamente ligado ao Brasil, onde tem grandes amigos, e para onde veio em diversas ocasiões, a passeio ou profissionalmente, Manuel é membro sênior da Sociedade Portuguesa de Geotecnia (SPG) e sócio ativo da Associação Brasileira de Mecânica dos Solos e Engenharia Geotécnica (ABMS). Desde os anos 1990, ele tem contribuído para estimular e garantir o atual estágio de colaboração entre as duas associações, atuando na editoria das revistas *Geotecnia* e *Soils and Rocks* e na organização de encontros técnicos e workshops da comunidade geotécnica luso-brasileira.

O leitor dotado de observação sutil perceberá sua capacidade magistral de simplificar a Mecânica dos Solos. Notará também que Manuel foi de extrema gentileza ao adotar referências e nomenclatura adaptadas à atualidade técnica brasileira. O livro merece, portanto, o amplo reconhecimento nos meios luso e brasileiro, repletos de renomados especialistas geotécnicos.

Alberto Sayão, *PUC-Rio*

Rio de Janeiro, junho de 2014

prefácio da edição brasileira

Como escrevi no prefácio da edição portuguesa, procurei que este livro cumprisse duas funções. A primeira consiste em ajudar os estudantes que se iniciam no estudo das teorias e metodologias empregues pelos engenheiros para conceber e projetar as obras e estruturas geotécnicas. Em complemento, procurei que este livro realizasse também o papel de um *primeiro manual* de apoio à prática profissional da Engenharia Geotécnica.

Embora seja publicado como volume 2, e tenha frequentes referências a assuntos tratados no volume 1, este livro pode ser considerado uma obra autônoma, que o leitor familiarizado com os conceitos e princípios básicos da Mecânica dos Solos não terá dificuldade em acompanhar.

A edição portuguesa contemplava já um número significativo de referências a contribuições brasileiras, que procurei estender nesta obra. Estou certo, todavia, que omissões a respeito de contribuições relevantes subsistem ainda, pelo que rogo a tolerância dos respectivos autores e também do leitor. Por outro lado, o texto foi adaptado de modo a respeitar os termos técnicos em uso no Brasil.

Para levar a bom porto este projeto de publicar os meus livros no Brasil contei com o incentivo, primeiro, e com o aconselhamento técnico, mais tarde, de distintos acadêmicos e geotécnicos brasileiros, a quem estou imensamente grato. Dada a especial ajuda que forneceram, devo destacar (por ordem alfabética) Alberto Sayão, Anna Laura Nunes, Arsênio Negro Jr., Denise Gerscovich, Faiçal Massad, Márcio Almeida, Marcos Massao Futai, Sandro Sandroni, Waldemar Hachich e Willy Lacerda.

Ao meu querido amigo Alberto Sayão agradeço também o generoso e sentido prefácio desta edição. Ao Marcos Massao Futai devo especial agradecimento pela cuidada revisão e crítica do texto original.

Por último, e não menos importante, deixo expresso um voto de gratidão à Shoshana Signer por ter, desde a primeira hora, acreditado no interesse da publicação dos meus livros pela Oficina de Textos e por ter coordenado a adaptação do texto aos termos técnicos brasileiros.

Manuel de Matos Fernandes

Porto, julho de 2014

prefácio da edição portuguesa

Depois da publicação de *Mecânica dos Solos: conceitos e princípios fundamentais*, que considerei como volume 1 de um projeto mais abrangente, concluo finalmente a escrita deste volume 2, a que atribuí o título *Mecânica dos Solos: introdução à Engenharia Geotécnica*.

Tal como no caso do primeiro, procurei que este livro cumprisse duas funções. A primeira – a que concedi particular carinho, dada a minha condição de professor universitário – consiste em ajudar os estudantes que se iniciam nas teorias e metodologias empregues pelos engenheiros para conceber e projetar as obras e estruturas geotécnicas.

Em complemento, procurei que este livro realizasse também o papel de um primeiro manual de apoio à prática profissional da Engenharia Geotécnica. Por isso, a abrangência dos temas abordados e a profundidade com que são tratados extravasam substancialmente o que pode ser lecionado com sensatez numa disciplina semestral de um curso universitário.

Noto que no parágrafo anterior atribuí a este livro a ambição de *primeiro manual* de apoio à prática da Geotecnia. O adjetivo justifica-se porque esta atualmente constitui um campo extremamente vasto. Para definir os limites dos temas tratados no livro, tomei como critério selecionar aqueles cuja abordagem é feita por teorias e métodos essencialmente analíticos e de base racional, próprios da Mecânica dos Solos clássica. Ficaram, assim, de fora, por exemplo, temas como as fundações profundas, para as quais os métodos empíricos assumem particular relevo, bem como as estruturas de suporte flexíveis e os túneis, atualmente tratados com clara predominância dos modelos numéricos, em especial os baseados no método dos elementos finitos.

Para cumprir essa função de manual não poderia deixar de tratar a aplicação das teorias e metodologias apresentadas também no contexto dos eurocódigos estruturais e, em particular, do Eurocódigo 7 - Projeto Geotécnico.

Devo ainda acrescentar que, tal como no volume anterior, procurei adotar a simbologia internacionalmente aceita, de modo a facilitar o confronto com outros livros e materiais, particularmente de língua inglesa.

Para a elaboração deste livro, contei com a generosidade de muitos colegas e amigos. A alguns deles, pela particular relevância da ajuda fornecida, quero neste prefácio deixar pública homenagem.

Estou profundamente grato a Jorge Almeida e Sousa e José Couto Marques, não apenas pela meticulosa revisão do manuscrito a que procederam, mas também pelas sugestões e críticas sobre numerosos aspectos que, no seu conjunto, representaram uma contribuição extremamente relevante para o livro.

A António Cardoso agradeço a revisão e as críticas que formulou sobre os Caps. 1 e 3, baseadas no seu profundo conhecimento dos respectivos temas.

A António Viana da Fonseca, António Topa Gomes, Carlos Rodrigues e Nuno Cruz estou grato pelo apoio na elaboração do Cap. 2. Sem o seu conselho o capítulo teria ficado distante da abrangência e do rigor atingidos.

Fico igualmente reconhecido a António Abel Henriques e Eduardo Fortunato, pelo apoio e revisão do manuscrito nos domínios da segurança estrutural e das obras de aterro, respectivamente.

A Armando Antão, Cláudia Pinto, Francisco Calheiros, José Quintanilha de Menezes, Miguel Amaral e Nuno Guerra, pelas suas contribuições valiosas em partes diversas do trabalho, é também devido um sentido obrigado.

A elaboração das figuras e a montagem do texto estiveram a cargo de Manuel Carvalho e de Jorge Bernardes, a cuja rara competência presto agradecimento e homenagem.

Finalmente, agradeço à Faculdade de Engenharia as condições proporcionadas para a realização deste trabalho.

MANUEL DE MATOS FERNANDES

Porto e FEUP, julho de 2011

simbologia

S.1 – Alfabeto Latino

A	Parâmetro de pressões neutras de Skempton para carregamento por meio de tensões de desvio	
	Valor de ação acidental	
A_1, A_2, A_3, A_4	Funções no método de Correia	Cap. 6
Acol	Área de seção horizontal de coluna de brita	Fig. 1.11
A_E	Ação sísmica	
Aef	Área efetiva de fundação superficial	Eq. 5.21
A_N	Área da seção da ponteira do CPTU interior ao filtro anelar	Fig. 2.7
A_{solo}	Área de solo envolvente de uma coluna de brita numa malha quadrada	Fig. 1.11
A_T	Área da seção máxima da ponteira do CPTU	Fig. 2.7
a	Parâmetro geométrico	Cap. 3
	Adesão entre um elemento estrutural e o solo adjacente	
a_g	Aceleração sísmica horizontal máxima à superfície num terreno de tipo A	Cap. 3
a_{gR}	Aceleração sísmica horizontal de referência à superfície num terreno de tipo A	Cap. 3
a_{vg}	Aceleração sísmica vertical	Cap. 3
a_s	Coeficiente de substituição aplicável a colunas de brita	Eq. 1.38
B	Largura de área carregada ou de fundação	
	Massa do batente e guia nos ensaios com penetrômetro dinâmico	Cap. 2
B'	Largura efetiva de fundação superficial	Eq. 5.19
B_0	Largura de referência de fundação superficial	Eq. A10.3

B_f	Largura da fundação	Fig. 2.23
B_p	Largura da placa no ensaio PLT	Fig. 2.23
B_q	Razão de pressão neutra do CPTU	Eq. 2.12
b	Lado da base de aterro	Fig. A3.1
b_c, b_q, b_γ	Fatores corretivos das três parcelas da capacidade resistente de uma fundação superficial para ter em conta a inclinação da base da fundação	Cap. 5
C	Compactibilidade	Eq. 7.3
C_D	Coeficiente corretivo do resultado do ensaio SPT para ter em conta o diâmetro do furo de sondagem	Tab. 2.2
C_E	Coeficiente corretivo do resultado do ensaio SPT para ter em conta a energia	Eq. 2.4
C_N	Coeficiente corretivo do resultado do ensaio SPT para ter em conta a tensão efetiva vertical	Eq. 2.6
C_R	Coeficiente corretivo do resultado do ensaio SPT para ter em conta o comprimento do conjunto de hastes	Tab. 2.1
C_s	Coeficiente para ter em conta o efeito do embebimento da fundação superficial para cálculo do recalque pelo método de Schmertmann	Eq. 5.43
COV	Coeficiente de variação de variável aleatória	Cap. 3
CR	Compacidade relativa	Eqs. 7.4 e 7.5
CRR	Razão de resistência cíclica	Cap. 5
CSR	Razão de tensões cíclicas	Eq. 5.59
c	Coesão em tensões totais	
	Número de camadas no ensaio de Proctor	Eq. 7.6
c'	Coesão efetiva	
c_h	Coeficiente de adensamento horizontal ou radial	
D	Distância da base da escavação à fronteira rígida	Fig. 1.20
	Diâmetro exterior da ponteira do CPTU	Fig. 2.7
	Diâmetro de furo num ensaio de permeabilidade	Fig. 2.35
	Profundidade da base de fundação superficial	Cap. 5
D_{50}	Diâmetro correspondente a 50% de material passado numa curva granulométrica	
D_{aq}	Espessura de aquífero confinado	Fig. 2.33b
D_e	Altura de encastramento equivalente de fundação superficial	Eq. A9.3
d	Variação infinitesimal (p. ex., *dh*, variação de carga hidráulica)	
	Diâmetro de tubo piezométrico	Fig. 2.35

	Diâmetro da ponteira do CPTU na zona do filtro anelar	Fig. 2.7
	Profundidade máxima atingida pelas zonas de cisalhamento sob uma fundação superficial na ruptura por insuficiente resistência ao carregamento vertical	Fig. 5.3
d_r	Deslocamentos horizontais permanentes admissíveis de um muro de arrimo em condições sísmicas	Tab. A8.1
E	Módulo de Young ou módulo de deformabilidade	
	Efeito das ações	Cap. 3
	Energia transmitida ao conjunto de hastes em cada golpe no ensaio SPT	Cap. 2
	Empuxo de terras	Cap. 4
E'	Módulo de Young ou módulo de deformabilidade para carregamento drenado	
E_0	Módulo de deformabilidade correspondente a G_0	Eq. 2.22
	Empuxo em repouso	Cap. 4
E_{50}	Módulo de deformabilidade para $SL = 50\%$	Cap. 2
E_a	Empuxo ativo	Cap. 4
E_{ae}	Empuxo ativo sísmico	Cap. 4
E_c	Valor de E_{PMT} entre a base da fundação superficial e a profundidade $B/2$, para cálculo de $s_{c,PMT}$	Eq. A10.2
	Energia específica de compactação	Eq. 7.6
E_d	Valor calculado a partir de E_{PMT} até a profundidade de $8B$ sob a fundação superficial, para cálculo de $s_{d,PMT}$	Eq. A10.3
E_i	Módulo de deformabilidade tangente inicial	Cap. 2
E_l	Componente normal de força de interação na face esquerda de uma fatia	
E'_l	Resultante das tensões efetivas normais na face esquerda de uma fatia	
E_{oed}	Módulo edométrico	
E_{PMT}	Módulo pressiométrico do ensaio PMT	Eq. 2.35
E_p	Energia potencial do martelo do ensaio SPT antes da queda	Cap. 2
	Empuxo passivo	Cap. 4
E_{pe}	Empuxo passivo sísmico	Cap. 4
E_R	*Ratio* de energia do ensaio SPT	Eq. 2.2
E_r	Componente normal de força de interação na face direita de uma fatia	
E'_r	Resultante das tensões efetivas normais na face direita de uma fatia	

E_{sec}	Módulo de deformabilidade secante	Cap. 2
$E_{s,DP}$	Energia específica por golpe nos ensaios com penetrômetro dinâmico	Eq. 2.17
E_{tg}	Módulo de deformabilidade tangente	Cap. 2
E_u	Módulo de Young ou módulo de deformabilidade para carregamento não drenado	
E_{ur}	Módulo de Young ou módulo de deformabilidade num ciclo de descarga-recarga	Fig. 2.36
E_{V1}	Módulo de deformabilidade obtido no 1° ciclo de carregamento no ensaio PLT	Cap. 2
E_{V2}	Módulo de deformabilidade obtido no 2° ciclo de carregamento no ensaio PLT	Cap. 2
e	Índice de vazios	
	Excentricidade de carga normal na base de uma fundação	
e_{max}	Índice de vazios máximo de uma areia	
e_{min}	Índice de vazios mínimo de uma areia	
F	Coeficiente global de segurança	
	Força	
	Ação	Cap. 3
	Fator de forma em ensaio de permeabilidade	Cap. 2
F_f	Coeficiente de segurança respeitando o equilíbrio de forças no método de Spencer	Fig. 1.6
F_i	Força de inércia	Eq. 5.54
F_L	Coeficiente de segurança em relação à liquefação	Eq. 5.62
F_m	Coeficiente de segurança respeitando o equilíbrio de momentos no método de Spencer	Fig. 1.6
F_r	Razão de atrito normalizada do ensaio CPT	Eq. 2.11
$F(x)$	Função de densidade de probabilidade acumulada de variável aleatória	Cap. 3
FC	% de finos	Cap. 5
f	Distância máxima na horizontal atingida pelas zonas de cisalhamento sob uma fundação superficial na ruptura por insuficiente resistência ao carregamento vertical	Fig. 5.3
f_c, f_q, f_γ	Fatores corretivos das três parcelas da capacidade resistente de uma fundação superficial para ter em conta a proximidade do firme	Cap. 5
f_s	Resistência lateral do ensaio CPT	Cap. 2
	Função para o cálculo do recalque elástico de fundação superficial	Eq. 5.34

$f(x)$	Função de densidade de probabilidade de variável aleatória	Cap. 3
	Função de forma no método de Morgenstern e Price	Cap. 6
$f(z)$	Curva dos pesos específicos no método de Hilf	Fig. 7.21
$f_1(z)$	Curva dos pesos específicos convertidos no método de Hilf	Fig. 7.21
G	Ação permanente	Cap. 3
	Centro de gravidade	
G_0	Módulo de distorção elástico (para muito pequenas deformações)	Cap. 2
G_{max}	Módulo de distorção elástico (para muito pequenas deformações)	Cap. 2
G_{PMT}	Módulo de distorção obtido diretamente do diagrama do PMT	Eq. 2.34
G_s	Densidade das partículas sólidas	
GC	Grau de compactação	Eq. 7.2
g	Aceleração da gravidade	
g_c, g_q, g_γ	Fatores corretivos das três parcelas da capacidade resistente de uma fundação superficial para ter em conta a inclinação da superfície do terreno	Cap. 5
H	Altura	
	Altura de queda do martelo nos ensaios com penetrômetro dinâmico	Cap. 2
	Altura de água em tubo acima do nível freático em ensaio de permeabilidade	Fig. 2.35
	Variável que intervém no teorema dos estados correspondentes	Eq. 4.59
	Profundidade do firme sob uma fundação superficial	Cap. 5
h	Carga hidráulica	
	Espessura de camada ou de aterro	
	Profundidade de escavação	
	Altura de queda do soquete no ensaio de Proctor	Eq. 7.6
h_{aterro}	Espessura de aterro	Caps. 1 e 7
h_{cr}	Profundidade crítica de uma escavação	Cap. 1
	Profundidade crítica de talude infinito	Cap. 6
h_M	Profundidade máxima de uma escavação avaliada pelo TLS	Cap. 1
h_m	Profundidade máxima de uma escavação avaliada pelo TLI	Cap. 1

h_s	Espessura equivalente de solo sob fundação superficial para cálculo do recalque elástico	Eq. 5.35
h_w	Altura de água acima da base do paramento	Cap. 4
I_{DMT}	Índice do material do ensaio DMT	Eq. 2.36
I_P	Índice de plasticidade	
I_R	Índice de rigidez	Eq. 2.16
I_s	Parâmetro adimensional para cálculo do recalque elástico de fundação superficial	Eq. 5.36
I_ϵ	Fator de influência de deformação vertical para cálculo do recalque de fundação superficial pelo método de Schmertmann	Eqs. 5.42 e 5.44
$I\omega$	Parâmetro adimensional para cálculo da rotação elástica de fundação superficial	Eqs. 5.39 e 5.40
i	Gradiente hidráulico	
i_c, i_q, i_γ	Fatores corretivos das três parcelas da capacidade resistente de uma fundação superficial para ter em conta a inclinação da carga	Cap. 5
J	Resultante das forças de percolação num dado volume	Cap. 6
K	Coeficiente de empuxo	Cap. 4
K_0	Coeficiente de empuxo em repouso	
K_0 (NC)	Coeficiente de empuxo em repouso num solo normalmente adensado	Eq. 4.4
K_0 (OC)	Coeficiente de empuxo em repouso num solo sobreadensado	Eq. 4.4
K_a	Coeficiente de empuxo ativo	Cap. 4
K_{ae}	Coeficiente de empuxo ativo sísmico	Cap. 4
K'_{ae}	Coeficiente de empuxo ativo sísmico para o caso de um maciço submerso altamente permeável	Cap. 4
K_{DMT}	Índice de tensão horizontal do ensaio DMT	Eq. 2.38
K_p	Coeficiente de empuxo passivo	Cap. 4
K_{pe}	Coeficiente de empuxo passivo sísmico	Cap. 4
K^F	Módulo de elasticidade volumétrico do fluido dos poros	Eq. 2.23
K_f	Símbolo da envoltória de ruptura em tensões efetivas num sistema de eixos s', t	
k	Coeficiente de permeabilidade	
k_h	Coeficiente sísmico horizontal	Cap. 4
k_p	Fator de resistência ao carregamento vertical de fundação superficial calculada a partir dos resultados do PMT	Anexo A9

k_v	Coeficiente sísmico vertical	Cap. 4
L	Dimensão longitudinal de área carregada ou de fundação	
	Comprimento	
	Comprimento de penetração nos ensaios com penetrômetro dinâmico	Cap. 2
	Comprimento de trecho de furo não revestido em ensaio de permeabilidade	Fig. 2.35
L'	Comprimento efetivo de fundação superficial	Eq. 5.20
L_w	Distância da base da escavação a partir da qual a posição do nível freático não é afetada pela realização daquela	Fig. 1.21
l	Comprimento	
	Distância de um ponto do paramento ao topo deste	Fig. 4.21
	Distância entre centros de sapatas vizinhas	Fig. 5.17
M	Forças tangenciais mobilizadas na superfície de deslizamento	Cap. 1
	Massa do martelo nos ensaios com penetrômetro dinâmico	Cap. 2
	Margem de segurança	Cap. 3
	Coeficiente de proporcionalidade entre E_u e S_u	Eq. 5.48
	Magnitude de sismo	
$M_i(\alpha)$	Variável que entra na equação do coeficiente de segurança do método de Bishop simplificado	Eqs. 1.24 e 1.25
M_R	Momento das forças resistentes em relação ao centro de uma superfície potencial de deslizamento ou a outro ponto qualquer em torno do qual se pode desenvolver um estado-limite	
M_{Rg}	Momento da força de tração no geossintético em relação ao centro de uma superfície potencial de deslizamento	Eq. 1.40
M_S	Momento das forças desfavoráveis em relação ao centro de uma superfície potencial de deslizamento ou a outro ponto qualquer em torno do qual se pode desenvolver um estado-limite	
MSF	Fator corretivo adimensional de CRR dependente da magnitude do sismo	Eq. 5.61
m	Expoente na equação que relaciona K_0 (NC) com K_0 (OC)	Eq. 4.4
	Momento de forças em relação a um ponto	Cap. 4
	Expoente nas expressões de i_q e de i_γ	Tab. 5.3
m_B	Expoente nas expressões de i_q e de i_γ	Tab. 5.3

m_L	Expoente nas expressões de i_q e de i_γ	Tab. 5.3
m_v	Coeficiente de variação volumétrica	Eq. A2.5
m_θ	Expoente nas expressões de i_q e de i_γ	Quadro 5.3
N	Componente normal de força aplicada a uma seção	
	Número de golpes para cravar 30 cm o amostrador na 2ª fase do ensaio SPT	Cap. 2
	Número de golpes para cravar um certo comprimento L nos ensaios com penetrômetro dinâmico	Cap. 2
N'	Resultante de tensões efetivas normais numa dada área	
$N_{0,\mathrm{solo}}$	Valor de N(SPT) de solo arenoso antes do tratamento com colunas de brita	Fig. 5.32
$N_{1,\mathrm{solo}}$	Valor de N(SPT) de solo arenoso entre colunas de brita após tratamento com estas	Fig. 5.32
N_{60}	Resultado do ensaio SPT corrigido para $E_R = 60\%$	Cap. 2
$(N_1)_{60}$	Valor de N_{60} corrigido para $E_R = 60\%$ e para uma tensão efetiva vertical de 1 atmosfera	Cap. 2
N_c, N_q, N_γ	Coeficientes de capacidade de carga vertical de uma fundação superficial	Cap. 5
N_{col}	Valor de N(SPT) no eixo de colunas de brita	Eq. 5.64
N_k	Parâmetro adimensional envolvido na correlação entre S_u e q_c do CPT	Cap. 2
N_{kt}	Parâmetro adimensional envolvido na correlação entre S_u e q_t do CPTU	Eq. 2.14
$N_{qe}, N_{\gamma e}$	*Valores* dos coeficientes N_q e N_γ de capacidade de carga vertical de uma fundação superficial em condições sísmicas	Fig. 5.8
N_{res}	Valor de N(SPT) resultante de maciço arenoso tratado com colunas de brita	Eq. 5.64
N_s	Número de estabilidade da base de uma escavação em argila	Eq. 1.50
N_{solo}	Valor de N(SPT) de solo arenoso no centro de áreas entre colunas de brita após tratamento com estas	Eq. 5.64
n	Porosidade	
	Fator de concentração de tensões verticais em colunas de brita	Eq. A2.1
	Número de golpes por camada no ensaio de Proctor	Eq. 7.6
OCR	Grau de sobreadensamento	
P_f	Força horizontal em plano que atravessa o aterro e que faz parte de superfície potencial de deslizamento	Fig. A3.1
	Probabilidade de ruptura	Cap. 3

P_p	Força que intervém no cálculo da capacidade de carga vertical de uma fundação superficial	Fig. 5.3
P_s	Força envolvida no cálculo da resistência ao arranque do geossintético	Eq. A3.7
p	Pressão	
p_0	Ordenada do ponto inicial do trecho linear do diagrama do ensaio PMT	Fig. 2.30
p_0	Pressão de contato ou de *lift-off* no ensaio DMT	Cap. 2
p_1	Pressão de expansão no ensaio DMT	Cap. 2
p_a	Pressão atmosférica	
p_f	Pressão de fluência no ensaio PMT	Cap. 2
p_l	Pressão-limite do ensaio PMT	Cap. 2
p_l^*	Pressão-limite líquida do ensaio PMT	Eq. A9.1
p_{le}^*	Pressão-limite líquida equivalente do ensaio PMT	Eq. A9.2
p_{we}	Pressão da água em condições sísmicas	Eq. 4.99
Q	Vazão	Cap. 2
	Ação variável	Cap. 3
	Força aplicada a face vertical de elemento de volume	Cap. 4
	Sobrecarga concentrada à superfície do terreno	Cap. 4
	Carga vertical aplicada a uma fundação	Cap. 5
Q_c	Força vertical medida na célula de carga interior à ponteira do CPT	Fig. 2.7
Q_i	Resultante das forças de interação aplicadas à fatia i no método de Spencer	Fig. 1.5
Q_t	Resistência do cone normalizada do ensaio CPT	Eq. 2.10
Q_{ult}	Carga última vertical de uma fundação superficial	Cap. 5
q	Sobrecarga distribuída à superfície do terreno	
q_a	Tensão ativa	Cap. 4
q_c	Resistência de ponta ou do cone do ensaio CPT	Cap. 2
q_{c1N}	Valor de q_c corrigido para uma tensão efetiva vertical de 1 atmosfera	Eq. 2.13
q_p	Tensão passiva	Cap. 4
q_t	Resistência total de ponta ou do cone do ensaio CPTU (corrigida para ter em conta a pressão da água no filtro anelar)	Fig. 2.7
q_{t1N}	Valor de q_t corrigido para uma tensão efetiva vertical de 1 atmosfera	Eq. 2.13

q_{ult}	Capacidade resistente (tensão) ao carregamento vertical de uma fundação	Eq. 5.1
R	Resistência ou capacidade resistente	
	Raio	
	Força reativa na base de elemento de volume	Cap. 4
R_3	Razão do recalque diferido no tempo após 3 anos pelo recalque imediato	Eq. 5.49
R_f	Razão de atrito do ensaio CPT	Eq. 2.9
R_M	Fator adimensional envolvido na correlação entre E_{oed} e E_{DMT}	Eq. 2.42
R_t	Razão do recalque diferido no tempo após 3 anos em cada ciclo logarítmico pelo recalque imediato	Eq. 5.49
R_w	Raio de influência de poço de bombagem	Eq. 1.57
r	Raio de superfície cilíndrica	
	Variável espacial	Fig. 4.20
	Coeficiente de redução da aceleração sísmica horizontal para atender à capacidade de o muro de arrimo experimentar deslocamentos horizontais	Tab. A8.1
r_d	Fator minorativo de tensão de cisalhamento associada à aceleração horizontal sísmica para ter em conta a deformação das camadas	Eq. 5.56
S	Solicitação, efeito das forças instabilizadoras, efeito das ações	Caps. 1 e 3
	Área ou superfície	
	Área da base do cone de penetrômetro dinâmico	Cap. 2
	Coeficiente de amplificação das acelerações sísmicas entre o substrato e a superfície	Cap. 3
S_r	Grau de saturação	
S_T	Fator de amplificação topográfica das acelerações sísmicas	Eq. A11.1
S_u	Resistência não drenada	
S_{u0}	Resistência não drenada medida à superfície da crosta sobreadensada por ressecamento	Fig. 1.8
S_{uc}	Resistência não drenada do solo de fundação do aterro em contato com o geossintético	Anexo A3
$S_{u,calc}$	Resistência não drenada à superfície da crosta sobreadensada por ressecamento a tomar nos cálculos de estabilidade	Fig. 1.8
S_{um}	Resistência não drenada medida na base da crosta sobreadensada por ressecamento	Fig. 1.8

SL	Nível de tensão	Eq. 2.54
s	Recalque	
	Semissoma da maior e menor tensões totais principais	Fig. 1.10
s'	Semissoma da maior e menor tensões efetivas principais	Fig. 1.10
s_c	Recalque por adensamento	Cap. 5
s_c, s_q, s_γ	Fatores corretivos das três parcelas da capacidade resistente de uma fundação superficial para ter em conta a forma da fundação	Cap. 5
$s_{c,PMT}$	Recalque de fundação associado a deformações volumétricas da camada imediatamente subjacente de espessura $B/2$ avaliado a partir dos resultados do ensaio PMT	Eq. A10.2
s_D	Recalque diferencial	Cap. 5
s_d	Recalque por adensamento secundário	Cap. 5
$s_{d,PMT}$	Recalque de fundação associado a deformações distorcionais até a profundidade de 8 B avaliado a partir de resultados do ensaio PMT	Eq. A10.3
s_f	Recalque da fundação	Fig. 2.23
s_i	Recalque imediato	Cap. 5
s_{PMT}	Recalque de fundação avaliado a partir de resultados do ensaio PMT	A5.2
s_p	Recalque da placa no ensaio PLT	Fig. 2.23
s_{red}	Recalque de aterro com o solo de fundação reforçado com colunas de brita	Anexo A2
s_t	Recalque de fundação superficial ao fim do tempo t superior a 3 anos	Eq. 5.49
T	Resultante de tensões tangenciais numa dada área	
	Componente tangencial de força aplicada a uma seção	
	Basic time lag em ensaio de permeabilidade	Eq. 2.47
$T*$	Fator tempo modificado no ensaio de dissipação com o CPTU	Eq. 2.15
T_g	Força de tração no geossintético	Fig. 1.12
$T_{g,f}$	Valor da força resistente de tração do material que constitui o geossintético	Anexo A3
$T_{g,lim}$	Valor limite da força resistente de tração no geossintético	Anexo A3
$T_{g,p}$	Valor da força resistente ao arranque do geossintético	Anexo A3
$T_{g,req}$	Valor da força resistente de tração no geossintético requerido pela estabilidade	Anexo A3
T_R	Força tangencial resistente na base de uma fundação	

T_S	Força tangencial aplicada na base de uma fundação	
t	Variável temporal	
	Semidiferença da maior e da menor tensão principal	Fig. 1.10
U	Resultante das pressões da água numa dada área	
	Grau de adensamento	
u	Pressão neutra, pressão na água dos poros ou poropressão	
u_0	Pressão neutra de repouso	
V	Volume	
	Força vertical	
	Massa máxima das hastes nos ensaios com penetrômetro dinâmico	Cap. 2
	Coeficiente de variação de variável aleatória	Cap. 3
V_0	Volume inicial da cavidade do ensaio PMT	Cap. 2
V_c	Volume da célula do ensaio PMT	Cap. 2
V_p	Velocidade de propagação das ondas de compressão	Cap. 2
V_R	Capacidade resistente de uma fundação a carregamento vertical	
V_S	Carga vertical aplicada a uma fundação	
V_s	Velocidade de propagação das ondas de corte	Cap. 2
v	Velocidade	
v_0	Abscissa do ponto inicial do trecho linear do diagrama do ensaio PMT	Fig. 2.30
v_f	Abscissa correspondente a p_f no diagrama do ensaio PMT	Fig. 2.30
v_l	Abscissa correspondente a p_t no diagrama do ensaio PMT	Fig. 2.30
W	Peso de fatia, bloco ou amostra de solo	
	Peso do soquete no ensaio Proctor	Eq. 7.6
W'	Peso submerso de bloco de solo	
W_e	Resultante do peso da cunha de terras com as forças de inércia de origem sísmica	Figs. 4.31 e 6.10
W_s	Peso das partículas sólidas numa amostra de solo	
W_w	Peso de água numa amostra de solo	
w	Teor de umidade	
w_{aterro}	Teor de umidade do aterro	Cap. 7
w_{ot}	Teor de umidade ótimo	Cap. 7
X	Parâmetro resistente	Cap. 3

X_l	Componente tangencial de força de interação na face esquerda de uma fatia	
X_r	Componente tangencial de força de interação na face direita de uma fatia	
x	Variável espacial	
y	Variável espacial	
$y'(x)$	Linha de empuxo ou linha de pressão	Cap. 6
Z	Razão do peso de água acrescentada pelo peso total inicial de fragmento de solo do aterro no método de Hilf	Cap. 7
z	Cota geométrica	
	Variável espacial	
z_0	Profundidade máxima de fenda de tração	Cap. 1
z_w	Profundidade do nível freático	Cap. 6

S.2 – Alfabeto Grego

α	Ângulo que define a inclinação de superfície de deslizamento em relação à horizontal	
	Ângulo da linha K_f com a horizontal	
	Ângulo da sobrecarga uniforme à superfície com a normal a esta	Fig. 4.24
	Distorção angular	Cap. 5
	Fator que relaciona E com q_c	Eq. 5.45
	Fator adimensional	Eq. 5.60
	Fator de reologia que entra no cálculo de $s_{c,PMT}$	Eq. A10.2
α_a	Ângulo da superfície que limita a cunha de terras ativa com a horizontal	Fig. 4.29
α_p	Ângulo da superfície que limita a cunha de terras passiva com a horizontal	Fig. 4.29
α_{ae}	Ângulo da superfície que limita a cunha de terras ativa com a horizontal em condições sísmicas	Eq. 4.92
α_{pe}	Ângulo da superfície que limita a cunha de terras passiva com a horizontal em condições sísmicas	Eq. 4.93
β	Ângulo que define a inclinação da superfície do terreno em relação à horizontal	
	Índice de confiabilidade	Cap. 3
	Fator adimensional	Eq. 5.60
γ	Peso específico	
	Deformação por cisalhamento ou distorção	

γ'	Peso específico submerso	
γ_{aterro}	Peso específico do material de aterro	
$\gamma_{c'}$	Coeficiente parcial de segurança para a coesão efetiva	Cap. 3
γ_{col}	Peso específico de coluna de brita	
γ_{cyc}	Deformação por cisalhamento cíclico	Eq. 5.63
γ_d	Peso específico seco	
$\gamma_{d,max}$	Peso específico seco máximo de um solo granular limpo (correspondente a e_{min})	
	Peso específico seco de um material de aterro com fração fina correspondente a w_{ot}	Cap. 7
$\gamma_{d,min}$	Peso específico seco mínimo de um solo granular limpo (correspondente a e_{max})	
γ_E	Coeficiente parcial aplicado aos efeitos das ações	Cap. 3
γ_F	Coeficiente parcial de segurança para ação	Cap. 3
γ_G	Coeficiente parcial de segurança para ação permanente	Cap. 3
γ_I	Coeficiente de importância	Tab. 3.7
γ_M	Coeficiente parcial de segurança para propriedade resistente	Cap. 3
γ_Q	Coeficiente parcial de segurança para ação variável	Cap. 3
γ_R	Coeficiente parcial aplicado à capacidade resistente	Cap. 3
γ_s	Peso específico das partículas sólidas	
γ_w	Peso específico da água	
γ_{su}	Coeficiente parcial de segurança para a resistência não drenada	Cap. 3
$\gamma_{cy,u}$	Coeficiente parcial de segurança para a resistência não drenada cíclica	Cap. 3
γ_{qu}	Coeficiente parcial de segurança para a resistência à compressão uniaxial	Cap. 3
γ_γ	Coeficiente parcial de segurança para o peso específico	Cap. 3
$\gamma_{\phi'}$	Coeficiente parcial de segurança para o ângulo de resistência ao cisalhamento	Cap. 3
Δ	Variação de uma grandeza, p.ex., $\Delta\sigma$	
Δq_s	Sobrecarga aplicada à superfície	
Δl	Comprimento de arco correspondente à base de fatia de solo	
Δu	Excesso de pressão neutra	
Δx	Projeção de Δl na horizontal	
δ	Vetor deslocamento	

	Ângulo de rotação de massa de terras limitada por superfície circular	Fig. 1.17
	Ângulo de atrito da interface solo-paramento estrutural	Cap. 4
δ_a	Ângulo da tensão ativa com a normal ao paramento estrutural	Eq. 4.53
δ_b	Ângulo de resistência ao cisalhamento da interface entre a base de uma fundação ou muro de arrimo e o solo subjacente	Cap. 4
δ_p	Ângulo da tensão passiva com a normal ao paramento estrutural	Eq. 4.54
ϵ	Extensão	
ϵ_a	Extensão axial	
ϵ_h	Extensão horizontal	
ϵ_r	Extensão radial	
ϵ_v	Extensão vertical	
ϵ_{vol}	Deformação volumétrica	
ζ	Inclinação da base da fundação	Caps. 4 e 5
η	Variável cujo seno é uma função de forma do método de Morgenstern e Price	Fig. 6.15
	Ângulo da Eq. 4.75	Eq. 4.75
θ	Ângulo que define superfície de deslizamento	
	Ângulo com a vertical da resultante do peso com as forças de inércia aplicadas ao solo em condições sísmicas	Figs. 4.31 e 6.10
θ'	Ângulo com a vertical da resultante do peso com as forças de inércia aplicadas ao solo em condições sísmicas para o caso de maciço muito permeável submerso	Eq. 4.102 e Fig. 4.36
λ	Ângulo que define superfície de deslizamento	Fig. 1.17
	Amortecimento	Fig. 2.40
	Ângulo do paramento estrutural com a vertical	Cap. 4
	Fator de escala no método de Morgenstern e Price	Eq. 6.33
λ_c	Fator de forma que entra no cálculo de $s_{c,PMT}$	Eq. A10.2
λ_d	Fator de forma que entra no cálculo de $s_{d,PMT}$	Eq. A10.3
μ_{col}	Fator de concentração de tensões verticais em colunas de brita	Eq. A2.4
μ_{solo}	Fator de alívio de tensões verticais no solo entre colunas de brita	Eq. A2.3
ν	Coeficiente de Poisson	

ν^{SK}	Coeficiente de Poisson do esqueleto sólido	Eq. 2.23
ν_{dyn}	Coeficiente de Poisson dinâmico	Eq. 2.21
ν_u	Coeficiente de Poisson não drenado	Cap. 6
ξ	Coordenada adimensional no método de Correia	Eq. 6.44
ρ	Inclinação da resultante das forças de interação aplicadas à fatia de solo em relação à horizontal	Fig. 1.5
	Massa específica	
ρ^F	Massa específica do fluido dos poros	Eq. 2.23
ρ_{RS}	Correlação entre R e S	Cap. 3
ρ^S	Massa específica das partículas sólidas	Eq. 2.23
σ	Tensão normal total	Cap. 3
	Desvio-padrão	
σ'	Tensão efetiva	
σ_a	Tensão total axial ou vertical na câmara triaxial	Tab. 2.11
σ_h	Tensão total horizontal	
σ'_h	Tensão efetiva horizontal	
σ_{h0}	Tensão total horizontal de repouso	
σ'_{h0}	Tensão efetiva horizontal de repouso	
σ_{ha}	Tensão horizontal ativa em tensões totais	Cap. 4
σ'_{ha}	Tensão horizontal ativa em tensões efetivas	Cap. 4
σ_{hp}	Tensão horizontal passiva em tensões totais	Cap. 4
σ'_{hp}	Tensão horizontal passiva em tensões efetivas	Cap. 4
σ_r	Tensão total radial ou horizontal na câmara triaxial	Tab. 2.11
σ_v	Tensão total vertical	
σ'_v	Tensão efetiva vertical	
σ_{v0}	Tensão total vertical de repouso	
σ'_{v0}	Tensão efetiva vertical de repouso	
σ_x; σ_y; σ_z	Tensões totais na direção dos eixos dos *xx*, *yy* e *zz*	
σ_1; σ_2; σ_3	Tensões totais principais máxima, intermediária e mínima	
τ	Tensão tangencial ou de cisalhamento	
τ_{col}	Tensão de cisalhamento em coluna de brita	Fig. 1.11
τ_{cyc}	Tensão de cisalhamento cíclica	Eq. 5.63
ϕ	Ângulo de atrito ou ângulo de resistência ao cisalhamento em tensões totais	Cap. 3

ϕ'	Ângulo de atrito ou ângulo de resistência ao cisalhamento em tensões efetivas	Caps. 5 e 6
ϕ'_{col}	Ângulo de atrito ou ângulo de resistência ao cisalhamento de coluna de brita	Eq. 1.39
ϕ'_{cv}	Ângulo de atrito ou ângulo de resistência ao cisalhamento de volume constante	
ϕ'_{cr}	Ângulo de atrito ou ângulo de resistência ao cisalhamento crítico	
ϕ'_{aterro}	Ângulo de atrito ou ângulo de resistência ao cisalhamento de material de aterro	
ψ	Pressão interior aplicada à membrana no ensaio SBPT	Cap. 2
	Coeficiente de conversão de valor característico em valor representativo de uma ação	Cap. 3
	Ângulo da força igual e oposta ao empuxo ativo com a vertical	Fig. 4.26
	Ângulo com a horizontal do plano que limita o bloco ativo na ruptura por falta de capacidade de carga vertical de fundação superficial	Fig. 5.3
ψ'	Ângulo com a horizontal do plano que limita o bloco passivo na ruptura por falta de capacidade de carga vertical de fundação superficial	Fig. 5.3
ψ_0	Coeficiente para o valor de combinação de ação variável	Cap. 5
ψ_1	Coeficiente para o valor frequente de ação variável	Cap. 5
ψ_2	Coeficiente para o valor quase permanente de ação variável	Cap. 5
χ	Fator minorativo da resistência do solo em contato com o geossintético para obter a resistência da interface	Anexo A1.3
ω	Ângulo de rotação de fundação superficial	Eqs. 5.37 e 5.38 e Fig. 5.17

S.3 – Índices de variáveis

a	Ativo, admissível, axial
aterro	Do aterro
b	Base
c	Adensamento, coesão, célula, cone, cíclico, confinado
calc	A tomar nos cálculos
col	Coluna de brita

cr	Crítico
cs	*Clean sands* (areias limpas)
Su	Referente à resistência não drenada
cv	Volume constante
cyc	Cíclico
cy,u	Referente à resistência não drenada para carregamento cíclico
D	Diferencial
DMT	Dilatómetro Marchetti
d	Valor de cálculo, seco, secundário, distorcional
dst	Ação desfavorável
E	Sismo, energia, referente aos efeitos das ações
e	Equivalente, sismo
ef	Efetiva
F	Referente a ação, referente ao fluido dos poros
f	Ruptura, fluência, de atrito
G	Referente a ação permanente
g	Geossintético
h	Horizontal
h0	Horizontal de repouso
I	Importância
i	Variável inteira genérica, imediato, inicial
j	Variável inteira genérica
k	Valor característico
l	À esquerda, limite
lim	Limite
M	Solução a partir do TLS, referente a propriedade resistente
m	Solução a partir do TLI, mobilizada, medida
max	Valor máximo
med	Valor médio
min	Valor mínimo
NC	Normalmente adensado
n	Normal
nom	Valor nominal
n.f.	Nível freático
OC	Sobreadensado
oed	Edométrico, correspondente a carregamento confinado

ot	Ótimo
PMT	Pressiômetro Ménard
p	Passivo, placa, compressão, arranque
Q	Referente à ação variável
q	Sobrecarga à superfície
qu	Referente à resistência para carregamento uniaxial
R	Resistente, de referência
r	Radial, à direita, variável espacial
rep	Valor representativo
req	Requerido
res	Resultante
S	Solicitante, referente às partículas sólidas
SK	Referente ao esqueleto sólido
s	Sólido, à superfície, corte
sec	Secante
solo	Do solo
stb	Ação favorável ou estabilizadora
T	Topográfica
t	Total, tempo
tg	Tangente
u	Não drenado
ult	Última
ur	De descarga-recarga
v	Vertical, volumétrico
vane	Referente ao *vane test*
*v*0	Vertical de repouso
vol	Volumétrico
w	Água
x,*y*	Direções no plano horizontal
z	Direção vertical
0	De repouso, para muito pequenas deformações
1,2,3	Tensões principais
50	Referente a 50%
γ	Peso, referente ao peso específico
ϕ'	Referente ao ângulo de resistência ao cisalhamento
θ	Direção angular

S.4 – Outros símbolos

$^\circ$	Graus
log	Logaritmo decimal
ln	Logaritmo natural
$\int$	Integral
∂	Derivada parcial
/	Por
$\sum$	Somatório
▼	Nível da água, nível freático

S.5 – Siglas

AASHTO	American Association of State Highway and Transportation Officials
AFNOR	Association Française de Normalisation
ASCE	American Society of Civil Engineers
ASTM	American Society for Testing and Materials
BS	British Standards
CEN	Comitê Europeu de Normalização
CHT	Ensaio sísmico entre furos de sondagem
COBRAMSEG	Congresso Brasileiro de Mecânica dos Solos e Engenharia Geotécnica
CPT	Ensaio com o cone-penetrômetro holandês
CPTU	Ensaio com o piezocone-penetrômetro holandês
DHT	Ensaio sísmico entre a superfície e pontos do interior de um furo de sondagem
DMT	Ensaio com o dilatômetro Marchetti
DP	Ensaio com penetrômetro dinâmico
DPL	Ensaio com penetrômetro dinâmico leve
DPM	Ensaio com penetrômetro dinâmico médio
DPH	Ensaio com penetrômetro dinâmico pesado
DPSH	Ensaio com penetrômetro dinâmico superpesado
EC	Eurocódigo
EN	Norma Europeia
ENPC	École Nationale des Ponts et Chaussées
EQU	Estado-limite por perda de equilíbrio como corpo rígido
fdp	Função de densidade de probabilidade

FC	% de finos
GATTEL	Gabinete para a Travessia do Tejo em Lisboa
GEO	Estado-limite de ruptura ou deformação excessiva do terreno
HYD	Estado-limite associado a gradientes hidráulicos
ISO	International Organization for Standardization
ISSMFE	International Society for Soil Mechanics and Foundation Engineering
JGS	Japanese Geotechnical Society
LCPC	Laboratoire Central des Ponts et Chaussées
LNEC	Laboratório Nacional de Engenharia Civil
LSD	*Limit state design*
NBR	Norma Brasileira
NCEER	National Centre for Earthquake Engineering Research
NP	Norma Portuguesa
PLT	Ensaio de carga em placa
PMT	Ensaio com o pressiômetro Ménard
SBPT	Ensaio com o pressiômetro autoperfurante
SCPT	Ensaio com o cone-penetrômetro sísmico
SPT	*Standard penetration test* ou ensaio de penetração dinâmica
STR	Estado-limite de ruptura ou deformação excessiva de elemento estrutural
TLI	Teorema do limite inferior
TLS	Teorema do limite superior
TTE	Trajetória das tensões efetivas
TTT	Trajetória das tensões totais
UPL	Estado limite por flutuação
VST	Ensaio de corte rotativo (*vane test*)
WSD	*Working stress design*

Sumário

Estabilidade global de maciços terrosos

1

Nos dois últimos capítulos do Vol. 1 é discutida a ruptura num ponto ou elemento de um maciço terroso. Como é salientado, os maciços terrosos comportam-se como estruturas altamente hiperestáticas, isto é, a *ruptura local* não significa nem implica *ruptura global*. Para que esta aconteça é necessário: i) que exista uma massa de solo completamente contida ou limitada por uma superfície – designada *superfície de ruptura* ou *superfície de deslizamento* –, em cujos pontos, na sua totalidade, se esgotou a resistência ao cisalhamento; ii) que essa superfície se inicie e termine em pontos da superfície do terreno. A Fig. 1.1 mostra um exemplo de ruptura global.

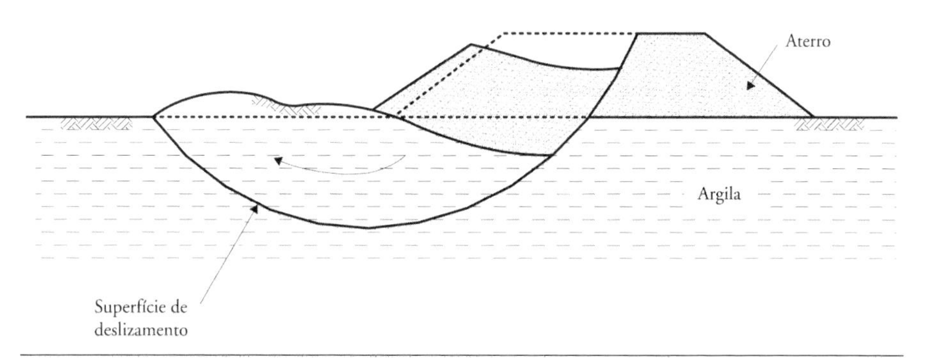

Fig. 1.1 *Exemplo de ruptura global*

As rupturas globais realmente observadas – embora muitas vezes associadas a perdas de vidas humanas e de bens materiais – são, sob outro prisma, de extrema utilidade para o avanço do conhecimento. Como se verá, muitos dos métodos de análise de estabilidade usados na Mecânica dos Solos foram sugeridos ou inspirados pela observação dos mecanismos associados àquelas rupturas.

Por outro lado, em muitas das rupturas globais observadas é possível calcular com bastante aproximação as forças instabilizadoras, e logo, também, a resistência ao cisalhamento do solo ao longo da superfície de deslizamento no momento do colapso (esse tipo de análise é designado em geral como retroanálise – *back-analysis*). As rupturas reais constituem, pois, oportunidades muito valiosas de comparar a *resistência local*, estimada por meio de ensaios, com a *resistência mobilizada ao longo de superfícies de grande desenvolvimento*. Ora, nem sempre esta última é o simples integral da primeira, por razões que já foram em parte referidas e que adiante voltarão a ser discutidas (ver Vol. 1, seção 6.4, e, neste volume, o discutido na seção 6.4.1).

Neste capítulo serão estudados os problemas de estabilidade global de maciços terrosos que não interferem em qualquer estrutura, logo, essencialmente sujeitos ao peso próprio e à ação da água, sendo eventuais sobrecargas pouco relevantes quando comparadas com aquele peso. Exemplos desses problemas são os aterros sobre solos moles, as escavações não suportadas e as barragens de aterro.

Quando, no Cap. 2 do Vol. 1 (seção 2.4), é formulado de forma simplificada o problema do carregamento de maciços terrosos, menciona-se que o problema mecânico envolve, essencialmente:

- o estabelecimento de equações de equilíbrio;
- o estabelecimento de equações de compatibilidade de deformações;
- a lei constitutiva, isto é, as relações tensões-deformações-resistências do solo.

Nos problemas de estabilidade de maciços terrosos a lei constitutiva em regra adotada é uma lei do tipo rígido-plástica. Nesse tipo de lei, as deformações que precedem a mobilização da resistência do solo são ignoradas. Mesmo com essa simplificação no que diz respeito à lei constitutiva, as soluções de problemas de estabilidade que satisfazem integralmente as condições de equilíbrio e de compatibilidade e as respectivas condições-fronteira – soluções que podem ser classificadas como matematicamente exatas ou completas – são raras na Mecânica dos Solos e aplicam-se a situações muito simples, altamente idealizadas.

Essa limitação pode, atualmente, ser em grande parte ultrapassada por meio dos modelos numéricos baseados no método dos elementos finitos, que ganharam enorme desenvolvimento e refinamento nas últimas décadas, junto com o crescimento constante da capacidade dos computadores. A abordagem desses modelos numéricos está fora da área deste livro, embora pontualmente alguns resultados sejam apresentados ou mencionados, como, aliás, acontece neste capítulo.

Em seguida são apresentadas as principais metodologias usadas na Mecânica dos Solos clássica para abordar problemas de estabilidade, que, como se verá, envolvem simplificações da formulação do problema mecânico tal como anteriormente enunciado.

1.1 Teoria da análise-limite

1.1.1 Formulação. Teoremas do limite inferior e do limite superior

Entre as metodologias que envolvem simplificações do problema mecânico, a mais consistente é a teoria da análise-limite, com base, essencialmente, em dois teoremas da Teoria da Plasticidade, o *teorema do limite inferior* e o *teorema do limite superior*.

Trata-se de um assunto que envolve certa complexidade, quer formal, quer analítica, sendo neste livro feita uma abordagem que privilegia uma apreensão mais física (ou mecânica) do problema. Para um aprofundamento do assunto pode-se recorrer ao estudo dos trabalhos de Salençon (1974), Cardoso (1990), Atkinson (1993) e Guerra (2008).

O teorema do limite inferior (TLI) tem o seguinte enunciado (Folque, 1975): dada uma estrutura e dado um conjunto de forças exteriores que a solicitam, se for possível atribuir à estrutura uma distribuição de tensões que equilibre a solicitação e se em nenhum ponto for excedida a resistência do material, a estrutura é estável.

Esse teorema contempla, assim, a consideração das condições de equilíbrio e das propriedades do material (que determinam a resistência), mas não considera explicitamente a compatibilidade das deformações. O carregamento em questão é um *limite inferior*, mais ou menos afastado, da carga de colapso da estrutura.

O teorema do limite superior (TLS) tem o seguinte enunciado (Folque, 1975): dada uma estrutura e um dado conjunto de forças exteriores que a solicitam, se for possível atribuir à estrutura um campo de deslocamentos compatível para o qual o trabalho realizado pelas forças exteriores iguala o trabalho dissipado internamente pelas tensões na estrutura, ela sofre colapso.

Esse teorema contempla, assim, a consideração das condições de compatibilidade e das propriedades do material (que governam o trabalho das tensões internas), mas não considera explicitamente as condições de equilíbrio. O carregamento em questão é um *limite superior*, mais ou menos afastado, da carga de colapso da estrutura.

Em resumo: o teorema do limite inferior trata de *estados de tensão estaticamente admissíveis*, daí se chamar também teorema estático, enquanto o teorema do limite superior trata de *mecanismos de colapso cinematicamente admissíveis*, daí se chamar teorema cinemático. O primeiro teorema conduz a soluções seguras ou por defeito – *lower bound solutions* –, enquanto o segundo fornece soluções inseguras ou por excesso – *upper bound solutions*.

Para muitos problemas da Mecânica dos Solos, a aplicação desses teoremas conduz a um intervalo bastante estreito que limita a solução correta, não conhecida, fornecendo cada teorema, pois, uma *solução aproximada*. Em certos casos, mais simples, as soluções fornecidas pelos dois teoremas coincidem, situação em que se pode dizer que o problema tem *solução exata*.

1.1.2 Exemplo de aplicação – escavação de face vertical em condições não drenadas

Como o enunciado desses teoremas é um pouco hermético para quem não domine a Teoria da Plasticidade, proceder-se-á em seguida à sua aplicação a um problema clássico da Mecânica dos Solos, esquematizado na Fig. 1.2a: a avaliação da máxima profundidade, também designada como *profundidade crítica*, h_{cr}, de uma escavação não suportada, de face vertical, num maciço homogêneo de peso específico γ e resistência não drenada S_u.

Conforme mostra a Fig. 1.2b, o ponto do maciço com maior tensão de cisalhamento é o ponto da face da escavação imediatamente acima do plano que constitui a base dela. Designando como h_m a profundidade da escavação para a qual esse ponto entra em ruptura por cisalhamento, então, como mostra a Fig. 1.2c:

$$\gamma h_m = 2 S_u \tag{1.1}$$

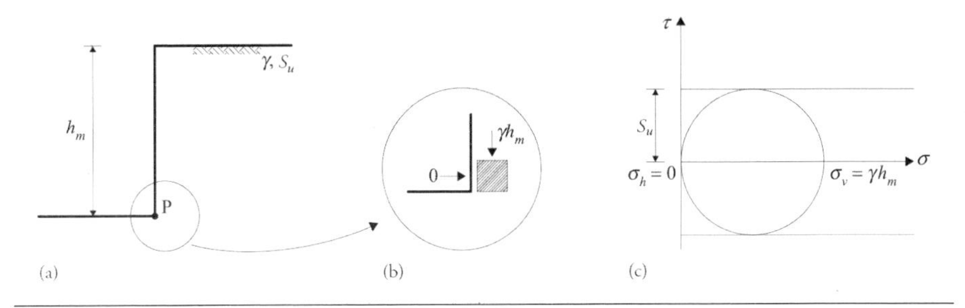

FIG. 1.2 *Escavação de face vertical num maciço homogêneo em condições não drenadas, analisada em tensões totais: (a) esquema; (b) localização do ponto de maior tensão de cisalhamento; (c) círculo de Mohr no ponto de maior tensão de cisalhamento quando ele entra em ruptura por aprofundamento da escavação*

logo:

$$h_m = \frac{2S_u}{\gamma} \tag{1.2}$$

Se recordar os enunciados dos teoremas apresentados, concorda-se que o valor da profundidade da escavação derivada, conforme acaba de ser exposto, corresponde a uma solução de acordo com o teorema da região inferior, logo, segura, isto é:

$$h_m \leqslant h_{cr} \tag{1.3}$$

Considere-se agora a Fig. 1.3, em que se mostra, para o mesmo maciço, um bloco de peso W limitado por uma superfície plana que passa pelo pé da escavação, com uma inclinação α em relação à horizontal. Pretende-se calcular a profundidade h_M para a qual o bloco deslizará.

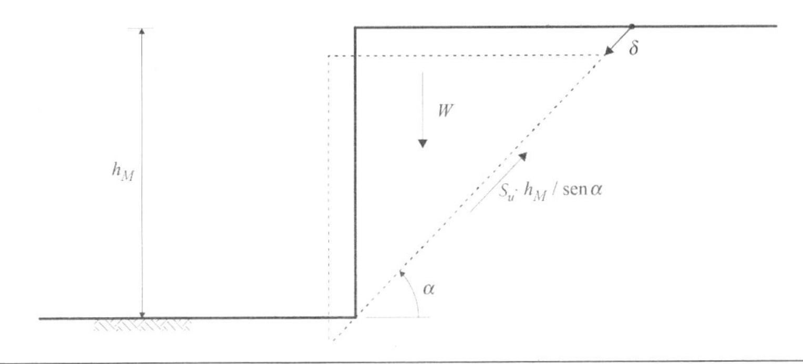

FIG. 1.3 *Escavação de face vertical num maciço homogêneo em condições não drenadas, analisada em tensões totais, mostrando um mecanismo de colapso cinematicamente admissível*

Imaginando um deslocamento do bloco de valor δ ao longo do plano inclinado, uma solução no âmbito do teorema do limite superior pode ser obtida igualando o trabalho das forças exteriores ao trabalho plástico de deformação da força resistente ao longo da superfície de deslizamento. É de notar que nesse caso, como se admite comportamento não drenado, não há variação de volume, logo o ângulo de dilatância é nulo e, portanto, a verificação da condição de compatibilidade obriga que o deslocamento δ tenha direção coincidente com o plano de deslizamento inclinado. Assim:

$$W\delta \operatorname{sen}\alpha = \frac{S_u h_M \delta}{\operatorname{sen}\alpha} \tag{1.4}$$

de onde se pode retirar:

$$h_M = \frac{W \operatorname{sen}^2 \alpha}{S_u} \tag{1.5}$$

Considerando que:

$$W = 0{,}5\,\gamma h_M^2 \operatorname{cotg}\alpha \tag{1.6}$$

então:

$$h_M = \frac{2S_u}{\gamma} \cdot \frac{1}{\operatorname{sen}\alpha \cos\alpha} \tag{1.7}$$

Calculando a derivada parcial de h_M em ordem α e igualando a zero, obtém-se para esse ângulo o valor $\pi/4$, que, substituído na Eq. 1.7, minimiza a função, obtendo-se, então:

$$h_M = \frac{4S_u}{\gamma} \tag{1.8}$$

A solução para a profundidade crítica está, pois, limitada pelos valores da profundidade obtidos no âmbito dos dois teoremas:

$$\frac{2S_u}{\gamma} \leqslant h_{cr} \leqslant \frac{4S_u}{\gamma} \tag{1.9}$$

Como se pode constatar, as duas soluções muito simples apresentadas materializam um intervalo muito largo (o limite superior é o dobro do limite inferior), tendo servido apenas para ilustrar a aplicação dos dois teoremas do colapso plástico. Adiante se volta ao problema com discussão de soluções mais aproximadas (seção 1.4.4).

1.2 MÉTODOS DE EQUILÍBRIO-LIMITE

Mais usados na prática da Engenharia Geotécnica do que as metodologias decorrentes dos teoremas anteriores são os chamados *métodos de equilíbrio-limite*. Embora sem a consistência teórica das metodologias mencionadas anteriormente, tais métodos constituem ferramentas com enorme interesse prático. Não por acaso, decorrem da observação e da interpretação, por engenheiros, de rupturas reais.

Basicamente, esses métodos consistem em:

a) admitir um mecanismo de ruptura, correspondente a uma massa de terras limitada por uma superfície de deslizamento (curvilínea, plana ou mista);

b) para a mesma massa, calcular o efeito (que pode, por exemplo, corresponder ao momento das forças em relação a um centro de rotação, como o centro da superfície de deslizamento quando ela for um arco de circunferência) das forças instabilizadoras ou solicitantes, S, na superfície de deslizamento; tal equivale a calcular as forças tangenciais que são necessárias *mobilizar*, M, na mesma superfície para equilibrar aquele efeito; logo, $S = M$;

c) calcular as forças tangenciais *mobilizáveis ou resistentes* na superfície de deslizamento para o mecanismo de ruptura admitido, R;

d) comparar as forças (ou seus efeitos) referidas em b) e c), o que pode ser concretizado de diversas formas, como se verá adiante;

e) repetir os passos a) a d) para outros mecanismos e massas de terra, identificando assim a chamada *superfície crítica*, que será aquela que limita a massa de terras para a qual a comparação de S com R é menos favorável.

Essa metodologia combina aspectos que derivam dos dois teoremas da análise-limite. Com efeito, as superfícies potenciais de deslizamento correspondem naturalmente a determinados mecanismos de colapso, como é regra admitir no âmbito do TLS, mas nem sempre respeitam os requisitos da compatibilidade das deformações. Por outro lado, embora as condições globais de equilíbrio da massa potencialmente instável tenham de ser satisfeitas, as condições locais de equilíbrio nem sempre são verificadas.

Não obstante essas limitações, a longa prática de aplicação desses métodos evidencia que os resultados por eles fornecidos reproduzem com boa aproximação as rupturas reais observadas.

A forma tradicional na Mecânica dos Solos de comparar as forças (ou seus efeitos) referidas em b) e c) é por meio de:

$$F = \frac{R}{S} \tag{1.10}$$

sendo F o que convencionalmente se designa como *coeficiente global de segurança*. Considerando $S = M$, pode também escrever-se:

$$M = \frac{R}{F} \tag{1.11}$$

A Eq. 1.11 corresponde a uma interpretação da noção de coeficiente global de segurança tradicional na Geotecnia: representa o valor pelo qual deve ser dividida a *resistência mobilizável* (máximo das forças resistentes ou dos seus efeitos) para se obter a *resistência mobilizada* (forças resistentes estritamente necessárias para assegurar o equilíbrio).

No Cap. 3 essa questão é retomada, discutindo-se formas alternativas de confrontar os dois efeitos. Neste capítulo considera-se apenas essa definição.

Em seguida é apresentado o mais divulgado dos métodos de equilíbrio-limite para a análise da estabilidade global de maciços terrosos: o método das fatias.

1.2.1 Método das fatias. Formulação geral

Nos taludes naturais ou de aterros onde não se registram zonas ou camadas com características mecânicas altamente contrastantes, muitas vezes as rupturas são verificadas ao longo de superfícies de deslizamento que, numa seção transversal, são muito aproximadamente arcos de circunferência.

Nessas situações a análise do equilíbrio da massa potencialmente deslizante fica facilitada por meio da sua divisão em fatias de faces verticais, como se indica na Fig. 1.4a. Suponha-se que é conhecida a distribuição da pressão na água dos poros no maciço a partir da rede de fluxo, caso as condições sejam hidrodinâmicas, ou simplesmente a partir da posição do nível freático, caso as condições sejam hidrostáticas. A Fig. 1.4b mostra uma fatia genérica

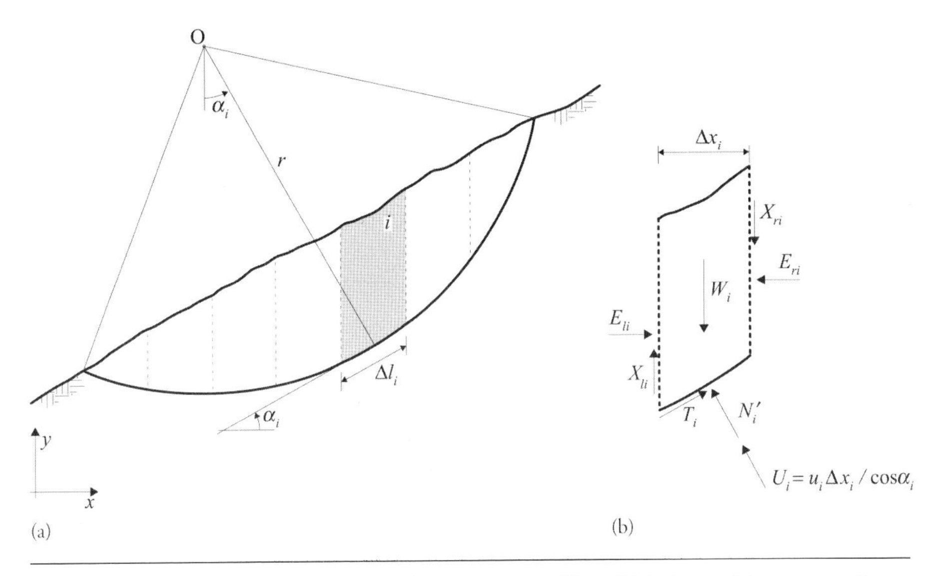

Fig. 1.4 *Método das fatias: (a) massa de terras em análise; (b) fatia genérica com as forças aplicadas*

com as forças aplicadas: i) o peso, W_i; ii) a resultante das tensões efetivas normais à base da fatia N'_i; iii) a resultante da pressão na água dos poros na base da fatia, U_i; iv) a resultante das tensões tangenciais mobilizadas na base da fatia, T_i; v) as componentes normal e tangencial das forças de interação na face esquerda, E_{li} e X_{li}, e na face direita da fatia, E_{ri} e X_{ri}, respectivamente. As resultantes das tensões efetivas normais nas faces laterais das fatias, E'_{li} e E'_{ri}, relacionam-se com as forças E_{li} e E_{ri} por meio das resultantes da pressão na água dos poros nas mesmas faces, supondo-se conhecidas.

O coeficiente de segurança é definido em termos de momentos em relação ao centro do arco:

$$F = \frac{M_R}{M_S} \tag{1.12}$$

sendo M_R o momento das forças resistentes ou mobilizáveis ao longo do arco que se opõem ao deslizamento e M_S o momento das forças que tendem a provocar aquele deslizamento, isto é, do peso da massa limitada pela superfície circular.

Assim, atendendo às notações da Fig. 1.4 e considerando o caso geral em que os parâmetros de resistência podem variar ao longo da superfície de deslizamento, e sendo c'_i e ϕ'_i seus valores na base da fatia genérica, têm-se:

$$M_R = r\sum_{i=1}^{n}\left(c'_i + \sigma'_i \, tg\phi'_i\right)\Delta\ell_i = r\sum_{i=1}^{n}\left(c'_i\,\Delta\ell_i + N'_i\, tg\phi'_i\right) \tag{1.13}$$

e

$$M_S = r\sum_{i=1}^{n} W_i \text{ sen } \alpha_i \tag{1.14}$$

Substituindo as Eqs. 1.13 e 1.14 na Eq. 1.12, obtém-se:

$$F = \frac{\sum_{i=1}^{n}\left(c'_i\,\Delta\ell_i + N'_i\, tg\phi'_i\right)}{\sum_{i=1}^{n} W_i \text{ sen } \alpha_i} \tag{1.15}$$

A Eq. 1.15 pode ser então reescrita da seguinte forma:

$$\sum_{i=1}^{n}\left(\frac{c'_i}{F}\Delta\ell_i + \frac{tg\phi'_i}{F}N'_i\right) = \sum_{i=1}^{n} W_i \text{ sen } \alpha_i \tag{1.16}$$

O coeficiente de segurança global pode assim ser interpretado como o valor pelo qual deve se dividir os parâmetros de resistência do solo para ser instalada uma situação de equilíbrio-limite, o que corresponde à definição da Eq. 1.11.

Das grandezas envolvidas na Eq. 1.15, a única não conhecida é N'_i, a resultante das tensões efetivas normais na base da fatia, porque o problema é estaticamente indeterminado. Como mostra o Quadro 1.1, o número de equações disponíveis, $3n$, é inferior ao número de incógnitas, $4n-2$. Este último número não inclui as n incógnitas referentes ao ponto de aplicação de N'_i; de fato, caso se tenha o cuidado de usar fatias de largura reduzida, é razoável

Quadro 1.1 Equações e incógnitas no método das fatias

Equações disponíveis		Incógnitas	
Equilíbrio de forças:		Relacionadas com o equilíbrio de forças:	
• 2 por fatia:	$2n$	• forças N'_i	n
		• forças E_i e X_i	$2(n-1)$
		• valor de F que relaciona T_i com N'_i	1
Equilíbrio de momentos:		Relacionadas com o equilíbrio de momentos:	
• 1 por fatia:	n	• pontos de aplicação das forças E_i	$n-1$
Total:	$3n$	Total:	$4n-2$

Fonte: adaptado de Whitman e Bailey (1967).

admitir, sem erro significativo, que aquele ponto coincide com o centro do arco que constitui a base da fatia.

Os diversos métodos conhecidos no âmbito do método geral das fatias distinguem-se pelas hipóteses que formulam para levantar essa indeterminação. Em geral, tais hipóteses estão relacionadas com as forças de interação entre fatias. Em seguida são abordados três desses métodos.

1.2.2 Método de Fellenius

O primeiro método desenvolvido dentro dessa filosofia é o chamado *método sueco* ou *método de Fellenius* (1927, 1936), que admite que as forças de interação entre cada fatia e suas vizinhas têm direção paralela à base da fatia em questão.

Assim, essas forças não aparecem numa equação de equilíbrio de forças na direção normal à base da fatia:

$$W_i \cos\alpha_i - N_i' - U_i = 0 \tag{1.17}$$

de onde se obtém, então:

$$N_i' = W_i \cos\alpha_i - u_i \Delta\ell_i \tag{1.18}$$

Substituindo a Eq. 1.18 na Eq. 1.15 obtém-se o coeficiente de segurança de Fellenius:

$$F = \frac{\sum_{i=l}^{n} c_i' \Delta\ell_i + (W_i \cos\alpha_i - u_i \Delta\ell_i) \operatorname{tg}\phi_i'}{\sum_{i=l}^{n} W_i \operatorname{sen}\alpha_i} \tag{1.19}$$

1.2.3 Método de Bishop simplificado

A versão simplificada do método proposto por Bishop (1955), o chamado *método de Bishop simplificado*, admite que as forças de interação entre as fatias são horizontais. Sendo assim, as forças N_i' podem ser calculadas a partir de uma equação de projeção das forças na direção vertical:

$$W_i - N_i' \cos\alpha_i - u_i \Delta x_i - T_i \operatorname{sen}\alpha_i = 0 \tag{1.20}$$

A força T_i que aparece na Eq. 1.20 representa a força tangencial *mobilizada* (necessária ao equilíbrio) na base da fatia. Considerando que a força tangencial *mobilizável*, ou *resistente*, T_{fi}, vale:

$$T_{fi} = c_i' \Delta\ell_i + tg\phi' N_i' \tag{1.21}$$

a força T_i pode ser obtida a partir de T_{fi} por meio do coeficiente de segurança, logo:

$$T_i = \frac{c_i'}{F} \Delta\ell_i + \frac{tg\phi_i'}{F} N_i' \tag{1.22}$$

Substituindo a Eq. 1.22 na Eq. 1.20, obtém-se:

$$N_i' = \frac{W_i - u_i \Delta x_i - (1/F)\, c_i' \Delta x_i \text{ tg } \alpha_i}{\cos \alpha_i \left[1 + (1/F) \text{ tg } \phi_i' \text{ tg } \alpha_i\right]} \tag{1.23}$$

Combinando as Eqs. 1.23 e 1.15, obtém-se o coeficiente de segurança:

$$F = \frac{\sum_{i=l}^{n} \left[c_i' \Delta x_i + (W_i - u_i \Delta x_i) \text{ tg } \phi_i'\right] \left[1/M_i(\alpha)\right]}{\sum_{i=l}^{n} W_i \text{ sen } \alpha_i} \tag{1.24}$$

em que:

$$M_i(\alpha) = \cos \alpha_i \left(1 + \frac{\text{tg } \alpha_i \text{ tg } \phi_i'}{F}\right) \tag{1.25}$$

Verifica-se assim que o método de Bishop simplificado não conduz a uma solução explícita do coeficiente de segurança, pois F aparece nos dois membros da Eq. 1.24. É, pois, indispensável recorrer a um processo iterativo para a resolução do problema: i) arbitrar um primeiro valor de F; ii) por meio das Eqs. 1.25 e 1.24 calcular, F; iii) ponderar a diferença desse valor em relação ao arbitrado inicialmente; iv) admitir um novo valor de F e repetir o processo até se obter um resultado muito próximo do último valor adotado. Em regra, a convergência desse processo é bastante rápida.

1.2.4 Método de Spencer

Os dois métodos anteriores podem ser objeto de crítica pelo fato de estar ausente uma verificação em termos de equilíbrio de forças globais, porque o coeficiente de segurança é definido exclusivamente como uma razão de momentos. O método desenvolvido por Spencer (1967) ultrapassa essa questão ao calcular um coeficiente de segurança simultaneamente em termos de momentos e de forças.

Considere-se a Fig. 1.5, em que se representa a massa de terras em análise e sua fatia genérica. Caso as fatias tenham largura reduzida, é razoável

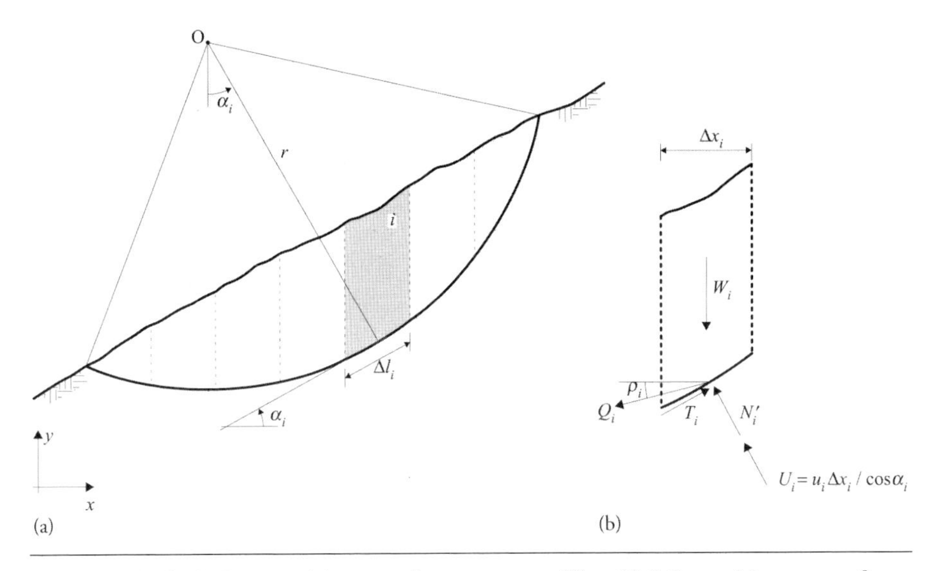

FIG. 1.5 *Método de Spencer: (a) massa de terras em análise; (b) fatia genérica com as forças aplicadas*

admitir que W_i, N_i' e U_i estão aplicadas no centro da base da fatia. Sendo aquelas três forças e ainda T_i concorrentes, então o equilíbrio exige que a resultante das forças de interação aplicadas à fatia, Q_i, passe de igual modo no mesmo ponto, como mostra a Fig. 1.5b; nela, a força Q_i está marcada fazendo um ângulo ρ_i com a horizontal.

As equações de equilíbrio de forças segundo a direção normal e a direção tangente à base da fatia permitem obter:

$$N_i' + u_i\,\Delta\ell_i - W_i\cos\alpha_i + Q_i\,\mathrm{sen}\,(\rho_i - \alpha_i) = 0 \tag{1.26}$$

$$T_i - W_i\,\mathrm{sen}\,\alpha_i - Q_i\cos\,(\rho_i - \alpha_i) = 0 \tag{1.27}$$

Da Eq. 1.26 pode se obter a força N_i'. Substituindo essa força na equação que relaciona a força tangencial mobilizada com a força tangencial resistente, obtém-se:

$$T_i = \frac{c_i'\,\Delta\ell_i + [W_i\cos\alpha_i - Q_i\,\mathrm{sen}\,(\rho_i - \alpha_i) - u_i\,\Delta\ell_i]\ tg\phi_i'}{F} \tag{1.28}$$

Substituindo agora T_i na Eq. 1.27, obtém-se a seguinte expressão para a resultante das forças de interação na fatia:

$$Q_i = \frac{\frac{c'_i \Delta\ell_i}{F} + \frac{(W_i \cos\alpha_i - u_i \Delta\ell_i)\, tg\phi'_i}{F} - W_i \operatorname{sen} \alpha_i}{\cos(\rho_i - \alpha_i)\left[1 + \frac{tg\phi'_i\, tg(\rho_i - \alpha_i)}{F}\right]} \tag{1.29}$$

Considerando que a soma dos momentos das forças exteriores à massa de terras em relação ao ponto O é nula, o mesmo terá de acontecer ao somatório dos momentos das forças Q_i:

$$\sum Q_i\, r \cos(\rho_i - \alpha_i) = 0 \tag{1.30}$$

ou, como r é constante:

$$\sum Q_i \cos(\rho_i - \alpha_i) = 0 \tag{1.31}$$

De modo análogo, como as forças exteriores estão em equilíbrio, o mesmo precisa ocorrer em relação às forças Q_i, devendo-se verificar as seguintes equações de equilíbrio:

$$\sum Q_i \cos(\rho_i - \alpha_i) = 0 \tag{1.32}$$

$$\sum Q_i \operatorname{sen}(\rho_i - \alpha_i) = 0 \tag{1.33}$$

Admitindo que as resultantes das forças de interação são paralelas, ρ_i será constante, podendo-se, então, substituir as Eqs. 1.32 e 1.33 por:

$$\sum Q_i = 0 \tag{1.34}$$

O procedimento do método de Spencer é o seguinte:

i) adota-se um primeiro valor de ρ, por exemplo, $\rho_1 = 0$, que, substituído na Eq. 1.29, permite obter as forças Q_i em função de F;

ii) introduzidas essas forças na Eq. 1.34, obtém-se o valor de F correspondente a ρ_1;

iii) o indicado em i) e ii) é repetido para sucessivos valores de ρ, de modo a obter a curva que relaciona F com ρ; os valores de F correspondentes são designados como F_f, por resultarem da satisfação da equação de equilíbrio de forças;

iv) o processo de adoção de sucessivos valores de ρ é repetido mas introduzindo agora as forças Q_i obtidas da Eq. 1.29 na Eq. 1.31, de modo a obter os correspondentes valores de F, agora designados como F_m, por resultarem da satisfação do equilíbrio de momentos;

v) como mostra a Fig. 1.6, a interseção das duas curvas $F_f(\rho)$ e $F_m(\rho)$ corresponde ao valor de ρ e de F satisfazendo o equilíbrio de forças e momentos.

É interessante verificar que com F e ρ assim obtidos é possível calcular, a partir da Eq. 1.29, as forças Q_i. Em seguida, e iniciando o cálculo a partir da fatia 1, é possível, por meio de equações de equilíbrio de forças e de momentos, fatia a fatia, obter as componentes X e E das forças de interação e os respectivos pontos de aplicação.

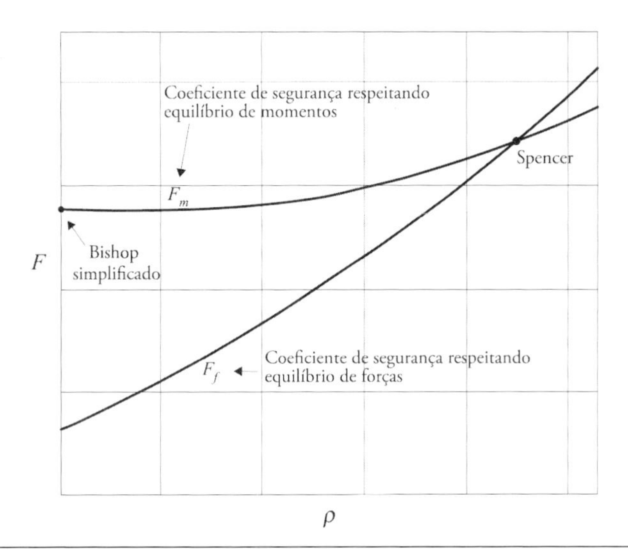

FIG. 1.6 *Determinação do coeficiente de segurança pelo método de Spencer por meio da interseção da curva representando o coeficiente de segurança respeitando o equilíbrio de forças com a curva representando o coeficiente de segurança respeitando o equilíbrio de momentos*

1.2.5 COMENTÁRIO

Convém notar que os métodos de Fellenius e de Bishop simplificado, ao formularem hipóteses (cada um a seu modo, como se viu) acerca da direção das $n-1$ forças de interação, tornam o número de incógnitas igual a $4n-2-(n-1)=3n-1$, logo, inferior a $3n$, o número de equações (ver Quadro 1.1). O problema passa assim de indeterminado a sobredeterminado. A consequência do fato é que o equilíbrio de cada fatia não fica necessariamente satisfeito no âmbito da aplicação dos métodos citados.

O mesmo não acontece com o método de Spencer. De fato, admitir que a inclinação das forças de interação é constante em toda a massa equivale a fazer $n - 1$ hipóteses; todavia, simultaneamente é introduzida como incógnita suplementar o valor do ângulo ρ, que define aquela inclinação. Dessa forma, o problema torna-se estaticamente determinado, obtendo-se uma solução matematicamente correta. O método de Spencer permite, pois, obter um sistema de forças equilibrado para todas as fatias.

Voltando a comentar a Fig. 1.6, é interessante notar também que o valor de F_m para $\rho = 0$ corresponde de fato ao coeficiente de segurança do método de Bishop simplificado. Com efeito, ele apenas define o coeficiente de segurança em termos de momentos e admite as forças de interação horizontais, logo, normais aos contatos entre fatias.

Observando a Fig. 1.6, verifica-se que o coeficiente de segurança de Bishop é inferior ao de Spencer. O erro daquele método é em regra muito pequeno pelo fato de, como ilustra a figura, o valor de F_m ser pouco sensível em relação ao ângulo ρ admitido para a inclinação das forças de interação entre fatias.

A reduzida sensibilidade numérica de F_m em relação a ρ tem explicação física simples: o equilíbrio de momentos não é significativamente influenciado pelas forças tangenciais nas faces verticais das fatias porque a massa instável pode rodar como um todo sem que tal exija um escorregamento entre fatias. Pelo contrário, um movimento lateral da mesma massa já não é possível sem substancial escorregamento entre fatias; consequentemente, o coeficiente F_f é bastante sensível em relação à hipótese referente às forças tangenciais nos contatos entre fatias (Krahn, 2003).

O erro associado pequeno (tipicamente inferior a 2%, como foi demonstrado por Spencer para um grande número de condições) e o fato de ele ser a favor da segurança explicam por que o método de Bishop simplificado é o mais usado nas análises de estabilidade quando as superfícies de deslizamento são circulares.

O método de Fellenius fornece igualmente resultados do lado da segurança, mas em certas circunstâncias o erro nele envolvido pode ser substancial. Tendo em consideração que atualmente todas as análises de estabilidade recorrem ao cálculo automático, não se justifica o uso do método de Fellenius em projeto. O método é mencionado neste trabalho devido à sua importância histórica e porque, conduzindo a uma solução explícita do coeficiente de segurança, permite facilmente exercitar os estudantes que se iniciam no estudo da matéria.

No Cap. 6, ainda dentro da filosofia geral do método das fatias, são apresentados outros métodos que, tal como o de Spencer, fornecem soluções matematicamente rigorosas. Entre eles o mais divulgado é o de Morgenstern e Price (1965), com a vantagem adicional de permitir a consideração de superfícies de deslizamento com qualquer forma.

1.3 ESTABILIDADE DE ATERROS SOBRE SOLOS ARGILOSOS MOLES

Os problemas de estabilidade de aterros sobre solos argilosos moles são aqueles em que o método das fatias é mais frequentemente aplicado. Isso deriva do fato de a observação de numerosos casos de ruptura evidenciar que as superfícies de deslizamento, quando analisadas num plano vertical transversal ao desenvolvimento do aterro, aproximam-se de arcos de circunferência, envolvendo parte do aterro e do solo de fundação, como indica a Fig. 1.7a.

Como foi discutido no Cap. 6 do Vol. 1, nesse tipo de problema, o coeficiente de segurança à ruptura é mínimo no fim da construção. Com efeito, como mostra a Fig. 1.7b, o carregamento acarreta o crescimento da tensão média e da tensão de cisalhamento no maciço, e por isso se desenvolvem excessos de pressão neutra positivos, que atingem o seu máximo no fim da construção.

A grandeza desses excessos de pressão neutra depende do grau do sobreadensamento do solo. A equação do Cap. 6 do Vol. 1 (seção 6.4) que fornece o excesso de pressão neutra gerado num ponto do maciço é:

$$\Delta u = \Delta\sigma_3 + A(\Delta\sigma_1 - \Delta\sigma_3) \tag{1.35}$$

e pode ser escrita da seguinte forma:

$$\Delta u = \frac{(\Delta\sigma_1 + \Delta\sigma_3)}{2} + \frac{(2A - 1)\,(\Delta\sigma_1 - \Delta\sigma_3)}{2} \tag{1.36}$$

A Eq. 1.36 apresenta a vantagem de separar nas duas parcelas do segundo membro os efeitos da tensão normal média incremental e da tensão de cisalhamento máxima incremental.

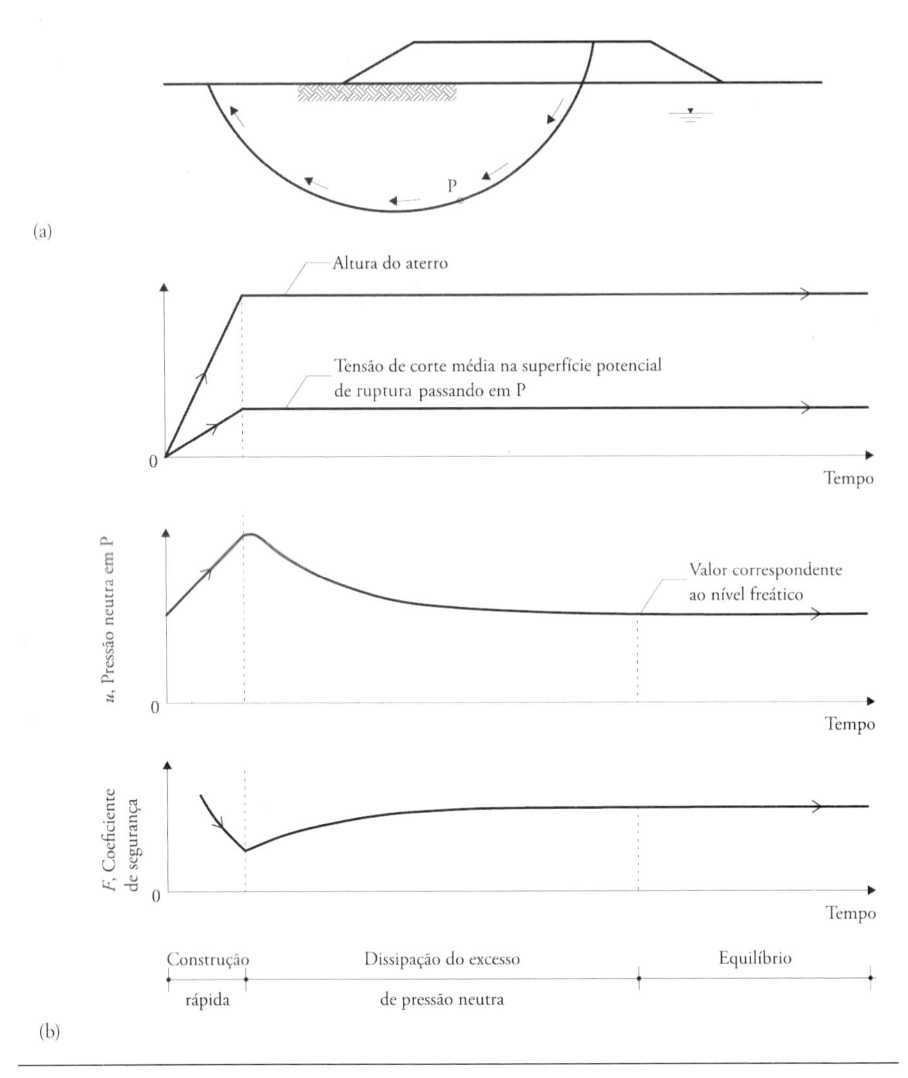

Fig. 1.7 *Aterro sobre solo argiloso mole: (a) esquema e tipo de ruptura; (b) alterações nas tensões de cisalhamento, pressões neutras e coeficiente de segurança durante e após a construção*

Fonte: (adaptado de Bishop e Bjerrum, 1960)

Nos problemas em questão, a primeira parcela é positiva e independente do tipo de solo. Considerando os valores típicos do parâmetro *A* de Skempton (ver Vol. 1, Tab. 6.2), a segunda parcela será, em princípio, positiva nos solos normalmente adensados a ligeiramente sobreadensados e negativa nos solos medianamente a fortemente sobreadensados.

Dessa forma, e como resultado global, o excesso de pressão neutra gerado será positivo, mas será mais elevado nos solos normalmente adensados do que nos solos sobreadensados.

Após o carregamento, durante um período que pode ser muito variável, conforme as condições de drenagem prevalecentes e a permeabilidade do solo, o excesso de pressão neutra tende a se dissipar, diminui a umidade do solo, aumenta a tensão efetiva, e, logo, a resistência ao cisalhamento, aumentando em consequência o coeficiente de segurança.

Portanto, as análises de estabilidade para esse caso terão de ser efetuadas para as condições do fim da construção. Como, em regra, a construção do aterro é mais rápida do que o desenvolvimento do processo de adensamento, é usual admitir que o solo de fundação é carregado em condições não drenadas, hipótese que se provou ser do lado da segurança (ver Vol. 1, seção 6.4).

Quando essas condições se verificam, adotam-se, em geral, devido à sua maior simplicidade, análises em tensões totais. O maciço é então considerado como um meio contínuo, não se distinguindo as tensões no esqueleto sólido e na água, com a resistência ao cisalhamento definida pelo critério de Tresca, em que a resistência pontual é independente da tensão normal total. Essa envolvente equivale a considerar $c = S_u$ e $\phi = 0$. Daí ser usual em alguma bibliografia da especialidade classificar tais análises como análises $\phi = 0$.

1.3.1 Aplicação do método das fatias nas análises das tensões totais

A Fig. 1.8a ilustra um aterro sobre um maciço de argila, representando-se do lado direito da figura a evolução da resistência não drenada em profundidade, com o aspecto típico discutido no Cap. 6 do Vol. 1. A figura inclui também uma superfície de deslizamento genérica e a divisão em fatias da respectiva massa de terras.

Desprezando a resistência ao cisalhamento no segmento da superfície de deslizamento que atravessa o corpo do aterro – o que é usual, porque as rupturas por deslizamento são geralmente precedidas pela abertura de fendas de tração que progridem da base ao topo do aterro –, a aplicação da Eq. 1.15 ao problema em questão simplifica-se, tornando-se:

$$F = \frac{\sum_{i=1}^{n} S_{ui}\,\Delta\ell_i}{\sum_{i=1}^{n} W_i \operatorname{sen}\alpha_i} \tag{1.37}$$

sendo S_{ui} retirado do diagrama que expressa a evolução da resistência não drenada em profundidade. Nesse caso, como a resistência ao cisalhamento na base das fatias não depende do peso delas, as soluções dos métodos de Fellenius e de Bishop simplificado coincidem.

Parece oportuno recordar ao leitor que no Cap. 6 do Vol. 1 é discutida a influência da anisotropia na resistência não drenada das argilas e também as trajetórias de tensões que prevalecem nas diversas zonas das superfícies de deslizamento. Assim, o perfil que expressa a evolução de S_u em profundidade deve atender às considerações que na altura foram tecidas. Em particular, recorda-se que o ensaio de palheta *in situ* (*vane test*) com os respectivos resultados devidamente corrigidos (Bjerrum, 1972; Azzouz; Baligh; Ladd, 1983) parece constituir boa opção para a estimativa da resistência não drenada nos problemas em questão.

Aspecto que merece ser discutido, pela influência relevante no coeficiente de segurança global apurado, prende-se com os valores da resistência a adotar na crosta sobreadensada por ressecamento ou dessecação. Pelo fato de essa crosta frequentemente se encontrar fissurada, a sua resistência pode ser sobrestimada pelos ensaios de laboratório ou *in situ*, que, por envolverem pequenos volumes, são menos afetados pela (eventual) fissuração. A Fig. 1.8b mostra duas propostas referentes à resistência a considerar para aquela camada para atender à questão referida (Tavenas; Leroueil, 1980; Lefebvre; Pare; Dascal, 1987).

A Fig. 1.8c mostra os resultados de uma análise de estabilidade do tipo que acabou de ser apresentado com recurso ao cálculo automático. As linhas representadas correspondem a centros de superfícies de deslizamento com igual coeficiente de segurança. Representa-se ainda a superfície correspondente ao coeficiente de segurança mínimo e o valor dele.

É muito frequente que análises como a apresentada, considerando a geometria final do aterro, conduzam a valores do coeficiente de segurança global inaceitavelmente baixos. Normalmente, são exigidos valores mínimos desse coeficiente entre 1,3 e 1,5, dependendo de certo número de fatores, como a experiência de projetos similares no mesmo solo – claramente o mais

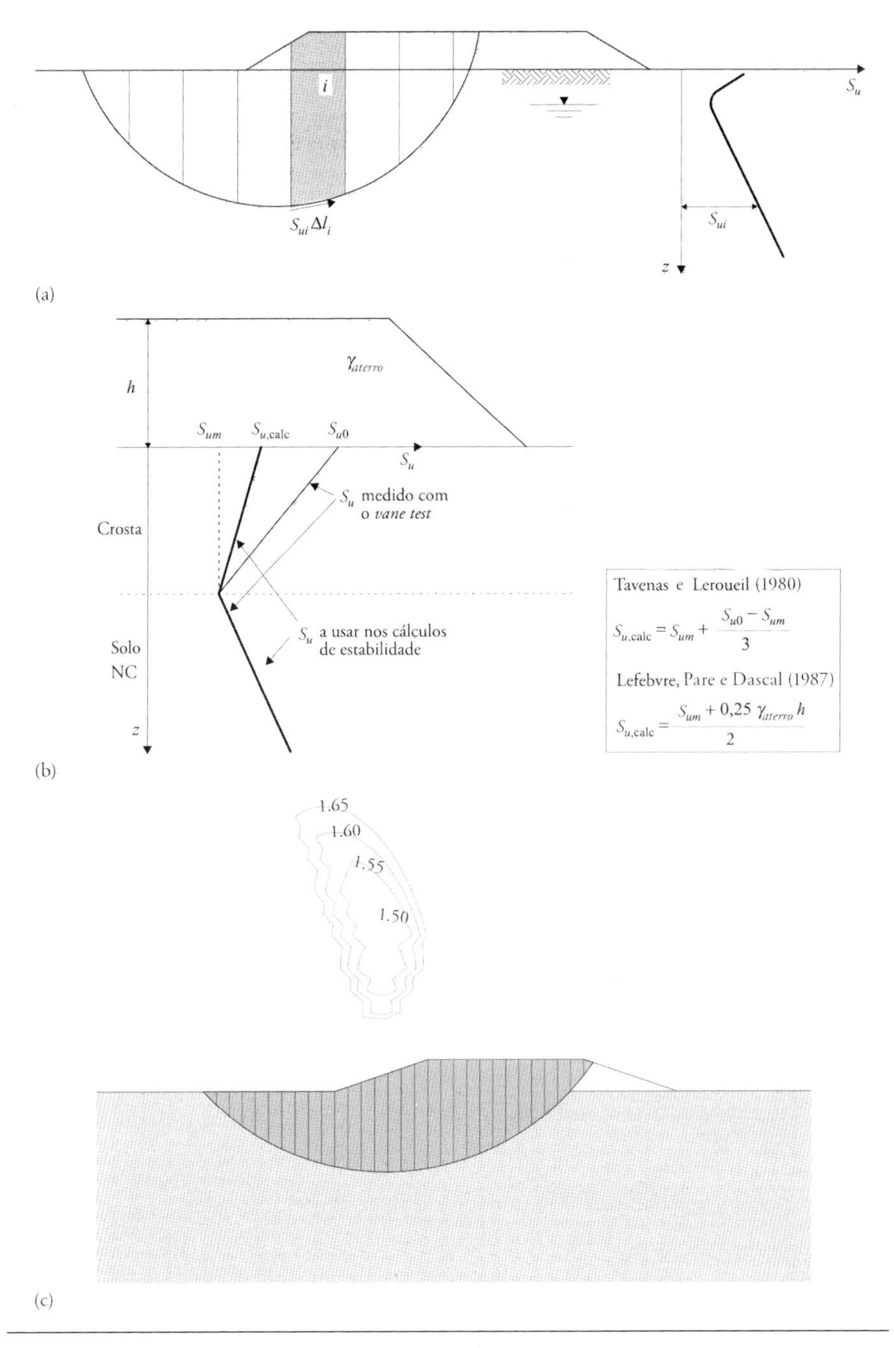

Fig. 1.8 *Aplicação do método das fatias à análise de estabilidade de um aterro sobre um maciço argiloso mole: (a) esquema mostrando a evolução de S_u em profundidade; (b) propostas referentes à consideração de S_u na crosta sobreadensada por ressecamento; (c) saída gráfica de um caso real analisado com o programa SLOPE/W*

importante –, a sensibilidade da argila, que pode conduzir a fenômenos de ruptura progressiva (ver Vol. 1, seção 6.4), as consequências de uma eventual ruptura, entre outros. Caso se considere inaceitável o coeficiente de segurança obtido, pode recorrer-se a diversos métodos para viabilizar a solução em aterro, alguns dos quais são em seguida sucintamente apresentados.

Para um aprofundamento desse tema, recomenda-se o estudo do livro de Almeida e Marques (2010).

1.3.2 MÉTODOS DE VIABILIZAÇÃO DA CONSTRUÇÃO

Bermas de equilíbrio

O efeito das bermas de equilíbrio no aumento do coeficiente de segurança é facilmente apreensível examinando a Fig. 1.9. Imagine que para as condições da Fig. 1.9a o coeficiente de segurança é insuficiente e que a superfície de deslizamento crítica é a representada. O aumento do peso do solo à esquerda do centro do arco de circunferência que contém a superfície de deslizamento contribuirá para a redução de M_S, logo, para um incremento de F. Aquele aumento de peso pode ser conseguido, como ilustra a Fig. 1.9b, por meio de bermas de equilíbrio do mesmo material do aterro, havendo, como se compreende, várias combinações da largura e da altura daquelas que satisfarão o crescimento desejado.

O inconveniente dessa solução é que aumenta a área a expropriar para a obra, aumentando também naturalmente os impactos paisagísticos e ambientais negativos associados à obra de aterro. Isso explica por que atualmente esse processo é usado com menos frequência do que os processos alternativos apresentados a seguir.

É de referir que a redução da inclinação das partes laterais do aterro (também designadas *saias do aterro*) é uma medida estabilizadora que pode ser considerada similar, pelo seu efeito, às bermas laterais.

Construção em etapas

Um dos processos clássicos para viabilizar a construção de aterros sobre solos moles consiste no carregamento do maciço de fundação por estágios. Após o primeiro carregamento, cada estágio posterior só é aplicado quando grande parte dos excessos de pressão neutra gerados pelo estágio precedente já está dissipada.

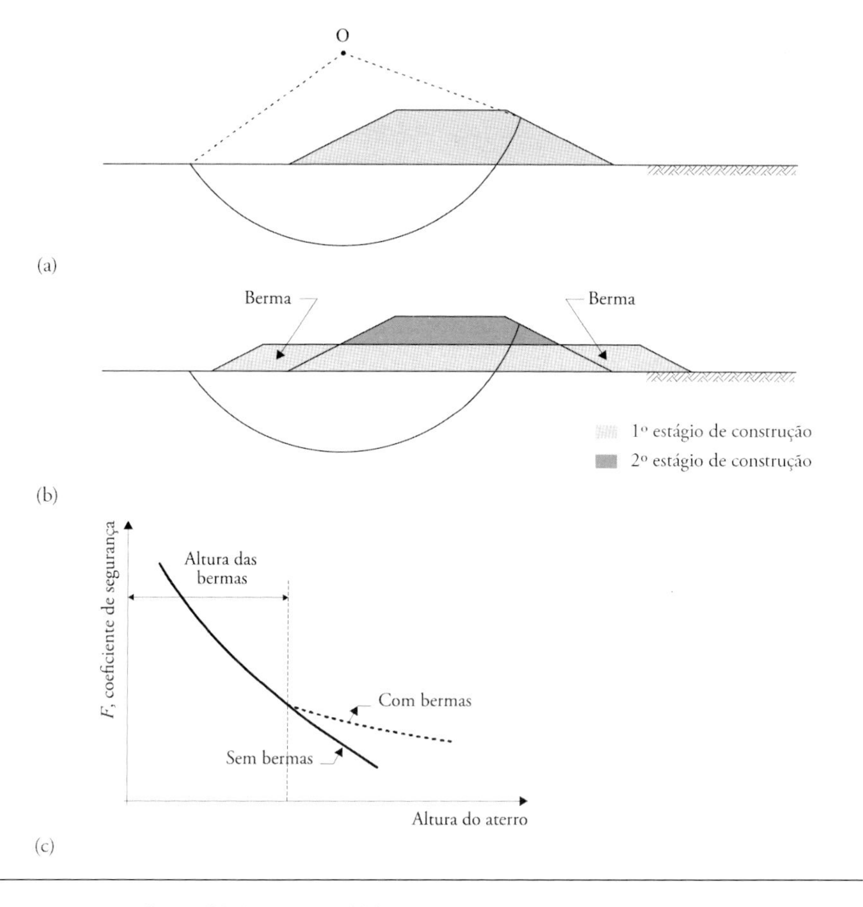

FIG. 1.9 *Bermas de equilíbrio para estabilização de um aterro sobre solo argiloso mole*
Fonte: adaptado de Correia (1982).

A Fig. 1.10a representa a construção de um aterro em dois estágios, enquanto a Fig. 1.10b mostra as trajetórias de tensões totais (*TTT*) e efetivas (*TTE*) no ponto P sob o eixo de simetria vertical do aterro. De modo a simplificar a explicação, admita que, após o primeiro estágio de carregamento, se aguarda pela conclusão do processo de consolidação para aplicar o segundo estágio e que as tensões totais se mantêm praticamente inalteradas durante o processo de adensamento.

As *TTT* e *TTE* associadas aos dois estágios de carregamento são similares, bem como as *TTE* durante os processos de adensamento que se seguem àqueles. Considerando a orientação das *TTE* durante o carregamento não drenado, é fácil verificar que, se o aterro fosse construído de uma só vez, o ponto P sofreria ruptura por cisalhamento antes que a altura máxima daquele fosse atingida. Nessa situação a própria *TTT* marcada na figura não se verificaria, porque, após a ruptura por cisalhamento em P, a lei de crescimento das tensões totais com o carregamento passaria a ser outra, considerando que a TTE não poderia passar além da linha K_f. O fato de, após o primeiro estágio de carregamento, se permitir a dissipação do excesso de pressão neutra gerado naquele ponto permite, como se pode verificar, proceder ao segundo estágio sem que o ponto entre em ruptura.

A ideia que está na base dessa metodologia foi largamente discutida e demonstrada no Cap. 6 do Vol. 1: a resistência não drenada depende das tensões efetivas instaladas antes do carregamento não drenado, crescendo com aquelas. Quando o solo é carregado pelo primeiro estágio, a resistência não drenada disponível no ponto P é $S_u(0)$, tal como assinalado na figura. Por sua vez, quando o solo vai ser carregado pelo segundo estágio, a resistência não drenada disponível passa a ser maior, $S_u(1)$, também indicada, e determinada pela tensão efetiva média granjeada pelo adensamento associado ao 1º estágio de carregamento.

Em suma: ao considerar o carregamento em estágios, o terreno pode suportar uma carga mais elevada sem sofrer ruptura ou deslizamento global. Aliás, é precisamente essa ruptura global que se pretende proteger e não tanto uma ruptura local, como poderia erradamente sugerir a explicação precedente. Por meio da Fig. 1.10, pretendeu-se explicar de forma simples que o carregamento em estágios pode evitar ou atrasar a ruptura num ponto genérico do maciço, permitindo que o carregamento à superfície possa atingir maior grandeza sem que o coeficiente de segurança global passe a ser menor do que um dado valor mínimo considerado admissível.

Nas condições atuais, em que os prazos de execução das obras são extremamente reduzidos, esse sistema só se torna viável caso seja combinado com a aceleração do adensamento por meio de drenos verticais.

No Anexo A1 incluem-se considerações sobre as análises de estabilidade quando se usa a construção em estágios. Das considerações tecidas poderá concluir-se que a avaliação por meio de cálculos do crescimento da resistência não drenada associado aos estágios de carregamento precedentes envolve significativas dificuldades, e a sua verificação por meio de ensaios de palheta *in situ* (*vane test*) é altamente recomendável.

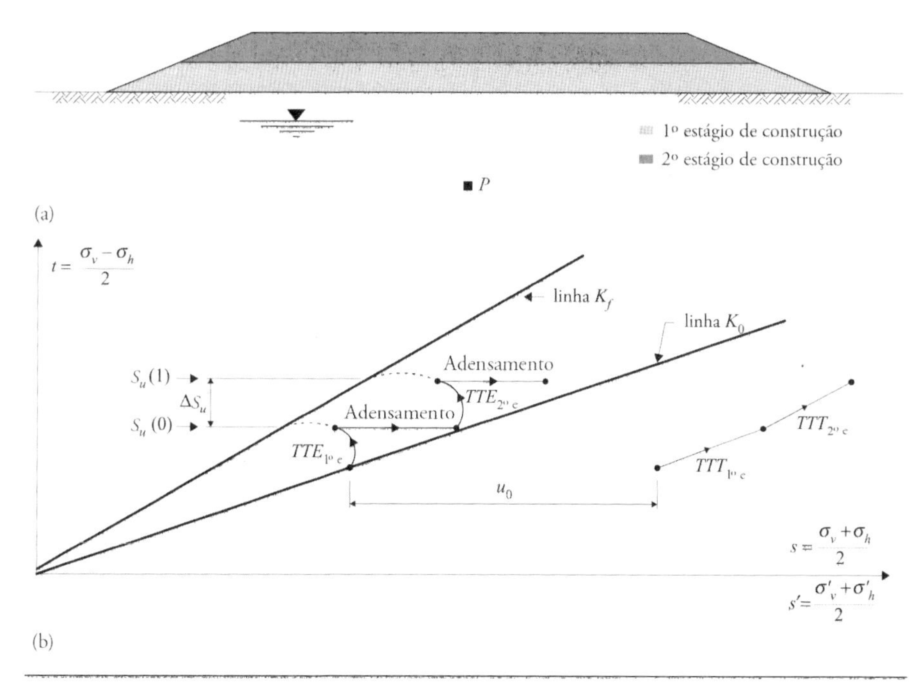

FIG. 1.10 *Construção do aterro com adensamento entre estágios de carregamento: (a) esquema de um aterro construído em dois estágios; (b) trajetórias de tensões totais e efetivas num ponto sob o centro do aterro, com indicação da resistência não drenada para os dois estágios de carregamento*

Reforço do solo de fundação com colunas de brita

O reforço do solo argiloso mole pode também ser um método de viabilizar a aplicação de determinado carregamento à superfície. O processo mais comum de reforço de solos argilosos moles carregados por aterros consiste na construção de *colunas de brita*, também chamadas de estacas de brita, que são prolongadas até a base da camada de solo mole. O prolongamento das colunas de brita até a base da camada de solo mole está ligado essencialmente à redução do recalque e não necessariamente à estabilidade.

Como mostra a Fig. 1.11a, a resistência mobilizável ao longo das superfícies potenciais de deslizamento que interceptam as colunas de brita virá incrementada.

O modo de execução de colunas de brita é tratado no Cap. 5 (ver seção 5.4.3, e em particular a Fig. 5.30, para uma descrição mais detalhada

Tab. 1.1 Propriedades típicas da argila expandidas

Propriedade	Valores típicos
Diâmetro das partículas	0-30 mm 10-20 mm (intervalo mais corrente)
Peso específico	Estado solto e umidade de fábrica: 2,5-3,0 kN/m^3 Compactado e úmido: 3,3-4,0 kN/m^3 Compactado e saturado: 5,0 kN/m^3
Ângulo de atrito	37°-40°
Tensão máxima de compressão recomendada	100 kPa

Fonte: Reis e Ramos (2009).

Tratando-se, pois, de um material granular de resistência apreciável, de boa durabilidade e de peso específico máximo da ordem de 25% do de um material de aterro convencional, compreende-se a utilidade do seu uso quando o solo de fundação do aterro apresenta baixa resistência. A Fig. 1.13 mostra uma seção transversal num aterro incorporando argila expandida. Como se verifica, esse material fica envolvido por solo.

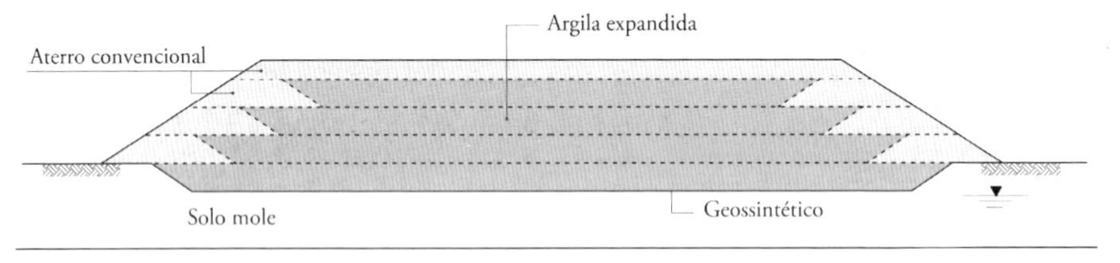

Fig. 1.13 *Corte transversal num aterro incorporando argila expandida*

Outro material ainda mais leve é o EPS, mencionado anteriormente. Para as aplicações em aterros, o material é fornecido em paralelepípedos, com peso específico de 0,25 a 0,30 kN/m^3 (existe EPS com peso específico inferior, mas de resistência e rigidez muito baixas).

Sandroni (2006) reporta a aplicação de EPS no Brasil, em aterros sobre solos muito moles. O esquema da Fig. 1.13 mantém-se essencialmente, mas as mais baixas características mecânicas do material leve exigiram a sua cobertura – de modo a assegurar a distribuição das cargas dos veículos, evitando a punção dos blocos de EPS – por uma laje de concreto armado (espessura de 0,10 m) sobre a qual foi aplicada uma camada de aterro convencional (0,60 m a 0,80 m de espessura). Sobre essa camada é aplicado o pavimento da via e a sua camada de base. O autor citado recomenda ainda, para o bom sucesso da aplicação: i) evitar a continuidade das juntas verticais entre blocos; ii) envolver o conjunto de blocos por uma geomembrana impermeável, dado que o EPS é sensível à ação de solventes orgânicos; iii) não esquecer a verificação do aterro à instabilização por flutuação, caso a zona em questão seja inundável.

1.3.3 Comentário

Os métodos expostos não esgotam o tema, embora sejam os mais geralmente usados. O Quadro 1.2 resume as suas principais potencialidades em termos comparativos, abordando também aspectos relacionados com os recalques.

Quadro 1.2 Resumo dos métodos para viabilização de aterros sobre solos moles

Método	Incremento da estabilidade	Grandeza dos recalques	Tempo de adensamento	Observações
Bermas laterais	Reduz M_S	Aumenta os totais, mas reduz os diferenciais	Não afeta	Pode aplicar-se como medida de recurso; aumenta área a expropriar
Construção em estágios com aceleração do adensamento	Aumenta M_R (por aumento de S_u)	Não afeta significativamente os totais, mas reduz os diferenciais	Aumenta[1]	Dificuldade na estimativa de S_u após o 1° estágio
Colunas de brita	Aumenta M_R (forças de cisalhamento nas colunas)	Reduz substancialmente	Reduz substancialmente	Reduz também os recalques imediatos
Reforço da base com geossintético	Aumenta M_R (força de tração no geossintético)	Não afeta significativamente os totais, mas reduz os diferenciais	Não afeta	–
Uso de produto leve (artificial) como material de aterro	Reduz M_S	Reduz substancialmente	Não afeta	Reduz também os recalques imediatos

1. *Em comparação com construção sem estágios com aceleração do adensamento.*

No Cap. 4 do Vol. 1 é mencionada a importância de, em obras de aterros sobre solos moles, proceder à observação da construção e do processo subsequente relacionado com o adensamento. Neste capítulo foram enfatizados os recalques por adensamento, mas essa observação é também importante no contexto do controle da segurança à ruptura no estágio de construção. Por um lado, o coeficiente de segurança estabelecido no projeto é, por motivos compreensíveis, relativamente baixo, mas, por outro, os métodos de avaliação da estabilidade estão limitados, no que diz respeito à sua confiabilidade, pela dificuldade em estimar com boa aproximação a resistência do solo de fundação.

Pela sua importância, apresenta-se na Fig. 1.14 o esquema típico de uma seção instrumentada, semelhante ao incluído no Vol. 1.

Em relação à estabilidade, o aspecto da observação mais relevante diz respeito aos deslocamentos horizontais no terreno de fundação, em particular

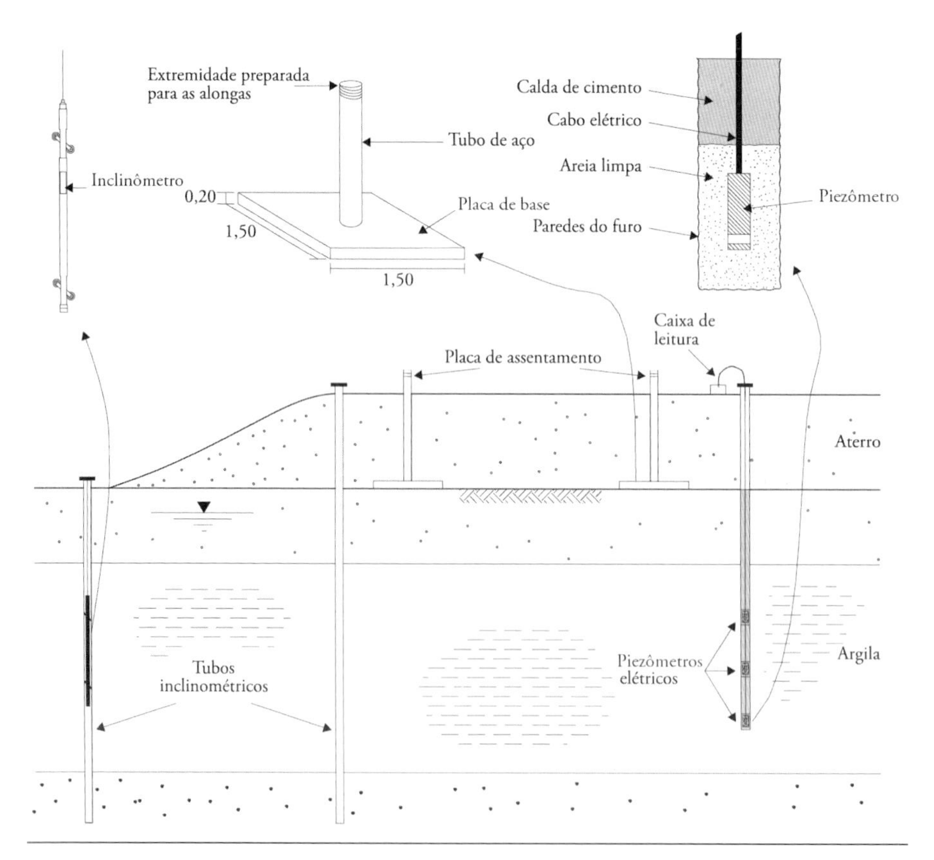

Fig. 1.14 *Seção típica instrumentada de uma obra de aterro sobre solos moles*

sob as zonas do aterro próximas dos seus limites, bem como nas zonas já fora desses limites, mas vizinhas deles. Como se compreenderá, uma ruptura do aterro e do solo de fundação do tipo rotacional é precedida, geralmente, por pronunciados deslocamentos horizontais do terreno de fundação dirigidos para o exterior. Esses deslocamentos podem ser observados por meio de medições do inclinomêtro. Esse tipo de medição e o funcionamento de um inclinômetro são discutidos no Cap. 6.

Com base no estudo de casos de obras de aterros sobre solos moles que sofreram ruptura, Sandroni, Lacerda e Brandt (2004) propuseram um critério de controle da estabilidade baseado nos registros da observação durante e após a construção. O critério é essencialmente apoiado na comparação do integral dos recalques sob o aterro (medidos com as placas de recalque) com o integral dos deslocamentos horizontais ao longo de uma linha vertical perto do pé do aterro (medidos com o inclinômetro). A apresentação do método ultrapassa o âmbito deste trabalho.

1.4 ESCAVAÇÕES NÃO SUPORTADAS EM ARGILAS

1.4.1 FENOMENOLOGIA BÁSICA

Considere-se agora um talude criado por uma escavação num maciço de argila, como mostra a Fig. 1.15a, e suponha-se que o tempo em que a escavação é realizada é muito menor do que o necessário para a dissipação dos excessos de pressão neutra induzidos pela escavação. Isso equivale, portanto, a admitir que o solo é solicitado em condições não drenadas.

A escavação é responsável, simultaneamente, pela diminuição da tensão média e pelo aumento da tensão de cisalhamento, principalmente no solo situado atrás da face da escavação.

Considere-se novamente a equação de Skempton reescrita como:

$$\Delta u = \frac{(\Delta\sigma_1 + \Delta\sigma_3)}{2} + \frac{(2A - 1)\,(\Delta\sigma_1 - \Delta\sigma_3)}{2} \tag{1.41}$$

A Eq. 1.41 apresenta a vantagem de separar nas duas parcelas do segundo membro os efeitos da tensão normal média incremental e da tensão de cisalhamento máxima incremental. Nos problemas envolvendo escavação, devido ao decréscimo da tensão média, a primeira parcela é negativa, qualquer

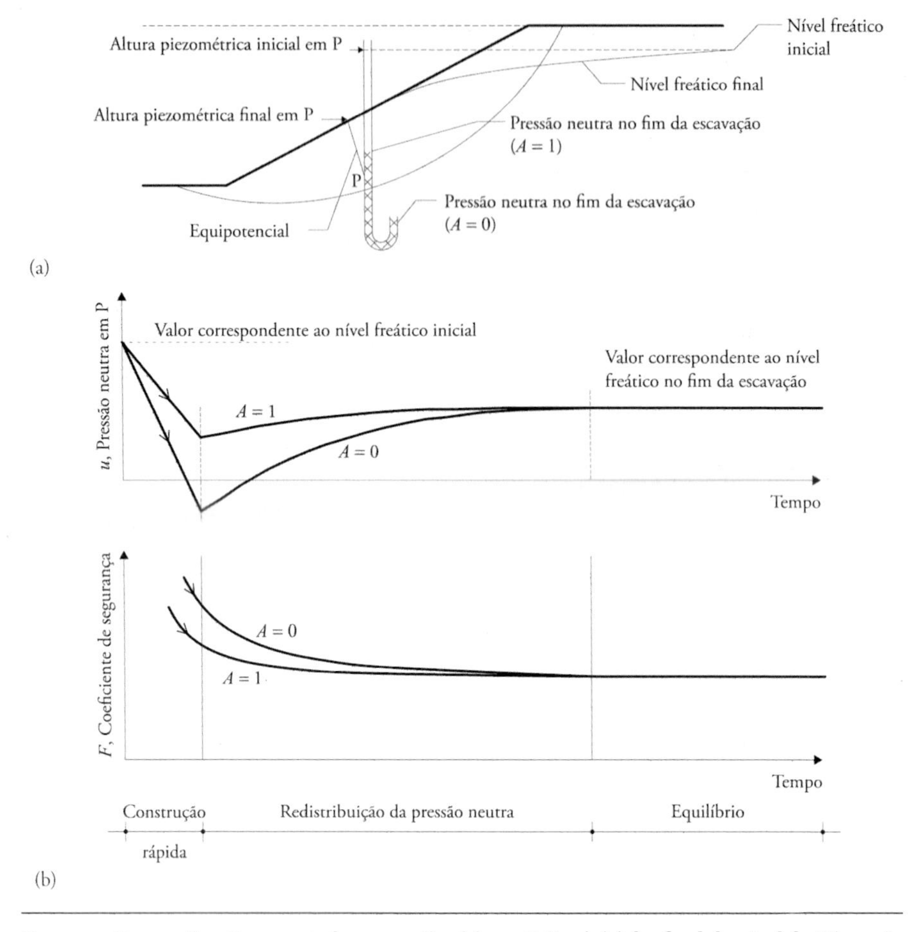

Fig. 1.15 *Escavação não suportada em argila: (a) condições inicial e final do nível freático e da pressão na água dos poros num ponto genérico P; (b) evolução no tempo da pressão na água dos poros em P e do coeficiente de segurança*

Fonte: adaptado de Bishop e Bjerrum (1960).

que seja o solo, ocasionando uma redução da pressão na água dos poros. Nos solos normalmente consolidados ou ligeiramente sobreadensados (em que o parâmetro A é relativamente alto), essa redução é de certo modo atenuada com os excessos de pressão neutra positivos associados ao aumento da tensão de cisalhamento. Já nos solos medianamente a fortemente sobreadensados (nos quais o valor do parâmetro A é pequeno ou mesmo negativo), o contrário tende a acontecer. Assim, como ilustra a Fig. 1.15b, o decréscimo da pressão na água dos poros é bem mais pronunciado nos solos sobreadensados. Excessos de pressão neutra negativos ainda mais consideráveis ocorrem no solo subjacente à base da escavação, devido à redução ainda mais considerável da tensão média.

Concluída a escavação, verifica-se que, em consequência dos excessos de pressão neutra negativos, a pressão na água dos poros no solo adjacente é menor ou muito menor do que nas regiões mais afastadas. O processo de dissipação dos excessos de pressão neutra, isto é, o processo de adensamento que se vai seguir, envolverá um escoamento dirigido para a zona adjacente à escavação, que sofrerá um aumento do teor de umidade, logo, um aumento de volume.

Em comparação com o momento seguinte ao fim da escavação, a pressão neutra vai aumentar, a tensão efetiva vai diminuir, logo, o mesmo vai acontecer à resistência ao cisalhamento e ao coeficiente de segurança. Este atinge o seu valor mínimo no fim do adensamento, quando se restabelece uma situação de equilíbrio no maciço em termos de pressões neutras.

É interessante salientar que, neste caso – ao contrário do carregamento da argila à superfície pelo aterro ou obra similar, anteriormente analisado –, as condições de equilíbrio na água dos poros em longo prazo já não são hidrostáticas, porque a escavação alterou as condições de fronteira hidráulicas. Tratando-se de uma escavação permanente, vai desenvolver-se uma rede de fluxo que aflui ao pé do talude, onde, geralmente, se procede à drenagem, como sugere a Fig. 1.15a.

Do exposto é possível concluir que, para uma avaliação da estabilidade em longo prazo, será preciso proceder a uma análise em tensões efetivas, levando em consideração a distribuição das pressões neutras no fim do adensamento, o que exige o traçado da respectiva rede de fluxo permanente. O procedimento a adotar para a análise de estabilidade poderá naturalmente ser o método das fatias, tal como explanado na seção 1.2.1.

Considerando a importância da compreensão da fenomenologia que acaba de ser discutida para as obras de escavação, bem como a da relacionada com as obras de carregamento à superfície (aterro ou outras), resumem-se no Quadro 1.3 as considerações sobre elas tecidas.

1.4.2 A QUESTÃO DA SEGURANÇA E A SUA EVOLUÇÃO NO TEMPO

As considerações apresentadas conduzem a uma conclusão de enorme importância prática: numa escavação num maciço de características coesivas, a segurança diminui com o tempo. Em outras palavras, o fato

Quadro 1.3 Comparação da fenomenologia associada a obras de carregamento à superfície ou de escavação em maciços argilosos

Item	Obra de aterro	Obra de escavação
Tensão total média incremental	Aumenta	Diminui
Tensão de cisalhamento (sob o aterro ou atrás da face da escavação)	Aumenta	Aumenta
Excesso de pressão neutra, Δu	Positivo	Negativo
Tipo de solo em que Δu é máximo	Normalmente adensado	Fortemente sobre-adensado
Evolução de u com o tempo (após o fim da construção/escavação)	Diminui	Aumenta
Escoamento durante a consolidação	Dirigido para o exterior	Dirigido para o local
Evolução de w e de e com o tempo	Diminuem	Aumentam
Evolução das deformações volumétricas com o tempo	Positivas (compressão)	Negativas (expansão)
Movimento da superfície do terreno	Recalque	Levantamento
Evolução da tensão efetiva média e da resistência ao cisalhamento com o tempo (após o fim da construção/escavação)	Aumentam	Diminuem
Evolução do coeficiente de segurança com o tempo	Aumenta	Diminui
Estágio em que as análises de estabilidade devem ser efetuadas	Fim da construção (carregamento)	Fim do adensamento
Condições para as análises de estabilidade	Não drenadas	Drenadas
Abordagem em termos de tensões nas análises de estabilidade	Tensões totais	Tensões efetivas
Parâmetros de resistência envolvidos nas análises	S_u, considerando a sua evolução em profundidade	Parâmetros de resistência efetivos, c' e ϕ'
Outros dados necessários nas análises	Pesos específicos	Rede de fluxo permanente; pesos específicos

de uma escavação num maciço argiloso se revelar estável no momento da execução não é de modo algum garantia de que a estabilidade se manterá em longo prazo.

A verificação de estabilidade em longo prazo exige, como se viu anteriormente, a realização de análises das tensões efetivas considerando as condições da água no solo correspondentes a um regime permanente; nessas análises, o nível freático a grande distância (condição de fronteira hidráulica) deve ser considerado na posição mais desfavorável, isto é, mais elevada.

O que acaba de ser afirmado não significa, contudo, que as análises não drenadas para as condições do fim da construção não assumam, em certas situações bem definidas, utilidade. Isso acontece porque muitas das escavações em questão são de natureza provisória. Nessas situações, sempre que o período referido for muito menor do que o necessário para que uma parcela significativa do excesso de tensão neutra se dissipe, as análises não drenadas serão as mais apropriadas para a avaliação da estabilidade.

É preciso, todavia, fazer um reparo indispensável: o período correspondente ao processo de adensamento é extraordinariamente variável nesses problemas! Por exemplo, Skempton (1964) e Vaughan e Walbancke (1973) reportaram deslizamentos de taludes de escavação em argilas sobreadensadas junto a vias férreas, no Reino Unido, que se desencadearam décadas após a construção. Em contrapartida, são conhecidos estudos sobre argilas rijas fissuradas na Escandinávia em que a dissipação dos excessos de pressão neutra junto a valas se desenvolveu em questão de dias (Di Biagio; Bjerrum, 1957). Nos solos residuais do granito do Noroeste de Portugal são inúmeros os casos documentados de rupturas de escavações e valas poucas horas após a sua abertura.

No estado atual dos conhecimentos, não é possível estimar aproximadamente a evolução no tempo dos excessos de pressão neutra gerados por uma escavação num solo argiloso ou num solo com fração fina, como um solo residual. A questão não decorre da inexistência de ferramentas teóricas e de cálculo para o efeito, mas em especial da dificuldade de estimar com confiabilidade a permeabilidade do maciço, que, como se compreende, condiciona o desenvolvimento do processo de adensamento. Disso resulta que *não é possível avaliar aproximadamente a degradação da resistência do solo com o tempo*.

Desse modo, a decisão de avaliar a estabilidade de uma escavação provisória em argilas por meio de análises não drenadas só poderá ser tomada se, através de sólida *experiência comparável*, puder se provar que o tempo de abertura é muito inferior ao de adensamento. A definição de experiência comparável é:

> informação documentada ou claramente estabelecida que diga respeito a estruturas semelhantes e ao mesmo tipo de terreno considerado no projeto, en-

volvendo os mesmos tipos de solo e de rocha e para o qual seja de esperar um comportamento semelhante; a informação colhida no local é particularmente relevante. (NP EN 1997-1, 2010).

O desrespeito dessa regra mínima de bom senso e dos regulamentos de segurança no trabalho da construção civil tem conduzido a inúmeros acidentes com perda de vidas humanas.

Disso decorre o seguinte para as restantes escavações provisórias, isto é, para aquelas em que a prova de estabilidade admitindo condições não drenadas não possa ser considerada de acordo com o anteriormente escrito, e ainda, com mais razão, para as escavações definitivas:

i) as análises de estabilidade devem ser realizadas para as condições do fim do adensamento; essas análises serão realizadas em termos de tensões efetivas;
ii) caso tais análises indiquem que a escavação não é estável, isso torna indispensável uma reformulação da solução;
iii) uma possibilidade de incremento da segurança na área das escavações em talude (não suportadas) é a redução da inclinação da face do corte;
iv) em certos casos, como nas obras (muito frequentes) relativas à instalação ou reparação de dutos e outras infraestruturas enterradas, pode ser mais conveniente realizar a escavação escorada.

1.4.3 Nota sobre a profundidade máxima de fendas de tração à superfície

Quando se realiza uma escavação num solo argiloso, tendem a se desenvolver tensões de tração perto da superfície do terreno nas vizinhanças do talude. Como a resistência à tração dos solos é muito baixa ou até, num prazo que pode ser bastante curto, praticamente nula, tendem a se desenvolver fendas de tração verticais a partir da superfície, como sugere a Fig. 1.16a.

Imagine-se um solo homogêneo de resistência não drenada S_u e seja z_0 a máxima profundidade que atingem as fendas de tração nesse solo.

Em qualquer ponto do solo na parede da fenda à profundidade z menor ou igual que z_0, a tensão num plano vertical é nula e a tensão num plano horizontal representa o peso total acima desse ponto, γz.

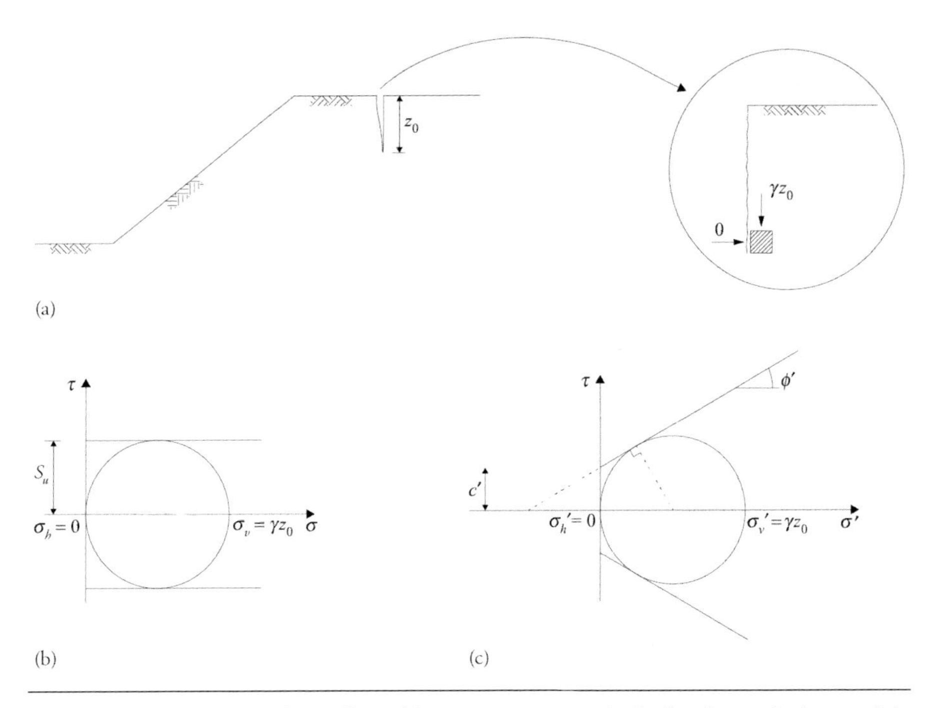

FIG. 1.16 *Escavação em solo argiloso: (a) esquema mostrando fendas de tração à superfície; (b) estado de tensão no limite inferior da fenda de tração num solo homogêneo em condições não drenadas e tensões totais; (c) estado de tensão no limite inferior da fenda de tração num solo com coesão e ângulo de atrito numa análise em tensões efetivas*

Dessa forma, como mostra a Fig. 1.16b, a fenda só poderá progredir até a profundidade máxima z_0, para a qual:

$$\gamma z_0 = 2S_u \tag{1.42}$$

de onde se obtém:

$$z_0 = \frac{2S_u}{\gamma} \tag{1.43}$$

No caso de uma análise em tensões efetivas, para um solo com coesão e ângulo de atrito, como mostra a Fig. 1.16c, a fenda pode progredir até uma profundidade para a qual:

$$\left(c' \, cotg\phi' + \frac{\gamma \, z_0}{2}\right) \text{sen}\,\phi' = \frac{\gamma \, z_0}{2} \tag{1.44}$$

de onde se pode obter:

$$z_0 = \frac{2\, c' \cos\phi'}{\gamma\,(1 - \text{sen}\,\phi')} \tag{1.45}$$

ou ainda:

$$z_0 = \frac{2\,c'}{\gamma\left(\frac{1-\text{sen}\,\phi'}{1+\text{sen}\,\phi'}\right)^{1/2}} \tag{1.46}$$

1.4.4 Escavações em condições não drenadas

Escavações de face vertical

Soluções aproximadas sem consideração de fendas de tração

Na seção 1.1.2 foi encontrada uma solução analítica para a profundidade crítica com base no TLS admitindo uma superfície plana. A consideração de uma superfície de forma circular conduz a valores inferiores, logo, é mais aproximada. Aliás, a observação de rupturas reais sugere claramente que esse tipo de superfície de deslizamento é mais realista.

A Fig. 1.17 representa esse problema: a massa de terras limitada pela superfície circular de centro em O vai experimentar uma rotação definida por um ângulo δ em torno daquele ponto. A superfície, definida pelos ângulos λ e α, passa pelo pé da escavação. Nenhuma restrição é feita em relação à posição do ponto O.

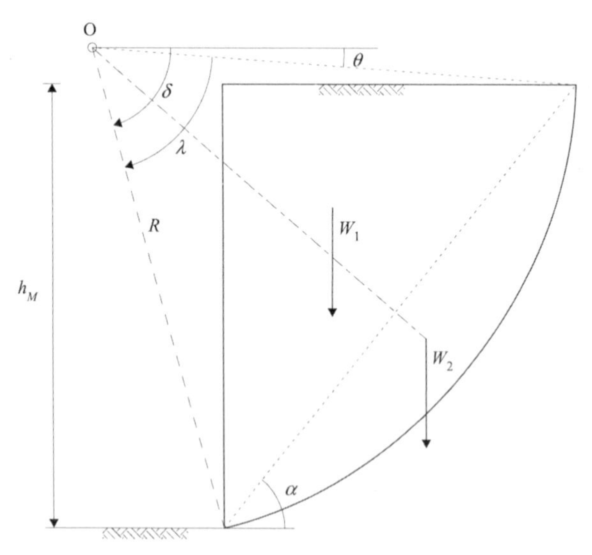

Fig. 1.17 *Condições admitidas no âmbito da solução-limite superior para a profundidade crítica de uma escavação num solo puramente coesivo*

Fonte: Cardoso et al. (2007).

O Quadro 1.4 inclui, na parte superior, as forças externas, isto é, os dois pesos em que a massa foi dividida, os respectivos deslocamentos verticais associados à rotação δ em torno do ponto O e o produto dessas duas grandezas, que representa o trabalho das forças exteriores. O mesmo quadro inclui na parte inferior o cálculo do trabalho plástico de deformação das forças resistentes ao longo da superfície de deslizamento, para a mesma rotação δ.

Igualando o trabalho das forças exteriores e o trabalho de deformação plástica e considerando as relações inscritas no Quadro 1.4, após algumas transformações, obtém-se:

$$h_M = \frac{4S_u}{\gamma} \frac{\dfrac{\lambda}{\text{sen } 2\alpha \ \text{sen} \lambda}}{1 + \frac{1}{3} \ \text{tg} \alpha \ \text{tg} \frac{\lambda}{2}} \tag{1.47}$$

Na Eq. 1.47, o par de valores dos ângulos α e λ, α^* e λ^*, respectivamente, que minimiza h_M, vale: $\lambda^* = 30{,}02°$ e $\alpha^* = 47{,}55°$. Substituindo esses valores na equação (no numerador, λ está expresso em radianos), obtém-se:

$$h_M = 3{,}83 \frac{S_u}{\gamma} \tag{1.48}$$

Esse valor coincide com o obtido por Taylor (1948) com base no chamado método do círculo de atrito, por ele desenvolvido, e que se enquadra também no TLS. Usando o método das fatias por meio de um dos modernos programas de cálculo automático, é fácil confirmar esse valor. Para análise, deve-se estabelecer uma escavação em que a profundidade, a resistência não drenada e o peso específico estejam combinados conforme a Eq. 1.48. Impondo uma pesquisa detalhada dos centros das superfícies de deslizamento e dos respetivos raios, obtém-se uma superfície crítica para a qual o coeficiente de segurança será praticamente igual a 1,0.

A formulação dos dois teoremas da análise-limite pode também ser efetuada por meio de modelos computacionais baseados no método dos elementos finitos. Com base nesse tipo de método, Pastor, Thai e Francescato (2000) publicaram resultados correspondentes ao TLS e ao TLI que limitam um intervalo muito estreito, permitindo considerar como solução muito aproximada para a profundidade crítica a equação:

$$h_{cr} \cong 3{,}77 \frac{S_u}{\gamma} \tag{1.49}$$

Quadro 1.4 Cálculo do trabalho das forças exteriores e da energia de deformação plástica para o problema da Fig. 1.17

Forças F_i	Deslocamentos, d_i	Trabalhos, $F_i d_i / \mu h_M \delta$
Trabalhos exteriores		
$W_1 = \frac{\gamma h_M^2}{2 \text{ tg } \alpha} = \frac{\mu}{\text{tg } \alpha}$	$\left(\frac{R}{h_M} \cos\theta - \frac{2}{3 \text{ tg } \alpha}\right) h_M \delta$	$\left(\frac{R}{h_M} \cos\theta - \frac{2}{3 \text{ tg } \alpha}\right) \frac{1}{\text{tg } \alpha} = \frac{1}{2 \text{ tg } \alpha}\left(\frac{1}{\text{tg}(\lambda/2)} - \frac{1}{3 \text{ tg } \alpha}\right)$
$W_2 = \left(\frac{R}{h_M}\right)^2 (\lambda - \text{sen } \lambda)\mu$	$\frac{4}{3}\frac{R}{h_M}\frac{(\text{sen}(\lambda/2))^3}{\lambda - \text{sen } \lambda} \text{sen } \alpha \, h_M \delta$	$\frac{4}{3}\left(\frac{R}{h_M} \text{sen}(\lambda/2)\right)^3 \text{sen } \alpha = \frac{1}{6(\text{sen } \alpha)^2}$
Trabalhos de deformação plástica		
$\lambda R S_u = \lambda \frac{2}{N_S}\frac{R}{h_M}\mu$	$\frac{R}{h_M} h_M \delta$	$\lambda \frac{2}{N_S}\left(\frac{R}{h_M}\right)^2 = \frac{\lambda}{2 N_S}\frac{1}{(\text{sen } \alpha \text{ sen}(\lambda/2))^2}$
Sendo:		
$\mu = \frac{1}{2}\gamma h_M^2 \quad N_s = \frac{\gamma h_M}{S_u}$	$R = \frac{h_M}{2 \text{ sen } \alpha \text{ sen}(\lambda/2)}$	$\frac{R}{h_M}\cos\theta = \frac{1}{2}\left(\frac{1}{\text{tg}(\lambda/2)} + \frac{1}{\text{tg } \alpha}\right)$

Fonte: Cardoso et al. (2007).

Numa escavação ou talude, é corrente designar a razão da tensão total vertical ao nível da base da escavação, γh, pela resistência não drenada, S_u, como *número de estabilidade da base*, com símbolo N_S:

$$N_S = \frac{\gamma h}{S_u} \tag{1.50}$$

Quando $h = h_{cr}$, aquele parâmetro passa a ser designado como *número de estabilidade da base crítico*, logo, atendendo à Eq. 1.49:

$$N_{S,\,cr} = \frac{\gamma\, h_{cr}}{S_u} \simeq 3{,}77 \tag{1.51}$$

Caso em que a resistência à tração é nula

As soluções apresentadas partem do princípio de que o solo tem resistência à tração, tendo em conta que nenhuma fenda de tração foi considerada nos cálculos analíticos ou numéricos mencionados.

Quando a resistência à tração é nula, o mecanismo de ruptura modifica-se em relação ao representado na Fig. 1.17, passando a adotar o esquema da Fig. 1.18a, designado como *mecanismo de Drucker* (Druker, 1953). O bloco representado, com espessura d muito pequena, é limitado por uma fenda vertical de tração e por um plano com inclinação de 45°que passa pelo pé da escavação.

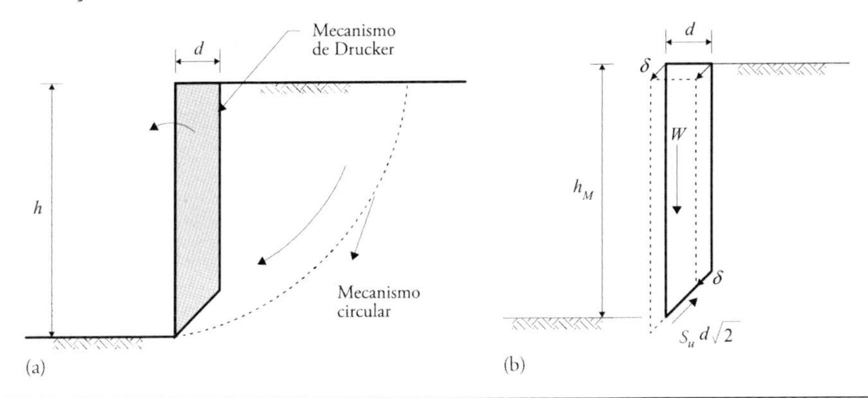

FIG. 1.18 *Escavação de face vertical num maciço puramente coesivo com resistência à tração nula: (a) mecanismo de Drucker; (b) aplicação do TLS para cálculo da profundidade crítica*

Como mostra a Fig. 1.18b, para uma abordagem no âmbito do TLS, admite-se que o bloco vai experimentar um deslocamento δ ao longo do plano inclinado. Sendo d, por hipótese, muito pequeno, o peso do bloco vale:

$$W = \gamma d h_M \tag{1.52}$$

Igualando o trabalho do peso à energia de deformação plástica (que, note, será nula na face vertical do bloco, porque esta corresponde a uma fenda de tração) quando aquele deslocamento ocorre, obtém-se:

$$\gamma\, d\, h_M \delta \frac{\sqrt{2}}{2} = S_u\, d\, \sqrt{2}\delta \tag{1.53}$$

ou ainda:

$$h_M = \frac{2S_u}{\gamma} \tag{1.54}$$

Considerando que a solução obtida para h_m na seção 1.1.2 é aplicável para solos sem resistência à tração, pode-se então concluir que nesse caso coincidem as soluções obtidas pelos dois teoremas da análise-limite. De fato, o campo de tensões implicitamente admitido na Fig. 1.2 não comporta a existência de tensões de tração em nenhum ponto do maciço. Assim, a solução:

$$h_{cr} = \frac{2S_u}{\gamma} \tag{1.55}$$

corresponde a uma *solução exata* para o caso de uma escavação vertical em condições não drenadas com resistência à tração nula.

Análise dos mecanismos de ruptura para várias condições referentes à resistência à tração

Do que foi estudado nos dois pontos anteriores e passando a discutir o problema de uma escavação de face vertical em termos práticos, é preciso concluir que a profundidade crítica *real* está contida no intervalo aproximado:

$$\frac{2S_u}{\gamma} < h_{cr} < 3{,}77\frac{S_u}{\gamma} \tag{1.56}$$

aproximando-se do limite superior quando a resistência à tração – naturalmente em termos temporários, tal como é o caso de comportamento não drenado – subsistir e aproximando-se do limite inferior quando ela for praticamente nula. Nos solos reais, certamente existirão situações intermediárias.

A Fig. 1.19 mostra resultados obtidos por Antão e Guerra (2009) com um modelo de elementos finitos apropriado para análise-limite, que ilustram de modo particularmente sugestivo como se desenvolve o colapso de uma escavação de face vertical num solo homogêneo em condições não drenadas.

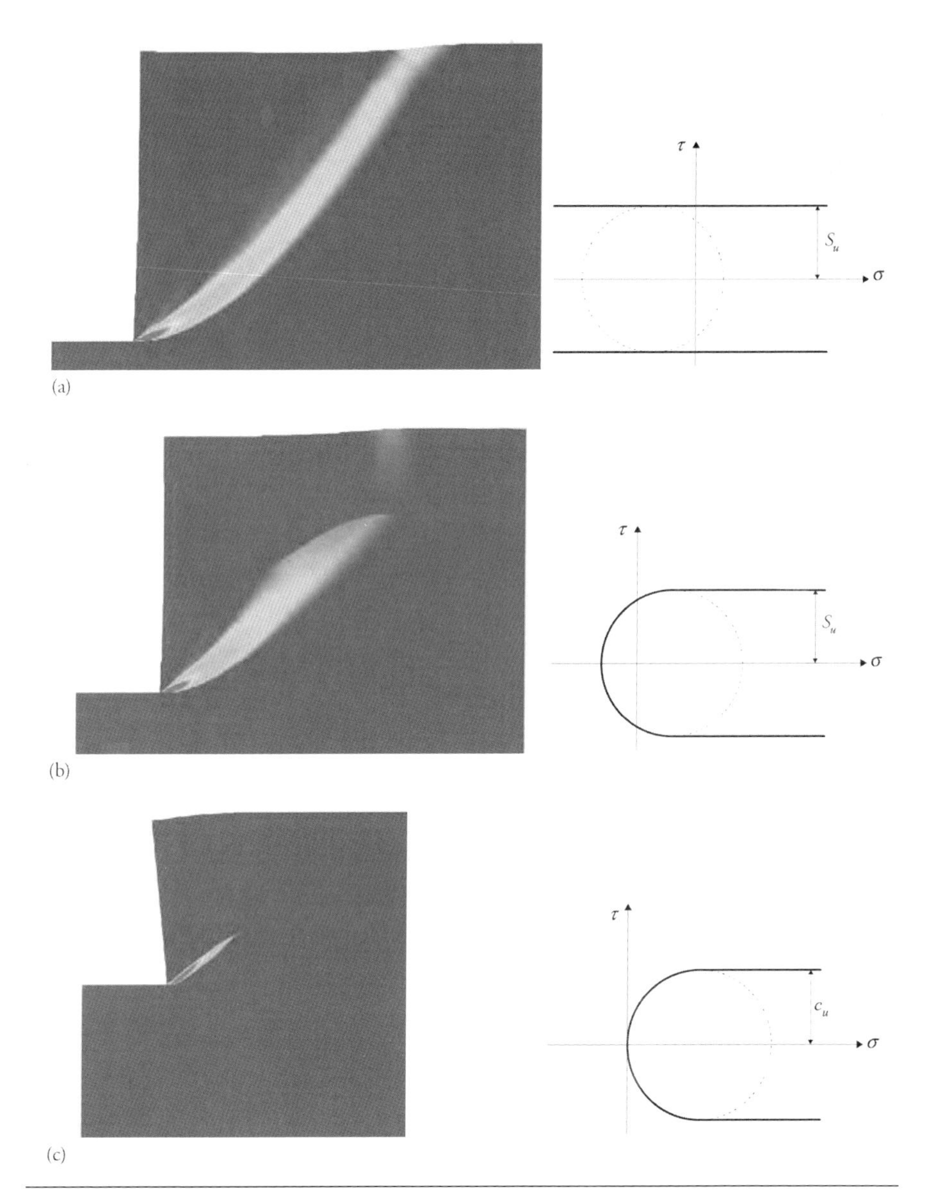

Fig. 1.19 *Mecanismos de ruptura de uma escavação de face vertical num maciço puramente coesivo: (a) envolvente de Tresca clássica (resistência à tração igual a $2S_u$); (b) envolvente de Tresca truncada com resistência à tração igual a $0{,}5S_u$; (c) envolvente de Tresca truncada com resistência à tração nula*

Fonte: Antão e Guerra, (2009).

Foram consideradas três situações referentes à resistência à tração: 1) envolvente de Tresca clássica; 2) resistência à tração igual à metade da resistência não drenada; 3) resistência à tração nula (equivalente à envolvente de Tresca truncada). A envolvente clássica é equivalente a considerar a resistência à tração igual a $2S_u$. Com efeito, nos planos horizontais as tensões (verticais) são sempre de compressão, exceto à superfície do terreno, onde são nulas. Assim, num ponto à superfície, num plano vertical, a tensão (horizontal) de tração máxima vale $2S_u$.

Os resultados numéricos (que mostram as zonas onde se concentra a energia dissipada plasticamente) reproduzem muito bem, qualitativa e quantitativamente, as soluções analíticas já discutidas para os casos 1 e 3. Para o caso 2, a profundidade crítica é intermediária em relação aos restantes, podendo observar-se a fenda de tração perto da superfície.

Escavações em talude

Admitindo ainda condições não drenadas, para escavações de face não vertical, isto é, em talude, num solo homogêneo, a profundidade crítica é tanto maior quanto menor é a inclinação do talude, para um dado valor da resistência não drenada. O mesmo acontece ao número de estabilidade crítico, que é proporcional àquela profundidade.

É isso que mostra o ábaco de estabilidade representado na Fig. 1.20, desenvolvido por Janbu (1954). A figura representa o número de estabilidade crítico, $N_{s,cr}$, em função do ângulo de inclinação da face da escavação com a horizontal, β, para vários valores do parâmetro d, que representa a razão da profundidade sob a base da escavação a que se situa a fronteira com um material de grande resistência pela profundidade da escavação. Esse parâmetro é relevante na análise do problema porque condiciona o modo de ruptura na gama de valores de β mais reduzidos.

Basicamente, como mostra a Fig. 1.20:

i) para valores de β superiores a 53°, a ruptura dá-se através de uma superfície que passa pelo pé do talude, tal como visto para o caso de a face ser vertical (situação a que corresponde $\beta = 90°$);
ii) para valores de β inferiores a 53°, a ruptura pode ocorrer pelo talude (a superfície de deslizamento intercepta o talude acima do pé), pelo pé ou pela base (a superfície de deslizamento intercepta a base da escavação a jusante do pé), conforme a posição da fronteira rígida;

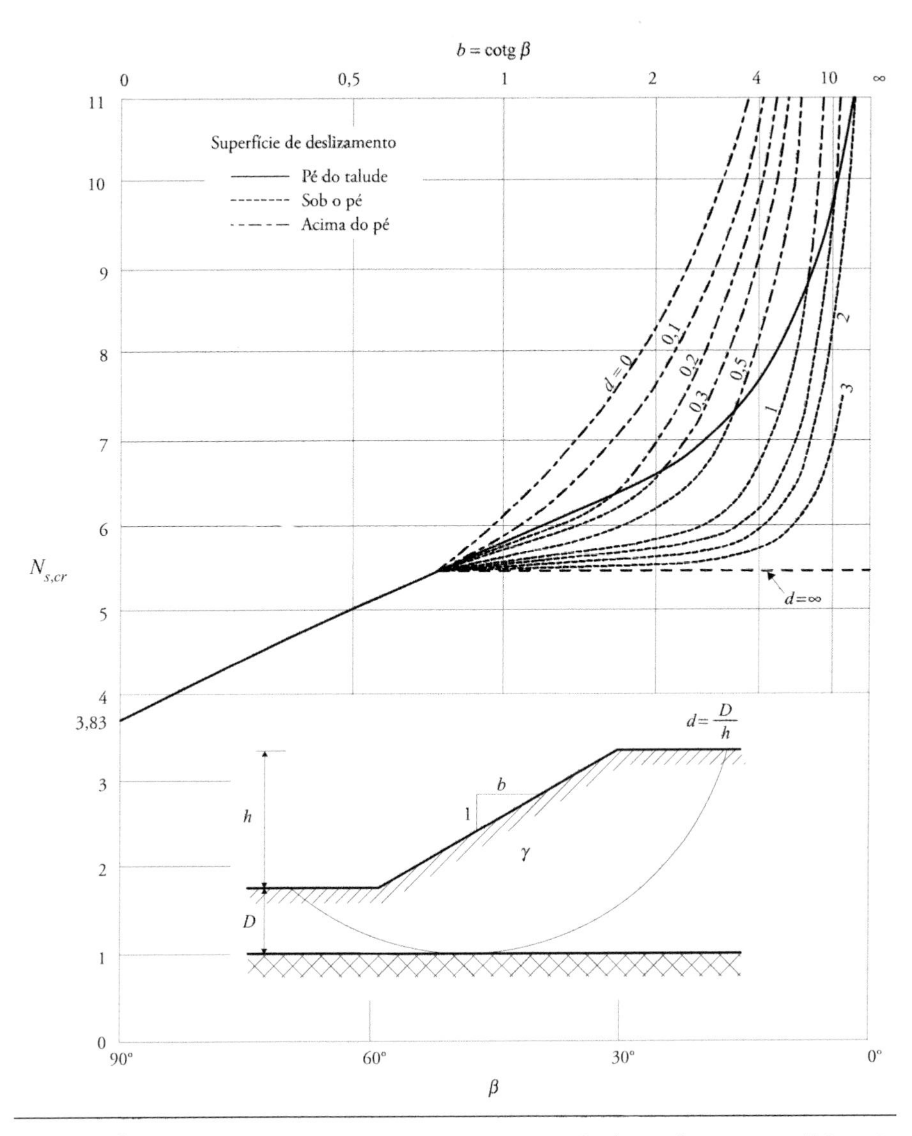

FIG. 1.20 *Ábaco de estabilidade para escavações num maciço homogêneo, em condições não drenadas, com fronteira rígida a certa profundidade*

Fonte: Janbu (1954).

iii) aspecto curioso que a figura expressa é que, para valores elevados de d, o número de estabilidade crítico não cresce com a redução da inclinação da face do talude para valores abaixo de 53°; isso se explica porque acima de determinado valor de N_S (cerca de 5,5), o modo de ruptura condicionante passa de um deslizamento do terreno atrás da face da escavação para uma ruptura do terreno sob a base da escavação, isto é, a ruptura ocorre por falta de capacidade resistente do solo sob a base da escavação ao peso do solo sobrejacente.

É de notar ainda que a figura contém, como caso particular, a solução discutida na seção "Soluções aproximadas sem consideração de fendas de tração" (Eq. 1.48, p. 77) para o caso do talude vertical.

São também muito divulgados os ábacos produzidos por Taylor (1937) a propósito desse tema. Ábacos similares são úteis para uma análise preliminar do problema, hoje em dia muito facilitada pela disponibilidade de programas de cálculo automático que fornecem soluções de acordo com diversos métodos de estabilidade, nomeadamente o método das fatias, que fundamenta o ábaco representado.

1.4.5 Escavações em condições drenadas. Análises em tensões efetivas. Ábacos de Hoek e Bray

Como foi enfatizado na seção 1.4.2, a segurança das escavações é mínima no fim do adensamento, logo, na maioria dos casos, as análises de estabilidade devem ser efetuadas em tensões efetivas, considerando as condições da água no solo em longo prazo, que em regra corresponderão a um escoamento permanente dirigido para a escavação, a partir da qual se procede ao esgotamento da água afluente. Nessas análises consideram-se os parâmetros de resistência em tensões efetivas, a coesão efetiva, c', e o ângulo de resistência ao cisalhamento efetivo, ϕ', sendo o primeiro praticamente nulo nas argilas normalmente adensadas. Nesse momento é útil recordar que no Vol. 1, Cap. 5 (ver seção 5.3), foi demonstrado que, num maciço sem coesão e emerso, a inclinação máxima da sua superfície coincide com o valor do ângulo de resistência ao cisalhamento.

Para solos com coesão e ângulo de atrito, a inclinação da superfície do terreno, β, pode ser superior a esse ângulo desde que o talude não ultrapasse determinada altura ou profundidade, também designada como crítica.

Nas aplicações práticas, porém, a questão coloca-se em regra de outra maneira: a profundidade da escavação é um dado do problema e é preciso estabelecer a inclinação da face do talude. Essa inclinação vai depender: a) da coesão efetiva e do ângulo de atrito efetivo, crescendo com ambos, naturalmente; b) da existência de fendas de tração à superfície que, por terem efeito desfavorável, devem em regra ser consideradas; c) das condições da água no maciço, considerando que a percolação na região adjacente à face do talude é altamente desfavorável; d) do coeficiente de segurança adotado. Outros fatores podem também condicionar a estabilidade, como, por exemplo, as ações sísmicas.

Para as condições em apreciação, podem encontrar-se na bibliografia da especialidade diversas propostas de ábacos de estabilidade, que relacionam alguns ou todos os fatores indicados. Os mais completos são, porventura, os desenvolvidos por Hoek e Bray (1981), com base num método de equilíbrio-limite considerando superfícies de deslizamento circulares. Nesses ábacos, de uso muito simples, considera-se a existência de fendas de tração à superfície, bem como um regime de escoamento permanente para a escavação.

A Fig. 1.21 ilustra os dois tipos de escoamento considerados nos ábacos. A Fig. 1.21a diz respeito a uma situação em que o nível freático previamente

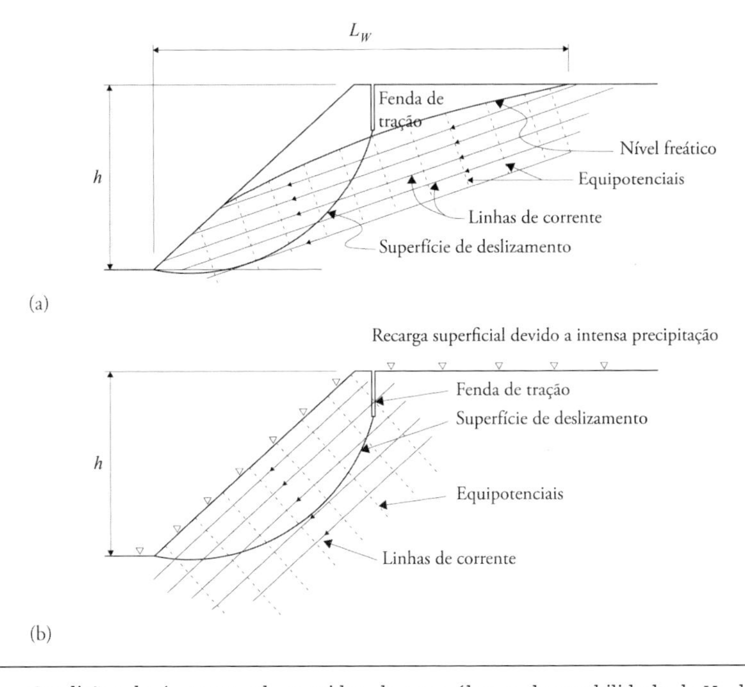

FIG. 1.21 *Condições da água no solo consideradas nos ábacos de estabilidade de Hoek e Bray (1981): (a) escoamento permanente associado ao rebaixamento imposto pela escavação, com o nível freático coincidente com a superfície à distância L_W do pé da escavação; (b) escoamento condicionado com recarga permanente à superfície*

à execução da escavação coincide com a superfície, e assim se mantém a certa distância L_W da base da escavação; a figura esquematiza a rede de fluxo, admitindo-se que as linhas de corrente são paralelas à linha freática. Por sua vez, a Fig. 1.21b contempla uma situação em que, devido a intensa precipitação, existe recarga permanente de água a partir da superfície, coincidindo nesse caso a linha freática com essa superfície; trata-se, naturalmente, de uma situação-limite, particularmente adversa.

Os ábacos de estabilidade representam-se então nas Figs. 1.22 a 1.26, sendo indicada em cada um a situação correspondente em termos hidráulicos.

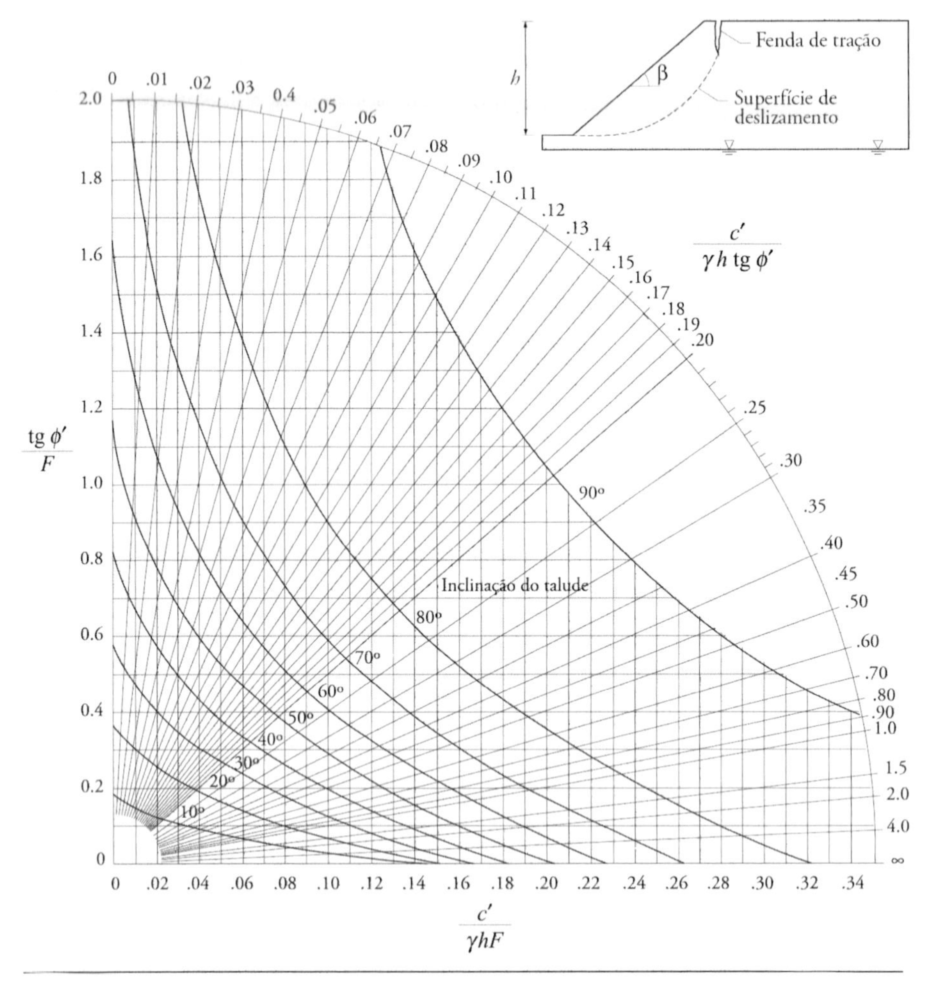

Fig. 1.22 *Ábaco de estabilidade de Hoek e Bray (1981) – linha freática profunda*

Quando se pretende obter a inclinação β da face da escavação, o uso dos ábacos implica os seguintes passos: i) escolher o ábaco mais apropriado para as condições hidráulicas do problema em análise; ii) calcular a abscissa $c'/\gamma hF$ e a ordenada tg ϕ'/F e marcar o ponto respectivo, que estará situado, em geral, entre duas curvas correspondentes a dois valores de β; iii) por meio de interpolação, determinar o valor de β correspondente ao ponto em questão.

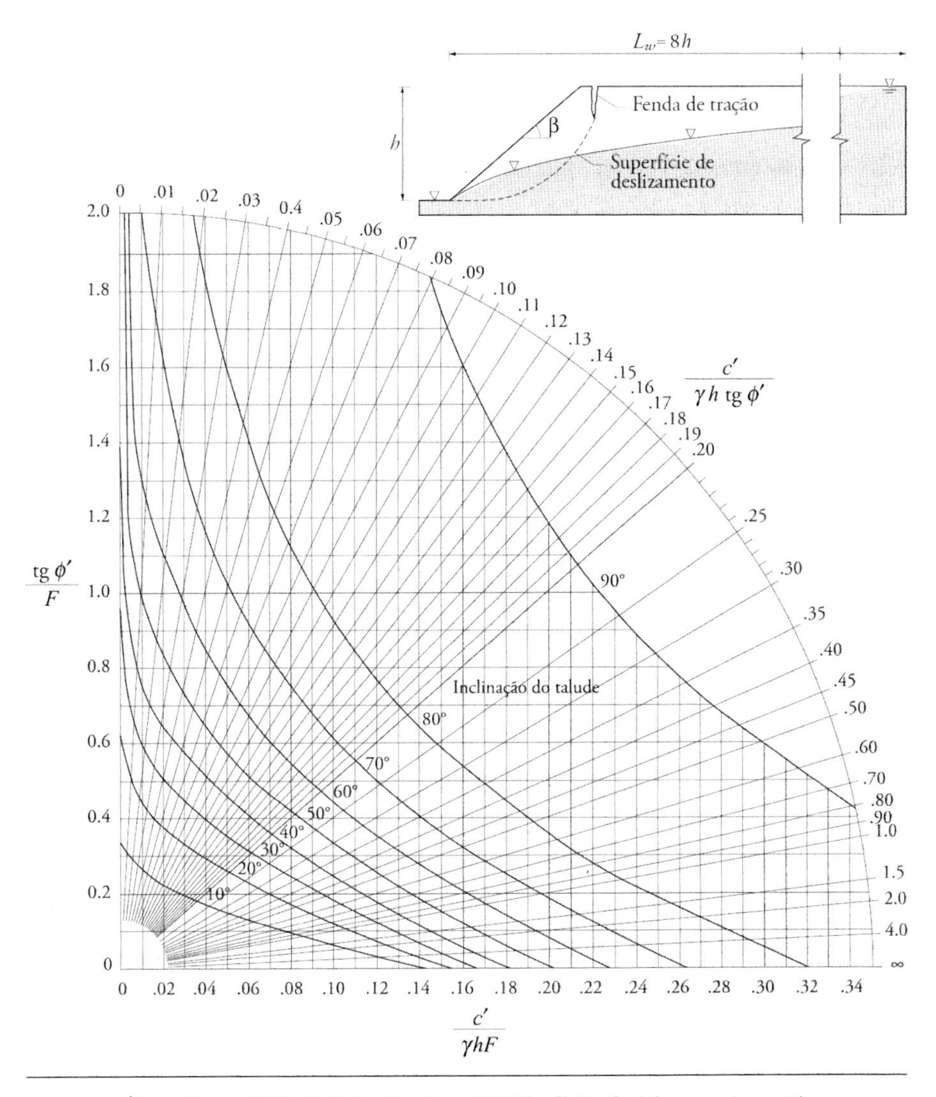

Fig. 1.23 *Ábaco de estabilidade de Hoek e Bray (1981) – linha freática com $L_W = 8h$*

Quando o valor de β já está estabelecido e se pretende obter o coeficiente de segurança respectivo, o uso dos ábacos implica o seguinte: i) escolher o ábaco mais apropriado para as condições hidráulicas do problema em análise; ii) calcular a razão $c'/\gamma h$ tg ϕ'e encontrar o valor correspondente sobre a escala circular exterior do ábaco; iii) a partir desse valor seguir a linha radial até encontrar o ponto de interseção com o arco correspondente ao valor de β em consideração; iv) a partir desse ponto obter a respectiva abscissa ou ordenada

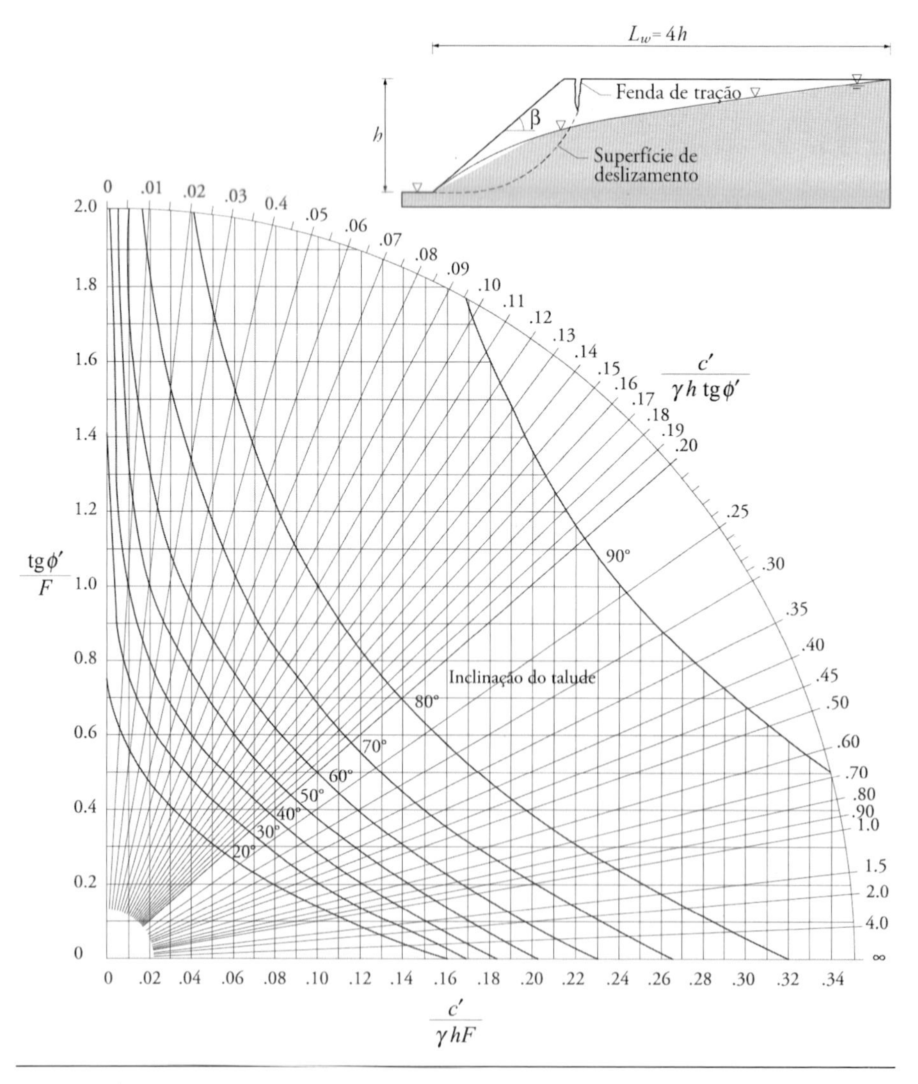

Fig. 1.24 *Ábaco de estabilidade de Hoek e Bray (1981) – linha freática com* $L_W = 4h$

sobre os eixos horizontal e vertical, respectivamente; v) a partir da abscissa ou da ordenada obter o valor de F.

Como se verificou, o uso dos ábacos requer a seleção do comprimento L_W, distância para trás do pé da escavação até a qual a realização desta tem influência na posição do nível freático. Não são conhecidas soluções teóricas para a avaliação de tal comprimento. Para ensaios de bombeamento em poços, portanto para um escoamento em que as linhas de corrente, numa vista em

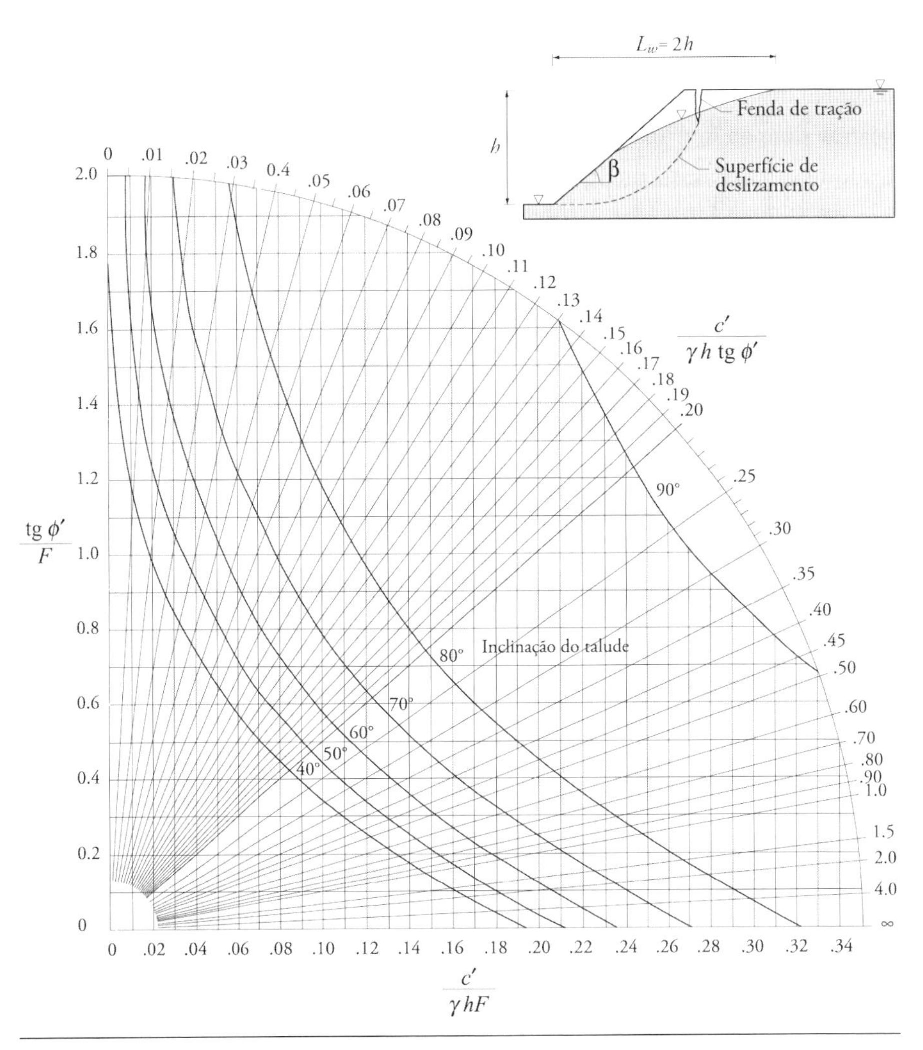

FIG. 1.25 *Ábaco de estabilidade de Hoek e Bray (1981) – linha freática com $L_W = 2h$*

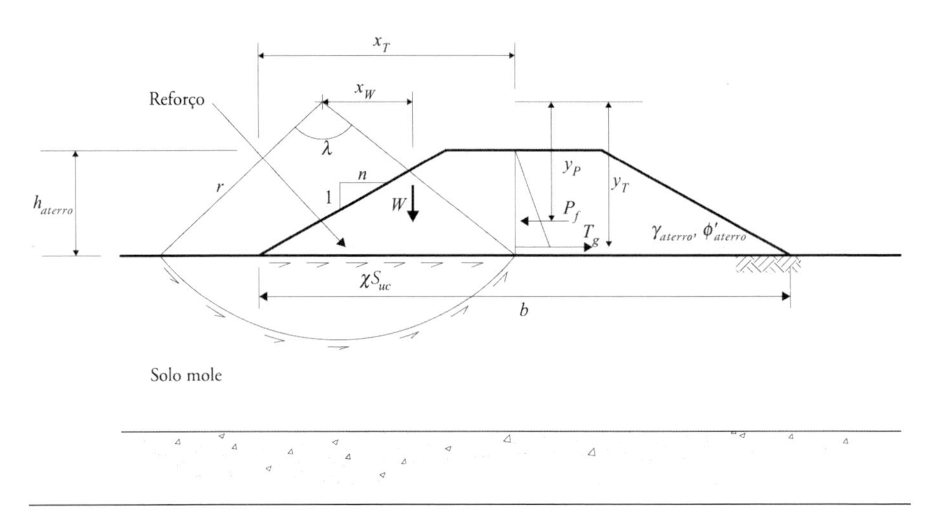

Fig. A3.1 *Análise de estabilidade de aterro reforçado na base com geossintético sobre solo argiloso mole*

Fonte: Leroueil e Rowe (2001).

4. Calcular o momento estabilizador propiciado pela resistência ao cisalhamento do solo de fundação por meio da equação:

$$M_R = r^2 \int_0^{\lambda} S_{u,d}\, d\lambda \tag{A3.1}$$

5. No que diz respeito à contribuição do aterro para o momento desestabilizador, ela advém de duas forças: i) o peso do aterro, W, à esquerda da linha vertical referida em 3; ii) a força horizontal, P_f, aplicada a 1/3 da altura do aterro a partir de sua base, e cujo valor é o empuxo ativo de Rankine (ver Cap. 4):

$$P_f = \frac{1}{2} K_a\, \gamma_{\text{aterro}}\, h^2_{\text{aterro}} \tag{A3.2}$$

6. Calcular, para a superfície de deslizamento adotada, a força T_g no geossintético necessária ao equilíbrio de momentos por meio da equação:

$$T_g = \frac{W x_W + P_f\, y_P - M_R}{y_T} \tag{A3.3}$$

7. Repetir os passos 3 a 6 de modo a obter, para a chamada superfície de deslizamento crítica, a força no geossintético, $T_{g,req}$, requerida pela estabilidade.

8. A força obtida em 7 terá que verificar a condição:

$$T_{g,req} \leqslant T_{g,lim} \quad (A3.4)$$

em que $T_{g,lim}$ é o valor-limite da tração no geossintético. Por sua vez, essa força é obtida da equação:

$$T_{g,lim} = min(T_{g,f}; T_{g,p}) \quad (A3.5)$$

em que $T_{g,f}$ é o valor de cálculo da resistência à tração do geossintético e $T_{g,p}$ é a resistência ao arranque do geossintético, obtida da equação:

$$T_{g,p} = P_f + P_s \quad (A3.6)$$

em que P_f é dado pela Eq. A3.2 e P_s vale:

$$P_s = \frac{\chi S_{uc} x_T}{\gamma_{Su}} \quad (A3.7)$$

sendo S_{uc} o valor da resistência ao cisalhamento do solo de fundação em contato com o geossintético, χ um fator (menor ou igual à unidade) para atender à possível redução da resistência da interface solo de fundação-geossintético e x_T a distância entre o pé do aterro e o ponto onde a superfície de deslizamento crítica intercepta o reforço.

2 Caracterização geotécnica. Ensaios *in situ*

Este capítulo é dedicado às operações realizadas no local de uma construção para a sua caracterização geotécnica, tema que excede em parte o âmbito da Mecânica dos Solos e constitui a área de intervenção por excelência da Geologia da Engenharia, envolvendo também a Mecânica das Rochas. Desse modo, considerando o contexto deste livro, os assuntos normalmente considerados da área dessas últimas disciplinas não serão abordados ou o serão apenas de modo relativamente superficial.

A relevância do tema deste capítulo explica-se facilmente ao leitor que se inicia no estudo da Mecânica dos Solos. A aplicação das teorias e metodologias – quer as explanadas no Vol. 1 ou neste livro, quer muitas outras nele não tratadas – que baseiam os aspectos da concepção e do dimensionamento das estruturas condicionados pelo terreno onde são implantadas requer:

i) a identificação, em termos geológicos e geotécnicos, da sequência das camadas que compõem o terreno até certa profundidade, que varia conforme o tipo de estrutura e o próprio maciço de implantação;
ii) a caracterização das condições da água no terreno;
iii) a caracterização física, mecânica e hidráulica dos solos que compõem as camadas cujo comportamento condicione de algum modo o da estrutura a construir.

O terceiro item requer a coleta de amostras para ensaios em laboratório – assunto abordado no Vol. 1 – e também ensaios *in situ*, normalmente considerados (tal como a amostragem) como parte da própria prospecção. Esses ensaios são tratados neste capítulo, constituindo seu principal objeto.

Para um aprofundamento desse tema recomenda-se o estudo do manual de Mayne, Christopher e DeJong (2001).

2.1 Prospecção geotécnica

2.1.1 Reconhecimento preliminar de superfície

O estágio de prospecção geotécnica é precedido do chamado *reconhecimento geológico-geotécnico preliminar*, que consta de um reconhecimento local de superfície, muitas vezes com algumas operações de prospecção ainda incipientes, como a abertura de poços pouco profundos. Geralmente, a visita ao campo é precedida pela recolha de informação escrita e desenhada sobre o local, em particular as cartas topográficas e geológicas e, quando existem, as cartas geotécnicas. Atualmente, a consulta de imagens aéreas bidimensionais e tridimensionais, obtidas a partir de satélite e de consulta livre na internet, é também muito útil, em particular para as grandes obras fora das áreas urbanas, como estradas, barragens e estabilização de taludes naturais. Quando se trata de áreas urbanas ou próximas de regiões densamente ocupadas, existem, geralmente, resultados da caracterização geotécnica em locais relativamente próximos, que interessa reunir e consultar.

O tratamento de toda essa informação e os resultados do reconhecimento no local são reunidos e analisados num relatório, que serve de base ao estágio de estudo prévio ou de viabilidade da obra ou empreendimento. Esse relatório permite também elaborar um programa de *prospecção geotécnica* para o projeto, que envolve, geralmente, a *prospecção geofísica* e a *prospecção mecânica*.

2.1.2 Prospecção geofísica

Tradicionalmente, na Engenharia Civil, a prospecção geofísica era preferencialmente efetuada nas obras ocupando grandes áreas ou com considerável desenvolvimento linear, como barragens e obras viárias, precedendo geralmente a prospecção mecânica.

A prospecção geofísica desdobra-se nos métodos sísmicos, que induzem no terreno ondas elásticas (como o método sísmico de refração, o ensaio sísmico entre furos, o método das ondas de superfície), e nos métodos eletromagnéticos, que induzem corrente elétrica ou ondas eletromagnéticas (como o método da resistividade elétrica e o georradar) no terreno.

Como exemplos de aplicação dos métodos geofísicos podem ser nomeados: i) a avaliação da profundidade da camada dura sob aluvionar mole; ii) a avaliação da espessura de alteração de um maciço rochoso, por exemplo, para previsão do custo de desmonte num trecho de estrada em escavação; iii) o estudo de localização de áreas de empréstimo ou de pedreiras para barragens, quer de aterro, quer de concreto; iv) a identificação de cavidades no subsolo quando se pretende construir sobre formações cársticas; v) a identificação de falhas e outros acidentes tectônicos junto de estruturas cuja segurança exija especiais requisitos, como grandes barragens ou centrais nucleares.

Como acontece com frequência com tecnologias usadas para determinado fim, os aspectos vantajosos da prospecção geofísica estão intimamente relacionados com as suas limitações. Com efeito, se, por um lado, a prospecção geofísica permite estudar grandes volumes do terreno, de qualquer tipo, de forma relativamente rápida, econômica e sem necessidade de intrusão, por outro, por não envolver coleta de amostras ou furação do terreno, a interpretação dos seus resultados em certas condições é difícil e pode mesmo não ser conclusiva.

Nos anos mais recentes a aplicação dos métodos geofísicos na prospecção geotécnica propagou-se consideravelmente. Tal resultou da conjugação de diversos fatores: i) o avanço nas técnicas de aquisição, tratamento e interpretação de resultados, aspecto crítico nesse tipo de prospecção; ii) a aplicação de novos métodos (como o georradar e as ondas sísmicas de superfície); iii) a conjugação, na mesma aparelhagem, de métodos tradicionais de prospecção mecânica com métodos geofísicos (como o ensaio com cone sísmico, ver seção 2.2.6); iv) a aplicação comparada de métodos geofísicos no campo com os mesmos métodos em laboratório sobre amostras em condições bem definidas (Ferreira, 2008).

Na sequência desse progresso, atualmente os métodos geofísicos passaram a ser usados não apenas para obras que ocupam grande superfície ou comprimento, mas também para locais relativamente pequenos e, frequentemente, com objetivos abrangendo a avaliação de propriedades mecânicas das diversas camadas do maciço. Essa evolução determinou também que a prospecção geofísica não preceda necessariamente a prospecção mecânica, mas com ela seja combinada, em termos temporais.

Neste trabalho não serão abordados os métodos tradicionais de prospecção geofísica. Para um aprofundamento desse assunto recomenda-se o estudo do tratado de Telford, Geldart e Sheriff (1990).

Entre os métodos geofísicos, serão tratados dois ensaios de campo que assumem relevância crescente nas campanhas de caracterização geotécnica: o ensaio sísmico entre furos (ver seção 2.2.5) e o ensaio sísmico entre a superfície e pontos do maciço em profundidade (ver seção 2.2.6).

2.1.3 Prospecção mecânica

Nas obras relativamente concentradas, como edifícios, pontes ou outras estruturas, a prospecção geotécnica limita-se, na maioria das vezes, à prospecção mecânica, que nos maciços terrosos compreende: i) as sondagens de furação; ii) as sondagens de penetração; iii) os poços e as valas ou trincheiras.

Nos parágrafos seguintes incluem-se referências breves a esses aspectos da prospecção mecânica, de modo a enquadrar o objetivo do capítulo, que diz respeito aos ensaios de campo, muitos deles realizados em associação ou ao abrigo das operações de prospecção mecânica referidas.

Poços e valas ou trincheiras

Os *poços* e *valas* ou *trincheiras* são meios de prospecção que apresentam vantagens consideráveis: i) a possibilidade de inspeção visual do terreno atravessado; ii) a facilidade em coletar amostras amolgadas em quantidade considerável, qualquer que seja o tipo de solo; iii) a criação de condições ideais para coleta de amostras indeformadas, em particular blocos de grande dimensão, posteriormente talhados em laboratório para a preparação dos corpos de prova. A Fig. 2.1 mostra uma imagem da coleta de blocos de solos residuais do granito num poço.

Além disso, contextos típicos favoráveis ao uso dessas operações de prospecção são (Folque, 1987): i) o estudo de escorregamentos de taludes naturais, por permitirem a observação da superfície de escorregamento; ii) a localização da camada dura sob uma camada mole de cobertura, que se sabe *a priori* ser pouco espessa, muitas vezes ainda no estágio de reconhecimento de superfície.

A escavação de poços e valas torna-se particularmente rápida quando é possível o acesso ao local de uma máquina escavadora, dependendo, nessas circunstâncias, da lança da máquina e da profundidade a atingir.

FIG. 2.1 *Coleta de amostras indeformadas em blocos num poço*
Foto: António Viana da Fonseca.

Importante aspecto limitativo dessas operações é a dificuldade em serem realizadas abaixo do nível freático em terrenos brandos. Por outro lado, os códigos de segurança no trabalho da construção exigem estrutura de arrimo (escoramento) nos poços ou valas a partir de profundidades muito reduzidas, a menos que sejam realizados com as faces em talude cuja inclinação precisa ser apropriada à resistência do solo. Nessas circunstâncias, o custo das operações de prospecção torna-se relativamente elevado, passando a ser mais conveniente recorrer a sondagens.

Sondagens de penetração

As *sondagens de penetração* distinguem-se das sondagens de furação por atravessarem o terreno sem extração do solo, portanto, sem permitirem coleta de amostras, quer amolgadas, quer indeformadas, para exame. Possuem uma ferramenta, geralmente uma haste de aço de ponta cônica, que penetra no terreno por percussão (impacto de um martelo) ou de modo contínuo (por meio da ação de macacos hidráulicos).

Sucessivas hastes são acopladas à ferramenta à medida que ela avança em profundidade.

Muito provavelmente essas sondagens, particularmente aquelas que avançam à percussão, reproduzem essencialmente o modo como, nos tempos mais antigos, os nossos antepassados estudavam a aptidão do terreno para suportar as construções.

Esse tipo de sondagem destina-se a investigar a maior ou menor resistência do terreno à penetração. Por isso seu tratamento detalhado será efetuado adiante, quando forem abordados os ensaios *in situ*, especificamente o ensaio de penetração do cone (CPT, ver seção 2.2.2) e os ensaios com penetrômetros dinâmicos (DP, ver seção 2.2.3).

Sondagens de furação à percussão

A Fig. 2.2a ilustra um esquema simplificado do equipamento para a execução de uma *sondagem à percussão*. As sondagens de furação à percussão são utilizadas em todos os tipos de solo e em rochas brandas.

As sondagens de furação à percussão baseiam-se na técnica de desagregação por fadiga. O esforço desagregador é conseguido por ação de impactos repetidos de um *trépano* (Fig. 2.2b) com massa considerável que, em manobras sucessivas, primeiro se posiciona acima da superfície do terreno e, depois, desce em queda livre até o fundo do furo. A evacuação do material desagregado é realizada com auxílio de uma peça em forma de tubo, com extremidade inferior biselada para facilitar a penetração no terreno, denominada *trado* (Fig. 2.2c). Quando o trado é descido no furo e cravado no terreno à custa de seu próprio peso, uma tampa (válvula) articulada, situada em seu interior, logo acima da boca, rebate para posição próxima da vertical e permite a entrada do solo desagregado; quando se procede à extração do trado, a tampa retoma a posição horizontal, obturando o tubo. No caso de solos moles, a furação pode ser realizada diretamente com o trado, sem necessidade da ação prévia do trépano.

As manobras de descida e subida do trépano e do trado são geralmente realizadas com o auxílio de um cabo de aço, como é o caso da Fig. 2.2a, mas podem também ser usadas hastes de aço, ocas ou maciças. Para facilitar o desmonte do terreno e para, nos solos arenosos abaixo do nível freático, prevenir a ruptura hidráulica no fundo da sondagem, o furo é preenchido por água (ou, em alguns casos, por lama bentonítica) até a superfície do terreno. Com exceção dos solos coesivos muito resistentes e das rochas brandas, o furo é revestido por tubagem de aço, cuja instalação acompanha de perto o progresso da furação.

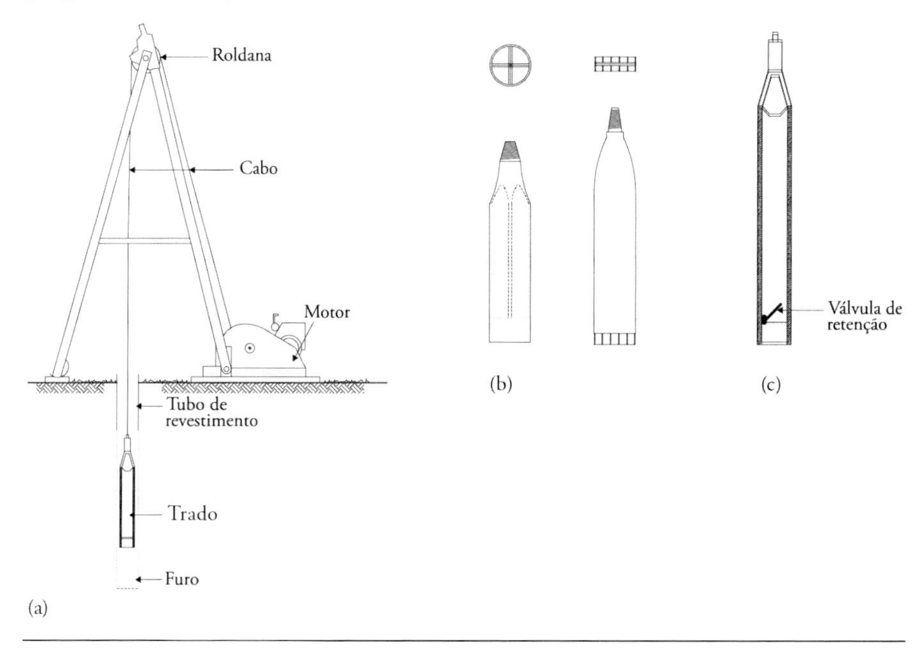

FIG. 2.2 *Sondagem à percussão: a) esquema geral; b) trépanos; c) trado*

Em qualquer etapa da furação, a sondagem pode ser interrompida para se proceder à coleta de amostras ou a ensaios *in situ*. Para isso, limpa-se o fundo do furo, desce-se – com a ajuda do *conjunto de hastes* – o amostrador ou o aparelho de ensaio até o fundo do furo e, finalmente, procede-se à coleta da amostra ou ao ensaio. Como o próprio nome indica, o conjunto de hastes é composto por hastes de aço, geralmente com 1 m de comprimento cada, que são sucessivamente acopladas e servem para conduzir o amostrador ou o aparelho de ensaio em profundidade no furo de sondagem.

As principais vantagens associadas às sondagens à percussão são sua relativa simplicidade e a adaptabilidade às situações correntes, enquanto a maior necessidade de meios humanos e o tempo requerido para sua execução – que se torna muito expandido em terrenos de resistência elevada – são seus maiores inconvenientes. Para essas sondagens são usuais diâmetros dos furos entre 100 mm e 200 mm.

atrito entre a amostra coletada e a parede interna do tubo amostrador; além disso, a água de circulação está sempre em contato com a amostra, o que acentua sua perturbação;

b) *tubo duplo*, em que o tubo interior que retém a amostra está desligado do movimento de rotação do tubo exterior responsável pelo avanço da furação; esse sistema permite reduzir substancialmente a perturbação da amostra por anulação do atrito com o amostrador e por redução do contato da água de circulação com o terreno coletado;

c) *tubo triplo*, sistema análogo ao anterior, mas com um terceiro tubo interior (*liner*) onde se aloja a amostra; nesse sistema, o contato da água de circulação com a amostra é totalmente impedido, o que pode ser de importância fundamental nos materiais terrosos e mesmo em certos materiais rochosos solúveis ou muito fraturados.

É de notar que o comprimento da amostra obtida não é necessariamente igual ao comprimento de furação. Esse comprimento, tal como a qualidade da amostra, depende fundamentalmente da qualidade do maciço atravessado e do tipo de tubo amostrador, embora dependa também de aspectos como a velocidade de rotação, a pressão sobre a coroa e o débito da água de circulação. De fato, num maciço terroso mole ou num maciço rochoso muito alterado e fraturado furados com tubo simples, a perturbação da amostra por atrito e o contato dela com a água de circulação podem fazer o material coletado ter comprimento muito inferior ao da furação executada. Perdas significativas de material ocorrem inclusive com amostradores de tubo duplo em maciços rochosos muito fraturados e/ou alterados.

Nos casos em que são usados amostradores de parede dupla ou tripla, com diâmetro de furação de 76 mm (3 polegadas) ou superior, é usual calcular a chamada *porcentagem de recuperação*, razão do comprimento da amostra coletada pelo da furação. Porcentagens próximas de 100% são típicas de maciços rochosos de muito boa qualidade. Em amostras muito desagregadas, o cálculo da porcentagem de recuperação pode envolver significativa subjetividade. Daí a preferência pelo chamado *RQD* (*rock quality designation index*), que é a porcentagem de recuperação contabilizando apenas os trechos de amostra com comprimento igual ou superior a 10 cm.

2.2 ENSAIOS DE CAMPO

Nas seções seguintes serão abordados os ensaios de campo mais relevantes e mais frequentemente utilizados no contexto internacional. Importa chamar atenção para o fato de ter sido apresentado no Vol. 1 (seção 6.4) o ensaio de palheta *in situ* (também designado como *vane shear test*, VST), que assume grande importância na caracterização da resistência não drenada de solos argilosos e argilossiltosos moles. Não será pois aqui repetida sua apresentação.

Neste livro, procurou-se referir para cada ensaio apenas aquilo que pareceu ser o essencial: i) a ideia geral do equipamento e da sua interação com o terreno a analisar; ii) as grandezas medidas no ensaio, o modo como são interpretadas e como, a partir delas, pode-se obter parâmetros do solo ou outro resultado de interesse prático, sendo, a propósito, fornecidos exemplos consagrados. Existe, portanto, abundante informação, bem como numerosos detalhes relacionados com os ensaios e que são naturalmente essenciais para sua correta execução, que não são incluídos neste texto. Para cada um pode-se encontrar elementos exaustivos em documentos de natureza normativa, como os descritos no Quadro 2.1.

2.2.1 ENSAIO SPT (*STANDARD PENETRATION TEST*)

Aspectos essenciais do equipamento e do ensaio

A abordagem dos ensaios *in situ* teria necessariamente que começar pelo SPT, o ensaio mais usado em todo o mundo. Foi introduzido nos Estados Unidos pela empresa Raymond Pile Company, em 1902, mas sua utilização propagou-se decisivamente a partir da década de 1940, com a publicação do livro de Terzaghi e Peck (1948).

Basicamente, o ensaio consiste em cravar no fundo de um furo de sondagem um *amostrador normalizado*, representado na Fig. 2.4a, por meio de golpes ou pancadas de um *martelo* de 63,5 kgf (140 libras) de peso que cai de uma altura de 76 cm (30 polegadas). O amostrador é um tubo de aço bipartido (com diâmetros exterior e interior de, respectivamente, 51 mm e 35 mm) com comprimento de cerca de 80 cm e peso aproximado de 6,8 kgf. À extremidade inferior do corpo do amostrador anexa-se um anel cortante que é biselado na ponta para facilitar a penetração no terreno. Na extremidade oposta é rosqueada uma peça dotada de uma válvula de esfera antirretorno e de orifícios

Quadro 2.1 Documentos normativos relevantes referentes à prospecção mecânica e a ensaios de campo

Operação / Ensaio (1)	ASTM	ISO	Outros	NBR
Prospecção mecânica e amostragem (geralmente)	D420, D1452, D15487, D4700	-	AASHTO T86, T203, BS 5930	
Identificação dos solos (exame manual e visual)	D2488	EN ISO 14688-1	-	
SPT	D1586	EN ISO 22476-3	AASHTO T-206	NBR 6484180 (em revisão)
CPT(U)	D3441, D5778	EN ISO 22476-1	-	
DP	-	EN ISO 22476-2	-	
PLT	D1194, D1195, D1196	EN ISO 22476-13	AFNOR/NF P 94-117-1	
CHT	D4428		-	
VST	D2573	EN ISO 22476-9	AASHTO/T223	NBR 10905
SBPT	D4719	EN ISO 22476-6	-	
PMT	D4719	EN ISO 22476-4	AFNOR/NF 94-110	
DMT	D6635	EN ISO 22476-11	-	
Ensaios de permeabilidade	-	EN ISO 22282-1	-	
	-	EN ISO 22282-2	-	
Ensaios de bombagem em poços	D4050	EN ISO 22282-4	BS 5930	

1. *A designação completa de cada ensaio encontra-se nas seções seguintes.*

laterais para a drenagem do ar e da água durante a cravação, que faz a ligação ao conjunto de hastes.

Para proceder ao ensaio, a execução da sondagem é interrompida, seguindo-se a limpeza do fundo do furo (remoção com o trado do material desagregado pela furação e pelo contato com a água usada para preencher o furo) e a descida do amostrador conduzido pelo conjunto de hastes. Posicionado o amostrador em contato com o terreno do fundo do furo, sobre a última haste do conjunto (isto é, à superfície) é ajustada a *cabeça de bater* que vai receber os golpes do martelo (Fig. 2.4b).

A cravação (o ensaio) é realizada em dois estágios sucessivos, com penetração do amostrador de 15 cm no 1º estágio e (sequencialmente) de

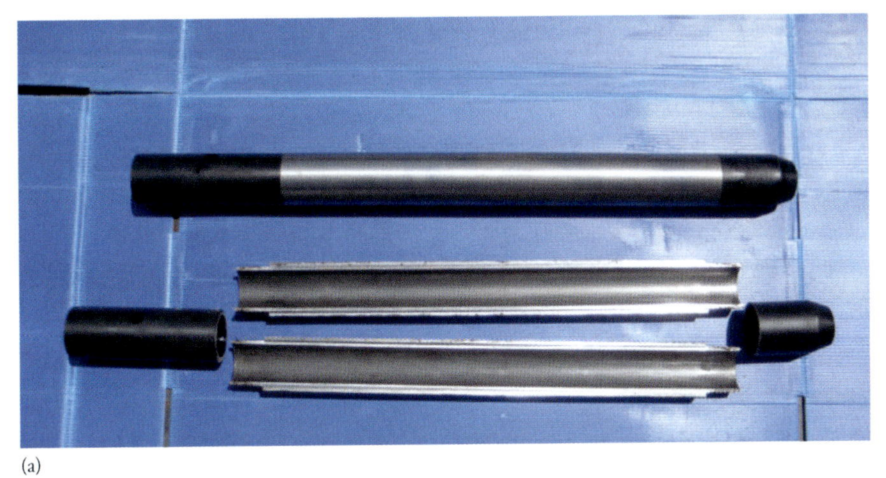

(a)

(b)

(c)

Fig. 2.4 *Ensaio SPT: (a) amostrador normalizado de Terzaghi; (b) vista do ensaio com o martelo pronto a cair; (c) amostrador aberto após o ensaio*

Fotos: Carlos Rodrigues.

15 cm mais 15 cm no 2º estágio, contabilizando o respectivo número de golpes do martelo. O número referente ao 1º estágio é tomado como meramente informativo, pois com esse estágio se pretende, essencialmente, atravessar o terreno mais perturbado imediatamente abaixo do fundo do furo. O número total de golpes do martelo no 2º estágio (isto é, a soma, nos dois subestágios de 15 cm), N, é considerado o resultado do ensaio.

Caso no 1º estágio o número de golpes atinja 50 sem penetração de 15 cm, ou o mesmo número (50) seja atingido no 2º estágio sem penetração de 30 cm, a cravação é interrompida, registrando o comprimento de penetração verificado. Essa situação é, na linguagem usual, designada como *nega*. Ainda nesse caso poderá se obter o valor de N para a penetração de 30 cm por meio de uma simples extrapolação. Para rochas brandas, a norma ISO refere a possibilidade de aumentar o limite do número de golpes para 100.

Antes de aprofundar alguns aspectos referentes ao ensaio propriamente dito, é fundamental ressaltar que o chamado SPT é um *processo de coletar amostras amolgadas*. Para isso, a cravação do amostrador é efetuada, geralmente, com espaçamento de 1,0 m ou inferior. Quando trazido para a superfície do terreno, o amostrador é aberto em duas "meias canas", permitindo o exame do solo em seu interior (Fig. 2.4c). Um segmento dos últimos 30 cm de solo amostrado é então guardado numa pequena caixa estanque, devidamente identificada, a qual é posteriormente examinada pelo técnico responsável pela prospecção para definição da estratigrafia do terreno.

Desse modo, os cortes geológico-geotécnicos contendo a sucessão de camadas usadas nos estudos geotécnicos do local de uma construção são geralmente estabelecidos com base nas amostras amolgadas e coletadas durante as sondagens de furação pelo amostrador SPT. Deve-se, portanto, reconhecer o acerto da ideia de associar a cravação de um amostrador a um ensaio, fornecendo um parâmetro básico descritivo da qualidade (mecânica) de um terreno, usado na prática cotidiana pelos engenheiros.

Correções ao SPT

A utilização generalizada, durante décadas, do SPT nas condições geotécnicas mais diversas permitiu associar empiricamente ao número de golpes N num determinado tipo de solo certas características, por exemplo, em termos de compacidade (areias) e de consistência (argilas), comportamentos como a suscetibilidade de maciços arenosos em relação à liquefação e até parâmetros mecânicos, como o ângulo de resistência ao cisalhamento de solos granulares. Muitas dessas correlações apresentam confiabilidade relativamente limitada porque, apesar do nome, o ensaio SPT não é um ensaio verdadeiramente normalizado.

Com efeito, diversos aspectos referentes à realização do ensaio, suscetíveis de afetar de modo substancial os respectivos resultados, variam de país para país e até de empresa para empresa. Entre os aspectos focados refira-se, por exemplo, o modo de operação e de queda do martelo, o peso do batente, o tipo das hastes e suas ligações, o diâmetro do furo etc. (De Mello, 1971; Cavalcante, 2002). Por estranho que pareça, só em 1988 foi publicado um documento estabelecendo procedimentos internacionalmente considerados de referência para o SPT (ISSMFE, 1988).

Esse documento consagrou um conjunto de esforços bem-sucedido no sentido de estabelecer métodos que, de forma consistente, permitissem comparar resultados dos ensaios SPT efetuados de forma diferenciada. Estudos experimentais levaram à conclusão de que para isso interessava, antes de tudo, estabelecer comparações ao nível da energia efetivamente transmitida ao conjunto de hastes em cada golpe do martelo. Assim, se num determinado solo, a determinada profundidade, forem realizados ensaios SPT com dois equipamentos I e II, distintos ao nível do sistema de manobra do martelo e do peso do batente, aos quais correspondem energias transmitidas ao conjunto de hastes E_I e E_{II}, respectivamente, os valores de N com tais sistemas estão relacionados pela equação:

$$N_I \, E_I = N_{II} \, E_{II} \tag{2.1}$$

isto é, N é inversamente proporcional à energia transmitida às hastes.

Esse aspecto é extremamente relevante porque os mesmos estudos mostraram que E, em cada golpe, pode ser substancialmente inferior à energia potencial do martelo antes da queda, $E_p(E_p = 63{,}5 \times 0{,}76 = 48{,}26\,\text{kgm}$ ou $E_p = 474\,\text{J})$. Com efeito, em alguns sistemas o processo de manobra do martelo não permite que sua queda seja completamente livre, o que evidentemente reduz a energia cinética na altura do choque com o batente. Por outro lado, alguma energia é dissipada no próprio batente, crescendo tal dissipação com seu peso.

Designando por *ratio* de energia transmitida ao conjunto de hastes, E_R, a razão:

$$E_R = \frac{E}{E_p} \times 100 \tag{2.2}$$

estabeleceu-se para esse *ratio* o valor-padrão de 60%.

Sendo assim, qualquer resultado do ensaio SPT, N, efetuado com um sistema cujas características correspondam a determinado *ratio* de energia, E_R, deve ser transformado no resultado que seria obtido para o *ratio*-padrão. Esse resultado é designado como N_{60} e obtém-se da expressão:

$$N_{60} = C_E\, N \tag{2.3}$$

em que C_E, coeficiente corretivo relacionado com a energia, vale:

$$C_E = \frac{E_R}{60} \tag{2.4}$$

Além da correção dos resultados relacionada com a energia, outras correções são aconselhadas na bibliografia. Em primeiro lugar, estudos dinâmicos mostraram que a energia aplicada em cada golpe do martelo só é de fato absorvida totalmente pelo conjunto de hastes quando o comprimento total das hastes é tal que o peso do conjunto é maior ou igual ao do martelo. Por isso, para comprimentos inferiores a um dado valor, é preciso corrigir N por meio de um coeficiente de redução, C_R (R relaciona-se com a palavra inglesa *rod*, isto é, haste). A Tab. 2.1 inclui proposta a esse respeito.

Outro aspecto importante é o diâmetro do furo de sondagem. Compreende-se que, quanto maior esse diâmetro, maior será a profundidade do solo perturbado abaixo do fundo do furo, ainda que seja pela alteração (redução) da tensão efetiva média. Ora, embora o ensaio tenha sido concebido para furos de diâmetro de até 100 mm, é prática corrente o uso de diâmetros de furação até 200 mm (ver seção 2.1.3). O efeito do diâmetro de furação, embora qualitativamente fácil de entender, não se encontra bem quantificado por meio de resultados experimentais, indicando-se na Tab. 2.2 valores para o respectivo coeficiente corretivo, C_D, que podem ser considerados prudentes.

Uma última correção é indispensável para considerar o efeito do nível de tensões efetivas à profundidade do ensaio, para o caso de solos arenosos.

Tab. 2.1 Coeficiente corretivo, C_R, para o comprimento do conjunto de hastes

Comprimento das hastes	Coeficiente corretivo, C_R
> 10 m	1,0
6-10 m	0,95
4-6 m	0,85
3-4 m	0,75

Fonte: Skempton (1986).

Tab. 2.2 Coeficiente corretivo, C_D, para o diâmetro do furo de sondagem

Diâmetro do furo	Coeficiente corretivo, C_D
65-115 mm	1,0
150 mm	1,05
200 mm	1,15

Fonte: Skempton (1986).

Repare-se que, fixando todos os aspectos referentes ao ensaio e ainda ao solo propriamente dito, N crescerá naturalmente com a tensão efetiva média, isto é, com a profundidade. Estabeleceu-se então o conceito de resultado normalizado, N_1, o resultado que seria obtido com um dado sistema num determinado solo para uma tensão efetiva vertical de repouso igual a 1 atm (aproximadamente 1 bar ou 100 kPa). É pois indispensável a introdução de um novo fator corretivo, C_N, tal que:

$$(N_1)_{60} = C_N \, N_{60} \tag{2.5}$$

sendo usual a seguinte equação para C_N:

$$C_N = \left(\frac{p_a}{\sigma'_{v0}} \right)^{0,5} \tag{2.6}$$

em que p_a representa a pressão atmosférica e σ'_{v0} é a tensão efetiva vertical à profundidade a que N_{60} foi obtido. Essa expressão, de natureza empírica, é fundamentada em resultados de ensaios com câmaras de calibração, que permitem realizar ensaios SPT sobre solos granulares reconstituídos em laboratório sob tensões efetivas médias distintas (Liao; Whitman, 1986). Em geral não é recomendável a aplicação de valores de C_N inferiores a 0,5 ou superiores a 2,0.

Desse modo, sendo N o resultado bruto do ensaio, o valor do resultado do ensaio normalizado e corrigido é obtido por:

$$(N_1)_{60} = C_E\, C_R\, C_D\, C_N\, N \tag{2.7}$$

Deve-se notar que, ao contrário do que se refere aos coeficientes corretivos para a energia e para a tensão efetiva à profundidade do ensaio (C_E e C_N), os coeficientes que dizem respeito ao conjunto de hastes e ao diâmetro do furo (C_R e C_D) não são de aplicação consensual. Isso quer dizer que, para certos autores, $(N_1)_{60}$ é considerado tomando unitários os dois últimos coeficientes referidos na Eq. 2.7.

Calibração do equipamento

Considerando o exposto anteriormente, compreende-se que é extremamente importante, em cada campanha de prospecção, conhecer de forma rigorosa o *ratio* de energia, E_R, do equipamento usado nos ensaios SPT. Para isso, é preciso exigir documentos comprovatórios da calibração recente do equipamento.

Os métodos de calibração estão fora do âmbito deste livro. Pode-se de qualquer modo adiantar que a energia transferida às hastes em cada golpe é igual ao integral da força multiplicado pela velocidade, definido desde o momento do impacto do martelo sobre o conjunto de hastes até o instante em que o integral atinge o valor máximo, conforme a equação:

$$E = \int_0^t F(t)v(t)dt \tag{2.8}$$

em que $F(t)$ e $v(t)$ correspondem aos registros da força e da velocidade em função do tempo.

A avaliação da energia envolvida em cada golpe exige a instrumentação de uma ou mais hastes por meio de extensômetros (que permitem obter a força, F) e de acelerômetros (os quais permitem determinar a velocidade de propagação da onda de choque, v), ligados a um sistema de aquisição, cuja interpretação é feita por *software* comercial apropriado (Cavalcante et al., 2002; Rodrigues et al., 2010). O tempo para o qual a energia transferida atinge o maior valor determina o intervalo de integração.

De igual modo, é também aconselhável proceder à verificação da altura de queda do martelo, das dimensões do amostrador e ainda dos pesos do amostrador e do martelo, porque, requerendo o SPT equipamento muito simples, ele pode ser produzido em oficinas não especializadas.

Correlações de $(N_1)_{60}$ com características e parâmetros do solo

A Tab. 2.3 ilustra a correlação entre $(N_1)_{60}$ e a compacidade relativa de areias normalmente consolidadas proposta por Skempton (1986).

TAB. 2.3 RELAÇÃO ENTRE $(N_1)_{60}$ E A COMPACIDADE RELATIVA DE AREIAS

$(N_1)_{60}$	0-3	3-8	8-25	25-42	> 42
CR (%)	0-15	15-35	35-65	65-85	85-100
Compacidade	muito fofa	fofa	medianamente compacta	compacta ou densa	muito compacta ou muito densa

Notas:

1. Para $CR \geqslant 0{,}35$, $(N_1)_{60}/CR^2 \simeq 60$; 2. Para areias grossas, N deve ser multiplicado por 55/60; 3. Para areias finas, N deve ser multiplicado por 65/60.

Fonte: Skempton (1986).

A Fig. 2.5 apresenta essencialmente a mesma correlação junto com muitas determinações experimentais obtidas por diversos autores.

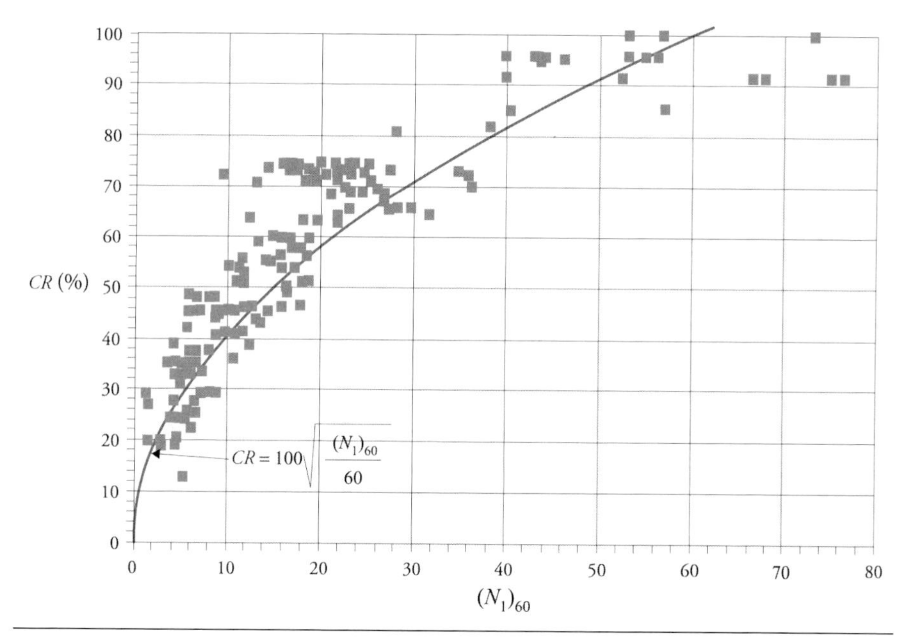

FIG. 2.5 *Relação entre $(N_1)_{60}$ e a compacidade relativa de areias limpas*
Fonte: Mayne, Christopher e DeJong (2001).

A Fig. 2.6 mostra duas correlações entre $(N_1)_{60}$ e o ângulo de resistência ao cisalhamento (valores de pico) propostas por Décourt (1989) e por Hatanaka e Uchida (1996). Pode-se verificar que as propostas são bastante concordantes entre si.

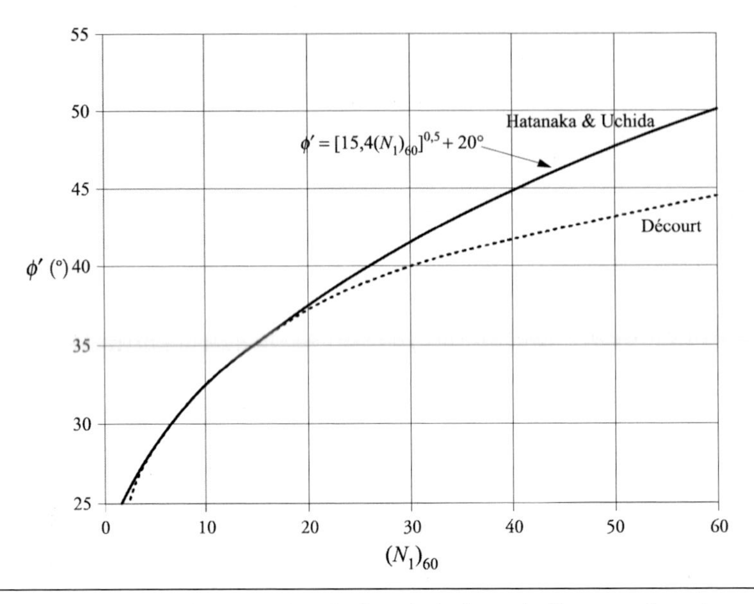

Fig. 2.6 *Correlações entre $(N_1)_{60}$ e o ângulo de resistência ao cisalhamento de areias*
Fonte: Décourt (1989) e Hatanaka e Uchida (1996).

A Tab. 2.4 mostra uma correlação entre a compacidade relativa e o ângulo de resistência ao cisalhamento de areias de quartzo (US Army Corps of Engineers, 1993).

Tab. 2.4 Correlação entre a compacidade relativa e o ângulo de resistência ao cisalhamento de areias de quartzo

CR (%)	ϕ' (°), areias finas		ϕ' (°), areias médias		ϕ' (°), areias grossas	
	Uniformes	Bem graduadas	Uniformes	Bem graduadas	Uniformes	Bem graduadas
40	34	36	36	38	38	41
60	36	38	38	41	41	43
80	39	41	41	43	43	44
100	42	43	43	44	44	46

Fonte: US Army Corps of Engineers (1993).

No Cap. 5 são tratadas as correlações entre os resultados do SPT e a suscetibilidade dos maciços arenosos em relação à liquefação (ver seção 5.4).

A Tab. 2.5 inclui uma classificação dos solos argilosos quanto à consistência proposta por Clayton, Mattheus e Simons (1995).

Tab. 2.5 Relação entre N_{60} e a consistência das argilas

N_{60}	0-4	4-8	8-15	15-30	30-60	> 60
Consistência	muito mole	mole	firme	rija	muito rija	dura

Fonte: Clayton, Mattheus e Simons (1995).

Antes de concluir essa apresentação do SPT, é oportuno salientar que a via da estimativa dos parâmetros mecânicos do solo a partir de correlações, como as que a título de exemplo acabam de ser referidas, não esgota a sua utilidade para o projeto geotécnico. Com efeito, podem ser encontrados na bibliografia numerosos métodos empíricos de dimensionamento de fundações superficiais e de fundações profundas (estacas) baseados diretamente nos resultados do ensaio. A experiência brasileira na exploração dessas duas vias é particularmente rica e bem-sucedida (De Mello, 1971; Aoki; Velloso, 1975; Décourt; Quaresma, 1978; Décourt, 1989; Sandroni, 1991; Ruver; Consoli, 2006; Cintra; Aoki, 2010; Schnaid; Odebrecht, 2012).

2.2.2 Ensaio com o cone-penetrômetro holandês (*cone-penetration test*, CPT/CPTU)

Aspectos essenciais do equipamento e do ensaio. Parâmetros medidos

O ensaio com o cone-penetrômetro foi inicialmente desenvolvido na Holanda na década de 1930 e é atualmente um dos ensaios *in situ* mais usualmente utilizados. Tem como vantagem óbvia em relação ao SPT o fato de ser completamente automatizado, já que seus resultados são totalmente reprodutíveis, isto é, independentes do operador. Não permite, todavia, coletar amostras. Portanto, o CPT é estritamente um ensaio *in situ*, realizado geralmente em complemento a sondagens de furação que permitem identificar visualmente, por meio de amostras coletadas durante a furação, a estratigrafia do terreno. Todavia, nas situações em que ela foi claramente estabelecida por meio de campanhas de prospecção precedentes em locais próximos, o CPT é muitas vezes usado isoladamente.

O ensaio consiste na cravação contínua no solo, por meio de um sistema hidráulico, a uma taxa de 20 mm/s, de uma ponteira de aço, representada na Fig. 2.7, que compreende uma extremidade cônica (ângulo no vértice igual a 60° e área da base do cone igual a 10 cm^2) e uma luva (134 mm de extensão, 150 cm^2 de área).

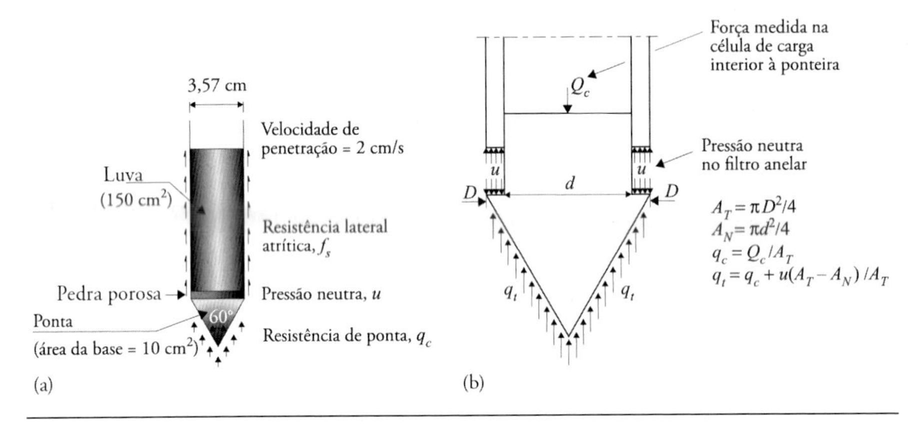

Fig. 2.7 *Esquema da ponteira do CPT: (a) detalhes e grandezas medidas no ensaio; (b) correção da resistência de ponta para a versão CPTU com filtro anelar imediatamente acima do cone*

A partir da década de 1980 generalizou-se a versão do aparelho designada como *piezocone*, ou CPTU, que permite a medição da pressão neutra junto à ponteira durante a cravação. Como mostra a Fig. 2.7, imediatamente acima do cone existe uma pedra porosa (constituída por uma liga metálica porosa) que permite a transmissão da pressão da água a um transdutor de pressão alojado no interior da ponteira. (Em certos aparelhos, o ponto de medida da pressão neutra se situa em outro local da ponteira, especificamente na face do cone.)

Os parâmetros medidos são: i) a *resistência de ponta* ou *resistência do cone*, q_c, razão da força vertical de reação do solo à cravação da ponta cônica (medida numa célula de carga alojada em seu interior) pela área da base do cone; ii) a *resistência lateral*, f_s, razão da força de atrito desenvolvida ao longo da luva (medida por outra célula de carga junto à luva) pela sua superfície; iii) *a pressão na água dos poros* (medida no mencionado transdutor interior à pedra porosa).

Além dessas três grandezas, o *software* que acompanha o aparelho permite o cálculo da chamada *razão de atrito*, R_f, de equação:

$$R_f = \frac{f_s}{q_c} \times 100 \tag{2.9}$$

A Fig. 2.8 mostra uma imagem do sistema. Em primeiro plano pode-se observar o conjunto das hastes (com 1 m de comprimento) que são acrescentadas à medida que a penetração avança; no interior das hastes passa o cabo com o conjunto de fios elétricos para ligação dos transdutores que instrumentam a ponteira à fonte de energia e à caixa de aquisição, ambas situadas à superfície; esta última está ligada a um computador. Em segundo plano pode-se observar a estrutura do sistema de cravação, ancorada ao terreno por um conjunto de trados, de modo a conseguir materializar a reação indispensável para que os macacos hidráulicos cravem a ponteira e o conjunto de hastes. O sistema de reação alternativo pode ser conseguido por meio de blocos de concreto (de elevado peso). É desejável que a estrutura de reação permita aplicar uma força de cravação de até cerca de 10 tf. Caso contrário, a ponteira não terá capacidade de atravessar camadas com certa resistência, podendo o ensaio ficar limitado a profundidade pequena em muitas situações. De qualquer modo, esse ensaio não é apropriado para caracterizar terrenos muito rijos ou com partículas de elevado diâmetro, como os pedregulhos médios e grossos.

O uso do piezocone tornou necessária uma correção dos valores tomados para a resistência de ponta, passando a ser usado, em vez de q_c, o parâmetro q_t. Como mostra a Fig. 2.7b, pelo fato de imediatamente acima do cone existir o filtro em forma de anel, pressões da água serão exercidas com sentido descendente na parte de cima da ponta cônica, mais precisamente numa coroa circular (tomando como referência a figura) de diâmetro interior d e diâmetro exterior D. Desse modo, a *resistência total* que o solo oferece à penetração da ponta cônica, q_t, é igual a q_c adicionada da razão da resultante das pressões da água naquela coroa circular pela área da base do cone.

Essa correção só é relevante em solos argilosos e siltoargilosos moles, nos quais se verificam valores muito baixos de q_c conjugados com valores elevados da pressão na água dos poros (devido aos excessos de pressão neutra

Tab. 2.6 Relação entre q_c e o ângulo de atrito e o módulo de deformabilidade de areias de quartzo ou feldspato (sugerida para fundações superficiais, baixos valores de σ'_{v0})

Compacidade	q_c (MPa)	ϕ' (°)	E' (MPa)
muito baixa	0,0 – 2,5	29 – 32	< 10
baixa	2,5 – 5,0	32 – 35	10 – 20
média	5,0 – 10,0	35 – 37	20 – 30
alta	10,0 – 20,0	37 – 40	30 – 60
muito alta	> 20,0	40 – 42	60 – 90

Notas:

1. Os valores de ϕ' são válidos para areias; para solos siltosos deve ser efetuada uma redução de 3°; para pedregulhos deve ser adotado um acréscimo de 2°;

2. Os valores de E' constituem módulos secantes para avaliação de recalques; é possível que para solos siltosos os valores mais apropriados possam ser 50% menores do que os indicados, enquanto para pedregulhos poderão ser 50% maiores; em solos sobreadensados o módulo pode ser consideravelmente superior.

tensões efetivas à profundidade do ensaio, q_{c1N} ou q_{t1N} (como foi referido, para solos granulares q_c e q_t são praticamente coincidentes). De modo análogo ao que foi visto para o SPT (ver Eqs. 2.5 e 2.6), essa resistência ser obtida por:

$$q_{c1N} \approx q_{t1N} = C_N\, q_t = \left(\frac{p_a}{\sigma'_{v0}}\right)^{0,5} q_t \qquad (2.13)$$

Como exemplo, inclui-se na Fig. 2.14 a correlação entre q_{t1N} e a compacidade relativa de areias (Mayne; Christopher; DeJong, 2001). Por sua vez, a Fig. 2.15 mostra uma conhecida correlação entre a razão de q_c pela tensão efetiva vertical de repouso e o ângulo de resistência ao cisalhamento de areias (Robertson; Campanella, 1983).

Argilas

Em solos argilosos o CPT implica naturalmente um carregamento em condições não drenadas. A relação entre a resistência total do cone q_t e a resistência não drenada S_u a dada profundidade pode ser expressa por uma equação do tipo:

$$q_t = N_{kt}\, S_u + \sigma_{v0} \qquad (2.14)$$

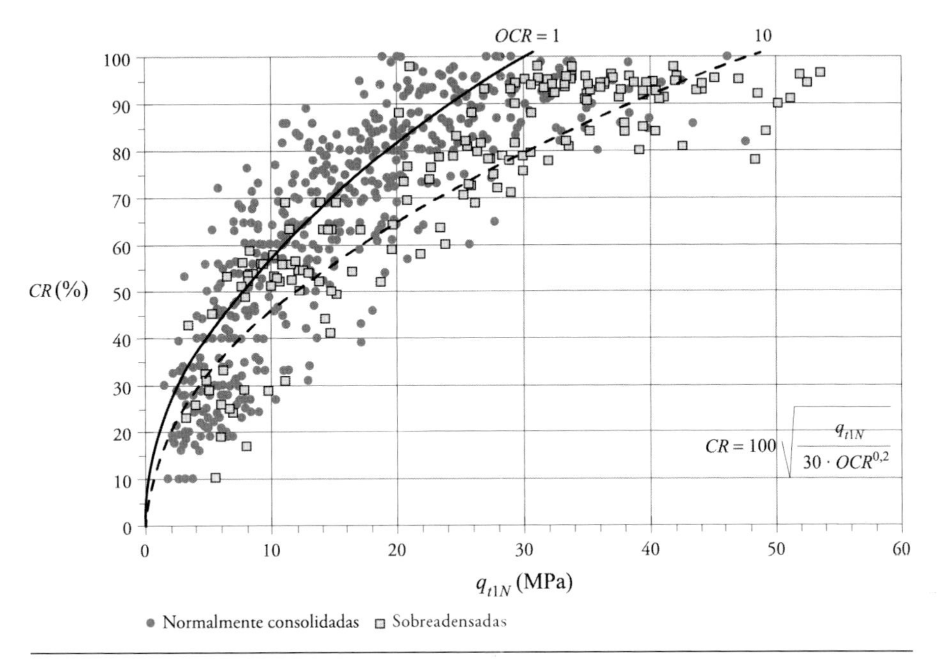

FIG. 2.14 *Correlação entre q_c e a compacidade relativa de areias (677 resultados com areias de 26 locais diferentes)*
Fonte: adaptado de Mayne, Christopher e DeJong (2001).

em que N_{kt} é um parâmetro adimensional. (A Eq. 2.14 começou a ser usada antes da introdução do conceito de resistência total, usando, pois, q_c no 1° membro; nesse momento, o símbolo usado para o parâmetro adimensional que afeta a resistência não drenada era N_k e não N_{kt}.)

Essa equação é uma equação teórica, aplicável à capacidade de carga vertical de sapatas (ver seção 5.1.2) e de estacas em condições não drenadas. O valor teórico do fator adimensional que multiplica a resistência não drenada do solo para situações em que a fundação tem planta circular e diâmetro muito inferior à profundidade – situação que se assemelha ao caso do CPT – é de cerca de 9,0 (Skempton, 1951). No Cap. 5, pode-se verificar que esse fator nos problemas de fundações utiliza o símbolo N_c. Recentes estudos de simulação numérica do ensaio, usando diversas modelações de elementos finitos muito refinadas, mostram que a resistência do cone em argilas depende de diversos fatores além da própria resistência não drenada, como a grandeza das tensões totais horizontais, a rigidez do solo e a rugosidade da superfície da ponteira

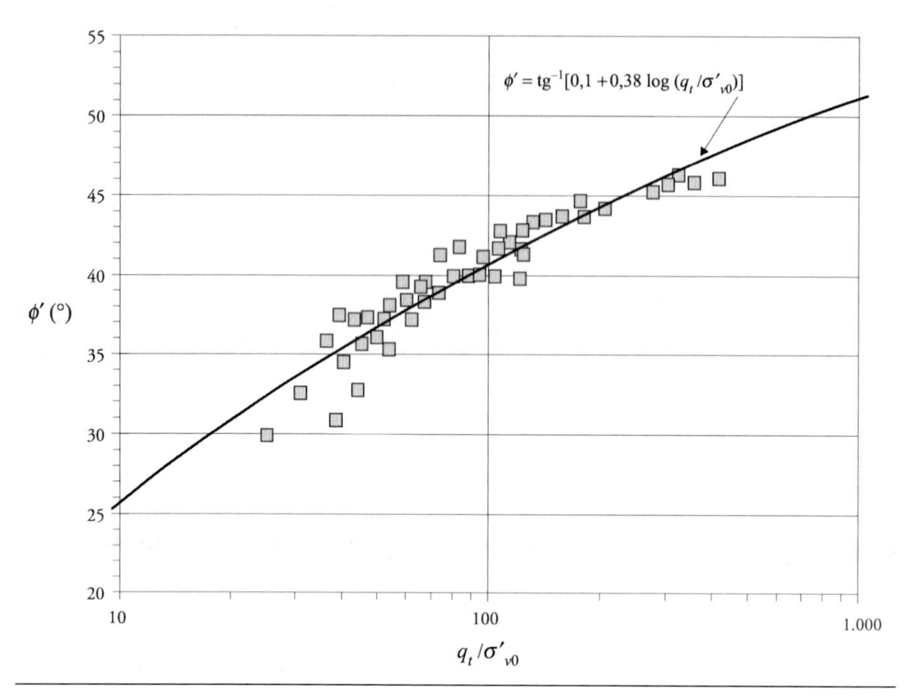

Fig. 2.15 *Correlação entre q_c e ϕ' para areias de quartzo não cimentadas (46 resultados com areias de 6 locais diferentes)*
Fonte: Robertson e Campanella (1983).

(Yu, 2004). Para as condições mais usuais, esses estudos fornecem valores de N_{kt} entre 9 e 12.

Todavia, os valores de N_{kt} deduzidos da experimentação de campo – a partir de resultados do CPT e da avaliação de S_u com base em outros ensaios *in situ*, como o *vane test* (VST), ou de laboratório, como os triaxiais – que se podem encontrar na bibliografia apresentam dispersão considerável, dentro de um intervalo de aproximadamente [8; 18], portanto, em claro desacordo com o que seria de se esperar a partir dos estudos teóricos ou de simulação numérica anteriormente citados (Rodrigues, 2006; Salgado, 2008; Almeida; Marques, 2010).

Essa dispersão deriva, em parte, do fato de os valores do fator N_{kt} terem sido deduzidos com base em avaliações da resistência não drenada obtidas de ensaios de laboratório ou de ensaios de campo de diversos tipos. Como discutido no Vol. 1, Cap. 6 (seção 6.4), as argilas moles revelam com frequência uma anisotropia em relação a S_u que se reflete no fato de esse parâmetro ser, geralmente, máximo nos ensaios de compressão triaxial, mínimo nos ensaios de extensão triaxial e intermediário nos ensaios de cisalhamento direto simples, todos esses em laboratório, e intermediário também no VST.

Atendendo ao tipo de ruptura do solo em frente do cone do CPT, parece razoável afirmar que, tal como para um aterro ou uma fundação carregada na vertical (ver Vol. 1, Fig. 6.30), a resistência não drenada poderá corresponder a uma média das resistências para as três trajetórias de tensão referidas. Seria conveniente, ao discutir o fator N_{kt}, tomar como referência preferencial valores de S_u obtidos a partir do VST. Se esse critério for seguido, a dispersão de valores reduz-se substancialmente, e pode-se verificar que parte considerável dos resultados experimentais corrobora de modo muito razoável os valores dos estudos teóricos e numéricos mencionados. Desse modo, no estado atual do conhecimento, parece razoável adotar o fator N_{kt} igual a 12 para obter valores de S_u correspondentes a estimativas do VST. Almeida e Marques (2010) apresentam igualmente o valor N_{kt} igual a 12 como boa aproximação ao valor médio dos resultados obtidos nos solos moles brasileiros.

Uma das aplicações mais úteis do CPTU em argilas reside na avaliação do coeficiente de consolidação horizontal do solo, c_h, parâmetro necessário ao dimensionamento de sistemas de drenos verticais para aceleração do adensamento (ver Vol. 1, seção 4.7). Como foi referido, a cravação da ponteira em solos argilosos ocorre em condições não drenadas, gerando, nos solos moles, um excesso de pressão neutra positivo. Caso a cravação a determinada profundidade seja suspensa e a ponteira permaneça no local, é possível, através do piezocone, acompanhar a evolução no tempo da dissipação daquele excesso. Essa dissipação ocorre essencialmente na direção horizontal, sendo controlada pelo coeficiente de adensamento horizontal ou radial, c_h. Normalmente esses ensaios de dissipação são efetuados aproveitando a suspensão da cravação para acoplar mais uma haste.

O problema da dissipação no tempo do excesso de pressão neutra gerado pela introdução da ponteira do CPT é suscetível de ser tratado teoricamente. São conhecidas duas formulações distintas que conduzem a resultados muito similares, a mais antiga assimilando o processo à expansão de uma cavidade esférica ou cilíndrica no solo (Torstensson, 1977), e a mais recente usando a abordagem conhecida por *strain path method* (Teh; Houlsby, 1991). Está fora do âmbito deste livro a apresentação dessas teorias, mas considera-se útil apresentar algumas das soluções de interesse prático.

A Fig. 2.16 mostra a curva que relaciona a evolução do excesso de pressão neutra normalizado, $\Delta u(t)/\Delta u(0)$, com T^*, o chamado fator-tempo modificado da segunda teoria citada, que se relaciona com os restantes parâmetros de acordo com a equação:

$$T^* = \frac{c_h t}{R^2 I_R^{0,5}} \tag{2.15}$$

em que t é o tempo real, R é o raio da ponteira e I_R é o chamado *índice de rigidez* (ver adiante).

Estudos de sensibilidade mostram que a aplicação da Eq. 2.15 para um grau de adensamento de 50%, isto é, entrando no segundo membro com t_{50}, o instante que no ensaio correspondeu a 50% de dissipação do excesso de pressão neutra, minimiza os erros associados à medição da pressão neutra inicial, bem como às estimativas da pressão neutra de equilíbrio (Baligh; Levadoux, 1986). Como mostra a Fig. 2.16, o valor teórico de T^* para um grau de consolidação de 50% vale 0,245.

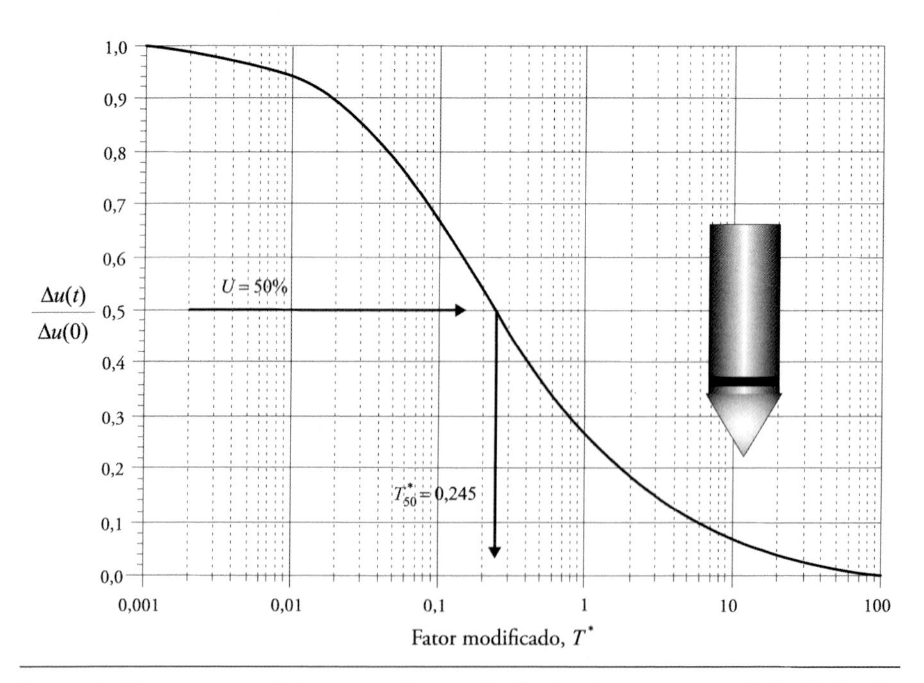

Fig. 2.16 *Adensamento radial em torno da ponteira do CPT durante um ensaio de dissipação: relação $\Delta u(t)/\Delta u(0)$ com T^*, fator-tempo modificado*

Fonte: Teh e Houlsby (1991).

O índice de rigidez, I_R, que aparece na Eq. 2.15 tem a seguinte equação:

$$I_R = \frac{G}{S_u} \tag{2.16}$$

em que G é o módulo cisalhante do solo. Para uso junto com a Eq. 2.16, Mayne, Christopher e DeJong (2001) recomendam o ábaco representado na Fig. 2.17 (Keaveny; Mitchell, 1986).

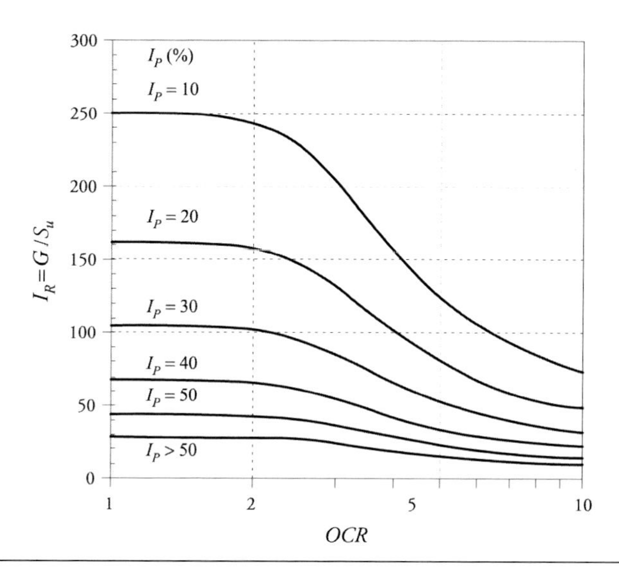

FIG. 2.17 *Ábaco para avaliação do índice de rigidez, I_R, para uso na Eq. 2.15*
Fonte: Keaveny e Mitchell (1986).

Robertson et al. (1992) procederam a uma avaliação de muitos resultados de ensaios de dissipação. Concluíram que os valores de c_h estimados por esses ensaios são geralmente superiores aos estimados em laboratório. Como em geral os valores de laboratório subestimam significativamente os valores reais, observados em obra, parece legítimo concluir que as estimativas a partir do CPTU se aproximam mais da realidade. Esse aspecto reforça a grande conveniência do uso do CPTU nos projetos que envolvem carregamento de solos moles, enfatizada quando foram comentadas as Figs. 2.10, 2.11 e 2.12.

Correlações entre os resultados do CPT e do SPT

Como se pode compreender, sendo o SPT e o CPT os ensaios de campo mais geralmente executados, da sua realização nos mesmos locais em numerosas campanhas de caracterização geotécnica resultou a possibilidade de correlacionar os respectivos resultados, nomeados N e q_c.

Uma das correlações com esse objetivo mais consensualmente citadas está representada na Fig. 2.18. A correlação foi proposta tomando como referência N_{55}, isto é, um *ratio* de energia de 55%, inferior àquele que poucos anos depois seria estabelecido como padrão (60%). Com a conversão de N_{55} para N_{60}, os valores da razão $q_c/(p_a N)$ sobem cerca de 9%. O uso da curva representada na figura para estimar q_c a partir de N_{60} estará, assim, do lado da segurança em relação à proposta dos autores, não devendo, todavia, ser ignorada a significativa dispersão dos resultados representados.

Como se pode verificar, $q_c/(p_a N)$ depende da granulometria do solo, crescendo com o diâmetro médio das partículas. Para explicar essa dependência, convém notar que a resistência à penetração no SPT é muito dependente da interação por meio de tensões tangenciais entre o solo e as paredes exteriores do amostrador, em que os fenômenos não são muito distintos daqueles que

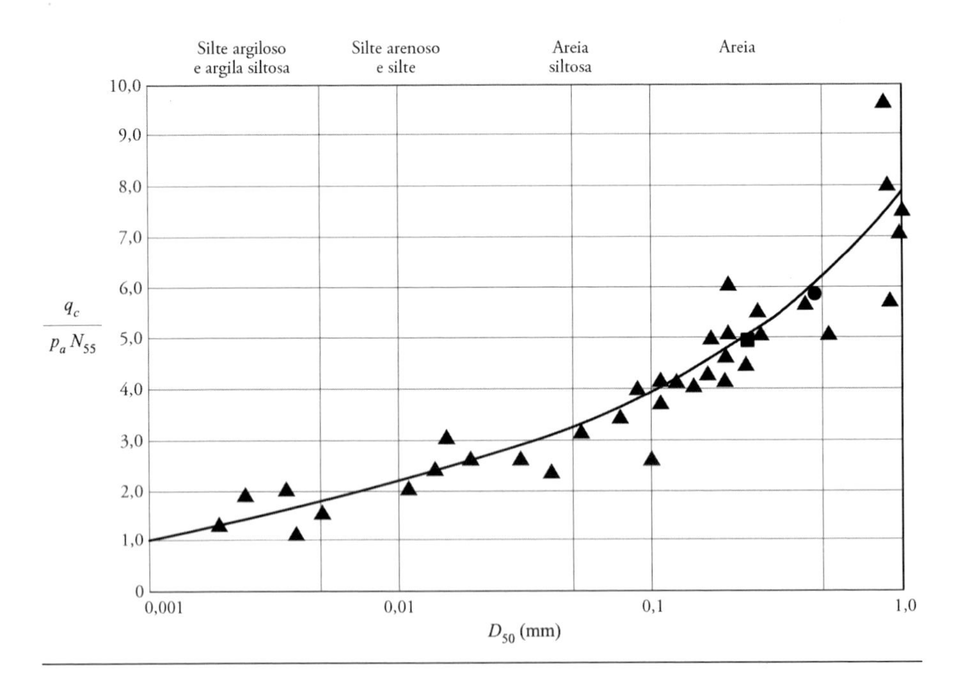

Fig. 2.18 *Correlação entre q_c e N_{55} em função do diâmetro médio das partículas*
Fonte: adaptado de Robertson, Campanella e Wightman (1983).

ocorrem, no mesmo tipo de solo, na luva da ponteira do CPT. Ora, os resultados desse ensaio mostram que nos solos finos a resistência lateral é em geral relativamente elevada em confronto com a resistência de ponta (ver Fig. 2.9).

A utilidade desse tipo de ábaco consolida-se no fato de as relações dos resultados do CPT com os parâmetros geotécnicos serem muito variadas e consideradas razoavelmente confiáveis. Por outro lado, existem métodos de dimensionamento, em particular de fundações superficiais e por estacas, diretamente fundamentados nos resultados desse ensaio. Sendo assim, quando, para determinado local, estão disponíveis apenas resultados do SPT, pode ser conveniente obter, por meio do uso de ábacos como o da Fig. 2.18, valores estimados de q_C que permitam aplicar o manancial de correlações e metodologias fundamentadas nesse parâmetro.

2.2.3 Ensaios com penetrômetros dinâmicos (*dinamic probing test*, DP)

Aspectos essenciais do equipamento e do ensaio

Os ensaios com os penetrômetros dinâmicos são provavelmente, na sua concepção, o meio mais antigo para averiguar as características do subsolo.

O ensaio consiste na determinação do número de golpes (N) de um martelo ou pilão com determinada massa (M) em queda livre de certa altura (H) sobre o conjunto constituído, de cima para baixo, por um batente, um conjunto de hastes e uma ponta cônica (cuja base tem área A), para que ocorra determinado comprimento de penetração (L). O diâmetro das hastes é inferior ao da base do cone da ponta, o que permite supor que a resistência à penetração resulta apenas de forças de reação do terreno sobre a superfície cônica da ponta.

A simplicidade do sistema de ensaio e o fato de ser um sistema de prospecção muito antigo, aspectos obviamente relacionados, fazem com que exista uma grande diversidade de penetrômetros com variações de todos os parâmetros anteriormente definidos, além de outros.

A Tab. 2.7 inclui uma classificação dos penetrômetros em ligeiro (ou leve), médio, pesado e superpesado em função da massa do martelo. O penetrômetro de utilização mais usual no Brasil é o DPL.

Tab. 2.7 Tipos de penetrômetros dinâmicos

Tipo	Sigla	M, Massa do martelo (kg)
Ligeiro ou leve	DPL	$M \leqslant 10$
Médio	DPM	$10 < M < 40$
Pesado	DPH	$40 \leqslant M \leqslant 60$
Superpesado	DPSH	$60 < M$

A Tab. 2.8, por sua vez, inclui algumas características consideradas de referência para os quatro tipos de penetrômetros referidos, enquanto a Fig. 2.19 mostra as hastes e ponteiras usadas em alguns dos penetrômetros dinâmicos.

Para comparação de resultados de diferentes penetrômetros, é usual adotar a chamada energia específica por golpe, $E_{S,DP}$, que traduz a energia cinética do martelo por unidade de área da seção da ponta, expressa por:

$$E_{S,DP} = \frac{MgH}{S} \tag{2.17}$$

Usando dois sistemas, I e II, com valores da energia específica $E^{I}_{s,DP}$ e $E^{II}_{s,DP}$, os respectivos resultados, N_I e N_{II}, correspondentes à cravação dos comprimentos L_I e L_{II} num dado solo, estarão relacionados da seguinte forma:

Tab. 2.8 Características de referência para os penetrômetros

Característica	DPL	DPM	DPH	DPSH
Massa do martelo, M (kg)	10	30	50	63,5
Altura de queda, H (m)	0,5	0,5	0,5	0,75
Massa do batente e guia, B (kg)	6	18	18	30
Comprimento das hastes (m)	1	1-2	1-2	1-2
Massa máxima das hastes, V (kg)	3	6	6	8
Diâmetro exterior das hastes (mm)	22	32	32	32
Diâmetro interior das hastes (mm)	6	9	9	–
Ângulo do cone no vértice (°)	90	90	90	90
Área da base do cone, S (cm^2)	10	10	15	20
Comprimento de penetração, L (cm)	10	10	10	20
Resultado	N_{10}	N_{10}	N_{10}	N_{20}
Gama do n° de golpes	3-50	3-50	3-50	5-100
Energia específica / golpe, $E_{S,DP}$ (kJ/m^2)	50	150	167	238

Fonte: ISSMFE (1989).

$$E^{I}_{s,DP}\frac{N_I}{L_I}=E^{II}_{s,DP}\frac{N_{II}}{L_{II}} \tag{2.18}$$

Isso significa, dentro dessa hipótese, que o número de golpes necessário para obter um comprimento de penetração unitário é inversamente proporcional à energia específica por golpe. Essa forma de comparação merece algumas reservas, já que, como se viu, a energia transmitida ao solo depende de outros parâmetros não incluídos na equação anterior, como o peso do batente, o peso das hastes etc.

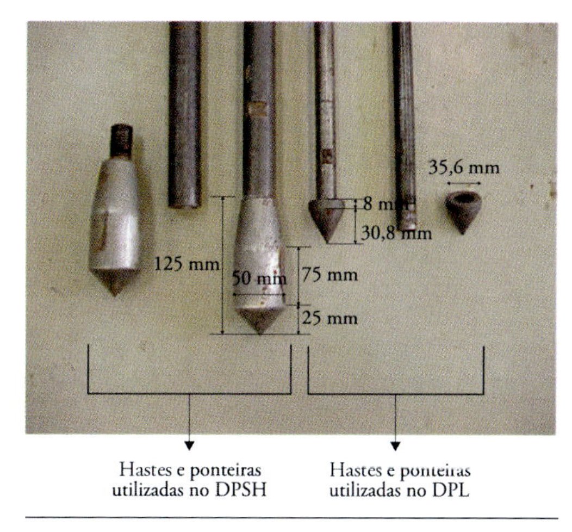

FIG. 2.19 *Hastes e ponteiras usadas em alguns dos penetrômetros dinâmicos*
Foto: Carlos Rodrigues.

A Fig. 2.20 mostra ensaios com os penetrômetros dinâmicos ligeiro e superpesado.

(a)

(b)

FIG. 2.20 *Execução dos ensaios (a) DPL e (b) DPSH*
Fotos: Carlos Rodrigues.

Comentário à utilização dos ensaios com os penetrômetros dinâmicos. Interpretação dos resultados

Não são conhecidos métodos que permitam interpretar teoricamente os resultados dos ensaios com os penetrômetros dinâmicos para obter parâmetros mecânicos do terreno. Por outro lado, a via das correlações empíricas não tem confiabilidade comparável às que foram citadas sobre o SPT e, muito em especial, sobre o CPT. Naturalmente, a diversidade de equipamentos usados e das respectivas energias de cravação não é alheia ao fato apontado.

Não obstante o que foi referido, os ensaios com os penetrômetros dinâmicos podem ser, em diversas situações, muito convenientes, já que os sistemas são de construção simples e econômica e as versões mais leves são facilmente transportáveis mesmo para locais sem acesso para veículos motorizados.

É, todavia, fundamental considerar que os penetrômetros dinâmicos necessitam ser conjugados com outros ensaios *in situ* e com sondagens de furação. Pode ser boa opção, por exemplo na caracterização geotécnica de grandes áreas, realizar, nas imediatas proximidades de diversos pontos a prospectar, sondagens de furação convencionais com ensaios SPT e sondagens de penetração com um penetrômetro dinâmico, de modo a – com as primeiras – identificar a sequência das camadas e, para cada camada – com os resultados de ambos os tipos de sondagens –, estabelecer correlações entre N(SPT) e N(DP), válidas para a camada em questão e para o penetrômetro utilizado, exclusivamente. Isso permitirá conjugar uma malha mais larga de sondagens convencionais (mais onerosas e demoradas) com outra mais apertada de sondagens de penetração (mais rápidas e econômicas), conseguindo por essa via um conhecimento mais completo do terreno. Essa opção é particularmente apropriada quando o que está em discussão é definir a posição de determinada camada mais resistente entre os pontos (mais afastados) da malha principal de sondagens de furação.

É importante, nesse contexto, que ao penetrômetro utilizado corresponda uma energia apropriada ao tipo de terreno e à profundidade a atingir. Por exemplo, os penetrômetros dinâmicos ligeiros (DPL) só são apropriados para terrenos brandos e para profundidades de até uma dezena de metros. Usá-los em terrenos resistentes ou que incluam camadas com resistência apreciável pode conduzir à situação, naturalmente indesejável, de se caracterizar o terreno até uma profundidade muito inferior àquela que uma caracterização adequada, e com resultados conclusivos para o projeto, deveria atingir.

Outro contexto em que a utilização dos penetrômetros dinâmicos, em particular do DPL, tem se revelado muito útil é no controle dos resultados do tratamento de maciços arenosos por meio da vibrocompactação (ver seção 5.4.3) e também no controle da compactação de aterros para obras rodoviárias e ferroviárias, neste caso em conjugação com ensaios de carga em placa (ver seção 7.4.6).

2.2.4 ENSAIO DE CARGA EM PLACA (*PLATE LOAD TEST*, PLT)

Aspectos essenciais do equipamento e do ensaio

O ensaio de carga em placa consiste no carregamento por escalões de uma placa circular de aço, colocada sobre a superfície do terreno a ensaiar, medindo o recalque resultante. Pode assim ser considerado uma simulação, numa escala reduzida, de uma fundação superficial. Não obstante esse fato, como adiante se verifica, nem sempre seu objetivo é o dimensionamento daquele tipo de fundação.

A Fig. 2.21a mostra um esquema simplificado do ensaio de carga em placa. Na Fig. 2.21b pode-se observar a montagem de um ensaio em que o macaco ganha reação no eixo traseiro de um caminhão carregado (com sacos de cimento, blocos de concreto ou outro material), de modo a aumentar o peso descarregado no eixo, portanto a reação máxima mobilizável. Na figura observa-se ainda o sistema de medição do recalque: defletômetros (nesse caso, três) são aplicados no macaco e ligados a uma viga metálica apoiada suficientemente longe da placa para que possa ser considerada fixa.

Como se sabe, a profundidade do maciço subjacente à área carregada que condiciona a resposta medida em termos de deformações depende das dimensões daquela área, no caso presente, do diâmetro da placa. Decorre que é desejável que o diâmetro da placa seja tão grande quanto possível, porque: i) quando seu objetivo é a previsão do comportamento de fundações superficiais, devido às dimensões que essas fundações por vezes atingem, o carregamento poderá envolver uma espessura substancial do maciço; ii) a qualidade das estimativas melhora com o aumento do volume do solo ensaiado, em especial em maciços heterogêneos. Em particular, a uma profundidade

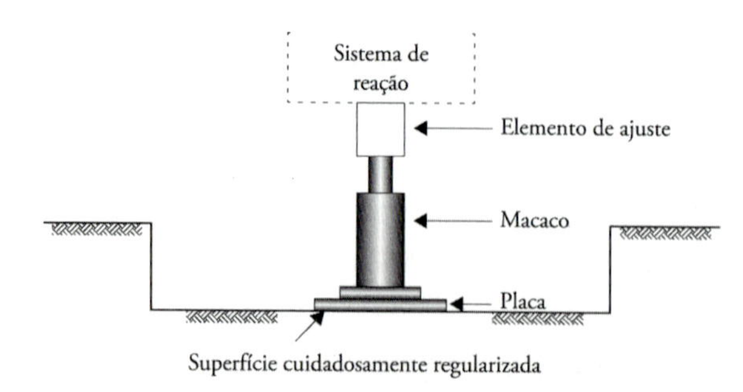

(a)

(b)

Fig. 2.21 *Ensaio de carga em placa: (a) esquema simplificado; (b) imagem de uma montagem em que o macaco ganha reação no eixo traseiro de um caminhão, podendo-se observar o sistema de medição do assentamento*

Fotos: *Carlos Rodrigues.*

dupla do diâmetro, as tensões incrementais no solo correspondem a uma fração pequena (cerca de 10%) da pressão exercida à superfície (ver Vol. 1, Fig. 2.12).

Há, todavia, que se considerar que a aplicação no terreno, por meio de placas de grande diâmetro, de tensões similares às transmitidas pela obra em estudo exigirá normalmente cargas muito elevadas. Ora, a materialização de um sistema suscetível de fornecer uma reação ao macaco que carrega a placa nessas circunstâncias acarreta geralmente custos muito elevados e prazos dilatados. Atendendo ao exposto, é usual adotar tensões iguais ou superiores às previstas para a estrutura em estudo e, em consequência, adotar o diâmetro da placa atendendo à reação máxima disponível. Os diâmetros mais usuais variam normalmente entre 0,30 m e 0,80 m, sendo a respectiva espessura suficientemente grande para que a peça se comporte como rígida.

Interpretação dos resultados

Por via teórica, de modo a obter parâmetros mecânicos do solo

A Fig. 2.22 mostra um diagrama tensão-recalque. Como se pode verificar, geralmente são aplicados dois ciclos de carga e descarga. O primeiro ciclo, de menor amplitude, é destinado a assegurar um contato tão perfeito quanto possível entre a placa e a superfície do terreno, que, apesar de ser previamente regularizada, pode não estar totalmente plana.

Caso o ensaio seja conduzido até ocorrer ruptura do solo de fundação, a aplicação das Eqs. 5.16 e 5.15 do Cap. 5 pode permitir a avaliação, respectivamente, da resistência não drenada, S_u, ou dos parâmetros de resistência em tensões efetivas, c' e ϕ', conforme o ensaio corresponda a carregamento em condições não drenadas ou em condições drenadas.

Para condições drenadas, estando a placa à superfície do terreno ou na base de uma escavação de dimensões em planta muito superiores ao seu diâmetro: i) numa areia, a capacidade de carga vertical, q_{ult}, reduz-se à terceira parcela do segundo membro da Eq. 5.15, logo o ensaio permite determinar o valor do fator N_γ e, em seguida, por meio das Eqs. 5.13 ou 5.14, o ângulo de resistência ao cisalhamento; ii) num solo que apresente também resistência decorrente da coesão, a capacidade de carga vertical, q_{ult}, resulta da primeira e da terceira parcelas do segundo membro da Eq. 5.15, logo a avaliação de c' e de ϕ' exigirá a determinação de q_{ult} por meio de dois ensaios com placas de diferentes diâmetros, obtendo-se assim aqueles dois parâmetros de resistência a partir de duas equações independentes.

Essa não é, todavia, a forma mais usual de interpretar os resultados dos ensaios de carga em placa. Com efeito, em condições usuais, o ensaio é conduzido envolvendo pressões muito inferiores às correspondentes à ruptura

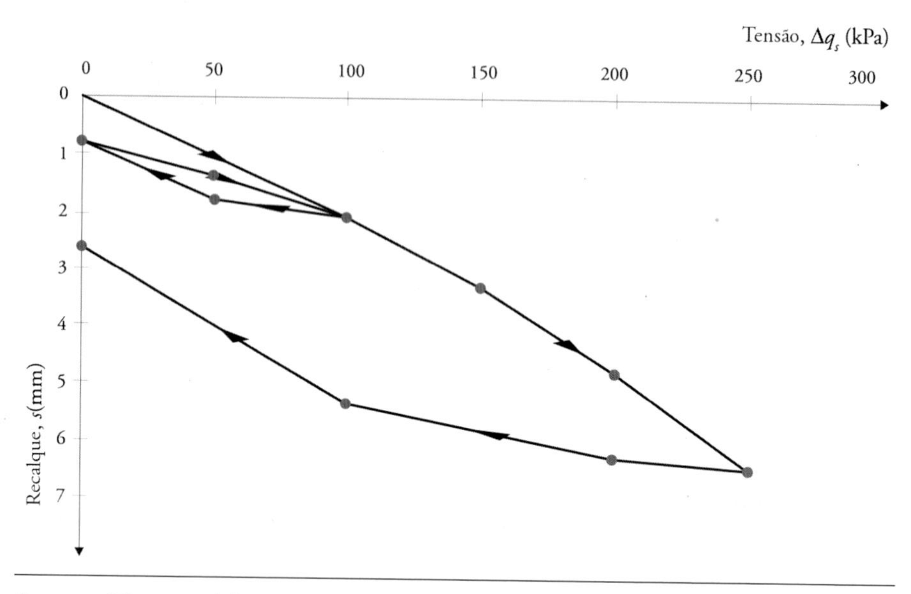

FIG. 2.22 *Diagrama típico tensão-recalque num ensaio de carga em placa*

do solo, permitindo estimar o módulo de deformabilidade por meio da interpretação dos resultados à luz da teoria da elasticidade. Como se verifica no Cap. 5, o recalque, s, de uma fundação superficial rígida, de área circular de diâmetro B, carregada por uma pressão Δq_s, sobre um meio elástico linear e homogêneo de módulo de elasticidade E e coeficiente de Poisson ν, vale (ver seção 5.2.1):

$$s = \frac{0{,}79 \Delta q_s B \left(1 - \nu^2\right)}{E} \tag{2.19}$$

Essa equação permite avaliar o módulo de deformabilidade do solo tomando as coordenadas s e Δq_s de um ponto do diagrama de ensaio e adotando um valor para ν. Para o caso dos solos argilosos, o carregamento do ensaio ocorre em condições não drenadas, adotando-se então um coeficiente de Poisson igual a 0,5. Para solos granulares, solos residuais do granito, aterros e terrenos similares com o ensaio pretende-se estimar o módulo de deformabilidade em condições drenadas, sendo razoável adotar para o coeficiente de Poisson valores de 0,2 a 0,3. Para esses solos, em que se pretende carregamento em condições drenadas, há a necessidade de, em cada estágio de carga, aguardar que os recalques se estabilizem, o que, em casos em que o solo tem fração fina com algum significado, pode demorar consideravelmente, tornando o ensaio muito moroso.

Não há critério único para escolha do ponto do diagrama para proceder ao cálculo anteriormente apresentado. Se o objetivo é prever o módulo para o terreno carregado com determinado valor de Δq_s, parece razoável selecionar o ponto cuja ordenada seja o valor dessa pressão. Caso se considere o segundo ciclo de carga o valor da ordenada, s, deve naturalmente se desprezar o recalque registrado no fim da descarga do primeiro ciclo.

Quando esses ensaios são efetuados para caracterizar solos de fundação ou aterros em obras rodoferroviárias, é usual designar como EV_1 e EV_2 os módulos obtidos para o 1° e o 2° ciclos de carregamento, respectivamente. Atendendo ao que anteriormente foi afirmado sobre os dois ciclos de carga, compreende-se que o módulo EV_2 seja considerado o mais representativo, embora a razão EV_2/EV_1 seja também considerada (Fortunato, 2005).

Importa ainda notar que a Eq. 2.19 é válida quando o ensaio é realizado à superfície do terreno ou na base de uma escavação prévia cuja largura seja, no mínimo, cinco vezes maior do que o diâmetro da placa. Caso contrário, a tensão do terreno acima da plataforma de ensaio tenderá a influenciar os resultados, diminuindo o recalque, e, portanto, conduzindo a uma sobre-estimativa do módulo de deformabilidade. Nesses casos recomenda-se o uso de uma correção que é abordada no Cap. 5 (ver seção "Método de Schmertmann", p. 389).

Uso direto dos resultados do ensaio

Quando o ensaio é conduzido para prever recalque de fundações superficiais, a via anteriormente exposta pode não ser a mais proveitosa, já que o módulo de deformabilidade obtido representa um horizonte de terreno cuja espessura é da ordem de grandeza do diâmetro da placa, portanto geralmente muito menor do que a do horizonte que vai condicionar o comportamento da fundação em estudo. Ainda que o solo nas duas situações seja *fisicamente* o mesmo, não o será *mecanicamente*, porque, dentro de um dado maciço homogêneo, o módulo de deformabilidade cresce geralmente em profundidade (devido ao crescimento das tensões efetivas).

Considerando, como mostra a Fig. 2.23a, uma sapata e uma placa de igual forma geométrica e sob a mesma pressão, a razão dos respectivos recalques, s_f/s_p, cresceria linearmente com a razão dos respectivos diâmetros, B_f/B_p, caso o módulo de deformabilidade não dependesse da profundidade

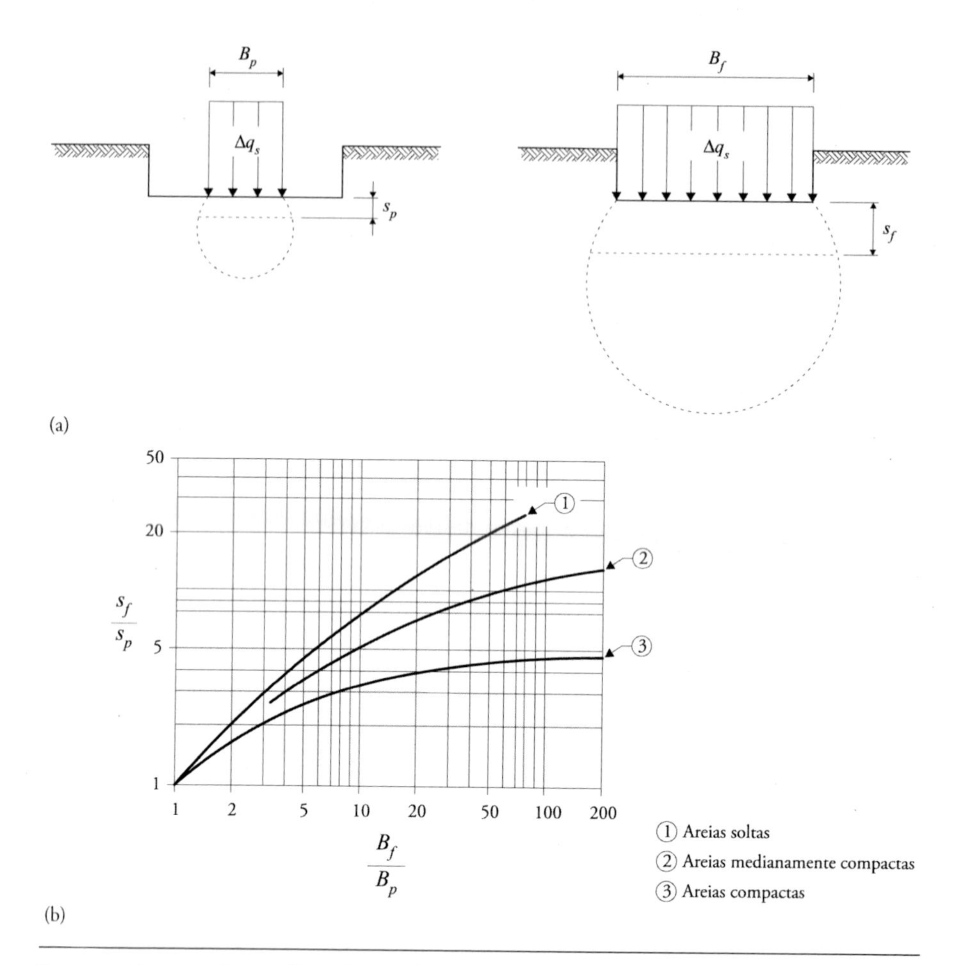

FIG. 2.23 *Exemplo de uso direto dos resultados do ensaio de carga em placa: (a) placa e sapata com a mesma forma geométrica, sob a mesma pressão, fundadas em solo arenoso; (b) razão dos assentamentos da sapata e da placa* versus *razão dos respectivos diâmetros*

Bergdahl, Ottosson e Malmborg (1993).

(ver Eq. 2.19). Tal dependência atenua naturalmente aquele crescimento e em grau tanto mais pronunciado quanto mais pronunciado for o crescimento do módulo de deformabilidade com a tensão efetiva média. A Fig. 2.23b ilustra uma proposta que permite avaliar o recalque da sapata a partir do recalque da placa, para a mesma pressão, em areias (Bergdahl; Ottosson; Malmborg, 1993). A proposta é válida caso a camada de areia tenha, no mínimo, o dobro da espessura do diâmetro da fundação.

Comentário final

O que foi exposto limita de alguma forma o interesse da interpretação teórica do ensaio de carga em placa – e o do próprio ensaio – no contexto da previsão dos recalques de fundações. Desse modo, não surpreende que na maioria dos casos seja executado para outros fins.

Como se verifica no Cap. 7, o ensaio de carga em placa assume atualmente grande importância na caracterização da qualidade de aterros de fundação de pavimentos rodoviários e de plataformas para vias férreas.

Além disso, quando executado com placas com as maiores dimensões da gama referida, o que permite aproveitar um volume de solo muito maior do que a maioria dos outros ensaios de campo, o ensaio de carga em placa é especialmente apropriado para a caracterização da deformabilidade de maciços naturais ou de aterros com cascalhos ou pedras (partículas de grandes dimensões). Aspecto que limita severamente uma mais ampla aplicação do ensaio é o fato de ele exigir acesso direto à camada a caracterizar. Do fato resulta que sua execução se torna dificilmente exequível – portanto, ainda mais onerosa e demorada – a profundidades significativas.

2.2.5 ENSAIO SÍSMICO ENTRE FUROS DE SONDAGEM (*CROSS HOLE SEISMIC TEST*, CHT)

Aspectos essenciais do equipamento e do ensaio

O ensaio sísmico entre furos consiste em provocar a geração de ondas de cisalhamento (ondas S) no terreno a determinada profundidade, por meio de um impacto no interior de um furo de sondagem, e em registrar sua chegada num receptor situado à mesma profundidade em outro furo próximo. Conhecida a distância entre os dois furos e medido o tempo entre o impacto e a recepção, pode-se determinar, pela simples divisão daquela por este, a velocidade de propagação das ondas S, V_S, à profundidade em questão. É usual proceder à medição de V_S com espaçamentos em profundidade da ordem de 1,5 m a 2,0 m. A Fig. 2.24 representa a montagem de um ensaio sísmico entre furos.

A distância entre os furos de sondagem paralelos é geralmente de 4,0 m a 5,0 m (não são adotadas distâncias fora do intervalo 3,0 m a 6,0 m). Geralmente, em pelo menos um dos furos é feita uma sondagem convencional para determinação da sequência das camadas, coleta de amostras, realização de

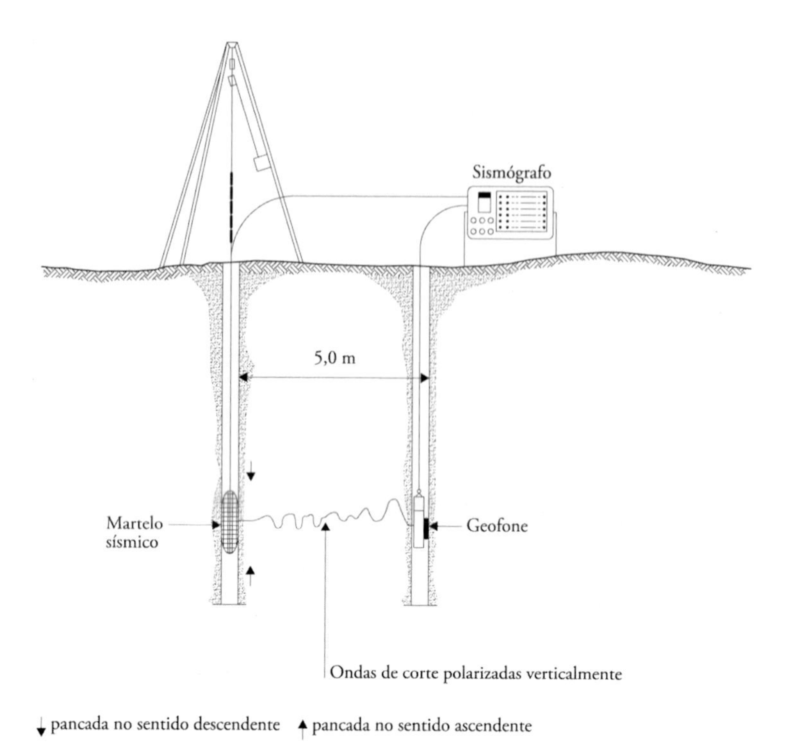

Fig. 2.24 *Esquema de um ensaio sísmico entre furos*
Fonte: GATTEL/LNEC (1993a).

outros ensaios etc. Os furos são previamente revestidos por um tubo metálico selado com calda de cimento às paredes do furo. É necessário aguardar pelo endurecimento da calda para realizar os ensaios.

O equipamento básico do ensaio consiste nos seguintes aparelhos:

a) um *sismógrafo*, que permite registrar, observar e armazenar os resultados para posterior tratamento;

b) um *martelo sísmico*, comandado a partir da superfície, responsável pelo impacto, em sentido descendente ou ascendente, sobre o *batente*, fixado às paredes do tubo de revestimento do furo, à profundidade do ensaio, por calços acionados por um sistema hidráulico;

c) um receptor – *geofone triaxial* – colocado no outro furo à mesma profundidade.

Considerando que os métodos de furação usualmente empregados permitem, em sondagens relativamente profundas, desvios significativos da vertical, é conveniente proceder a um levantamento inclinométrico dos dois furos de modo a determinar com exatidão o respectivo afastamento em profundidade.

Interpretação dos resultados

Admitindo comportamento elástico linear do solo, a velocidade das ondas de cisalhamento relaciona-se com o módulo de distorção elástico do solo, G_0, pela seguinte relação teórica:

$$G_0 = \rho V_s^2 = \frac{\gamma}{g} V_s^2 \tag{2.20}$$

em que ρ é a massa específica (total) do solo à profundidade em questão e g é a aceleração da gravidade.

É usual ainda o símbolo G_{max} (em alternativa a G_0) para o módulo de distorção elástico calculado a partir de V_s, pelo fato de os níveis de deformação envolvidos nos ensaios sísmicos entre furos serem muito pequenos, geralmente da ordem de 10^{-6}, e totalmente reversíveis. Daí a completa legitimidade de interpretar o ensaio à luz da teoria da elasticidade e a designação de *elástico* do módulo de distorção em questão.

O ensaio permite ainda medir a velocidade das ondas de compressão (ondas P), V_p, que é mais elevada do que a das ondas S, não sendo por isso difícil distinguir sua chegada ao receptor. Com base em V_p, é possível determinar o coeficiente de Poisson por meio da equação teórica:

$$\nu_{dyn} = \frac{1}{2} \frac{\left(\frac{V_p}{V_s}\right)^2 - 2}{\left(\frac{V_p}{V_s}\right)^2 - 1} \tag{2.21}$$

O índice *dyn* usado na Eq. 2.21 para compor o símbolo ν_{dyn} pretende salientar que os valores do coeficiente de Poisson obtidos desse modo são normalmente usados nas análises dinâmicas. Nessas análises, tomando $G_{dyn} = G_0$, o módulo de elasticidade correspondente, E_0 (ou E_{max}), pode ser obtido a partir da equação:

$$E_0 = 2(1 + \nu)G_0 \tag{2.22}$$

Nas análises estáticas envolvendo níveis de deformação relativamente baixos, é recomendado tomar $\nu = 0,2$ para carregamentos drenados e $\nu = 0,5$ para carregamentos não drenados (Mayne; Christopher; DeJong, 2001).

A partir de V_s e V_p, é ainda possível calcular a porosidade de solos saturados por meio da seguinte equação teórica (Fotti; Lai; Lancelltta, 2002):

$$n = \frac{\rho^S - \sqrt{(\rho^S)^2 - \frac{4(\rho^S - \rho^F)K^F}{V_p^2 - 2\left(\frac{1-\nu^{SK}}{1-2\nu^{SK}}\right)V_s^2}}}{2(\rho^S - \rho^F)} \tag{2.23}$$

em que ρ^S representa a massa específica das partículas sólidas, ρ^F e K^F representam, respectivamente, a massa específica e o módulo de elasticidade volumétrico do fluido que preenche os poros, isto é, da água, e ν^{SK} representa o coeficiente de Poisson do esqueleto sólido. Como se sabe, na maioria dos solos ρ^S é próximo de 2,65 a 2,70 t/m^3, ρ^F vale 1 t/m^3 e K^F pode ser tomado como igual a 2,25 x 10^6 kPa. Os autores citados mostram que os resultados são muito pouco sensíveis ao valor de ν^{SK}, sugerindo a adoção do valor 0,25.

A equação anterior resulta da simplificação de outra equação exata, por meio da hipótese de que a variação volumétrica das partículas sólidas é desprezível. Essa simplificação conduz a uma sensível sobrestimação da porosidade (em média da ordem de 10%).

A partir da porosidade, podem ser calculados o índice de vazios, e, e o peso específico do solo, γ, por meio de simples relações estudadas no Vol. 1, Cap. 1.

A utilidade dessa equação pode ser apreendida levando em conta que, não sendo possível acesso direto ao solo, a determinação desses parâmetros exigiria a coleta de amostras indeformadas.

Comentário final

Os ensaios sísmicos entre furos impuseram-se nas últimas décadas como um dos ensaios de campo mais importantes da Mecânica dos Solos, por possibilitarem a avaliação de um parâmetro de referência fundamental, o módulo de distorção para muito pequenas deformações, G_0, portanto também do correspondente módulo de deformabilidade, E_0, que, com toda a propriedade, pode ser designado como *módulo de elasticidade*.

Como será discutido na parte final deste capítulo (ver seção 2.3.3), os níveis de deformação associados à grande maioria das obras de engenharia são substancialmente maiores do que os induzidos pelo ensaio sísmico entre furos. Como os solos têm comportamento altamente não linear, o módulo de deformabilidade ou a rigidez diminui com o nível de deformação. Por isso, os módulos retirados do ensaio em questão não podem ser diretamente usados nas análises de deformação, necessitando de correção.

Um aspecto também muito importante sobre o ensaio sísmico entre furos é que ele não tem limitação de profundidade, considerando que é realizado em furos de sondagem, e é aplicável a todos os tipos de terreno, dos mais moles aos mais resistentes e dos mais finos aos mais grossos. A nenhum dos outros ensaios estudados neste capítulo – e mesmo neste livro, considerando que o ensaio de cisalhamento rotativo é abordado no Vol. 1, Cap. 6 – se aplica essa afirmação, o que por si só atestaria a relevância e utilidade do ensaio. Em certas situações, ele é mesmo o único ensaio de campo suscetível de aplicação, como no caso das chamadas *cascalheiras*, camadas que, nos vales aluvionares, constituem com muita frequência a base das formações do Holocênico e que, especificamente no vale do rio Tejo, no litoral de Portugal, chegam a ter espessura superior a 15 m. Tais camadas, onde existem cascalhos com 20 cm de diâmetro, não são de modo algum caracterizáveis com ensaios como o SPT, o CPT ou os ensaios pressiométricos ou dilatométricos.

Os resultados do ensaio sísmico entre furos são também fundamentais para as análises dinâmicas dos maciços terrosos. Por exemplo, a classificação dos tipos de terreno de fundação no Eurocódigo 8 – Parte 1 para o cálculo das ações sísmicas é feita com base nos valores da velocidade das ondas de cisalhamento, V_S (ver Tab. 3.5).

2.2.6 Ensaio sísmico entre a superfície e pontos do maciço em profundidade (*down hole seismic test*, DHT, e *seismic cone penetration test*, SCPT)

Alternativa mais econômica ao ensaio sísmico entre furos é o chamado ensaio *down hole*, que utiliza apenas um furo de sondagem, no qual é colocado o receptor, sendo a geração das ondas S efetuada à superfície num ponto próximo da boca do furo de sondagem, como mostra o esquema da Fig. 2.25a.

O sistema mais comum para geração das ondas S recorre a um barrote de madeira ou a um perfil de aço pousado à superfície, sobre o qual se coloca a roda de um veículo ou carga equivalente. As ondas são geradas por meio da percussão de um martelo numa das extremidades do barrote ou do perfil. Como no ensaio sísmico entre furos, o geofone é sucessivamente colocado a distintas profundidades no furo de sondagem. Outro aspecto que representa economia nesse caso é que um eventual desvio do furo em relação à vertical tem muito pequena repercussão no comprimento da trajetória das ondas, sendo por isso dispensável o levantamento inclinométrico.

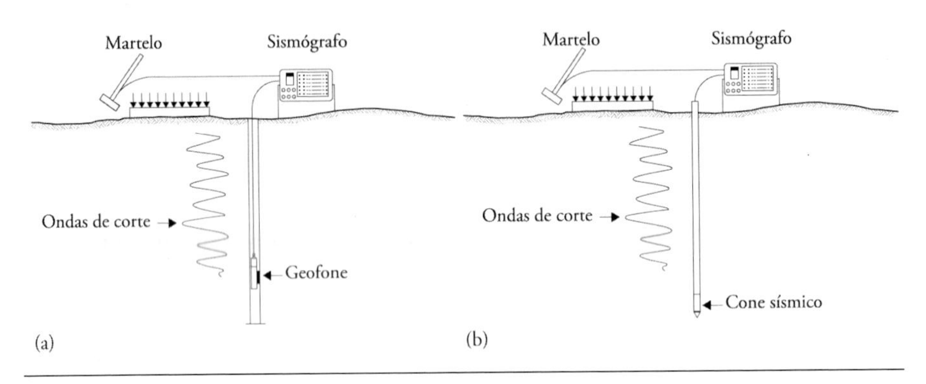

Fig. 2.25 *Esquema do ensaio* down hole: *(a) usando um furo de sondagem; (b) usando o cone sísmico*

Uma modalidade do ensaio *down hole* particularmente atrativa é o chamado *cone sísmico*, SCPT (ou SCPTU, piezocone sísmico), que é o ensaio com o cone (ou piezocone) holandês, estando sua ponteira dotada de um receptor, como mostra a Fig. 2.25b (Robertson et al., 1986). Nesse caso, é usual proceder à medição de V_S com intervalos em profundidade de 1 m, quando a cravação é interrompida para se acrescentar mais uma haste ao conjunto de hastes. Há também o dilatômetro sísmico, SDMT, que já tem sido usado no Brasil.

A razão da distância entre o ponto à superfície onde são geradas as ondas S e o geofone pelo tempo de percurso fornece um resultado que representa um valor médio ponderado de V_S nas diversas camadas atravessadas, em cada registro. Todavia, é possível calcular V_S para cada profundidade (Salgado, 2008). Considere-se que, em dois registros consecutivos, com o geofone às profundidades z e $z + \delta z$, foram obtidos os tempos de percurso t_Z e $t_{Z+\delta Z}$, respectivamente, e seja x a distância na horizontal da origem das ondas à boca do furo. A velocidade das ondas de cisalhamento V_S entre as duas profundidades é igual à razão da diferença das distâncias percorridas pela diferença dos tempos de percurso respectivos:

$$V_S = \frac{\left[(z+\delta z)^2 + x^2\right]^{0,5} - \left(z^2 + x^2\right)^{0,5}}{(t_{z+\delta z} - t_z)} \tag{2.24}$$

2.2.7 ENSAIO COM O PRESSIÔMETRO AUTOPERFURANTE DE CAMBRIDGE (*SELFBORING PRESSUREMETER TEST*, SBPT)

Aspectos essenciais do equipamento e do ensaio

O ensaio com o pressiômetro autoperfurante (SBPT) foi desenvolvido na Universidade de Cambridge e é comercializado sob o nome de *camkometer* (Wroth; Hughes, 1973). A Fig. 2.26 apresenta uma imagem do aparelho antes da sua introdução no terreno.

Trata-se de um dispositivo de custo elevado, operação complexa e demorada e que exige equipe altamente especializada para sua operação. Em contrapartida, é o único ensaio *in situ* que, ao menos potencialmente, é suscetível de fornecer estimativas do estado de tensão de repouso, da deformabilidade e dos parâmetros de resistência do maciço, sendo os respectivos resultados passíveis de interpretação teórica com aproximação. É de salientar, entre as potencialidades do ensaio, a possibilidade de estimar as tensões horizontais de repouso no solo, constituindo porventura o único meio viável de determinação direta do coeficiente de empuxo em repouso, K_0. Embora na prática usual dos ensaios surjam, muitas vezes, dificuldades que comprometem a qualidade de algumas das determinações, é certo que as possibilidades oferecidas pelo SBPT são extraordinárias.

A Fig. 2.27 mostra um esquema do aparelho (Windle; Wroth, 1977; Jamiolkowski et al., 1985). Em termos simplificados, o pressiômetro consiste numa célula cilíndrica com 1,0 m de altura e 8 cm de diâmetro, com a zona central da superfície cilíndrica, mais precisamente os 64 cm intermediários, revestida por uma membrana de borracha (na foto da Fig. 2.26, a superfície da célula está envolvida por uma camisa metálica protetora – chamada de *lanterna chinesa* – de modo a evitar o contato direto dos grãos sólidos com a referida membrana).

O pressiômetro é autoperfurante, isto é, pelos seus próprios meios abre um furo no terreno, com remoção do solo à medida que penetra no maciço. Atingida a profundidade desejada, por meio de uma pressão interior de ar comprimido, a membrana é obrigada a sofrer uma expansão, conforme ilustra a Fig. 2.27b. A deformação radial é medida em três transdutores dispostos a meia altura da membrana em pontos afastados em 120° sobre uma circunferência. Além da pressão interior e da deformação radial, é ainda medida a pressão neutra em dois transdutores diametralmente opostos situados na zona central da membrana.

Fig. 2.26 *Pressiômetro autoperfurante de Cambridge, SBPT*
Foto: António Sousa Coutinho.

O corpo da célula é um cilindro oco e rígido, logo, durante a inserção do aparelho no terreno, antes, portanto, de a pressão atuar na membrana, ela mantém a forma cilíndrica com o mesmo diâmetro das zonas rígidas superior e inferior. Esse detalhe é essencial para evitar a descompressão do solo envolvente do furo.

Para a furação, o pressiômetro é dotado, na extremidade inferior, de um bocal cortante com o mesmo diâmetro exterior da parte restante; esse bocal abriga uma ferramenta rotativa responsável pelo desmonte do solo. Através de um tubo axial é injetada até a boca água sob reduzida pressão, a qual retorna à superfície com os detritos da furação pelo espaço entre o tubo e o corpo da célula.

A autoinserção no maciço é de fundamental importância, não tanto pela dispensa da abertura prévia de um furo de sondagem, mas principalmente pelo fato de o aparelho ser posicionado no local a ensaiar praticamente sem introduzir deformações no maciço, portanto sem alterações de seu estado de tensão e sem perturbações no terreno que afetem significativamente sua resposta à solicitação que subsequentemente o aparelho vai aplicar.

Não obstante o que acaba de ser referido, o ensaio pressiométrico pode naturalmente ser executado, tal como vários outros ensaios *in situ*, acompanhando sondagens convencionais. Para isso, basta introduzir o aparelho até o fundo do furo, fazendo-o em seguida penetrar no terreno pelos seus próprios meios até uma profundidade que se considere suficiente para que o

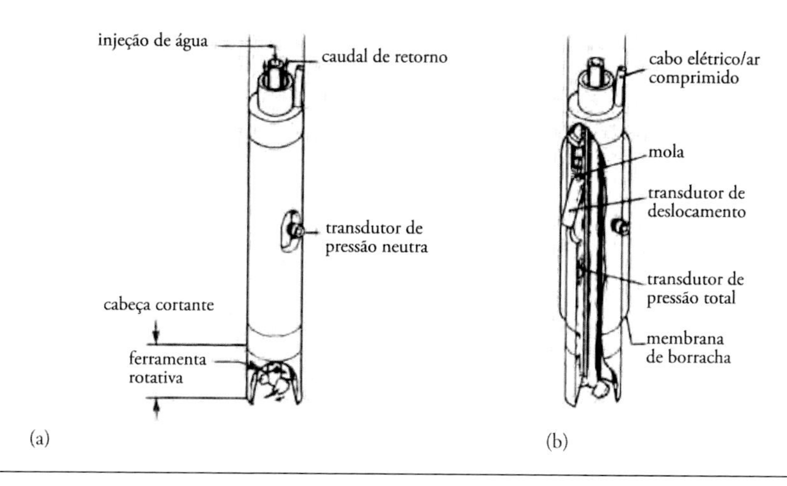

FIG. 2.27 *Esquema do SBPT: (a) antes de a pressão interior atuar; (b) com a pressão interior atuando*

ensaio seja efetuado fora do terreno deteriorado pela execução da sondagem. Esta opção é aliás frequente, pois a furação executada pelo pressiômetro é muito lenta e, em certos terrenos muito grossos, é mesmo inexequível, além de constituir a operação em que a danificação do aparelho, especificamente da membrana, é mais provável.

Interpretação dos resultados

O pressiômetro realiza, nos maciços argilosos, ensaios que geralmente se podem considerar não drenados, tendo em vista a taxa relativamente rápida com que a expansão da célula se processa. Para os maciços arenosos, as condições de carregamento podem ser consideradas drenadas, o que pode ser comprovado durante o ensaio por meio da leitura da pressão neutra.

A Fig. 2.28a mostra os resultados de um ensaio pressiométrico num solo argiloso mole do vale do rio Tejo. Em abscissas é representada a deformação radial (isto é, a razão da variação do raio da unidade cilíndrica pelo valor inicial do mesmo raio), ε, enquanto as ordenadas representam a pressão aplicada à membrana, ψ.

A determinação da tensão total horizontal de repouso (assinalada na figura no eixo das ordenadas, 129 kPa) é efetuada por meio de uma análise do diagrama pressão-deformação radial em seu início, do modo esquematizado na Fig. 2.28b. Com efeito, admitindo que a inserção do pressiômetro não alterou o estado de tensão de repouso, a expansão da membrana só deve se iniciar quando a pressão aplicada ao terreno ultrapassar σ_{h0}. De fato, verifica-se certa deformabilidade do sistema, embora muito reduzida até certo valor da pressão, o chamado *lift-off*, a partir do qual passa a se verificar um abrupto acréscimo das deformações radiais associado à expansão da cavidade cilíndrica por deformação do solo envolvente. A tensão σ_{h0} é considerada igual ao valor da pressão correspondente ao *lift-off*, sendo ele determinado por meio de um tratamento dos resultados do ensaio para valores muito baixos da deformação radial, considerando os três diagramas pressão-deformação fornecidos pelos três transdutores que instrumentam a célula.

Sendo conhecidas a tensão total de repouso e a pressão neutra de equilíbrio, ficam, com o resultado do ensaio, completamente caracterizados o estado de tensão de repouso e o coeficiente de empuxo em repouso, K_0.

A interpretação do ensaio no que diz respeito aos parâmetros de deformabilidade e de resistência ao cisalhamento do terreno é efetuada à luz da teoria da expansão de uma cavidade cilíndrica de altura infinita num meio infinito, homogêneo e elástico-perfeitamente plástico (Sousa Coutinho, 1987).

No problema referido, a expansão da cavidade implica que o meio seja solicitado em cisalhamento puro (a tensão normal octaédrica incremental é nula), logo, o parâmetro de deformabilidade medido é o módulo de distorção, G.

Por meio da teoria referida é possível provar que, no domínio das pequenas deformações:

$$G = \frac{1}{2}\frac{d\psi}{d\varepsilon} \tag{2.25}$$

De modo que as estimativas de G não sejam afetadas por eventuais erros na determinação do *lift-off*, é usual, como ilustra a Fig. 2.28a, determinar G a partir do declive dos ciclos de descarga-recarga.

Por meio da mesma teoria, admitindo um carregamento em condições não drenadas, a resistência não drenada é dada pela equação:

$$S_u = \frac{d\psi}{d\left(\frac{\Delta V}{V}\right)} \tag{2.26}$$

em que $\Delta V/V$ é a deformação volumétrica da cavidade (Fig. 2.28c).

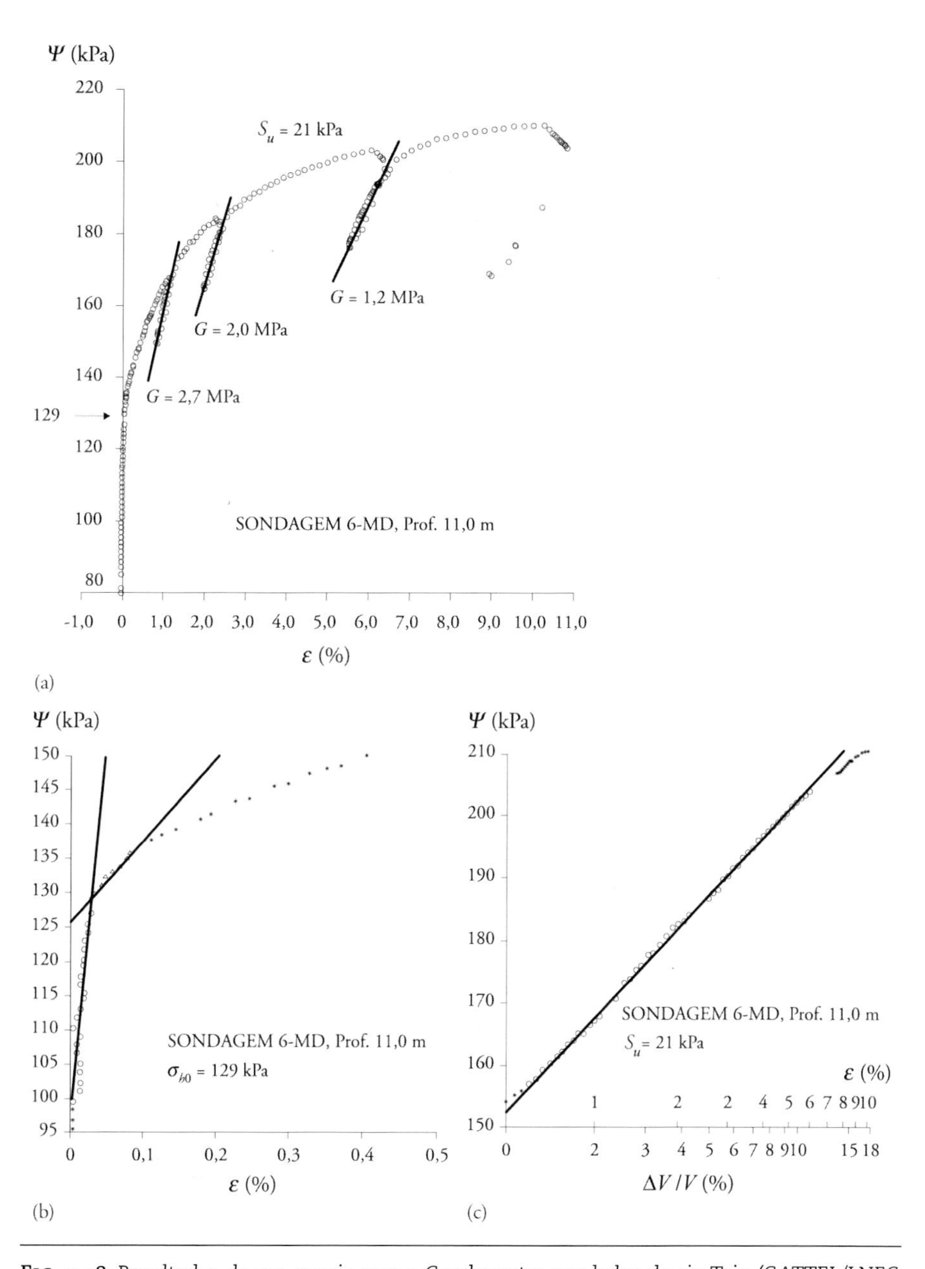

Fig. 2.28 *Resultados de um ensaio com o Camkometer nos lodos do rio Tejo (GATTEL/LNEC, 1993b): (a) diagrama pressão-deformação radial; (b) determinação de σ_{h0} (pressão de lift-off); (c) determinação de S_u*

Para um carregamento em condições drenadas, o ângulo de atrito é retirado da equação:

$$\frac{d\ln(\psi - u_0)}{d\ln\varepsilon} = \frac{2\,\text{sen}\,\phi'}{(1+\text{sen}\,\phi') + K(1-\text{sen}\,\phi')} \tag{2.27}$$

em que u_0 é a pressão neutra de equilíbrio à profundidade do ensaio e K vale:

$$K = \frac{1+\text{sen}\,\phi'_{cv}}{1-\text{sen}\,\phi'_{cv}} \tag{2.28}$$

sendo ϕ'_{cv} o ângulo de atrito crítico ou de volume constante.

2.2.8 Ensaio com o pressiômetro Ménard (*pressuremeter test*, PMT)

Aspectos essenciais do equipamento e do ensaio

O ensaio com o pressiômetro desenvolvido por Ménard (1956) precedeu em cerca de duas décadas o pressiômetro autoperfurante de Cambridge e distingue-se dele essencialmente pelo fato de ser executado num furo previamente realizado e de a célula em contato com o terreno não estar dotada de instrumentação. A Fig. 2.29a mostra um esquema simplificado do aparelho. O pressiômetro é constituído por três células de borracha cilíndricas separadas, sendo denominadas *células de guarda* as células superior e inferior e *célula de medida* a célula central.

Depois de introduzido o pressiômetro no furo, é instalada pressão interior de igual valor nas três células, por meio de injeção de água na célula de medida e de gás nas células de guarda. A pressão vai sendo aumentada por escalões, normalmente com duração de 1 min, registrando-se para cada estágio: i) o volume injetado na célula ao fim de 1 min; ii) a variação de volume injetado entre 30 s e 1 min. A partir desses registros são traçados os gráficos esquematizados na Fig. 2.30. O número de escalões é normalmente da ordem de uma dezena.

As células de guarda destinam-se a restringir a deformação da célula de medida na direção vertical. O processo de deformação do solo, num plano horizontal à profundidade da célula de medida, corresponde por isso à expansão de uma cavidade cilíndrica de dimensão vertical infinita, portanto a um estado de deformação plana.

Existem pelo menos seis diâmetros distintos do pressiômetro, entre 35 mm e 73 mm, variando a relação altura da célula de medida/diâmetro entre 4 e 6. Por exemplo, o pressiômetro com 58 mm de diâmetro e 210 mm de altura é usado com frequência. O furo para introdução do pressiômetro é normalmente executado com trado manual ou mecânico, com diâmetro cerca de 10% superior ao do pressiômetro. Isso quer dizer que, no caso do PMT, não se recorre, ao contrário de outros ensaios, como o SPT, o FVT ou o CHT, a furos de sondagem convencionais, mas a furos especificamente destinados à execução dos ensaios.

A operação de realização do furo condiciona muito a qualidade dos resultados do ensaio. Furos executados de modo menos cuidado, induzindo acentuada perturbação no solo envolvente ou com equipamento inadequado ao tipo de terreno, podem comprometer a interpretação dos resultados, dando origem a diagramas de forma distinta da dos representados na Fig. 2.30 (Maranha das Neves, 1982). Esse ponto é considerado uma das maiores desvantagens do ensaio.

Como foi referido anteriormente, a célula pressiométrica não está instrumentada, sendo as medidas, do volume injetado e da pressão, registradas na unidade de comando. Isso exige a introdução de correções: por exemplo, a pressão na célula equivale à pressão medida na unidade de comando à superfície adicionada da coluna de água entre a superfície e a profundidade do ensaio.

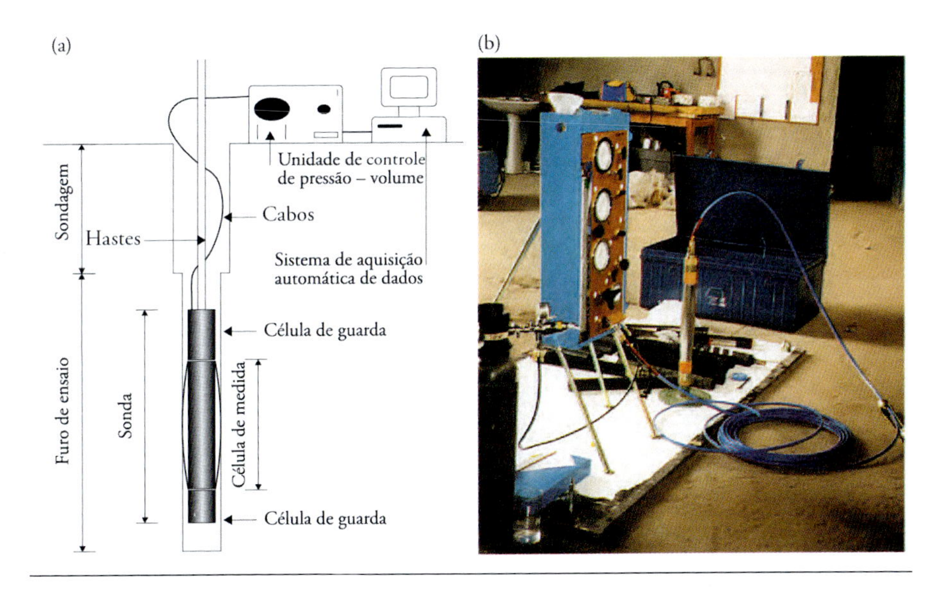

Fig. 2.29 *Pressiômetro Ménard: (a) esquema do ensaio no campo; (b) imagem do equipamento Foto: Carlos Rodrigues.*

Não havendo medição da pressão na água dos poros do solo, admite-se que o ensaio é conduzido em condições não drenadas em argilas e em condições drenadas em areias limpas ou com pequena fração fina. Em solos de granulometria intermediária, como os solos residuais do granito, pode-se justificar proceder a escalões de maior duração para assegurar que o ensaio seja conduzido em condições drenadas (Viana da Fonseca, 1996).

Interpretação dos resultados

A Fig. 2.30a ilustra o diagrama fundamental, relacionando o volume de água injetado na célula com a pressão, enquanto o diagrama da Fig. 2.30b representa o chamado diagrama de fluência, relacionando a pressão (final) em cada estágio com a variação de volume nos últimos 30 s de cada estágio. Note que o ensaio começa com a célula preenchida de água sob a pressão da coluna de água até a superfície. Por isso, o volume injetado coincide com a variação de volume da célula. Para essas grandezas, usa-se o símbolo *v*, enquanto para o volume da cavidade é usado o símbolo *V*.

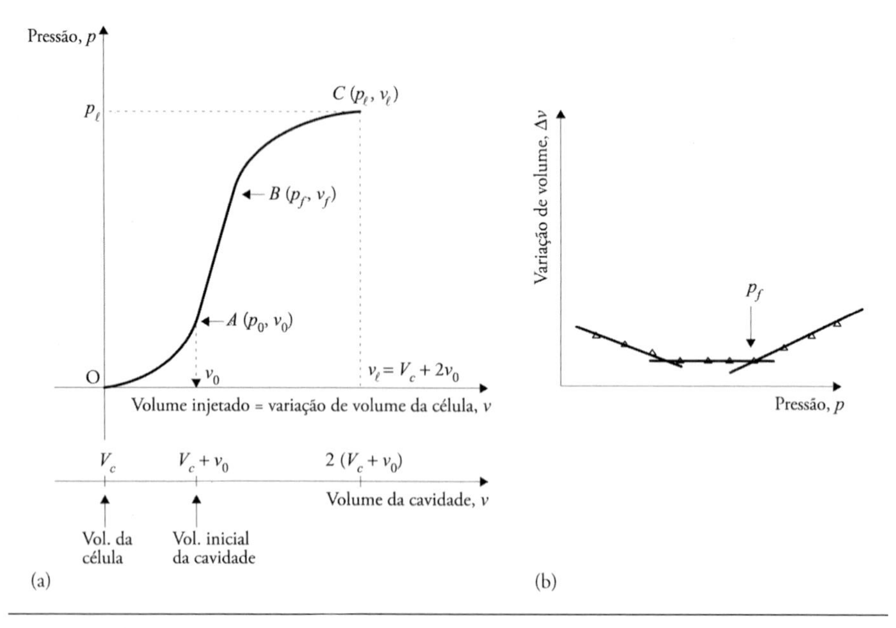

Fig. 2.30 *Diagramas típicos do PMT: (a) volume injetado versus pressão aplicada; (b) pressão aplicada em cada estágio versus variação de volume injetado entre 30 s e 1 min*

O diagrama volume injetado *versus* pressão tem um primeiro trecho curvo (OA) com concavidade virada para cima e tangente praticamente horizontal na origem, porque no início existe certo espaço entre o pressiômetro e as paredes do furo. Segue-se geralmente um trecho linear (AB), interpretado como o estágio em que o solo envolvente da célula se deforma em regime "elástico". A parte final do diagrama (BC), interpretada como a deformação do solo em regime "plástico", é curva e com concavidade virada para baixo, tendendo para uma assíntota horizontal, que define a chamada *pressão-limite*, p_ℓ.

Repare-se que, a rigor, o volume inicial da cavidade não é, *a priori*, conhecido. Considerando que é no início do trecho central linear que a célula está perfeitamente ajustada ao terreno, como mostra a Fig. 2.30a, o volume inicial da cavidade, V_0, é definido como:

$$V_0 = V_c + v_0 \tag{2.29}$$

em que V_c é o volume inicial (conhecido) da célula e v_0 é a abscissa do ponto A.

Muitas vezes a assíntota horizontal não é atingida, convencionando-se então que a pressão-limite é a ordenada do diagrama que corresponde a um volume injetado que duplica o volume inicial da cavidade. (É de notar que se o diâmetro inicial do furo for muito superior ao da célula, o volume v_0 necessário para ajustar a célula ao terreno pode ser elevado, correndo-se o risco de esgotar o volume de água disponível no depósito da unidade de controle sem se ter atingido a pressão-limite.) Logo, a respectiva abscissa, v, vale (atendendo, especificamente, à Eq. 2.29):

$$v_\ell = v_0 + V_0 = V_c + 2v_0 \tag{2.30}$$

O ponto B, que define o fim da parte central do diagrama, é identificado atendendo a que sua ordenada, p_f, a chamada *pressão de fluência*, seja definida de acordo com o diagrama da Fig. 2.30b.

Desse modo, admitindo que entre A e B o terreno se deforma em cisalhamento puro em regime elástico, pode-se escrever:

$$\Delta p = G\,\frac{\Delta V}{V} \tag{2.31}$$

em que ΔV é a variação de volume da cavidade de volume V. No ensaio, $\Delta V = \Delta v$, logo, é possível reescrever a Eq. 2.31 da seguinte forma:

$$G = V \frac{\Delta p}{\Delta \nu} \tag{2.32}$$

A razão $\Delta p/\Delta v$ é constante entre A e B, mas V não é. Na interpretação convencional do PMT, esse volume da cavidade é considerado o valor médio entre A e B, então:

$$V = V_{\text{med}} = \frac{\nu_0 + \nu_f}{2} + V_c \tag{2.33}$$

obtendo-se, então:

$$G_{PMT} = V_{\text{med}} \frac{\Delta p}{\Delta v} \tag{2.34}$$

e o chamado *módulo pressiométrico* (com significado físico de um módulo de Young):

$$E_{PMT} = 2(1 + \nu)\ G_{PMT} \tag{2.35}$$

Desse modo, pode-se concluir que os resultados do PMT são os valores do módulo pressiométrico e da pressão-limite, E_{PMT} e p_ℓ. Como o ensaio é realizado num pré-furo, a perturbação (amolgamento) e a descompressão do solo envolvente conduzem a curvas muito distintas das obtidas com o pressiômetro autoperfurante. Esse fato tem constituído uma séria limitação ao uso dos resultados do PMT para estimar parâmetros de resistência e de deformabilidade – e, com mais razão, o estado de tensão em repouso – para serem aplicados nas análises das obras geotécnicas pelos métodos com base teórica.

Desde cedo os autores franceses mais ligados ao PMT compreenderam essa limitação e propuseram-se a ultrapassá-la com base em estudos de grande alcance, procurando, por via empírica, isto é, através da experiência, relacionar os recalques de fundações superficiais e a capacidade resistente ao carregamento de fundações superficiais e de fundações por estacas, em diferentes tipos de terreno, com os resultados do PMT (Frank, 2003). Esses métodos de dimensionamento muito bem fundamentados estão consagrados em documentos técnicos oficiais na França, onde são muito populares, mas são usados também internacionalmente. No Cap. 5 (Anexos A9 e A10) incluem-se exemplos desses métodos para fundações superficiais.

O PMT é particularmente útil na caracterização de solos muito rijos e de rochas brandas, formações onde outros ensaios, como o SPT, e, em especial, o CPT, têm reduzida ou nula aplicação. É também em terrenos desse tipo que a execução do pré-furo em condições satisfatórias apresenta menos dificuldades.

2.2.9 ENSAIO COM O DILATÔMETRO MARCHETTI (*FLAT DILATOMETER TEST*, DMT)

Aspectos essenciais do equipamento e do ensaio

O dilatômetro plano, muitas vezes designado com dilatômetro de Marchetti, que foi o responsável pelo desenvolvimento do aparelho e pelos primeiros estudos de caracterização com ele realizados (Marchetti, 1975, 1980), é constituído por uma lâmina de aço inoxidável (de altura de 225 mm, largura de 95 mm e espessura de 15 mm), com a extremidade inferior biselada (ângulo de bisel de 14°), cravada estaticamente no terreno com uma taxa de 20 mm/s (igual à do CPT). A Fig. 2.31 mostra um esquema do aparelho. Na parte central de uma das faces da célula existe uma membrana flexível de aço de forma circular de 60 mm de diâmetro, estando o ponto central da sua face interior ligado a um transdutor de deslocamentos.

Cravado o dilatômetro até o ponto de ensaio, é injetado gás (nitrogênio, dióxido de carbono ou ar) sob pressão para a célula, procedendo-se a dois tipos de leitura: i) a "leitura A", registrada cerca de 15 segundos após a cravação, corresponde à chamada pressão de *lift-off*, ou seja, à pressão que coloca a membrana, inicialmente retraída para o interior da célula, no mesmo plano da face rígida envolvente; ii) a "leitura B", registrada entre 15 a 30 segundos após a anterior, corresponde à pressão que desloca o ponto central da membrana de 1,1 mm para o exterior. Após essa leitura, a pressão na célula é anulada, a membrana automaticamente flete para o interior e procede-se a novo avanço por cravação até o ponto de ensaio seguinte, de 20 cm a 30 cm abaixo do anterior.

As pressões correspondentes às duas leituras mencionadas, após a aplicação de correções relacionadas com a rigidez da membrana e com o transdutor, dão origem, respectivamente, às pressões p_0 e p_1, designadas como *pressão de contato* (ou de *lift-off*) e *pressão de expansão*, respectivamente. A partir dessas pressões, calculam-se os seguintes parâmetros, designados como *índice do material*, *módulo dilatométrico* e *índice de tensão horizontal*, respectivamente:

$$I_{DMT} = \frac{p_1 - p_0}{p_0 - u_0} \tag{2.36}$$

$$E_{DMT} = 34{,}7\,(p_1 - p_0) \tag{2.37}$$

$$K_{DMT} = \frac{p_0 - u_0}{\sigma'_{v0}} \tag{2.38}$$

em que u_0 é o valor da pressão neutra de equilíbrio e σ'_{v0} é a tensão efetiva vertical de repouso à profundidade do ensaio.

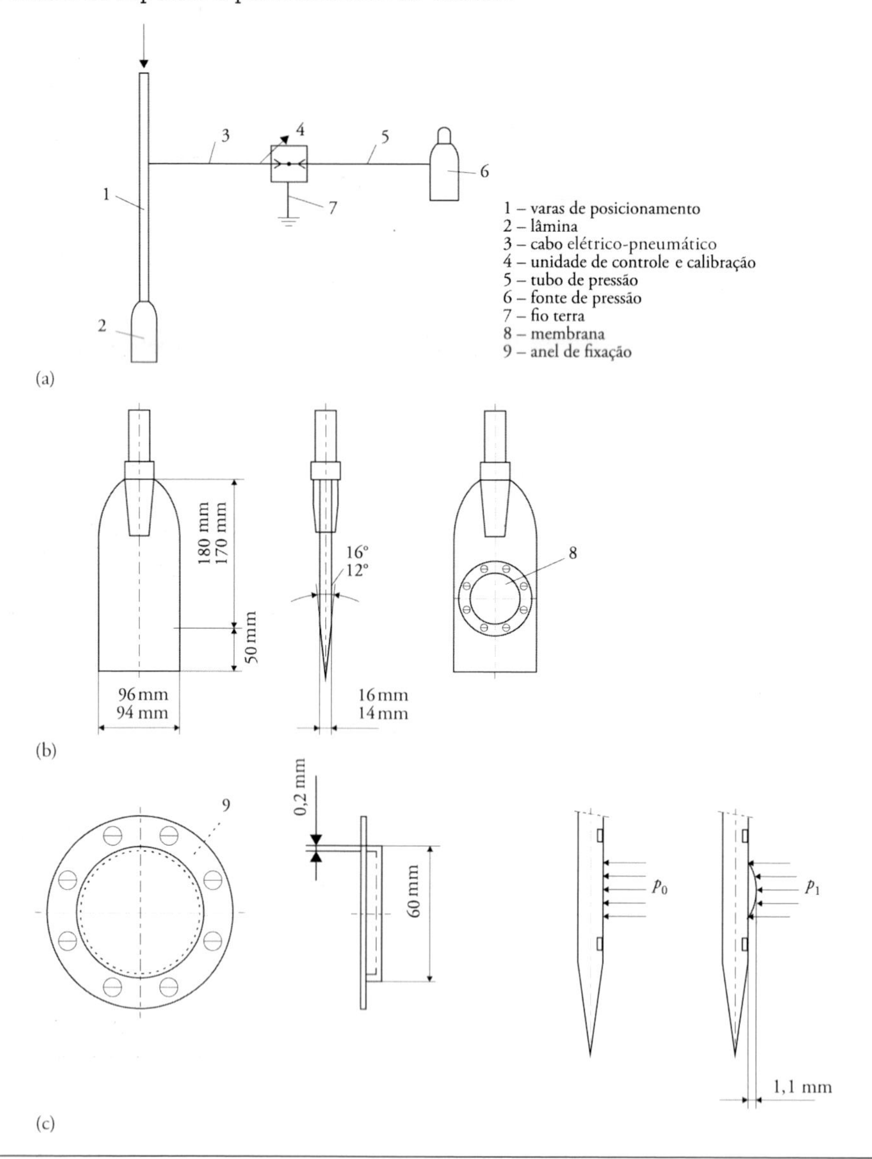

Fig. 2.31 *O dilatômetro plano de Marchetti: (a) esquema geral do sistema; (b) detalhes da célula; (c) detalhes da membrana flexível e das leituras*

Fonte: adaptado da EN 1997-2 (2007).

Interpretação dos resultados

A experiência mostra que o índice do material, I_{DMT}, é muito consistente na identificação do solo, variando de modo muito regular com a granulometria, como mostra a Tab. 2.9 (Marchetti, 1980).

Em relação ao significado de K_{DMT}, o índice de tensão horizontal, parece razoável aceitar que ele está de algum modo relacionado com o coeficiente de empuxo em repouso. Se a introdução da célula não provocasse quaisquer deformações no terreno envolvente, p_0 corresponderia a σ_{h0}, portanto K_{DMT} coincidiria com K_0.

Como aquela hipótese é falsa, a relação entre esses dois coeficientes só pode ser estabelecida empiricamente.

A seguinte relação empírica entre K_{DMT} e K_0 tem sido aplicada com resultados satisfatórios para solos com I_{DMT} inferior a 1,2 (Marchetti et al., 2001):

$$K_0 = \left(\frac{K_{DMT}}{1,5}\right)^{0,47} - 0,6 \tag{2.39}$$

Relações de natureza empírica são igualmente estabelecidas entre K_{DMT} e os parâmetros de resistência do solo, quer seja a resistência não drenada de argilas, quer seja o ângulo de resistência ao cisalhamento de areias. Para isso, é proposta a seguinte expressão, válida para I_{DMT} superior a 1,8 (Marchetti et al., 2001):

$$\phi'\,(^{o}) = 28 + 14,6\,log_{10}\,K_{DMT} - 2,1\,(log_{10}\,K_{DMT})^{2} \tag{2.40}$$

Para a avaliação da resistência não drenada, a seguinte relação é válida para I_{DMT} inferior a 1,2 (Marchetti et al., 2001):

$$S_u = 0,22\,\sigma'_{v0}\,(0,5\,K_{DMT})^{1,25} \tag{2.41}$$

TAB. 2.9 CLASSIFICAÇÃO DE SOLOS A PARTIR DO ÍNDICE DO MATERIAL, I_{DMT}, DO DMT

Argilas			Siltes			Areias	
Sensíveis	Normais	Siltosas	Argilosos	Puros	Arenosos	Siltosas	Puras
$I_{DMT} <$ 0,1	0,1 < $I_{DMT} <$ 0,35	0,35 < $I_{DMT} <$ 0,6	0,6 < $I_{DMT} <$ 0,9	0,9 < $I_{DMT} <$ 1,2	1,2 < $I_{DMT} <$ 1,8	1,8 < $I_{DMT} <$ 3,3	3,3 < I_{DMT}

Fonte: Marchetti (1980).

O módulo dilatométrico, E_{DMT}, advém de uma interpretação do ensaio com base na teoria da elasticidade, admitindo que o solo envolvente da célula corresponda a dois espaços semi-indefinidos e elásticos, separados pelo plano de simetria da célula.

Para estimativa de recalques de fundações, a seguinte correlação empírica foi proposta por Marchetti et al. (2001) entre o módulo dilatométrico e o *módulo edométrico* (módulo de elasticidade do solo para carregamento confinado, Vol. 1, 4.3.2):

$$E_{oed} = R_M E_{DMT} \tag{2.42}$$

em que R_M é um parâmetro adimensional cujos valores estão incluídos na Tab. 2.10.

Tab. 2.10 Valores do fator I_{DMT} para aplicação da correlação da Eq. 2.42

Valores de I_{DMT}	Expressão de R_M
$I_{DMT} \leqslant 0{,}6$	$R_M = 0{,}14 + 2{,}36 \log K_{DMT}$
$0{,}6 < I_{DMT} < 3{,}0$	$R_M = R_{M0} + (2{,}5 - R_{M0}) \log K_{DMT}$, em que $R_{M0} = 0{,}14 + 0{,}15(I_{DMT} - 0{,}6)$
$3{,}0 \leqslant I_{DMT} < 10$	$R_M = 0{,}5 + 2{,}0 \log K_{DMT}$
$10 < I_{DMT}$	$R_M = 0{,}32 + 2{,}18 \log K_{DMT}$

Nota: Se for obtido valor de $R_M < 0{,}85$ das expressões da tabela, tomar $R_M = 0{,}85$.

A Fig. 2.32 mostra duas correlações propostas por Cruz (2010) entre E_{DMT} e G_0 em função de I_{DMT} para solos sedimentares e solos residuais do granito portugueses.

É ainda possível obter o peso específico do solo a partir da seguinte expressão (Mayne; Christopher; DeJong, 2001):

$$\gamma = 1{,}12\,\gamma_w \left(\frac{E_{DMT}}{p_a}\right)^{0{,}1} (I_{DMT})^{-0{,}05} \tag{2.43}$$

2.2.10 Ensaio de bombeamento em poços para caracterização da permeabilidade

Os ensaios de bombeamento em poços são abordados no Vol. 1 (seção 3.2). São recomendados para maciços de permeabilidade média a

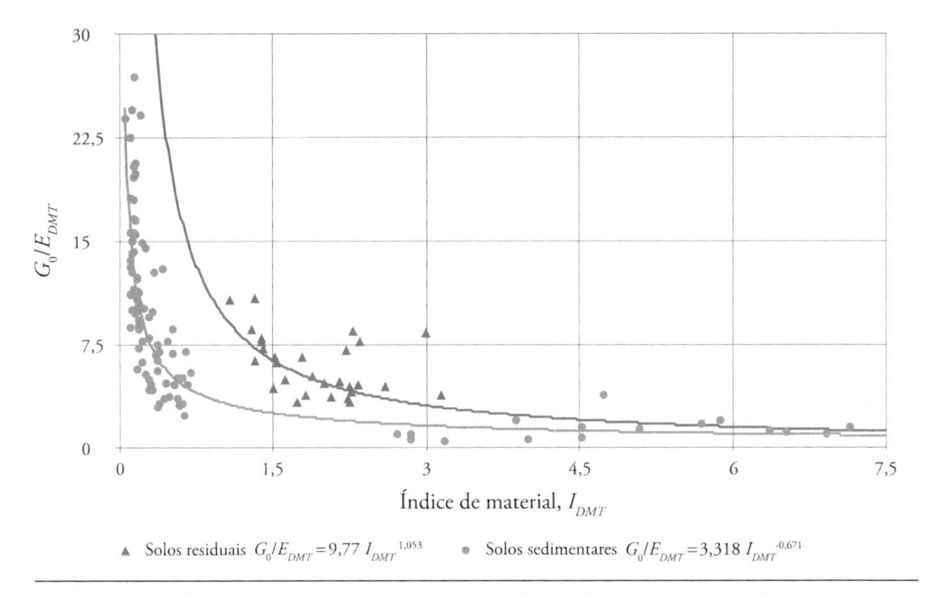

FIG. 2.32 *Correlação entre E_{DMT} e G_0 para solos sedimentares e residuais do granito portugueses*

Fonte: Cruz (2010).

elevada, isto é, para maciços que se possam classificar como arenosos. A Fig. 2.33 resume as condições desses ensaios e as expressões para avaliação do coeficiente de permeabilidade (Dupuit, 1863).

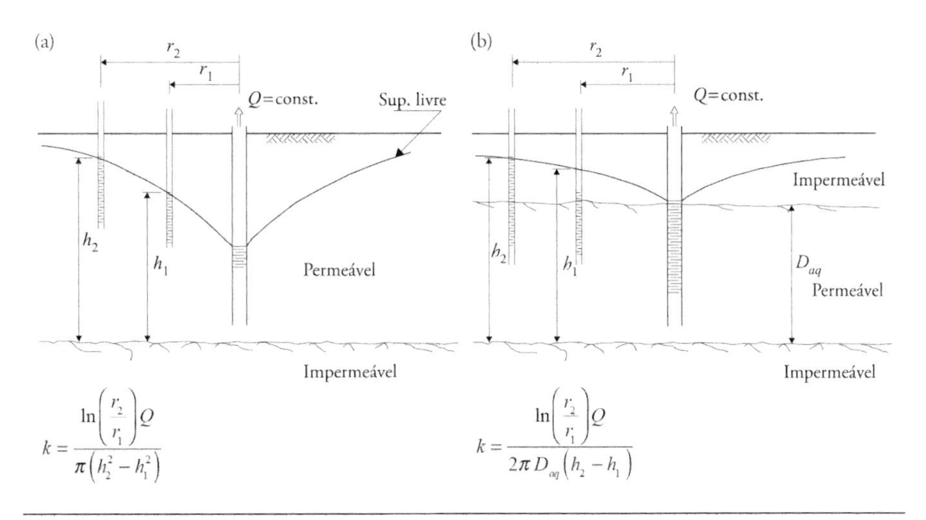

FIG. 2.33 *Ensaios de bombeamento em poços e equações para estimativa do coeficiente de permeabilidade: (a) aquífero não confinado; (b) aquífero confinado*

Os ensaios consistem em bombear água a partir de um poço com uma vazão constante e observar o efeito desse bombeamento na descida do nível da água em piezômetros (ou poços) a certa distância do primeiro poço. A Fig. 2.34 mostra uma planta esquemática com os dispositivos de observação sugerida por Mayne, Christopher e DeJong (2001). Como se pode observar, os piezômetros (ou poços) de observação estão dispostos radialmente em relação ao poço de bombeamento. Segundo os autores citados: i) os piezômetros mais próximos devem estar a uma distância do poço de cerca de 7,5 m; ii) os piezômetros mais afastados devem estar colocados no limite previsível do efeito de rebaixamento; iii) os dois piezômetros intermediários devem ser colocados de modo a definir aproximadamente o rebaixamento, para isso se posicionando de modo que a distância entre piezômetros vizinhos aumente progressivamente com a distância ao poço.

A água bombeada deve ser lançada suficientemente longe do local do ensaio de modo a não permitir a recarga do aquífero que se pretende caracterizar durante esse ensaio.

A obtenção da posição do nível da água estabilizado nos piezômetros exige a observação da posição da água em cada um deles ao longo do tempo. Os intervalos de tempo entre leituras estão indicados no quadro da Fig. 2.34. Os autores citados recomendam que o ensaio de bombeamento prossiga por no mínimo 4 horas após a obtenção daquela estabilização e que se proceda ao bombeamento para três valores crescentes da vazão. Após a conclusão do bombeamento, deve ser observada a progressiva recuperação do nível freático inicial.

As vantagens dos ensaios de bombeamento em poços são muito relevantes: permitem caracterizar a permeabilidade de grandes volumes do terreno, incorporando, portanto, certas variações de permeabilidade entre diversos horizontes ou subcamadas do aquífero, e são suscetíveis de interpretação teórica. Todavia, da descrição anterior fica claro que se trata de ensaios de custo elevado, em particular devido à exigência de instalação dos piezômetros (poços) de observação e ao fato de envolverem operações muito demoradas. Para um aprofundamento dos conhecimentos sobre esses ensaios, recomenda-se o estudo de Jimenez Salas, Justo Alpañes e Serrano Gonzalez (1976).

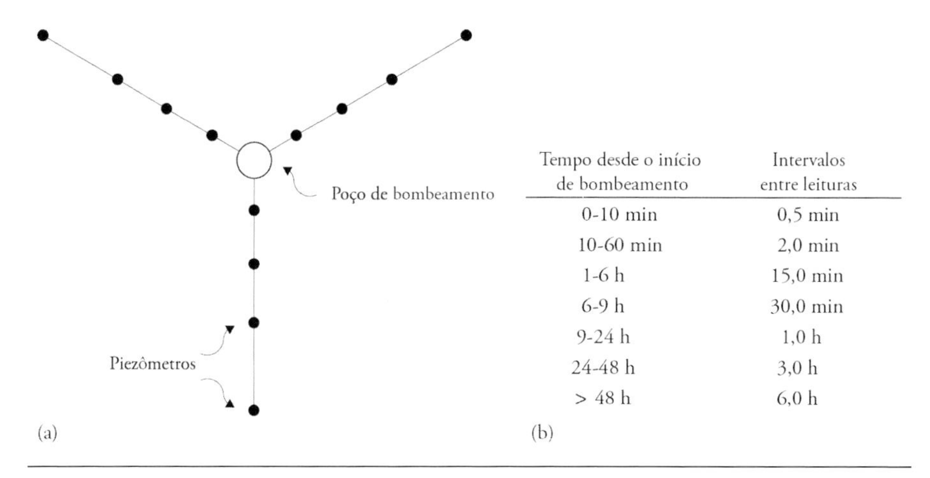

Tempo desde o início de bombeamento	Intervalos entre leituras
0-10 min	0,5 min
10-60 min	2,0 min
1-6 h	15,0 min
6-9 h	30,0 min
9-24 h	1,0 h
24-48 h	3,0 h
> 48 h	6,0 h

FIG. 2.34 *Ensaios de bombeamento em poços: (a) esquema em planta com os piezômetros (poços) de observação; (b) intervalos entre leituras para observação do nível da água*
Fonte: Mayne, Christopher e DeJong (2001).

2.2.11 ENSAIOS EM FUROS DE SONDAGEM PARA CARACTERIZAÇÃO DA PERMEABILIDADE

Ensaios mais rápidos e econômicos do que os anteriores são os executados em furos de sondagem. A furação é interrompida, o furo é cuidadosamente limpo e a tubulação de revestimento é manobrada de modo a deixar um trecho de furo não revestido, de determinado comprimento, perto do fundo do furo. Uma das condições de realização desses ensaios é que esse trecho não revestido esteja abaixo do nível freático no terreno. Existem basicamente três modalidades de ensaio:

i) ensaio com carga hidráulica decrescente (*falling head test*) – o furo é preenchido com água e observa-se a evolução (descida) no tempo do nível da água no furo até a posição de equilíbrio (isto é, a do nível freático no terreno);

ii) ensaio com carga hidráulica crescente (*rising head test*) – a água no furo é extraída por bombeamento até uma cota inferior à do nível freático e observa-se a evolução (subida) no tempo do nível da água no furo até a posição de equilíbrio (isto é, a do nível freático no terreno);

iii) ensaio com carga hidráulica constante (*constant head test*) – o furo é preenchido com água e mede-se a vazão (constante) que é necessário introduzir no tubo de modo a manter o nível da água no furo.

Os dois primeiros tipos de ensaio aplicam-se a materiais de permeabilidade elevada a média. O terceiro é recomendável para solos de permeabilidade média a baixa. Esses ensaios são muitas vezes conhecidos por ensaios Lefranc (1936). Todavia, as soluções teóricas disponíveis para a interpretação dos seus resultados resultam dos trabalhos de Hvorslev (1948, 1951).

Dos ensaios com carga hidráulica variável, aquele com carga decrescente é geralmente considerado o mais conveniente. De fato, o ensaio com carga crescente, ao implicar, de início, a redução da carga hidráulica no fundo do furo em relação ao maciço envolvente, pode ocasionar fenômenos de instabilidade hidráulica na vizinhança do furo suscetíveis de falsear os resultados.

A Fig. 2.35a ilustra as condições do ensaio de carga decrescente. Como muitas vezes esse ensaio é realizado usando piezômetros, o diâmetro do tubo, d, pode ser distinto do diâmetro do trecho do furo, D, onde se localiza o escoamento para o solo. É essa a situação considerada na figura.

Para a interpretação do ensaio, formulam-se as seguintes hipóteses:

- o solo não experimenta variações volumétricas durante o escoamento;
- o trecho de furo não revestido encontra-se a profundidade suficientemente grande abaixo do nível freático para que a forma das linhas de corrente não seja significativamente afetada por ele; *idem* sobre qualquer camada impermeável;
- a abertura do furo não ocasiona amolgamento da película de terreno em suas paredes em condições que levem a alteração significativa da sua permeabilidade em relação à do terreno envolvente.

Aplicando a lei de Darcy no instante genérico t, a vazão, Q, vale:

$$Q = F\,k\,H = F\,k\,(H_0 - y) \tag{2.44}$$

em que F é um fator que depende da geometria do trecho por onde se processa o escoamento.

Num pequeno intervalo de tempo, dt, o volume de água que escoa para o terreno é igual ao que sai do tubo, logo:

$$Q\,dt = \frac{\pi d^2}{4}\,dy \tag{2.45}$$

Combinando as Eqs. 2.44 e 2.45, obtém-se:

$$\frac{dy}{H_0 - y} = \frac{4F\,k}{\pi d^2}dt \tag{2.46}$$

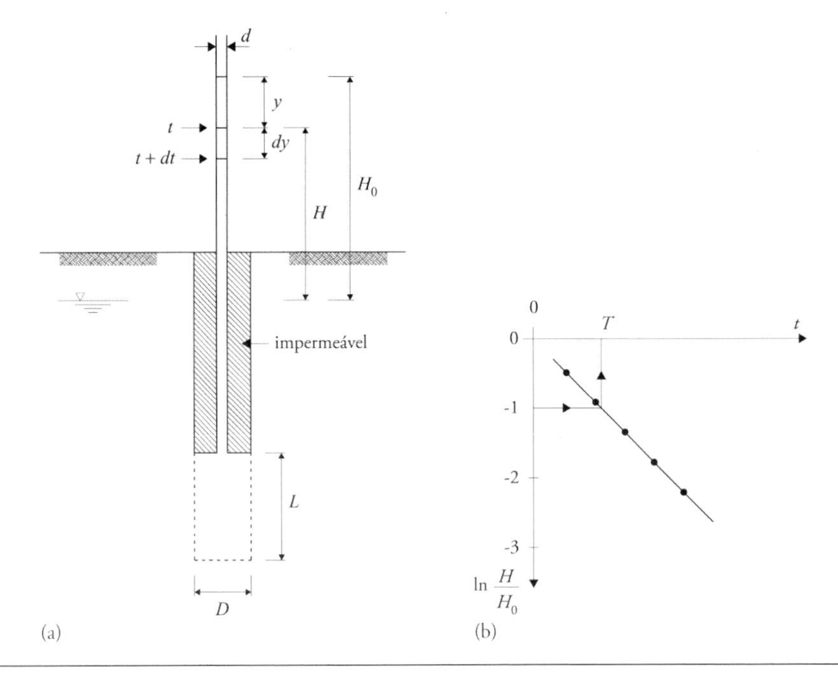

FIG. 2.35 *Ensaio de permeabilidade de carga decrescente: a) esquema da montagem; b) gráfico para avaliar o fator T (*basic time lag*)*

Hvorslev (1951) introduziu o conceito de *basic time lag* como o intervalo de tempo necessário para atingir o equilíbrio se as condições iniciais do escoamento se mantiverem ao longo do ensaio (de fato, como a diferença de cargas hidráulicas entre o tubo e o terreno diminui, a vazão durante o ensaio tende a ser cada vez menor). Assim, o *basic time lag* é definido como:

$$T = \frac{V}{Q_{t=0}} = \frac{\pi d^2 H_0}{4F\,k\,H_0} = \frac{\pi d^2}{4F\,k} \tag{2.47}$$

Combinando as Eqs. 2.46 e 2.47, obtém-se:

$$\frac{dy}{H_0 - y} = \frac{dt}{T} \tag{2.48}$$

Integrando essa equação:

$$\int_0^{H_0-H} \frac{dy}{H_0 - y} = \int_0^t \frac{dt}{T} \tag{2.49}$$

obtém-se a relação:

$$T = -\frac{t}{\ln \frac{H_0}{H}} \tag{2.50}$$

Logo, como mostra a Fig. 2.35b, pode-se obter o fator T representando a evolução no tempo da razão H_0/H num sistema de eixos semilogarítmico; esse fator corresponde ao valor de t quando $\ln(H_0/H) = -1$, portanto, quando $H_0/H = 0{,}368$.

Desse modo, sendo conhecido T, pode-se obter o coeficiente de permeabilidade, considerando a Eq. 2.47:

$$k = \frac{\pi d^2}{4FT} \tag{2.51}$$

Sendo D e L o diâmetro e o comprimento do trecho do furo (ou piezômetro) em contato com o terreno, respectivamente, o fator de forma F é dado pela equação:

$$F = \frac{2\pi L}{\ln\left[\frac{L}{D} + \sqrt{1 + \left(\frac{L}{D}\right)^2}\right]} \tag{2.52}$$

Essa equação foi deduzida por Hvorslev (1951) assimilando o volume do trecho de furo por onde se processa o escoamento a um elipsoide de eixo menor D e de distância focal L.

Para os ensaios com carga constante, sendo H a diferença de carga hidráulica entre o tubo e o terreno e Q a vazão necessária para manter aquela diferença de carga, aplicando a lei de Darcy:

$$Q = FkH \tag{2.53}$$

em que o fator de forma F é ainda dado pela Eq. 2.52.

Em solos arenosos limpos, torna-se difícil manter as paredes do furo estáveis sem revestimento. Para isso, pode-se proceder ao preenchimento do trecho não revestido por seixos ou pedregulho, isto é, por material granular muito mais permeável do que o solo envolvente. Aquela dificuldade leva muitas vezes à condução do ensaio com escoamento apenas pelo fundo do furo, situação para a qual existe igualmente solução teórica, dada pela Eq. 2.51, mas com distinto valor do coeficiente de forma ($F = 2{,}75D$).

Jimenez Salas, Justo Alpañes e Serrano Gonzalez (1976) desaconselham o recurso a esses ensaios invocando razões que parecem pertinentes: i) os resultados ficam dependentes de uma possível irregularidade ou particularidade do terreno (por exemplo, uma eventual subcamada menos permeável); ii) tratando-se de um furo de sondagem, por mais cuidada que seja sua limpeza, é inevitável a presença, no fundo, de uma pequena camada de sedimentos que irá condicionar os resultados. Os mesmos autores acrescentam ainda algumas recomendações sobre a água utilizada nos ensaios: i) precisa ser limpa, de modo a evitar a colmatação do terreno por partículas finas em suspensão; ii) sua temperatura precisa estar superior à do terreno, de modo a evitar a liberação de bolhas de ar dissolvido, o que conduziria à subestimação da permeabilidade.

Lambe e Whitman (1979) apresentam uma compilação das soluções de Hvorslev (1951) para condições distintas das anteriormente apresentadas, quer no que diz respeito ao maciço, quer no que concerne à geometria do furo.

2.3 Apreciação global sobre a caracterização de maciços

2.3.1 Resumo referente aos ensaios de campo

Para o leitor só recentemente familiarizado com a Mecânica dos Solos subsistirá ainda, seguramente, alguma dificuldade em distinguir o essencial entre tão diversos ensaios como os apresentados na seção anterior. Dificilmente poderia ser de outro modo, porque as ideias claras acerca de cada um dos ensaios só se poderão consolidar à medida que eles sejam utilizados para solucionar problemas concretos de caracterização. O texto deste capítulo, por sua natureza mais informativa do que formativa, deve ser entendido, essencialmente, como elemento de consulta quando usado no exercício da profissão.

De modo a facilitar a consulta do texto, preparou-se o Quadro 2.2, que resume alguns aspectos essenciais dos ensaios descritos (com exclusão dos que dizem respeito à avaliação da permeabilidade) e que permitirá uma orientação rápida do leitor menos experiente na seleção do(s) ensaio(s) mais conveniente(s) em cada caso.

2.3.2 Ensaios de campo *versus* ensaios de laboratório

Abordados os principais ensaios de campo e estudados, no Vol. 1, os mais importantes ensaios de laboratório para caracterização mecânica dos solos, é oportuno colocá-los em confronto para delimitar suas vantagens e limitações relativas. Isso não significa que as duas

Quadro 2.2 Aspectos essenciais referentes aos ensaios de campo mais usuais

Ensaio	Tipo de solicitação	Complexidade	Custo	Solos apropriados	Aplicação a rochas brandas	Acesso	Profundidade
SPT	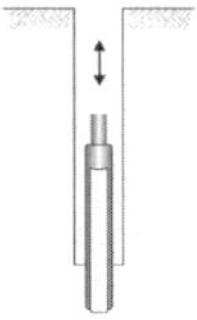	Baixa	Baixo	Argilas a pedregulhos finos	Sim	Furo de sondagem	Qualquer
CPT(U)	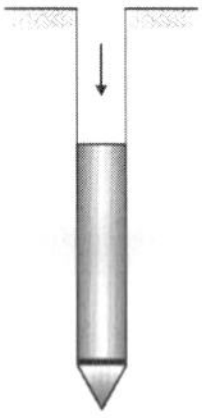	Média a elevada	Médio a elevado	Argilas a areias grossas	Não	Pelos próprios meios	Limitada pela reação disponível
DP	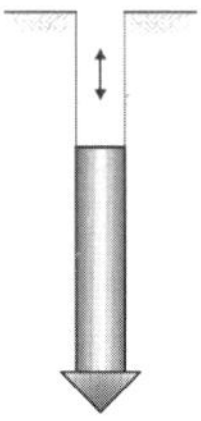	Baixa	Baixo	Argilas a areias grossas	Não	Pelos próprios meios	Pequena a média
PLT	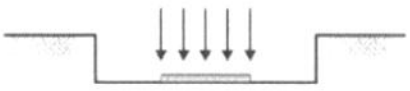	Média	Médio a elevado	Todos	Sim	Direto	Pequena
CHT ou DHT	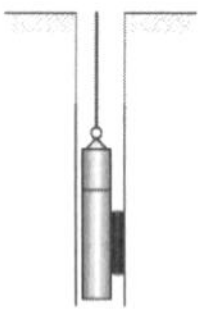	Média	Elevado a médio	Todos	Sim	Furo de sondagem	Qualquer
VST	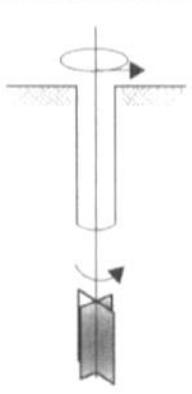	Baixa	Baixo a médio	Argilas e siltes brandos	Não	Furo de sondagem ou cravação prévia	Qualquer (em caso de sondagem)

Parâmetros medidos	Parâmetros estimados	Interpretação	Reprodutibilidade dos resultados	Observação	Ensaio
N_{60}	CR, ϕ'	Empírica	Fraca a razoável	É o único que permite coletar amostras amolgadas para ensaios de identificação. Necessita de diversas correções por não estar completamente normalizado. Os seus resultados são pouco significativos em solos moles.	SPT
q_c (q_t), f_s, u	CR, ϕ', E, S_u, c_v	Empírica ou teórica	Muito boa	É o único que fornece registro contínuo de resultados em profundidade, permitindo detectar finas camadas de solos distintos intercaladas em camadas mais espessas. É especialmente recomendável para obras de aterros sobre solos moles.	CPT(U)
N	ϕ', E	Empírica	Razoável	Pela sua simplicidade, pode ser usado no controle de compactação de aterros ou para verificar, em obra, de modo rápido, a posição da camada compacta.	DP
Δq_s (pressão à superfície) – s (recalque)	E, c', ϕ', S_u	Teórica	Razoável	É recomendável para caracterizar a deformabilidade de aterros e solos perto da superfície com partículas de grandes dimensões. É usado como ensaio de referência em obras de aterro, particularmente para plataformas de obras viárias.	PLT
V_S, V_P	G_0, ν	Teórica	Muito boa	É o único que se aplica a todos os terrenos e se pode realizar até qualquer profundidade. Por envolver muito pequenas deformações, determina o módulo verdadeiramente elástico do solo.	CHT ou DHT
M_t (momento torsor) - θ (rotação)	S_u, S_t	Teórica	Razoável	É o mais indicado para caracterizar a resistência não drenada de solos moles. Os resultados precisam de correção. Intercalações de camadas arenosas ou com fósseis induzirão a valores elevados da resistência medida.	VST

Quadro 2.2 (Cont.)

Ensaio	Tipo de solicitação	Complexidade	Custo	Solos apropriados	Aplicação a rochas brandas	Acesso	Profundidade
SBPT		Elevada	Muito elevado	Argilas a pedregulhos finos	Não	Pelos próprios meios ou furo de sondagem	Qualquer (em caso de sondagem)
PMT		Média a elevada	Elevado	Argilas a pedregulhos médios	Sim	Furo de sondagem	Qualquer
DMT		Baixa	Médio	Argilas a areias	Não	Furo de sondagem ou cravação prévia	Qualquer (em caso de sondagem)

famílias de ensaios se excluam mutuamente, embora se deva reconhecer que existam adeptos declarados de uma e de outra. A verdade é que os programas de caracterização geotécnica com um grau de exigência razoável envolvem quer os ensaios de campo, quer os ensaios em laboratório, estes últimos sobre as chamadas amostras indeformadas.

De fato, como se verá da reflexão apresentada a seguir, as limitações de uma daquelas duas famílias de ensaios correspondem geralmente a potencialidades da outra e vice-versa, logo, o quadro mais satisfatório para a caracterização mecânica do terreno resulta normalmente do uso combinado de ambas.

Parâmetros medidos	Parâmetros estimados	Interpretação	Reprodutibilidade dos resultados	Observação	Ensaio
ε (def. radial) - ψ (pressão)	K_0, G, ϕ', c_u	Teórica	Boa	É o único que permite avaliar os parâmetros de resistência e de deformabilidade e ainda o estado de tensão inicial, por meio de interpretação teórica. É o ensaio mais confiável para avaliar K_0. Envolve maior volume de terreno do que a maioria dos outros ensaios de campo.	SBPT
v (volume) - p (pressão)	E_{PMT}, $p_l \rightarrow q_{ult}$ (resistência) e s (recalque) de fundações	Empírica e teórica	Razoável a fraca	É boa alternativa para caracterizar solos rijos e rochas brandas a qualquer profundidade. Os resultados são muito dependentes da qualidade do pré-furo. Existem métodos empíricos bem calibrados de aplicação direta a partir dos resultados do ensaio.	PMT
p_0, p_1	I_{DMT}, K_{DMT}, $E_{DMT} \rightarrow K_0$, E, ϕ', u	Empírica e teórica	Muito boa	Existem correlações para avaliar os parâmetros de resistência e de deformabilidade e ainda o coeficiente de empuxo em repouso.	DMT

Vantagens e limitações dos ensaios em laboratório

A vantagem fundamental dos ensaios estudados, especificamente no Vol. 1, Caps. 4, 5 e 6, para a caracterização mecânica dos solos em laboratório reside no fato de, nas amostras ensaiadas, o estado de tensão (em termos de tensões totais, pressões na água dos poros e tensões efetivas), o estado de deformação e as condições de drenagem estarem em geral claramente definidos. Em consequência, seus resultados podem ser interpretados aplicando diversas teorias, permitindo determinar os diversos parâmetros definidores do comportamento mecânico. Por exemplo, os resultados de uma série de ensaios CK_0U sobre amostras provenientes de uma camada de argila podem ser interpretados abordando as teorias de ruptura de Tresca e de Mohr-Coulomb, a lei de Hooke e a teoria de Skempton sobre os excessos de pressão neutra, sendo obtidos parâmetros (tais como c', ϕ', S_u, S_u/σ'_{v0}, E_u, A_f) com base nos quais se elaboram, em seguida, análises de estabilidade, estimativas de recalques etc.

Por outro lado, a realização, sobre o mesmo solo, de ensaios de identificação (granulometria e limites de Atterberg) e de determinação dos principais índices físicos (teor de umidade, índice de vazios, peso específico etc.) permite estabelecer, em conjugação com os parâmetros mecânicos, uma imagem coerente das formações terrosas envolvidas no projeto.

Não obstante, há limitações consideráveis no que se refere aos ensaios em laboratório. Porventura, a maior delas é o fato de, como foi salientado, a amostragem indeformada das areias, por exigir técnicas sofisticadas e onerosas, só se realizar em estudos de exigência excepcional, e, portanto, não estar disponível na prática usual (ver Vol. 1, seção 5.2). Todavia, mesmo para outros tipos de solos a perturbação das amostras pode afetar seriamente a confiabilidade dos resultados. A esse respeito é conveniente referir que as características de deformabilidade dos solos são muito mais sensíveis a essa perturbação do que os parâmetros de resistência. Este último aspecto é adiante desenvolvido (ver seção 2.3.3).

Por outro lado, uma caracterização fundamentada em ensaios em laboratório, logo, envolvendo elementos de volume reduzido, em número limitado e coletados em pontos discretos do maciço, poderá conduzir a uma ideia menos rigorosa do terreno condicionante do comportamento da obra projetada.

Não obstante essa reserva, no que se refere aos ensaios de laboratório aplica-se também, na opinião do autor, a seguinte afirmação: mais valem poucos ensaios bem conduzidos e bem interpretados sobre amostras de boa qualidade do que muitos ensaios mal conduzidos sobre amostras deficientes. Os ensaios em laboratório são geralmente caros e demorados: deve-se ser cuidadoso em seu uso e exigente na qualidade das amostras e do laboratório que vai analisá-las.

Vantagens e limitações dos ensaios de campo

Como primeira vantagem fundamental dos ensaios de campo, pode-se apontar que sua realização não está excluída em nenhum tipo de solo, embora, naturalmente, nem todos os ensaios *in situ* possam ser realizados em todos os tipos de terreno.

Com eles caracterizam-se geralmente muitos pontos do maciço; alguns dos ensaios fornecem um registro contínuo dos resultados em profundidade (o CPTU, em especial), o que permite detectar a presença de camadas de espessura muito pequena e a posição rigorosa das fronteiras entre as diversas camadas.

Aspecto a se considerar é o fato de o solo ser ensaiado em seu próprio meio, portanto, sem alterações de seu estado de tensão. Não surpreenderá, pois, que se afirme que os únicos ensaios suscetíveis de estimar com razoável aproximação o estado de tensão de repouso sejam alguns ensaios *in situ*, especificamente o pressiômetro autoperfurante.

Por último, como alguns dos ensaios de campo são efetuados aproveitando os furos de sondagem em qualquer caso indispensáveis para a identificação da sequência das camadas, da posição dos níveis aquíferos etc., envolvem também geralmente custos mais reduzidos, e em especial sua execução é muito mais rápida do que a dos ensaios em laboratório.

Com relação às limitações dos ensaios de campo, a mais importante delas é o fato de numa boa parte deles não estarem claramente definidos o estado de tensão, o estado de deformação e as condições de drenagem no solo ensaiado. Logo, a interpretação racional dos resultados desses ensaios não é possível ou é muito difícil. Isso faz com que os parâmetros mecânicos do maciço precisem, em tais casos, ser obtidos mediante correlações empíricas, derivadas da experiência em obras e terrenos similares, com os resultados dos ensaios *in situ*.

De alguma forma relacionado com a limitação apontada decorre o fato, mais ou menos evidente para muitos ensaios, de que as alterações do estado de tensão e as condições de deformação que impõem ao solo são muito diferentes das que as obras de engenharia acarretam, o que não é propriamente favorável à validade das conclusões que, com tais ensaios, se podem extrair acerca do comportamento do maciço.

Finalmente, com exceção do ensaio SPT, os ensaios de campo não permitem a identificação direta da natureza do solo ensaiado, já que não implicam a coleta de qualquer amostra dele.

Tab. 2.11 Resumo dos parâmetros elásticos para diversos tipos de carregamento

Tipo de carregamento	Definição das deformações	Módulos elásticos	Relações entre módulos
Triaxial de compressão ($\Delta\sigma_a \neq 0$)	$\varepsilon_a = \frac{\delta_a}{H_0}$ $\varepsilon_r = \frac{\delta_r}{R_0}$ ou $\varepsilon_r = \frac{\varepsilon_{vol} - \varepsilon_a}{2}$	$E = \frac{\Delta\sigma_a}{\varepsilon_a}$ $\nu = \frac{-\varepsilon_r}{\varepsilon_a}$	
Triaxial de extensão ($\Delta\sigma_r \neq 0$)	$\varepsilon_a = \frac{\delta_a}{H_0}$ $\varepsilon_r = \frac{\delta_r}{R_0}$ ou $\varepsilon_r = \frac{\varepsilon_{vol} - \varepsilon_a}{2}$	$E = \frac{-2\,\nu\,\Delta\sigma_r}{\varepsilon_a}$ $\nu = \frac{-\varepsilon_r}{2\,\varepsilon_a}$	
Isotrópico	$\varepsilon_{vol} = \varepsilon_a + 2\varepsilon_r = 3\,\varepsilon_a$	$E = \frac{3\Delta\sigma\,(1-2\nu)}{\varepsilon_{vol}}$	
Confinado	$\varepsilon_a = \frac{\delta_a}{H_0} = \varepsilon_{vol}$	$E_{oed} = \frac{\Delta\sigma_a}{\varepsilon_{vol}}$	$E_{oed} = \frac{E\,(1-\nu)}{(1+\nu)\,(1-2\nu)}$
Cisalhamento simples	$\gamma = \frac{\delta_t}{H_0}$	$G = \frac{\Delta\tau}{\gamma}$	$G = \frac{E}{2\,(1+\nu)}$

Small is beautiful

Quando se fala de rigidez, é fundamental se considerar que nos solos as relações tensões-deformações, para uma dada trajetória de tensões e uma determinada taxa de carregamento, são altamente não lineares. A Fig. 2.37 ajuda a explicar a questão para uma situação particularmente simples: um ensaio de compressão triaxial drenado (tipo CK_0D, com $K_0 = 0{,}6$) de um corpo de prova de solo residual do granito do Porto (Topa Gomes, 2008).

A Fig. 2.37a mostra o corpo de prova com a instrumentação usada para as deformações axiais e radiais. Na Fig. 2.37b está representada a clássica curva tensão deviatória *versus* deformações axiais. A Fig. 2.37c relaciona a razão do módulo de deformabilidade secante em cada estágio de carregamento, E_{sec}, pelo valor do módulo tangente inicial, E_i, com o chamado nível de tensão, *SL* (*stress level*, em inglês), grandeza que representa a razão da tensão deviatória incremental pelo valor dela na ruptura:

$$SL = \frac{(\sigma_1 - \sigma_3) - (\sigma_1 - \sigma_3)_0}{(\sigma_1 - \sigma_3)_f - (\sigma_1 - \sigma_3)_0} \tag{2.54}$$

Assim, o nível de tensão varia de 0 a 1 entre o início do ensaio e a ruptura e pode ser considerado como o inverso do coeficiente de segurança, isto é, $F = 1/SL$; por exemplo, quando o nível de tensão vale 0,25, o coeficiente de segurança à ruptura vale 4,0. A Fig. 2.37d tem o mesmo eixo das ordenadas da figura anterior, mas representa, em abscissas, a deformação em escala logarítmica. O módulo tangente inicial foi, neste caso, definido para o ponto do diagrama correspondente a uma deformação de 5×10^{-5}, dado que para valores significativamente inferiores a este o sistema de medição das deformações não tem sensibilidade suficiente para definir o diagrama de ensaio sem perturbações. Como se pode observar, o sistema mostrado na Fig. 2.37a consiste na instrumentação local das deformações do corpo de prova. Trata-se de processo relativamente recente (pode-se dizer que foi desenvolvido nos anos 1980 e 1990) que permite registrar as deformações com maior rigor do que o convencional. Este, para as deformações axiais, recorre a um defletômetro ligado à tampa da célula triaxial (ver Fig. 5.5a do Vol. 1).

Os resultados sugerem alguns comentários: i) a rigidez decresce progressivamente com o crescimento do nível de tensão, anulando-se na ruptura,

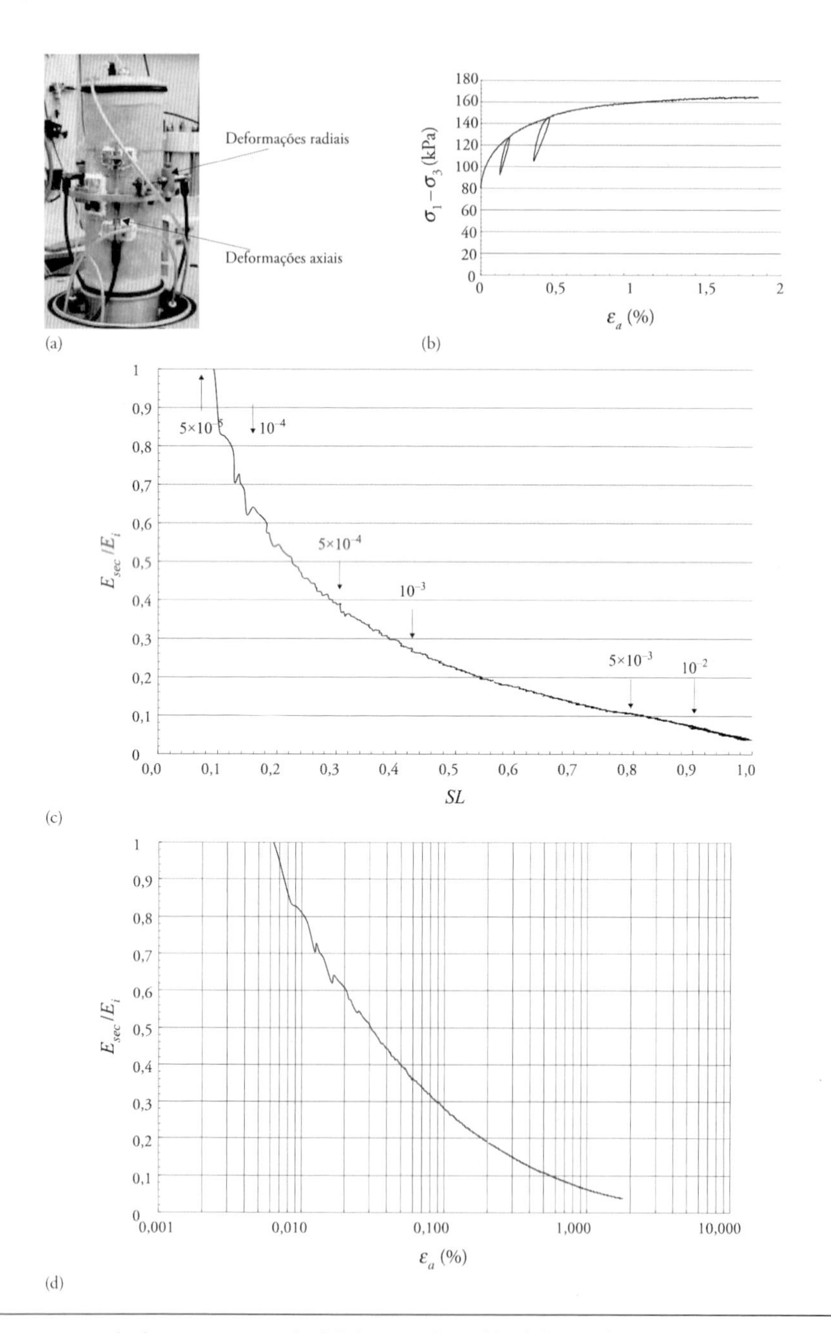

Fig. 2.37 *Ensaio de compressão triaxial de um solo residual do granito: (a) corpo de prova com a instrumentação local das deformações; (b) tensão deviatória versus deformações axiais; (c) razão do módulo de deformabilidade secante pelo módulo tangente inicial versus nível de tensão; (d) razão do módulo de deformabilidade secante pelo módulo tangente inicial versus deformações (expressas em escala logarítmica)*

isto é, quando $SL = 1$; ii) para valores de SL muito inferiores a 1, portanto para valores do coeficiente de segurança relativamente elevados, as deformações são ainda relativamente pequenas (por exemplo, para valores do nível de tensão inferiores a 0,33, as deformações são da ordem ou inferiores a 5×10^{-4}).

Dos resultados apresentados pode-se chegar a uma primeira conclusão: quando se aborda um problema de deformação, o parâmetro que exprime a rigidez precisa ser representativo da curva que relaciona as tensões e as deformações *para o nível de tensão induzido no terreno*. Como, para um dado problema, o nível de tensão e o nível de deformação estão inter-relacionados – confrontar, a propósito, os diagramas das Figs. 2.37c e 2.37d –, a afirmação anterior é naturalmente válida substituindo tensão por deformação.

A segunda conclusão de grande importância é a seguinte: em muitos problemas de interação solo-estrutura em *condições usuais de serviço*, em que o coeficiente de segurança à ruptura é elevado, os níveis de deformação são geralmente reduzidos. A caracterização da rigidez dos solos para essas condições – aquelas, note-se, em que as análises de deformação são particularmente necessárias – exige metodologias de ensaio em que aquela gama de deformações esteja envolvida e seja adequadamente medida.

Ao contrário da primeira conclusão, esta representa uma ideia que se consolidou apenas nas últimas décadas do século XX, com contribuição relevante dos investigadores do Imperial College de Londres. Não por acaso, uma das publicações de referência sobre o tema tem o significativo título *Small is beautiful* (Burland, 1989)!

Como referência, incluem-se, na Fig. 2.38, ordens de grandeza típicas das deformações envolvidas em diversos tipos de obra e outros eventos.

Deformações por cisalhamento	10^{-6}	10^{-5}	10^{-4}	10^{-3}	10^{-2}	10^{-1}
	PEQUENAS DEFORMAÇÕES		MÉDIAS DEFORMAÇÕES		GRANDES DEFORMAÇÕES	RUPTURA
Correspondência	*CROSS HOLE*		PEQUENOS SISMOS	SISMOS FORTES	EXPLOSÕES NUCLEARES	ATERROS SOBRE SOLOS MOLES
	FUNDAÇÕES DE MÁQUINAS		FUNDAÇÕES SUPERFICIAIS			

FIG. 2.38 *Níveis de deformação em diversos tipos de problemas geotécnicos e em outros eventos*

Relação dos ensaios com o nível de deformação no solo

Das considerações precedentes seria possível antecipar uma clara vantagem dos ensaios de laboratório nesse contexto, por permitirem caracterizar as relações tensões-deformações entre o estado de repouso e a ruptura em condições de tensão, deformação e drenagem bem conhecidas e controladas e com apropriada monitorização das deformações. Tal não acontece exatamente assim porque prevalecem ainda questões relacionadas com as amostras como limitativas da confiabilidade das estimativas da rigidez em laboratório.

Além da dificuldade, anteriormente comentada, em coletar amostras indeformadas de solos granulares limpos, ensaios com corpos de prova de grande qualidade nos solos coesivos, como os talhados a partir de blocos coletados com acesso direto, podem ainda assim conduzir a consideráveis subavaliações da rigidez. É também o caso dos solos residuais do granito, em que o alívio de tensões associado à amostragem parece induzir à quebra ou ao dano de muitas ligações cimentícias, reduzindo a rigidez em relação ao estado natural (Viana da Fonseca; Matos Fernandes; Cardoso, 1997).

Passando para os ensaios *in situ*, os ensaios pressiométricos entre outros, usam, para sua interpretação, a teoria da elasticidade, de modo a chegar a "um" módulo de deformabilidade, E. Todavia, como sugere a Fig. 2.39, como os ensaios envolvem distintos graus de deformação-perturbação no solo, as estimativas do módulo não podem ser coerentes entre si. Por outro lado, os que acarretam no solo deformações superiores ou muito superiores às que prevalecem na maioria dos problemas de interação solo-estrutura tenderão a subestimar a rigidez. Como sugere ainda a figura, ensaios mais usuais, como o SPT e o CPT, implicam a mobilização da resistência do solo, portanto deformações muito grandes. Daí se compreende que apenas por meio de correlações empíricas possam ser fornecidas estimativas da rigidez para análises de deformação.

Ensaios com o pressiômetro Ménard (PMT) e com o dilatômetro de Marchetti (DMT) permitem caracterizar o terreno para um nível de deformação muito inferior ao dos ensaios de penetração, mas, ainda assim, provavelmente superior ao que prevalece em muitos problemas de interação solo-estrutura. Entre esses ensaios, o mais confiável para a caracterização da rigidez é claramente o pressiômetro autoperfurante (SBPT), que, como se verificou, fornece

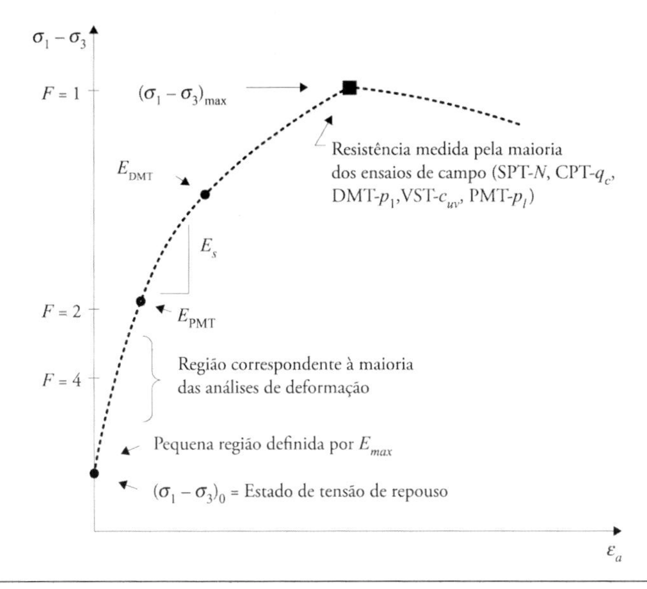

FIG. 2.39 *Curva idealizada tensão-deformação e rigidez dos solos para pequenas e grandes deformações*

Fonte: adaptada de Mayne, Christopher e DeJong (2001).

uma curva completa tensão-deformação. Todavia, mesmo nesse ensaio, a rigidez para pequenas deformações é frequentemente afetada pela perturbação do terreno associada à execução do furo para inserir o aparelho. A execução cuidada de ciclos de descarga-recarga quando o nível de tensão é ainda baixo é considerada muito conveniente porque o correspondente módulo, G_{ur} ou E_{ur}, constitui uma boa aproximação do módulo para pequenas deformações.

Nesse contexto complexo, continuando a comentar a Fig. 2.39, são particularmente úteis os ensaios sísmicos (*cross hole* ou *down hole*), pois, por envolverem muito pequenas deformações (da ordem de 10^{-6}), fornecem o módulo de distorção verdadeiramente elástico, G_0. Com efeito, para essa ordem de grandeza, ou até uma ordem de grandeza acima (10^{-5}), as deformações são totalmente reversíveis por estarem, nos solos não cimentados, relacionadas com deformações elásticas das partículas, em especial nos pontos de contato, sem significativos fenômenos de deslizamento, e, nos solos cimentados, estarem associadas a deformações nas ligações entre partículas sem quebra ou dano delas.

Antigamente, o uso do módulo de distorção obtido dos ensaios sísmicos restringia-se aos carregamentos cíclicos próprios das análises dinâmicas, e o símbolo a ele associado era G_{dyn}. Estudos experimentais, em campo e em laboratório, mostram que esse módulo de distorção, atualmente designado como G_0 (ou G_{max}), não depende da trajetória de tensões, nem da taxa de carregamento, nem do tipo de carregamento (monotônico ou cíclico), sendo aplicável também para carregamentos estáticos (Tatsuoka; Shibuya, 1992). Tornou-se, pois, nos últimos anos, uma rigidez de referência fundamental para os solos: *elástica* (no sentido rigoroso do termo), *máxima, determinável experimentalmente por ensaios relativamente simples, para todos os tipos de solo e de rocha.*

Metodologia para caracterização da rigidez dos solos para todos os níveis de deformação

Anteriormente se salientou que, ao se abordar um problema de deformação, o parâmetro que exprime a rigidez deve estar adequado *ao nível de tensão induzido no terreno.* Ora, o cumprimento cabal dessa exigência torna muito conveniente caracterizar a relação da rigidez com os níveis de tensão e de deformação para uma gama relativamente vasta daqueles níveis.

Com efeito, ao contrário do que se passa num simples corpo de prova num ensaio triaxial, a relação do nível de tensão ou do coeficiente de segurança de uma estrutura que interatua com o solo com o nível de deformação induzido nele não pode ser estabelecida, mesmo nos problemas mais simples, sem uma análise de deformação. Isso deve-se ao fato de num corpo de prova, para cada nível de tensão, o estado de tensão e o estado de deformação serem uniformes. No campo, ao contrário, mesmo num problema de deformação muito simples, como o carregamento vertical centrado de uma sapata, isso está longe de acontecer: são mobilizados diferentes níveis de tensão nos diversos elementos (pontos) do terreno, portanto (também) distintos valores de rigidez. A isso acresce que, nos maciços, geralmente, a rigidez e a resistência dependem também da tensão efetiva inicial, isto é, crescem em profundidade.

No âmbito da Mecânica dos Solos clássica, as análises de deformação são geralmente fundamentadas na teoria da elasticidade linear, em que a rigidez do solo é representada por um único parâmetro, geralmente E. Sendo assim, nas análises mais avançadas dentro dessa metodologia, é necessário um processo iterativo: i) adotar um valor representativo da rigidez; ii) proceder à análise de deformação; iii) verificar se o nível de deformação obtido é compatível com a rigidez adotada; iv) em caso afirmativo, aceitar como bom o resultado; em caso negativo, corrigir a rigidez e proceder a nova análise de deformação. Convém acrescentar que esse processo não é isento de decisões subjetivas porque o nível de deformação é variável no maciço. Por exemplo, na análise de recalques de fundações superficiais, pode ser melhorado dividindo o terreno carregado por camadas e atribuindo rigidez distinta a cada uma.

Com a aplicação dos modernos métodos numéricos, especialmente os fundamentados no método dos elementos finitos, passou a ser possível considerar uma lei (equação) constitutiva completa tensão-deformação-resistência (por exemplo, do tipo da Fig. 2.36). Desse modo, o modelo computacional procede, para cada elemento do maciço, à adaptação da rigidez ao nível de tensão-deformação (e à trajetória de tensões), em cada estágio de carregamento. Essas potencialidades dos meios de análise explicam o grande interesse em caracterizar a rigidez para uma vasta gama de níveis de deformação.

Nos problemas dinâmicos envolvendo carregamento cíclico dos maciços, a forma tradicional de representar a degradação da rigidez com o nível de deformação é por meio de ábacos como o da Fig. 2.40, com as deformações representadas em abscissas (em escala logarítmica) e em ordenadas a razão de G, o módulo de distorção secante para cada nível de deformação, por G_0. Note que as curvas partem de um ponto de ordenada unitária para muito pequenas deformações (daí G_0 ser também designado como G_{max}). Como se pode observar na figura, a degradação da rigidez com a deformação é tanto mais pronunciada quanto menor é a plasticidade do solo. (Solos argilosos muito plásticos podem exibir comportamento praticamente elástico linear e muito reduzido amortecimento até níveis relativamente elevados da deformação, quando carregados ciclicamente por cisalhamento. Esse fato torna o comportamento sísmico desses solos muito desfavorável. Com efeito, nos locais onde ocorrem espessas camadas de argilas de alta plasticidade, estas comportando-se de modo próximo do elástico linear, amplificam os movimentos sísmicos que recebem na sua base, agravando substancialmente as ações sísmicas sobre as estruturas fundadas perto da superfície. Esse tipo de comportamento foi responsável pela ruína de muitos edifícios na Cidade do México quando do sismo de 1985.)

Esses ábacos foram desenvolvidos combinando valores de G_0 fornecidos pelos ensaios sísmicos de campo com valores de G, para maiores níveis

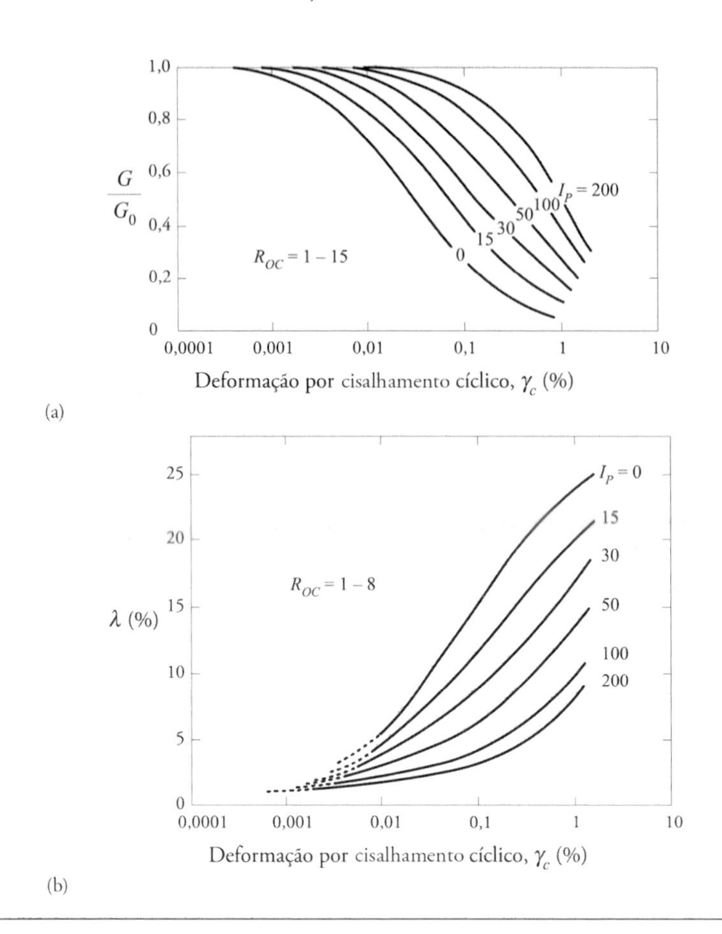

Fig. 2.40 *Curva de degradação da rigidez (a) e do crescimento do amortecimento (b) com o nível de deformação para carregamentos cíclicos*

Vucetic e Dobry (1991).

de deformação, obtidos com base em ensaios de laboratório em que amostras são submetidas a carregamentos cíclicos (ensaio de coluna ressonante, ensaio triaxial cíclico, ensaio de cisalhamento direto simples cíclico e ensaio de torção cíclica). Para saber mais sobre esses ensaios, cuja abordagem está fora do âmbito deste livro, recomenda-se o estudo de Kramer (1996) e de Santos (1999).

A adoção de G_0 como rigidez de referência para os problemas de carregamento estático, conforme anteriormente referido, sugere o uso de representação análoga para esses casos. A experiência mostra que a degradação da rigidez com a deformação é, para o mesmo tipo de solo, mais pronunciada nos carregamentos estáticos do que nos carregamentos dinâmicos (cíclicos).

A metodologia atual para a caracterização das leis de degradação da rigidez para carregamentos estáticos consiste também na combinação de avaliação de G_0 por meio de ensaios sísmicos com outros ensaios de campo e de laboratório, abarcando uma ampla gama de níveis de deformação. A metodologia é esquematizada na Fig. 2.41 e pode ser assim descrita:

i) avaliação de G_0 com base em ensaios sísmicos de campo;
ii) realização de ensaios de campo, como os ensaios pressiométricos, suscetíveis de fornecer uma curva de tensão-deformação para diversos níveis de deformação; em particular, ciclos de descarga-recarga nos ensaios com o SBPT permitem obter estimativas razoáveis do módulo de distorção para pequenas deformações (ver, a propósito, a Fig. 2.28);
iii) como alternativa ou complemento, realizar ensaios em laboratório (triaxiais ou outros), com instrumentação apropriada das deformações, de modo a obter curvas tensão-deformação desde níveis de deformação relativamente pequenos até a ruptura (é o caso do ensaio a que se refere a Fig. 2.37);

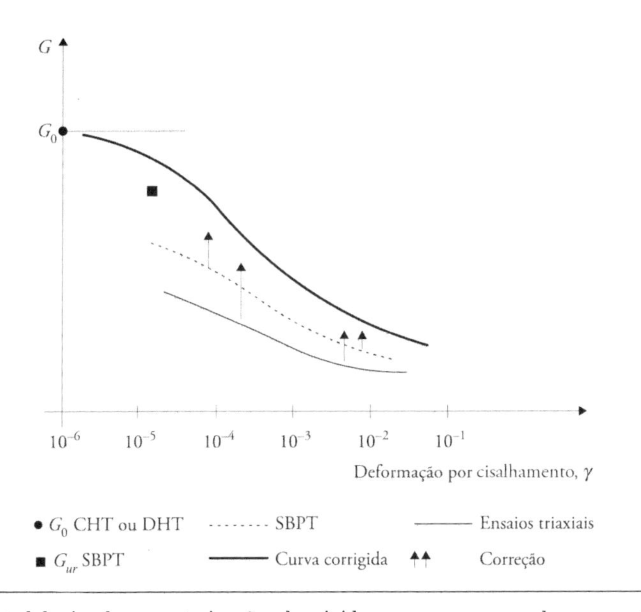

FIG. 2.41 *Metodologia de caracterização da rigidez para uma ampla gama de níveis de deformação*

Fonte: adaptado de Tatsuoka e Shibuya (1992).

ou rochosos onde estão implantadas. Exemplos de obras ou estruturas geotécnicas são as fundações, as estruturas de contenção de terras, os taludes naturais, os aterros e as obras subterrâneas. Veja, a propósito, a introdução do Cap. 5 do Vol. 1 e que em seguida se transcreve.

As estruturas de engenharia civil induzem nos maciços terrosos com que interagem estados de tensão que modificam mais ou menos profundamente o estado de tensão de repouso. Os aspectos do dimensionamento dessas estruturas relacionados com a interação com o terreno (adjacente, envolvente ou subjacente, conforme o tipo de estrutura) são orientados, de modo geral, por dois critérios essenciais:

i) o estado de tensão resultante dessa interação deve estar suficientemente afastado daquele que, para carregamento similar do terreno, ocasionaria neste deformações praticamente infinitas, isto é, colapso ou ruptura global;
ii) ao estado de tensão resultante dessa interação deve estar associado um estado de deformação tolerável ou aceitável para a resistência e para a funcionalidade das próprias estruturas ou de outras localizadas na vizinhança.

Naturalmente, o primeiro critério se relaciona com o primeiro requisito, isto é, a estabilidade. O segundo critério se relaciona com a satisfação da condição de funcionalidade. Com efeito, no que se refere ao comportamento mecânico dos solos, as deformações induzidas pela interação com a estrutura, qualquer que ela seja, constituem o aspecto mais relevante para a questão da funcionalidade estrutural. (A funcionalidade pode ser comprometida por outros aspectos associados ao terreno, como a infiltração de água ou gases a partir do terreno. Todavia, os processos destinados a proteger ocorrências desse tipo são tratados fora do âmbito da Mecânica dos Solos e da Engenharia Geotécnica.)

O objetivo deste capítulo é apresentar e discutir as filosofias em que se baseiam os métodos de dimensionamento geotécnico, isto é, os métodos usados para satisfazer as duas condições anteriormente mencionadas. As considerações que em seguida se apresentam têm muito em comum com o dimensionamento das outras estruturas de Engenharia Civil e enquadram-se numa disciplina da Engenharia de Estruturas denominada Segurança Estrutural (Borges; Castanheta, 1968).

3.1 Variáveis e incertezas no dimensionamento geotécnico

No processo de avaliação da segurança no âmbito do dimensionamento estrutural, em sentido amplo, e do dimensionamento geotécnico, em particular, estão envolvidas variáveis de diferentes categorias: i) variáveis primárias (mensuráveis), que englobam as ações, as propriedades resistentes dos materiais e os parâmetros geométricos; ii) variáveis dependentes, que são, por um lado, os *efeitos das ações* e, por outro, as *capacidades resistentes* (Cardoso, 2002).

Neste livro, para denominar os efeitos das ações, é usado genericamente o termo *solicitação*, com o símbolo S, que tem grande tradição de uso na Engenharia de Estruturas. (É também usual, em outras publicações, como nos Eurocódigos Estruturais, o uso de E como símbolo para o efeito das ações). E para denominar a capacidade resistente será usado o termo *resistência*, com o símbolo R.

Geralmente, as variáveis dependentes são calculadas a partir das primárias por meio dos chamados *modelos de cálculo*. Alguns desses modelos, especificamente para as estruturas de aço e de concreto, são conhecidos. No âmbito das obras geotécnicas, lembre-se, como exemplo, do método das fatias para a análise de estabilidade de massas terrosas apresentado no Cap. 1. Nos capítulos seguintes são apresentados modelos de cálculo para outros fins.

A Fig. 3.1 sistematiza o formato geral da avaliação da segurança, especificando as diversas variáveis envolvidas, assim como as respectivas relações.

Qualquer que seja a filosofia que baseia o dimensionamento, em termos gerais, o que os dois critérios mencionados no começo deste capítulo pretendem assegurar é que a *resistência* do sistema ou estrutura – ponte, edifício, barragem, fundação, talude etc. – seja maior do que a *solicitação*, para um nível de segurança considerado aceitável. Em termos matemáticos, isso pode se expressar da seguinte forma:

$$\text{Solicitação } (S) < \text{Resistência } (R) \tag{3.1}$$

Tomando como referência a Fig. 3.2, o dimensionamento deve assegurar uma solução que esteja situada na região "segura" ou, de modo mais exato, que satisfaça o *critério de projeto* durante a vida útil da estrutura. Como

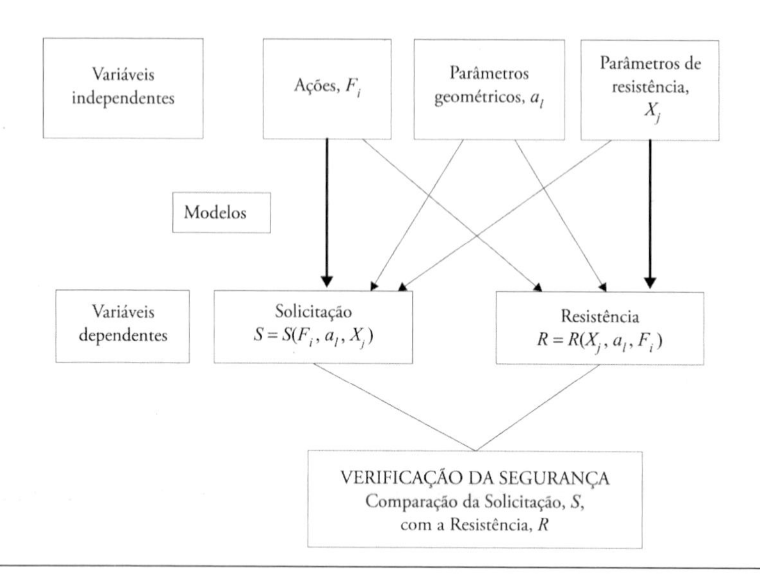

Fig. 3.1 *Esquema geral da avaliação da segurança estrutural*
Fonte: adaptado de Cardoso (2004).

mostra a figura, os critérios de projeto correspondem a determinados níveis ou *margens de segurança* em relação à fronteira que separa as soluções seguras das soluções inseguras. Como se verá, essas margens de segurança estão relacionadas com os coeficientes de segurança adotados no dimensionamento, sejam *coeficientes globais de segurança*, sejam *coeficientes parciais de segurança*.

Essas margens de segurança e os respectivos coeficientes de segurança destinam-se a prevenir contra as *incertezas* que afetam o processo de dimensionamento. Essas incertezas dizem respeito:

i) à estimativa das ações, envolvendo as ações permanentes (geralmente, o próprio peso da estrutura e do terreno), as ações ou cargas variáveis ligadas à utilização (tráfego, público, bens móveis etc.) e as ações ambientais, também variáveis (vento, neve, variações de temperatura, sismos etc.);
ii) à variabilidade espacial das propriedades dos solos;
iii) à avaliação dos parâmetros mecânicos do terreno com base em ensaios (perturbação das amostras, interpretação dos ensaios, correlações empíricas etc.);

iv) a desvios dos parâmetros geométricos em relação ao admitido no dimensionamento (dimensões das fundações, desvios de implantação das fundações em relação à estrutura etc.);

v) a limitações dos modelos e métodos de cálculo para traduzir com fidelidade os fenômenos mecânicos que controlam o comportamento do solo.

Dessas incertezas, as que dizem respeito às propriedades resistentes do terreno são claramente as mais importantes e derivam, naturalmente, dos complexos processos geológicos envolvidos na formação dos maciços terrosos e rochosos. Por outro lado, em muitas obras geotécnicas, as ações variáveis (com incerteza de moderada a elevada) são pouco relevantes em face da grandeza das ações permanentes (com baixa incerteza), o que faz com que a variabilidade das ações em sua globalidade seja geralmente controlada pelas últimas.

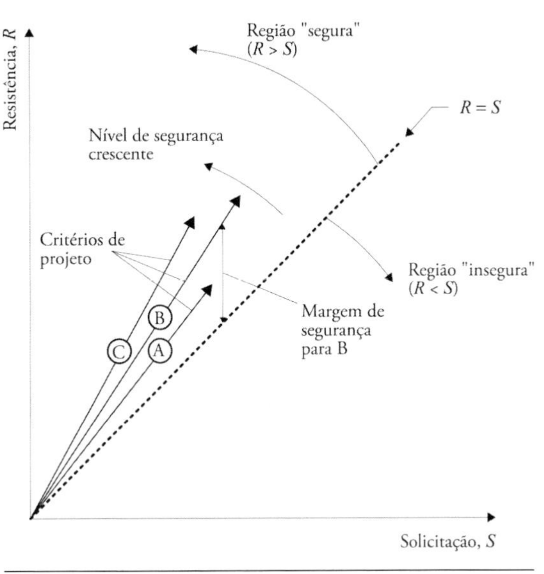

Fig. 3.2 *Critério geral de dimensionamento estrutural*
Fonte: Oliphant (1993).

A propósito, é útil acrescentar que a fronteira que separa, na Fig. 3.2, as soluções "seguras" das soluções "inseguras" (a linha $R = S$) não é, exatamente, conhecida devido às incertezas que afetam o dimensionamento.

3.2 O método dos coeficientes globais de segurança

3.2.1 Definição de coeficiente global de segurança. Valores típicos

Durante milênios foi possível basear a atividade construtiva (sem que houvesse propriamente o que atualmente se denomina dimensionamento estrutural) na experiência com estruturas semelhantes em terrenos similares, sendo os códigos construtivos aprimorados de geração em geração com base no comportamento (satisfatório ou deficiente) das construções. Esse método empírico revelou-se apropriado numa época em que os materiais de construção se mantiveram fundamentalmente imutáveis (essencialmente o adobe, a madeira, a pedra e o tijolo) e os tipos estruturais evoluíram de modo muito gradual.

No último século e meio, os novos materiais estruturais, especialmente o aço e o concreto, e a rápida evolução das estruturas incentivada pelas aplicações destes passaram a exigir métodos de dimensionamento mais racionais e aplicáveis a distintos tipos estruturais.

A primeira filosofia racional que baseou o dimensionamento estrutural consiste em comparar a resistência, R, com a solicitação, S, por meio da razão da primeira pela segunda:

$$F = \frac{R}{S} \tag{3.2}$$

sendo F o que convencionalmente se denomina *coeficiente global de segurança*.

Outra forma de exprimir a equação anterior é a seguinte:

$$S = \frac{R}{F} \tag{3.3}$$

A Eq. 3.3 mostra mais claramente por que esse método é denominado, na literatura específica, *método das tensões admissíveis* (*working stress design*, WSD, em inglês). A ideia é que as tensões aplicadas ou de serviço, S, não excedam em cada membro ou seção da estrutura uma determinada tensão admissível, sendo esta igual ao valor da tensão resistente ou tensão última, R, dividido por um fator, F, superior a 1.

Nessa metodologia, abandonada na Engenharia de Estruturas a partir das décadas de 1960 e 1970, mas que se manteve em aplicação praticamente até a atualidade na Engenharia Geotécnica, quaisquer incertezas envolvidas no dimensionamento são consideradas, no conjunto, por meio de um único fator de segurança. Quanto maior o valor de F acima da unidade, maior, naturalmente, a margem de segurança para determinada situação concreta.

Os valores de F selecionados em cada caso refletem uma experiência mais do que secular e, se combinados com uma caracterização apropriada do terreno e com a aplicação de métodos de cálculo consagrados, conduzem a soluções que, sob um ponto de vista determinístico, podem ser consideradas "seguras".

A Tab. 3.1 apresenta uma lista de coeficientes globais de segurança generalizadamente considerados satisfatórios. Os valores mais altos de cada intervalo devem ser tomados para condições usuais de carregamento, também denominadas *condições de serviço*, enquanto os valores mais baixos podem ser adotados para cargas máximas e/ou mais graves condições e ações ambientais. Os valores mais reduzidos são também aceitáveis em conjunto com ensaios em escala real, com o método observacional ou em condições temporárias (Meyerhof, 1995).

Tab. 3.1 Valores típicos de coeficientes globais de segurança usados na Engenharia Geotécnica

Tipo de ruptura	Item	Valores de F
Cisalhamento	Obras de aterro	1,3-1,5
	Muros de arrimo, escavações	1,5-2,0
	Fundações	2,0-3,0
Percolação	Levantamento hidráulico	1,5-2,0
	Gradiente de saída, *piping*	2,0-3,0
Carga de ruptura de estacas	Ensaios de carga	1,5-2,0
	Fórmulas dinâmicas	3,0

Fonte: Terzaghi e Peck (1948, 1967).

3.2.2 Limitações do método dos coeficientes globais de segurança

Como mostra a Fig. 3.3 (Becker, 1996a), nessa metodologia tanto a solicitação como a resistência são consideradas variáveis determinísticas e caracterizadas, em cada caso, por um único valor, denominado *valor nominal*. Considera-se valor nominal de uma grandeza um valor fixado sem atender a considerações estatísticas. Geralmente, quando se trata do valor nominal, o símbolo da grandeza em questão é representado sem qualquer índice auxiliar (por exemplo, simplesmente ϕ' para o ângulo de resistência ao cisalhamento). Todavia, neste capítulo, para completa clareza da exposição, será usado o índice *nom* para indicar que se trata de um valor nominal.

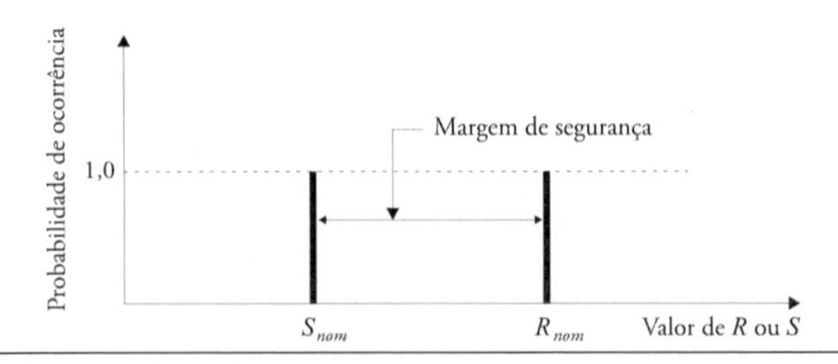

Fig. 3.3 *Definição do coeficiente global de segurança*
Fonte: adaptado de Becker (1996a).

Devido às incertezas anteriormente abordadas, tanto a resistência como a solicitação são na realidade variáveis aleatórias com determinada distribuição estatística, como expressa, a título meramente indicativo, a Fig. 3.4a, por meio das funções de densidade de probabilidade. No Anexo A4 pode-se encontrar uma breve sinopse dos conceitos probabilísticos abordados neste capítulo.

É importante reconhecer que o caráter aleatório da resistência e da solicitação é, de fato, embora implicitamente, considerado no processo de seleção dos valores nominais daquelas variáveis. De fato, como sugere a Fig. 3.4a, um projetista sensato tenderá a selecionar o valor nominal da resistência inferior ao valor médio ($R_{nom} < R_{\text{med}}$) e o valor nominal da solicitação superior ao valor médio ($S_{nom} > S_{\text{med}}$), ainda que sem invocar quaisquer considerações estatísticas.

Um ponto fundamental nesse contexto é notar que a interseção das curvas de distribuição da resistência e da solicitação representadas na Fig. 3.4a mostra que, em certas condições, esta pode ser superior àquela. Isso significa que a probabilidade de ruptura não é nula.

Atente-se que, na Fig. 3.4b, é possível verificar que, para os mesmos valores médios e nominais da resistência e da solicitação, as funções de densidade de probabilidade são mais abertas, por haver maiores incertezas. Pode se verificar que a área sob ambas as curvas é maior do que a correspondente à figura anterior, logo, a probabilidade de ruptura é maior, ainda que o coeficiente global de segurança seja o mesmo. (A área em questão não é igual à probabilidade de ruptura, embora esta aumente com aquela.)

Em resumo: i) um coeficiente global de segurança superior a 1 não significa necessariamente segurança, isto é, a probabilidade de ruptura não é

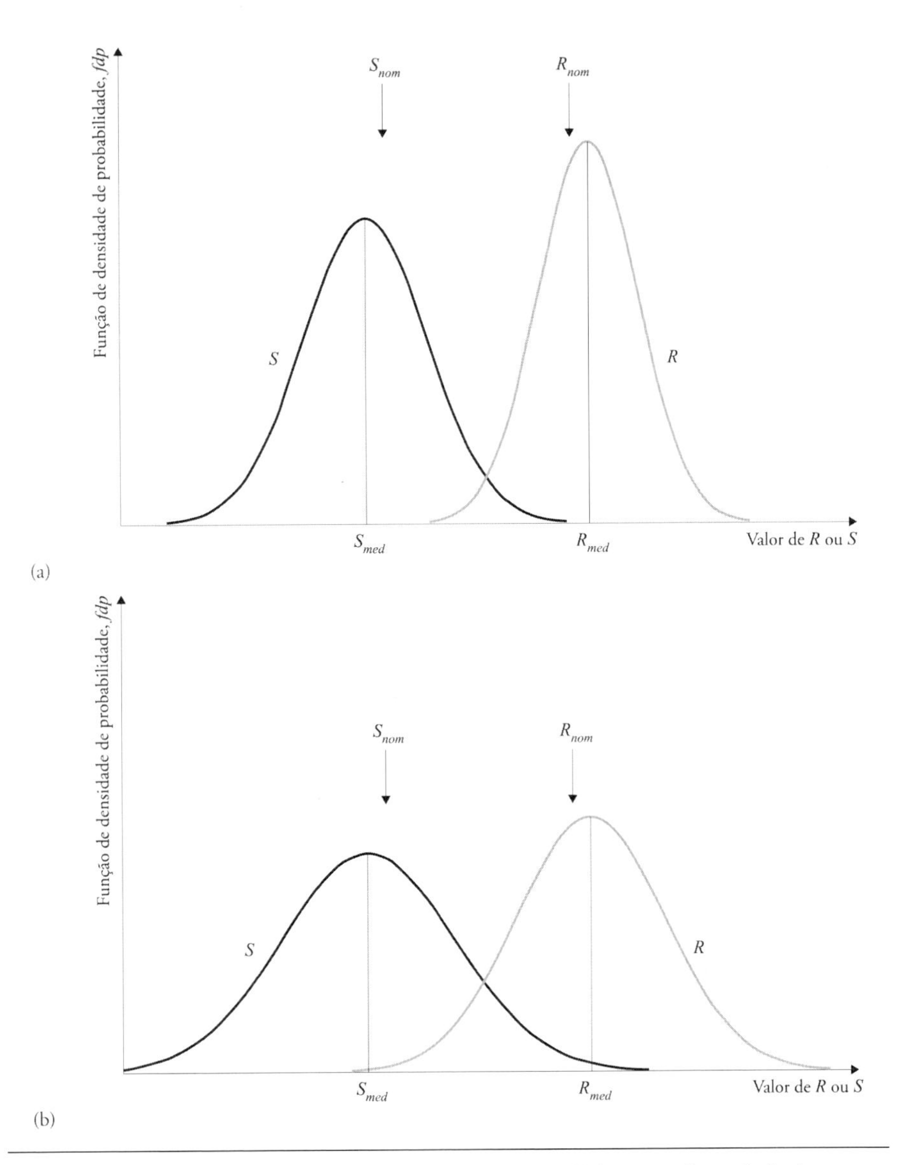

Fig. 3.4 *(a) Funções de densidade de probabilidade da solicitação e da resistência com os respectivos valores médios e hipotéticos valores nominais; (b)* idem *para um caso em que as funções são mais abertas*

Fonte: adaptado de Becker (1996a).

nula e pode até ser muito significativa; ii) por outro lado, a ruptura não ocorrerá necessariamente se o coeficiente global de segurança for inferior a 1; iii) o mesmo valor do coeficiente de segurança pode corresponder, em casos distintos, a níveis reais de segurança ou probabilidades de ruptura distintos, sendo maior a probabilidade de ruptura no caso em que, devido a maiores incertezas, as funções de densidade de probabilidade da resistência e/ou da solicitação são mais abertas.

Dessas considerações, pode-se compreender as limitações essenciais do método dos coeficientes globais. Por um lado, ao cobrir por meio de um único coeficiente de segurança todas as incertezas inerentes ao processo de dimensionamento, não encoraja o utilizador a ponderar sobre as distintas fontes de incerteza. Por outro lado, não distingue entre os requisitos de estabilidade (isto é, de segurança em relação à ruptura) e de funcionalidade (isto é, de segurança em relação à deformação excessiva). Em certos casos, como acontece com as fundações tanto superficiais como por estacas, os valores relativamente elevados do coeficiente global de segurança desenvolvidos com base na experiência destinam-se a implicitamente limitar os recalques a valores toleráveis, o que significa que os requisitos de estabilidade e de funcionalidade são de fato satisfeitos, diga-se, em conjunto.

Por último, considerando a discussão tecida em torno da Fig. 3.4, com o método dos coeficientes globais de segurança o verdadeiro nível de segurança da estrutura não é conhecido.

3.3 O Método dos estados-limites e os coeficientes parciais de segurança

3.3.1 Considerações gerais

Os regulamentos de estruturas de concreto, aço e de outros materiais estruturais, a partir das décadas de 1960 e 1970, bem como os Eurocódigos Estruturais aprovados recentemente, em particular o Eurocódigo 7, dedicado ao dimensionamento geotécnico (ver seção 3.5), têm como filosofia de base o dimensionamento segundo o método dos estados-limites (*limit state design*, LSD, em inglês). Esse método usa coeficientes de segurança parciais e tem em sua base considerações probabilísticas (Hachich, 1996; Henriques, 1998).

Denomina-se *estado-limite* um estado para além do qual a estrutura deixa, por qualquer forma, de satisfazer as funções para as quais foi projetada. Dentro dos estados-limites, podem distinguir-se: i) os *estados-limites últimos*, estados associados com o colapso ou outras formas similares de ruptura; ii) os *estados-limites de utilização*, que representam condições para além das quais a estrutura, ou um elemento estrutural, deixa de satisfazer determinada exigência de desempenho. Para esses estados é também usada a denominação *estados-limites de serviço*. No âmbito das obras geotécnicas, os estados-limites de utilização ou de serviço estão essencialmente relacionados a deformações excessivas do terreno.

O método dos estados-limites desdobra-se em distintas formas de aplicação (ver seção 3.3.2). Aquela normalmente denominada Europeia, e adotada no Eurocódigo 7, consiste basicamente nos seguintes passos:

1. identificação de todos os potenciais estados-limites da estrutura;
2. individualização de todas as variáveis que condicionam a segurança, as quais se podem agrupar em ações, propriedades resistentes e parâmetros geométricos;
3. caracterização de cada variável por meio de seu *valor de cálculo*, que pode ser estimado diretamente ou a partir do *valor característico*; adotando essa segunda via, a mais usual, o valor de cálculo resulta do aumento ou da diminuição, por meio de coeficientes de segurança parciais, do valor característico, conforme a variável é desfavorável ou favorável à segurança da estrutura, respectivamente;
4. avaliação, para cada estado-limite, por meio de modelos teóricos, cálculos numéricos ou outros meios, dos valores de cálculo dos efeitos das ações ou da solicitação, por um lado, e dos valores de cálculo da capacidade resistente ou da resistência, por outro;
5. *verificação da segurança*, isto é, demonstração de que a ocorrência do estado-limite é suficientemente improvável.

Quando se trata de estados-limites últimos, a *verificação da segurança* toma a seguinte forma:

$$S_d \leqslant R_d \tag{3.4}$$

em que S_d representa o valor de cálculo do efeito das ações ou da solicitação, e R_d, o valor de cálculo da resistência.

Para um estado-limite de utilização, a verificação toma a seguinte forma nas obras geotécnicas:

$$\textit{Deformação} \leqslant \textit{Deformação admissível} \tag{3.5}$$

Essencialmente, dois aspectos distinguem essa abordagem da anterior. Primeiro, há uma distinção clara entre as verificações que dizem respeito aos estados-limites últimos e aos estados-limites de utilização. Essa distinção – de fato, o essencial da abordagem LSD – é positiva porque incentiva, na prática, que análises distintas, quer de estabilidade, quer de deformação, sejam efetuadas. Nota-se que, usualmente, estas análises se baseiam em modelos e envolvem parâmetros fundamentais muito diferentes.

O segundo aspecto distintivo é que as ações e as propriedades dos materiais são encaradas como variáveis aleatórias. Os coeficientes de segurança parciais assumem valores ajustados às maiores ou menores incertezas que afetam cada variável. Por exemplo, geralmente os coeficientes de segurança para as ações variáveis são maiores do que aqueles que afetam as ações permanentes, porque as incertezas referentes a essas são consideravelmente menores do que as que afetam aquelas.

Os valores dos coeficientes de segurança parciais para as ações e para as propriedades dos materiais que figuram nos códigos e regulamentos foram estabelecidos com base em dois tipos de estudos, que envolvem os chamados *cálculos de calibração*. Por um lado, averiguando que conjuntos de valores dos coeficientes parciais de segurança conduzem a resultados do dimensionamento próximos daqueles que seriam obtidos por meio da abordagem tradicional com coeficientes globais de segurança. Por outro, por meio de estudos probabilísticos, em que se consideram as distintas variabilidades das ações e dos parâmetros de resistência, procurando investigar quais conjuntos de valores dos coeficientes de segurança parciais asseguram determinada probabilidade de ruptura, naturalmente muito baixa (Meyerhof, 1993, 1995; Maranha das Neves, 1994; Becker, 1996b; Cardoso; Matos Fernandes, 2001). Disso, é possível compreender que os valores dos coeficientes parciais de segurança, para as ações e para as propriedades resistentes, estão inter-relacionados, formando um conjunto ao qual corresponde determinado nível de segurança. Pretendendo manter esse nível, não é possível alterar um desses coeficientes sem proceder a ajustes nos restantes.

Os valores dos coeficientes parciais de segurança são abordados mais adiante, a propósito do Eurocódigos Estruturais. Nas verificações dos estados-limites de utilização são adotados coeficientes parciais de segurança unitários.

Apesar das vantagens do método dos estados-limites em relação ao método dos coeficientes globais de segurança, eles têm em comum a limitação de não permitir conhecer ou quantificar o verdadeiro nível de segurança da estrutura.

3.3.2 Distintas formas de aplicação do método dos estados-limites

Como foi mencionado, o método dos estados-limites é aplicado de distintas formas, que se podem agrupar em duas principais, os quais vários autores denominam metodologia europeia e metodologia americana (Ovesen; Orr, 1991; Becker, 1996a). A Fig. 3.5 mostra, de modo simplificado, a diferença entre as duas metodologias, que essencialmente reside na forma como é calculada a resistência ou capacidade resistente, R.

Como mostra a Fig. 3.5a, na metodologia europeia, depois da seleção dos valores característicos das propriedades resistentes do terreno, eles são afetados (diminuídos) por coeficientes parciais de segurança, obtendo-se os valores de cálculo dessas propriedades. Estes valores são então introduzidos nos modelos de cálculo de modo a se obter o valor de cálculo da resistência, R_d.

Por sua vez, e como mostra a Fig. 3.5b, na metodologia americana, os valores característicos das propriedades resistentes do terreno são diretamente usados nos modelos de cálculo, que fornecem o valor característico da resistência, R_k. Este valor é então afetado (diminuído) por um coeficiente de segurança parcial de modo a se obter o valor de cálculo da resistência, R_d.

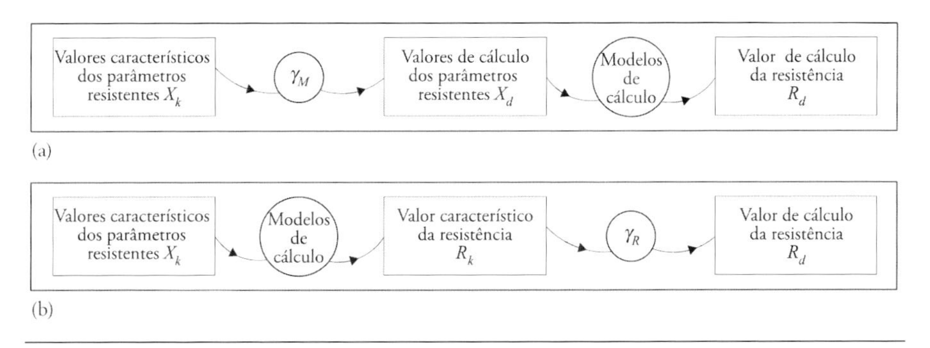

Fig. 3.5 *Esquema explicativo das metodologias (a) europeia e (b) americana de aplicação do LSD*

Há argumentos interessantes a respeito das vantagens e desvantagens de cada uma das metodologias. No que diz respeito à metodologia americana, o coeficiente de segurança parcial que afeta a resistência característica pretende cobrir não somente as incertezas a respeito das propriedades resistentes e dos parâmetros geométricos, mas também as limitações dos modelos de cálculo usados. Dessa forma, aproxima-se, em termos conceituais, de um coeficiente de segurança global.

A metodologia europeia parece mais elaborada porque aplica os coeficientes parciais de segurança às propriedades resistentes, que são as variáveis mais afetadas pela incerteza. Assim, consegue *dosar* os valores dos coeficientes de segurança conforme o parâmetro de resistência (diminuindo, por exemplo, mais a resistência não drenada do que o ângulo de resistência ao cisalhamento). A limitação mais pertinente que geralmente lhe é atribuída detém-se no fato de os mecanismos de ruptura considerados nos modelos de cálculo dependerem dos valores das propriedades resistentes do solo. Logo, ao afetar (diminuir) essas propriedades, o mecanismo pode alterar-se e com ele a resistência avaliada.

As duas metodologias diferem também no modo de aplicação dos coeficientes de segurança parciais para as ações. Na metodologia americana, os coeficientes de segurança são aplicados aos efeitos das ações, o que quer dizer que, nos modelos de cálculo, são introduzidos os valores representativos das ações e não seus valores de cálculo, como geralmente ocorre na metodologia europeia.

Apesar das denominações usadas, deve ser lembrado que uma das vias consagradas no Eurocódigo 7 para a avaliação da segurança corresponde, na realidade, à metodologia americana (ver seção 3.5 e Anexo A6).

3.4 Os Métodos probabilísticos

3.4.1 Margem de segurança, índice de confiabilidade e probabilidade de ruptura

O nível de segurança de uma estrutura é expresso adequadamente pela *probabilidade de ruptura*. Como se compreende, sua avaliação exige o recurso a métodos probabilísticos. Esse é um assunto vasto e complexo que excede o âmbito deste livro. As considerações que se seguem destinam-se a fornecer simples conhecimentos introdutórios ao tema.

A Fig. 3.6 mostra as funções de densidade de probabilidade da solicitação e da resistência para um dado estado-limite de uma estrutura genérica, admitindo uma distribuição normal.

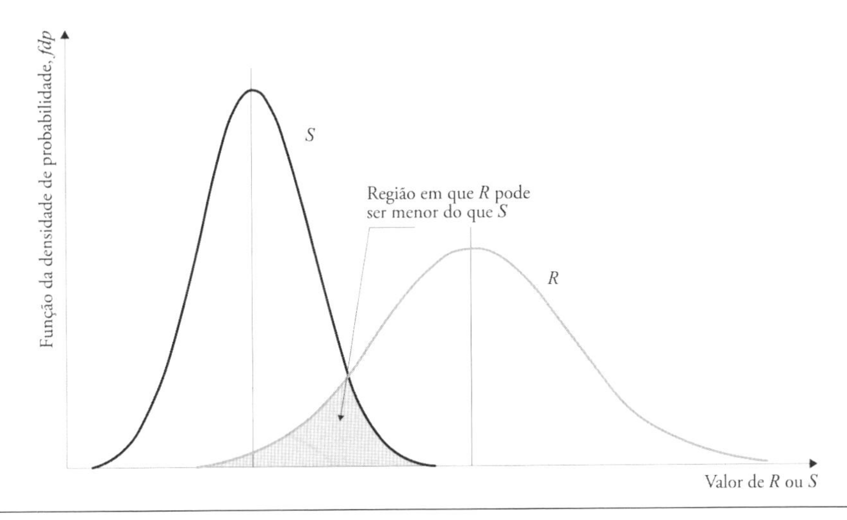

FIG. 3.6 *Funções de densidade de probabilidade da solicitação e da resistência para um dado estado-limite de uma estrutura genérica, admitindo uma distribuição normal*

A chamada *margem de segurança*, M, é definida como (Whitman, 1984; Mineiro, 1991; Christian, 2004):

$$M = R - S \tag{3.6}$$

Sendo R e S variáveis aleatórias com distribuição normal, M também o é, e com uma função de densidade de probabilidade do mesmo tipo, como mostra a Fig. 3.7a. A teoria da probabilidade permite mostrar que os valores médios e os desvios-padrão das três variáveis estão relacionados da seguinte forma:

$$M_{\text{med}} = R_{\text{med}} - S_{\text{med}} \tag{3.7}$$

e

$$\sigma_M^2 = \sigma_R^2 + \sigma_S^2 - 2\rho_{RS}\,\sigma_R\,\sigma_S \tag{3.8}$$

em que ρ_{RS} é a chamada correlação entre R e S. Se R e S forem variáveis independentes, a Eq. 3.8 simplifica-se da seguinte forma:

$$\sigma_M^2 = \sigma_R^2 + \sigma_S^2 \tag{3.9}$$

naturalmente considerado nos coeficientes de segurança (globais ou parciais). Logo, o índice de confiabilidade não fornece necessariamente uma avaliação aproximada da frequência com que de fato ocorrem as rupturas estruturais. A influência dos erros humanos grosseiros pode ser minimizada por outros meios que não incrementando os valores dos coeficientes de segurança. O processo mais comum consiste na chamada revisão dos projetos por entidades independentes.

3.4.2 Aplicação dos métodos probabilísticos no dimensionamento geotécnico

A aplicação dos métodos probabilísticos como o apresentado a problemas geotécnicos envolve algumas dificuldades.

A primeira decorre do fato de geralmente o número de determinações experimentais dos parâmetros resistentes do terreno ser relativamente reduzido, tornando inviável seu tratamento estatístico convencional. Em parte, essa limitação pode ser ultrapassada admitindo uma distribuição normal definida pelo valor médio, calculado a partir dos resultados disponíveis, em combinação com um valor do coeficiente de variação adotado a partir de bases de dados de solos do mesmo tipo (Alonso, 1976; Duncan, 2000; Sayão et al., 2012). A título indicativo, a Tab. 3.3 mostra valores do coeficiente de variação das propriedades do solo reunidos a partir de resultados da bibliografia.

Como se verificou, tanto a resistência quanto a solicitação dependem geralmente de diversas variáveis independentes, logo, o mesmo acontece com a função M, a margem de segurança. A função de densidade de probabilidade de M depende, geralmente, da variabilidade estatística de um número significativo daquelas variáveis independentes.

Nas situações mais simples M pode ser traduzida por uma equação, como é o caso da resistência ao carregamento de uma fundação superficial. Nessas circunstâncias, a consideração da influência da variabilidade estatística das variáveis independentes na variabilidade de M pode ser efetuada por métodos analíticos.

Quando a margem de segurança não pode ser formulada por meio de uma equação, recorre-se geralmente ao chamado método de simulação de Monte Carlo. Esse método consiste basicamente em (Cardoso, 2004):

a) conhecidas as funções de densidade de probabilidade de todas as variáveis independentes, é escolhido, de forma aleatória, um valor para cada uma delas; a geração aleatória é feita recorrendo a códigos computacionais especializados (atualmente disponíveis, por exemplo, no MatLab);
b) com esse conjunto de valores, é calculado um valor da variável dependente, nesse caso, M;
c) repetindo o processo muitas vezes (o que naturalmente requer o uso de procedimentos computacionais), pode-se gerar a função de densidade de probabilidade de M.

A dificuldade mais séria à aplicação dos métodos probabilísticos conforme exposto – denominadas *análises probabilísticas incompletas*, na literatura específica – no dimensionamento das obras geotécnicas resulta de a resistência e a solicitação raramente serem variáveis independentes. Ao contrário do que é regra admitir no dimensionamento das estruturas convencionais de aço e de concreto, na maioria das estruturas geotécnicas a resistência depende das

Tab. 3.3 Valores dos coeficientes de variação de propriedades do solo coligidos com base na bibliografia

Parâmetro, X_i	**Valor médio, $X_{med,i}$**	**Coeficiente de variação, V_{Xi} (valor médio)**
Resistência não drenada, S_u	< 50 kPa	0,26-0,82
	50-150 kPa	0,19-0,66
	150-300 kPa	0,19-0,53
	> 300 kPa	0,13-0,41
	Qualquer gama	0,12-0,85 (0,34)
Ângulo de atrito, ϕ'	< 30°	0,03-0,15
	30°-40°	0,10-0,22
	Qualquer gama	0,05-0,25 (0,13)
Tangente do ângulo de atrito, $\mathrm{tg}\,\phi'$	–	0,07-0,15
Peso específico do solo, γ	Qualquer gama	0,04-0,16 (0,07)

Fonte: adaptado de Cardoso e Matos Fernandes (2001).

ações e a solicitação depende dos parâmetros resistentes do solo. Na seção 3.5.4 esse assunto é aprofundado.

Quando R e S não são independentes pode-se recorrer às chamadas *análises probabilísticas completas*, o que normalmente se justifica apenas em projetos de obras de excepcional importância. Seu tratamento, mesmo que superficial, excede o âmbito deste livro.

Antes de concluir esta seção, é importante notar que, em face da acentuada variabilidade típica das propriedades resistentes dos terrenos, o potencial da aplicação dos métodos probabilísticos à Mecânica dos Solos é de fato muito grande, provavelmente maior do que na Engenharia de Estruturas. Isso explica o interesse crescente de muitos autores e mesmo do meio técnico ligado ao projeto naquelas metodologias (Hachich, 1996; De Mello et al., 2002). Para um aprofundamento dos conhecimentos nesse domínio, recomenda-se o estudo do tratado de Baecher e Christian (2003).

3.5 Introdução ao Eurocódigo 7 – Projeto Geotécnico

3.5.1 Os Eurocódigos estruturais. Generalidades

Os Eurocódigos Estruturais resultaram de uma decisão política da Comissão Europeia, tomada em 1975, com o intuito de harmonizar as especificações técnicas de projeto das estruturas de Engenharia Civil, muito variáveis entre os Estados-membros da Comunidade Econômica Europeia (hoje União Europeia). Com tal iniciativa pretendia-se favorecer a criação de um mercado europeu com relação à indústria de construção civil e às obras públicas.

No fim da década de 1980 o processo de elaboração dos eurocódigos foi transferido para o Comitê Europeu de Normalização (CEN), organismo fora do âmbito da União Europeia e no qual está representada a maioria dos países da Europa.

O Quadro 3.1 mostra a lista completa dos Eurocódigos Estruturais, incluindo o Eurocódigo 7 (EC 7), dedicado ao dimensionamento de obras geotécnicas. A primeira geração desses documentos foi publicada na década de 1990 como pré-normas europeias. Já neste século foi aprovada a nova geração dos eurocódigos, publicados como Normas Europeias (EN). Cada eurocódigo é complementado em cada país com o respectivo Anexo Nacional. Em Portugal,

Quadro 3.1 Lista dos Eurocódigos Estruturais-Normas Europeias (EN) e das correspondentes Normas Portuguesas (NP)

NP EN 1990	Eurocódigo 0	– Bases para o projeto de estruturas
NP EN 1991	Eurocódigo 1	– Cargas em estruturas
NP EN 1992	Eurocódigo 2	– Projeto de estruturas de concreto
NP EN 1993	Eurocódigo 3	– Projeto de estruturas de aço
NP EN 1994	Eurocódigo 4	– Projeto de estruturas mistas aço-concreto
NP EN 1995	Eurocódigo 5	– Projeto de estruturas de madeira
NP EN 1996	Eurocódigo 6	– Projeto de estruturas de alvenaria
NP EN 1997	Eurocódigo 7	– Projeto geotécnico
NP EN 1998	Eurocódigo 8	– Projeto de estruturas para resistência aos sismos
NP EN 1999	Eurocódigo 9	– Projeto de estruturas de alumínio

o processo de publicação dos eurocódigos como Normas Portuguesas (NP) encontrava-se praticamente concluído em 2010. Em sua maioria, os eurocódigos são constituídos por diversos tomos publicados separadamente. O número pelo qual cada eurocódigo é denominado como Norma Europeia e como Norma Portuguesa é o mesmo. Por exemplo, o Eurocódigo 7 – Projeto Geotécnico é a EN 1997 e a NP 1997.

Importa reconhecer que o processo dos Eurocódigos Estruturais constituiu um poderoso incentivo para acelerar a adoção do método dos estados-limites e dos coeficientes de segurança parciais no dimensionamento das obras geotécnicas. Com efeito, pretendendo-se que o conjunto desses códigos constituísse um todo com filosofia de dimensionamento comum, estabelecida no Eurocódigo 0, e, ainda, sendo a generalidade dos códigos para as estruturas de concreto, de aço e outros em cada país (à data de início do processo) já baseada no método dos estados-limites, revelou-se necessário estender esse método às obras geotécnicas.

Tudo isso explica que a elaboração do Eurocódigo 7 tenha envolvido dificuldades e controvérsias acrescidas, em relação aos eurocódigos restantes, pela alteração da filosofia de base no dimensionamento das obras geotécnicas que, para a grande maioria dos países, veio consagrar. (O primeiro regulamento geotécnico adotando o método dos estados-limites foi publicado na Dinamarca em 1965 com base nos estudos pioneiros de Brinch Hansen (1953, 1956).) Essas dificuldades são enumeradas de modo particularmente claro por Becker

(1996a), um dos responsáveis pela elaboração do atual código canadense de dimensionamento geotécnico, também ele com base nos estados-limites.

Como explica esse autor, embora seja atrativo o princípio de basear o dimensionamento usando um único conjunto de valores de coeficientes parciais de segurança, sua implementação de forma racional e consistente não é fácil nem direta na Geotecnia. O dimensionamento com base em coeficientes parciais de segurança resultou bem na Engenharia de Estruturas essencialmente porque existe um controle de qualidade no processo de fabricação dos materiais estruturais e porque os cálculos têm como base uma metodologia bem especificada e de aplicação generalizada. Em contraste, para as obras geotécnicas a aplicação do conceito experimenta consideráveis dificuldades. As razões incluem a variabilidade inerente a todos os materiais geológicos naturais; o fato de existirem muitos métodos para avaliar os parâmetros de resistência dos solos e seus distintos valores serem fornecidos por diferentes ensaios; o fato de diferentes teorias serem aplicadas para avaliar o mesmo tipo de resistência (por exemplo, a resistência ao carregamento de uma fundação superficial ou de uma estaca); e, ainda, o fato de serem aplicados no dimensionamento muitos métodos empíricos ou semiempíricos. Além disso, diferentes métodos de dimensionamento geotécnico são usados de país para país (e, nos grandes países, até de região para região), muitas vezes de forma ajustada às condições locais.

Essas considerações permitem compreender que não é fácil que *um único conjunto de coeficientes de segurança parciais* permita chegar a soluções que, para a maioria dos casos, não correspondam ao sobredimensionamento ou ao subdimensionamento em relação à prática passada. (Há aqui um ponto que é conveniente acrescentar: ao proceder à mudança da filosofia de dimensionamento dos coeficientes de segurança globais para a dos estados-limites com coeficientes parciais de segurança não se pretende alterar propriamente o resultado final do dimensionamento, mas desenvolvê-lo de modo mais racional. Daí os chamados cálculos de calibração mencionados na seção 3.3.)

São aquelas dificuldades que essencialmente explicam que o Eurocódigo 7 consagre três Abordagens de Cálculo (Abordagens de Cálculo 1, 2 e 3), cada uma correspondente a determinados conjuntos de valores dos coeficientes parciais de segurança para a verificação dos estados-limites últimos. A opção pela abordagem de cálculo a usar em cada país, logo, dos respectivos coeficientes de segurança, é estabelecida no correspondente anexo nacional. Na Norma Portuguesa foi adotada a Abordagem de Cálculo 1, que também é aplicada em países como o Reino Unido, a Dinamarca e a Bélgica. Certos países permitem a aplicação de mais de uma abordagem de cálculo.

Nas seções seguintes procede-se a uma apresentação do EC 7, com especial enfoque na Abordagem de Cálculo 1. Essa apresentação destina-se a facilitar a compreensão dos aspectos basilares do código. O estudo do documento propriamente dito é indispensável para saber como aplicá-lo na prática profissional.

3.5.2 Valores de cálculo das ações, das propriedades dos materiais e dos dados geométricos

Os valores de cálculo das ações, F_d, são obtidos por:

$$F_d = \gamma_F F_{rep} \tag{3.14}$$

em que γ_F é o coeficiente de segurança parcial para as ações, que considera a possibilidade de seus desvios desfavoráveis em relação aos valores representativos, F_{rep}, dados por:

$$F_{rep} = \psi F_k \tag{3.15}$$

em que F_k representa os valores característicos das ações e ψ é um coeficiente de conversão dos valores característicos nos valores representativos, que se relaciona essencialmente com os critérios de combinação das ações. Valores de ψ estão estabelecidos no Eurocódigo 0 (NP EN 1990, 2009).

Por sua vez, os valores de cálculo dos parâmetros resistentes dos materiais, X_d, são dados por:

$$X_d = \frac{X_k}{\gamma_M} \tag{3.16}$$

em que X_k representa os valores característicos dos parâmetros resistentes e γ_M é o coeficiente parcial de segurança que pretende considerar possíveis desvios desfavoráveis daqueles parâmetros em relação aos valores característicos.

Finalmente, os valores de cálculo dos parâmetros geométricos, a_d, são obtidos por:

$$a_d = a_{\text{nom}} \pm \Delta a \tag{3.17}$$

em que a_{nom} representa os valores nominais dos parâmetros geométricos e Δa pretende considerar a possibilidade de desvios desfavoráveis dos parâmetros geométricos em relação aos valores nominais.

É de notar que o EC 7 permite a avaliação direta dos valores de cálculo das ações e das propriedades do terreno, isto é, sem a seleção prévia dos respectivos valores característicos e a aplicação de coeficientes de segurança parciais. De qualquer modo, o código estabelece que, em tais casos, os valores dos coeficientes parciais nele recomendados deverão ser utilizados como orientação para se obter o nível de segurança requerido.

3.5.3 Tipos de estados-limites

No EC 7, em consonância com o conjunto dos Eurocódigos Estruturais, estão previstos cinco tipos de estados-limites últimos:

- perda de equilíbrio da estrutura ou do terreno, considerados corpos rígidos, em que as propriedades de resistência dos materiais estruturais e do terreno não têm influência significativa na capacidade resistente (EQU);
- ruptura interna ou deformação excessiva da estrutura ou de elementos estruturais (incluindo, por exemplo, sapatas, estacas ou paredes de contenção de subsolo), em que as propriedades de resistência dos materiais estruturais têm influência significativa na capacidade resistente (STR);
- ruptura ou deformação excessiva do terreno, em que as propriedades de resistência do solo ou da rocha têm influência significativa na capacidade resistente (GEO);
- perda de equilíbrio da estrutura ou do terreno decorrente do levantamento originado por pressão da água (flutuação) ou por outras cargas verticais (UPL);
- levantamento hidráulico, erosão interna e erosão tubular no terreno causados por gradientes hidráulicos (HYD).

O Anexo A5 inclui os coeficientes de segurança referentes às ações e às propriedades dos materiais previstos no EC 7 para os estados-limites tipo EQU, UPL e HYD.

Os estados-limites dos tipos STR e GEO são os mais relevantes porque estão presentes, na prática, na maioria das estruturas de engenharia civil. Geralmente, os primeiros são condicionantes no que diz respeito à capacidade resistente dos elementos estruturais (por exemplo, a seção e a armadura do paramento de um muro de arrimo de concreto armado), e os segundos controlam as dimensões dos elementos estruturais envolvidos em fundações ou estruturas de arrimo (por exemplo, as dimensões em planta de fundações superficiais).

É para esses estados-limites dos tipos STR e GEO que o EC 7 estabelece as três diferentes Abordagens de Cálculo referidas. A existência dessas três abordagens distintas tornou o documento bastante complexo. Sobre o tema, recomenda-se a leitura do Anexo A6, em que se faz uma breve descrição das três abordagens de cálculo do EC 7.

As considerações a seguir destinam-se a apresentar a Abordagem de Cálculo 1, adotada em Portugal, explicar sua fundamentação e fazer sua crítica.

3.5.4 A Abordagem de Cálculo 1 do Eurocódigo 7

Coeficientes de segurança

A Tab. 3.4 mostra os coeficientes parciais de segurança usados no âmbito da Abordagem de Cálculo 1 para situações persistentes e transitórias na verificação de segurança a estados-limites últimos dos tipos STR e GEO. Essa abordagem desdobra-se nas Combinações 1 e 2, diferindo entre si nos valores dos coeficientes parciais de segurança para as ações e para as propriedades do terreno.

Tab. 3.4 Abordagem de Cálculo I – coeficientes de segurança parciais relativos às ações e às propriedades do terreno

	Ações (γ_F)			Propriedades do terreno (γ_M)		
	Permanentes (γ_G)		Variáveis (γ_Q)			
Combinação	Desfavoráveis	Favoráveis	Desfavoráveis	tgϕ'	c'	S_u
1	1,35	1,00	1,50	1,00	1,00	1,00
2	1,00	1,00	1,30	1,25	1,25	1,40

Nota: De acordo com o Anexo Nacional de Portugal, nos problemas de estabilidade de taludes, os coeficientes de segurança parciais a usar na Combinação 2 para tg ϕ' *e para* c' *devem ser considerados iguais a 1,5.*

Fonte: NP EN 1997-1 (2010).

Observando os valores da Tab. 3.4 pode-se verificar, essencialmente, que a Combinação 1 trabalha com valores característicos das propriedades do terreno e usa, para as ações, os coeficientes de segurança usuais na Engenharia de Estruturas.

Por sua vez, a Combinação 2 trabalha com valores minorados dos parâmetros de resistência do terreno combinados com ações permanentes iguais aos valores característicos e ações variáveis (desfavoráveis) moderadamente agravadas.

Segundo o estipulado no EC 7, para cada estado-limite será necessário proceder à verificação da segurança aplicando as duas combinações de coeficientes em dois cálculos separados. Todavia, se for óbvio que uma das duas combinações governa o dimensionamento, não é necessário efetuar cálculos para a outra combinação. No entanto, diferentes combinações poderão ser críticas para aspectos diferentes do mesmo dimensionamento.

Como se explica em seguida, essa abordagem deriva essencialmente da conveniência de, em muitos problemas geotécnicos, fazer-se uma verificação de segurança sem afetar as ações permanentes características de um fator diferente da unidade.

Por que um coeficiente de segurança unitário para as ações permanentes?

Como foi mencionado na seção 3.3, na metodologia dos estados-limites, para cada estado-limite último, é preciso proceder à comparação do valor de cálculo da solicitação, S_d, com o valor de cálculo da resistência, R_d.

Os valores de S_d e de R_d da Eq. 3.4 são obtidos com base nos valores de cálculo das ações, F_d, dos parâmetros resistentes dos materiais, X_d, e dos dados geométricos, a_d.

No dimensionamento das estruturas convencionais, em que são usados métodos de análise que geralmente admitem os elementos estruturais com comportamento elástico linear, a solicitação (isto é, os esforços em cada seção, na terminologia usual) não depende das propriedades resistentes dos materiais, e a resistência não depende das ações. Ao contrário, em muitos problemas geotécnicos, a solicitação depende (também) das propriedades resistentes do terreno, e a resistência depende (também) das ações. Assim, geralmente:

$$S_d = S_d(F_d, X_d, a_d) \leqslant R_d = R_d(F_d, X_d, a_d) \tag{3.18}$$

A Fig. 3.8 mostra dois exemplos dessa interdependência. No caso da Fig. 3.8a, que mostra um muro gravidade de concreto armado, o empuxo de terras (determinante para o efeito das ações sobre o muro, para qualquer estado-limite) depende consideravelmente das propriedades resistentes do próprio terreno. Por sua vez, a resistência ao deslizamento global do talude representado na Fig. 3.8b depende do peso (ação da gravidade) da massa potencialmente instável, já que ele, por via das tensões efetivas normais à superfície de deslizamento, controla as tensões de cisalhamento resistentes mobilizáveis nessa superfície.

Nos dois exemplos, tais como em muitos problemas da Mecânica dos Solos, as ações permanentes, em particular o próprio peso do terreno, são largamente predominantes. No caso do muro de arrimo, o empuxo sobre o muro é naturalmente condicionado pela ação da gravidade (o peso do terreno atrás do muro), mas, simultaneamente, é esse peso que, incidindo sobre a sapata do muro, lhe assegura a estabilidade (ver Cap. 4). Sobre o talude, é difícil distinguir *a priori* a zona do maciço cujo peso é favorável da zona cujo peso é desfavorável. Acresce que, devido à interdependência referida, o peso de determinada massa de solo pode ser desfavorável, por sua localização, para determinado mecanismo de colapso, mas, por outro lado, ser favorável devido à resistência que proporciona na superfície de deslizamento.

Em problemas dos tipos apontados, poderia ser inadequado afetar as ações permanentes de um coeficiente parcial de segurança diferente da

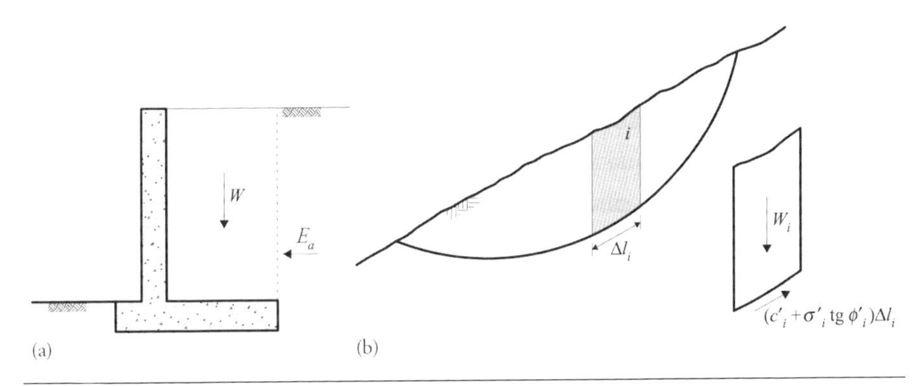

Fig. 3.8 *Exemplos de estruturas em que o efeito das ações depende dos parâmetros de resistência do solo e em que a capacidade resistente depende das ações: (a) muro gravidade de concreto armado; (b) talude*

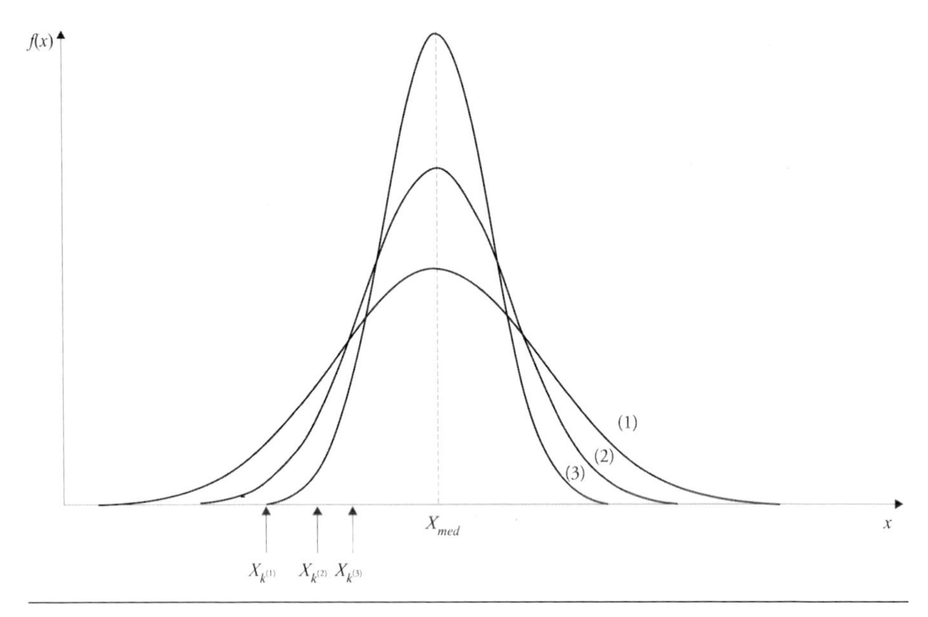

Fig. 3.13 *Dependência do valor característico de um parâmetro resistente do terreno do volume condicionante de determinado estado-limite*

volumes da ordem de grandeza daqueles que vão condicionar o estado-limite das fundações das estruturas das Figs. 3.12a e 3.12b, respectivamente. Naturalmente, os valores médios das curvas 2 e 3 coincidem com o da curva 1, mas os respectivos desvios-padrão são menores, sendo tanto menores quanto maior for o volume considerado. Por sua vez, os valores que limitam para cada distribuição os 5% de resultados mais desfavoráveis são tanto maiores quanto maior for o volume em questão. Assim, para as estruturas da Fig. 3.12a, no contexto do Eurocódigo 7, o valor característico deve ser $X_k(2)$, enquanto, para as estruturas da Fig. 3.12b, o valor característico apropriado é $X_k(3)$.

Considere-se apenas mais um exemplo, referente a obras de grande desenvolvimento linear, muito usuais em Geotecnia, como é o caso do muro gravidade representado na Fig. 3.14. O fato de, em determinada seção transversal (*s*) do muro – onde, por hipótese, os parâmetros de resistência do solo sejam bastante inferiores à média –, o efeito do empuxo de terras ultrapassar o efeito do peso do muro não implica necessariamente a ocorrência de um estado-limite último: esse *deficit* de resistência local pode ser facilmente compensado pelo *superavit* em seções vizinhas, em que os parâmetros de resistência do terreno sejam mais elevados.

Essas considerações mostram que aquilo que condiciona o estado-limite de uma fundação ou obra geotécnica é normalmente o *valor médio da resistência do solo em determinado volume*, maior ou menor, do terreno. O *valor característico é uma estimativa cautelosa desse valor médio*.

Não parece abusivo, portanto, considerar que, na prática tradicional de projeto pelo método dos coeficientes globais de segurança, os valores dos parâmetros do terreno, quando adequadamente selecionados, podem ser considerados valores característicos no contexto do Eurocódigo 7.

A aproximação do valor característico em relação ao valor médio global nas estruturas de grande desenvolvimento linear somente é válida quando um eventual *deficit* de resistência local possa ser compensado por um *superavit* em zonas vizinhas, como no caso do muro de arrimo da Fig. 3.14. O contrário, isto é, um efeito desfavorável do grande desenvolvimento linear da estrutura, ocorre, por exemplo, no caso de aterros para proteção contra cheias (diques), nos quais a ocorrência em determinado ponto de valores muito baixos da resistência pode ocasionar uma ruptura, primeiro em nível local, mas que, por permitir o galgamento do dique, evolui normalmente para uma ruptura de caráter global. Nesses casos o grande desenvolvimento linear da obra tem efeito agravante na seleção do valor característico (CUR, 1996).

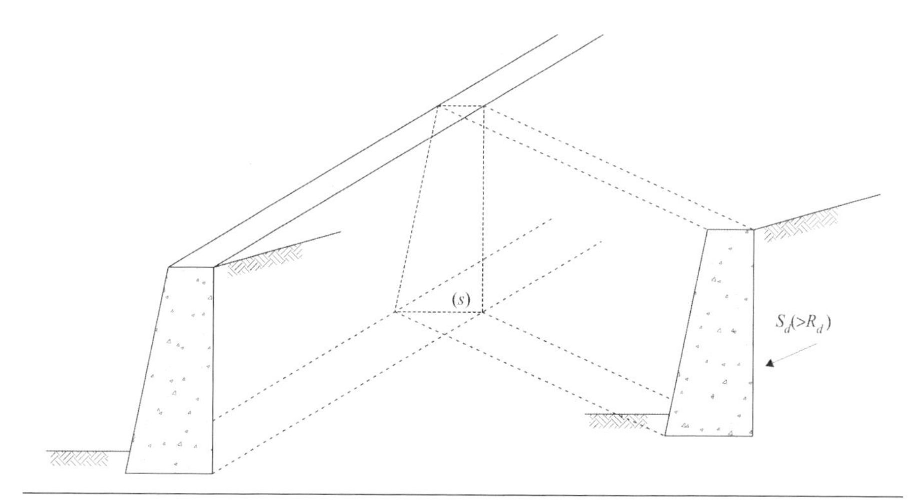

Fig. 3.14 *Muro gravidade de grande desenvolvimento linear em que, em determinada seção, a solicitação excede a capacidade resistente, mas em que, ainda assim, a estabilidade é assegurada porque o valor médio da solicitação é inferior ao valor médio da resistência*

3.5.6 Comentário final e perspectivas

Do exposto, é possível concluir que o atual Eurocódigo 7 não é ainda um código coerente de fato, coexistindo nele diversas abordagens de dimensionamento. É, entretanto, um passo substancial para harmonizar a terminologia e a *praxis* de dimensionamento das obras geotécnicas com as estruturas (entendidas em sentido restrito). Isso é muito positivo, pois, entre outros aspectos, facilita o ensino da Engenharia Civil, bem como o trabalho das equipes de projeto multidisciplinares.

Como resultado de sua aplicação generalizada, nas suas distintas abordagens de cálculo, é previsível que num futuro próximo surjam avanços para um código mais coerente. A versão atual do Eurocódigo 7 deve, portanto, ser entendida como um ponto de partida e nunca um ponto de chegada. Até por essa razão, continuar a ensinar o dimensionamento geotécnico com base nos coeficientes globais de segurança é indispensável. Essa opção é assumida ao longo deste livro.

3.6 Eurocódigo 8 – Projeto de Estruturas para Resistência aos Sismos. Vertente geotécnica

O projeto de estruturas para resistência aos sismos é tratado, no âmbito dos eurocódigos, num conjunto de documentos específicos que representam o Eurocódigo 8 (NP EN 1998-1, 2010). Desses, o Eurocódigo 8 – Parte 5 é especialmente dedicado aos aspectos geotécnicos (NP EN 1998-5, 2010).

Esta seção trata essencialmente das questões relacionadas com a definição da ação sísmica e com as propriedades do terreno e respectivos coeficientes parciais a considerar no dimensionamento em condições sísmicas. Os aspectos relacionados com cada tipo de obra (muros de arrimo, fundações e taludes, especificamente) são tratados nos capítulos a eles dedicados. A apresentação é desenvolvida para as condições do território de Portugal. A adaptação a outras condições geográficas, logo sismotectônicas, não oferece dificuldades.

3.6.1 Condições do terreno e ação sísmica

A Tab. 3.5 descreve os diversos tipos de terreno para efeitos da consideração da influência das condições locais na ação sísmica.

Tab. 3.5 Tipos de terreno para a consideração da influência das condições locais na ação sísmica

Tipo de terreno	Descrição do perfil estratigráfico	Parâmetros		
		$V_{s,30}$ (m/s) (1)	N_{SPT}	S_u (kPa)
A	Rocha ou outra formação geológica de tipo rochoso, que inclua, no máximo, 5 m de material mais fraco à superfície	> 800	-	-
B	Depósitos de areia muito compacta, de cascalho (pedregulho) ou de argila muito rija, com uma espessura de pelo menos várias dezenas de metros, caracterizados pelo aumento gradual das propriedades mecânicas com a profundidade	360 - 800	> 50	> 250
C	Depósitos profundos de areia compacta ou medianamente compacta, de cascalho (pedregulho) ou de argila rija, com espessura entre várias dezenas e muitas centenas de metros	180 – 360	15 – 50	70 – 250
D	Depósitos de solos não coesivos de baixa a média compacidade (com ou sem algumas camadas de solos coesivos moles) ou de solos predominantemente coesivos de mole a dura consistência	< 180	< 15	< 70
E	Perfil de solo com uma camada aluvionar superficial com valores de V_s do tipo C ou D e uma espessura entre cerca de 5 m e 20 m, situado sobre uma camada mais rígida com V_s > 800 m/s			
S_1 (2)	Depósitos constituídos ou contendo uma camada com pelo menos 10 m de espessura de argilas ou siltes moles com um elevado índice de plasticidade ($I_P \geq 40$) e um elevado teor de umidade	< 100 (indicativo)	-	10 - 20
S_2 (2)	Depósitos de solos com potencial de liquefação, de argilas sensíveis ou qualquer outro perfil de terreno não incluído nos tipos A – E ou S_1			

Notas:

1. Velocidade de propagação das ondas de cisalhamento nos 30 m superiores do perfil do solo para deformações por cisalhamento iguais ou inferiores a 10^{-5}. Deve ser calculada de acordo com a seguinte equação:

$$V_{s,30} = \frac{30}{\sum_{i=1,N} \frac{h_i}{V_i}}$$

em que h_i e V_i representam a espessura (em metros) e a velocidade das ondas de cisalhamento (para distorção igual ou inferior a 10^{-5}) da i-ésima formação ou camada, num total de N existente nos 30 m superiores.

2. Para os locais cujas condições do terreno correspondem a um dos dois tipos de terreno especiais S_1 ou S_2, são necessários estudos especiais para a definição da ação sísmica. Para esses tipos, e em particular para o tipo S_2, deve-se considerar a possibilidade de ruptura do terreno sob a ação sísmica.

Fonte: NP EN 1998-1 (2010).

A Tab. 3.6 mostra os valores de referência da aceleração máxima nas várias zonas sísmicas de Portugal, para os dois tipos de ação sísmica. A ação sísmica de Tipo 1 corresponde a sismos a grande distância focal – distância entre o epicentro e a estrutura em questão – gerados no contato das placas euroasiática e africana da crosta terrestre, sob o oceano Atlântico. Por sua vez, a ação sísmica de Tipo 2 representa sismos a reduzida distância focal; para o território continental português, eles correspondem a sismos gerados em falhas sob o próprio território, enquanto para o arquipélago dos Açores correspondem a sismos gerados no contato entre as placas americana e euroasiática. A ação sísmica de Tipo 1 é considerada nula para o arquipélago dos Açores, enquanto a ação sísmica de Tipo 2 é considerada nula para o arquipélago da Madeira.

TAB. 3.6 VALORES DE REFERÊNCIA DA ACELERAÇÃO MÁXIMA À SUPERFÍCIE DE UM TERRENO TIPO A, a_{gR} (m/s^2), NAS VÁRIAS ZONAS SÍSMICAS DE PORTUGAL

Ação sísmica Tipo 1		Ação sísmica Tipo 2	
Zona sísmica	a_{gR} (m/s^2)	Zona sísmica	a_{gR} (m/s^2)
1.1	2,5	2.1	2,5
1.2	2,0	2.2	2,0
1.3	1,5	2.3	1,7
1.4	1,0	2.4	1,1
1.5	0,6	2.5	0,8
1.6	0,35	-	-

Fonte: NP EN 1998-1 (2010).

O valor de cálculo da aceleração sísmica (horizontal) à superfície de um terreno do tipo A, a_g, pode ser obtido a partir da aceleração máxima de referência por meio da equação:

$$a_g = a_{gR} \cdot \gamma_I \tag{3.19}$$

em que γ_I representa o coeficiente de importância, que pode ser obtido com base na Tab. 3.7 em função da classe de importância da estrutura e do tipo de ação sísmica. A classe de importância afeta o valor da aceleração sísmica porque esta depende do período de retorno considerado. Estruturas mais importantes são dimensionadas para maiores períodos de retorno. Quanto

TAB. 3.7 COEFICIENTES DE IMPORTÂNCIA EM PORTUGAL, γ_I

Classe de importância	Ação sísmica Tipo 1	Ação sísmica Tipo 2	
		Portugal Continental	Açores
I	0,65	0,75	0,85
II	1,00	1,00	1,00
III	1,45	1,25	1,15
IV	1,95	1,50	1,35

Fonte: NP EN 1998-1 (2010).

maior for o período de retorno, menor é a probabilidade de a aceleração de cálculo ser excedida em cada ano.

A aceleração máxima à superfície para terrenos que não sejam do tipo A pode ser obtida multiplicando a_g por um coeficiente de solo, S, para considerar a amplificação das acelerações. Esse coeficiente pode ser obtido de acordo com as seguintes condições (NP EN 1998-1, 2010):

- para $a_g < 1\,\text{m/s}^2$: $S = S_{max}$
- para $1\,\text{m/s}^2 < a_g < 4\,\text{m/s}^2$: $S = S_{max} - [(S_{max} - 1)(a_g - 1)/3]$ (3.20)
- para $4\,\text{m/s}^2 \leq a_g$: $S = 1{,}0$

em que S_{max} é dado pela Tab. 3.8.

TAB. 3.8 VALORES DO FATOR S_{max} DO SOLO DE FUNDAÇÃO PARA AS AÇÕES SÍSMICAS TIPO 1 E TIPO 2 EM PORTUGAL

Tipo de terreno	A	B	C	D	E
S_{max}	1,0	1,35	1,6	2,0	1,8

Fonte: NP EN 1998-1 (2010).

A Tab. 3.9 mostra a relação entre a aceleração sísmica vertical e a aceleração sísmica horizontal para os dois tipos de ação sísmica.

TAB. 3.9 RELAÇÃO ENTRE A ACELERAÇÃO SÍSMICA VERTICAL E A ACELERAÇÃO SÍSMICA HORIZONTAL EM PORTUGAL

Ação sísmica	a_{vg}/a_g
Tipo 1	0,75
Tipo 2	0,95

Fonte: NP EN 1998-1 (2010).

3.6.2 Propriedades do terreno

Os coeficientes de segurança parciais, γ_M, referentes às propriedades do terreno a usar em situações de projeto sísmicas são estabelecidos no Anexo Nacional ao Eurocódigo 8 – Parte 5, conforme se indica na Tab. 3.10. Esses valores coincidem com os estabelecidos no Anexo Nacional do Eurocódigo 7 para situações acidentais.

Essa opção por valores mais reduzidos dos coeficientes parciais de segurança considera de alguma forma o fato de, no dimensionamento usando coeficientes globais de segurança, estes serem também, tradicionalmente, mais reduzidos para situações de projeto sísmicas.

Tab. 3.10 Coeficientes parciais para os parâmetros do terreno utilizados em situações de projeto sísmicas em Portugal

Parâmetro do terreno	Símbolo	Valor
Ângulo de atrito em tensões efetivas, ϕ' (1)	$\gamma_{\phi'}$	1,10
Coesão em tensões efetivas, c'	$\gamma_{c'}$	1,10
Resistência ao cisalhamento não drenada, S_u	γ_{cu}	1,15
Resistência ao cisalhamento não drenada cíclica, $\tau_{cy,u}$	$\gamma_{cy,u}$	1,10
Resistência à compressão uniaxial, q_u	γ_{qu}	1,15
Peso específico, γ	γ_γ	1,00

1. *Esse coeficiente é aplicado a tg* ϕ'.

Fonte: NP EN 1998-1 (2010).

Anexos

A4 Resumo de alguns conceitos probabilísticos

Este anexo contém um breve resumo de conceitos básicos da teoria das probabilidades estritamente necessários para a compreensão de certas partes deste capítulo. É possível aprofundar o estudo dessa matéria recorrendo ao tratado de Guimarães e Cabral (2010).

Quando determinado parâmetro, expressando certa quantidade, não é explicitamente fixo, mas, ao contrário, pode assumir qualquer valor entre determinada série de valores, diz-se que esse parâmetro constitui uma *variável aleatória*.

Uma das formas mais comuns de representar as variáveis aleatórias é por meio da chamada *função de densidade de probabilidade*, $f(x)$, e toma-se como um exemplo a Fig. A4.1a. Essa função exprime a probabilidade que determinado valor tem de ser assumido pela variável em questão em comparação com os demais valores. A zona compreendida pela função de densidade de probabilidade tem área unitária.

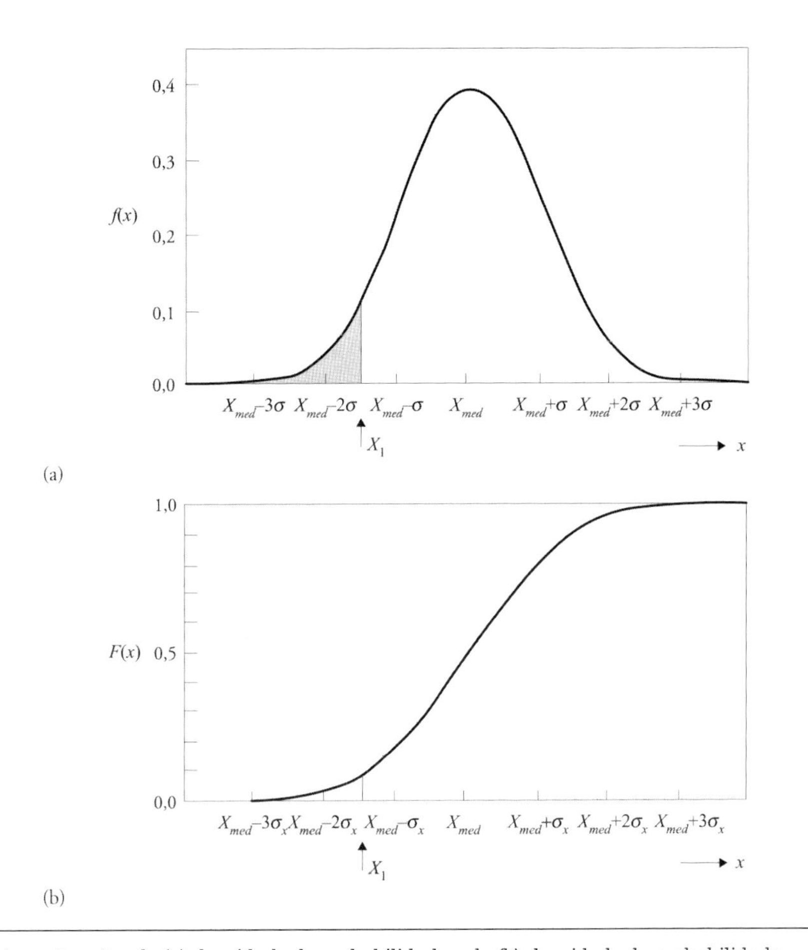

Fig. A4.1 *Funções de (a) densidade de probabilidade e de (b) densidade de probabilidade acumulada de uma distribuição normal ou gaussiana*

Outra maneira de apresentar a mesma informação é por meio da *função de densidade de probabilidade acumulada*, $F(x)$, representada na Fig. A4.1b. Essa função é o integral da primeira. Assim, a ordenada correspondente a determinado valor X_1 na função $F(x)$ é igual à área sombreada na função $f(x)$, representando a probabilidade de x ser inferior a X_1.

Uma distribuição de probabilidade representada por uma função de densidade de probabilidade com a forma da Fig. A4.1a (forma de sino) é denominada *distribuição normal* ou *de Gauss*. Outra forma comum de distribuição nos problemas geotécnicos é a chamada *distribuição lognormal*. Diz-se que uma variável tem esse tipo de distribuição quando a variável ln$x$ obedece a uma distribuição normal como mostra a Fig. A4.2. Numa função de densidade de probabilidade, há diversos parâmetros a considerar:

- o *valor médio* ou *valor esperado*, X_{med}, que corresponde à abscissa do centro de gravidade da função de densidade de probabilidade; dessa forma, numa distribuição normal o valor médio é a abscissa do pico da função $f(x)$; em qualquer tipo de distribuição, há 50% de probabilidade de x assumir valores inferiores ou iguais ao médio;
- a *variância*, ou seja, a média pesada dos quadrados dos desvios de cada valor de x em relação a X_{med}, sendo o peso de cada valor a respectiva densidade de probabilidade;
- o *desvio-padrão*, σ_X, que equivale à raiz quadrada da variância, e que se exprime nas mesmas unidades da própria variável aleatória;
- o *coeficiente de variação* (COV_X ou V_X), grandeza adimensional que representa a razão do desvio-padrão pelo valor médio, σ_X/X_{med}.

O Quadro A4.1 resume as expressões do valor médio e da variância para o caso de variáveis discretas e contínuas.

Quadro A4.1 Definições de valor médio e variância de variáveis aleatórias

Parâmetro	Variável discreta	Variável contínua
Valor médio	$X_{med} = \frac{\sum X_i}{n}$	$X_{med} = \int_{-\infty}^{\infty} x f(x)\,dx$
Variância	$\sigma_X^2 = \frac{\sum (X_i - X_{med})^2}{n-1}$	$\sigma_X^2 = \int_{-\infty}^{\infty} (x - X_{med})^2 f(x)\,dx$

Para a distribuição normal, a função de densidade de probabilidade pode ser expressa por meio da equação:

$$f(x) = \frac{1}{\sqrt{2\pi\sigma_X^2}}\, e^{-\frac{1}{2}\left(\frac{x - X_{med}}{\sigma_X}\right)^2} \tag{A4.1}$$

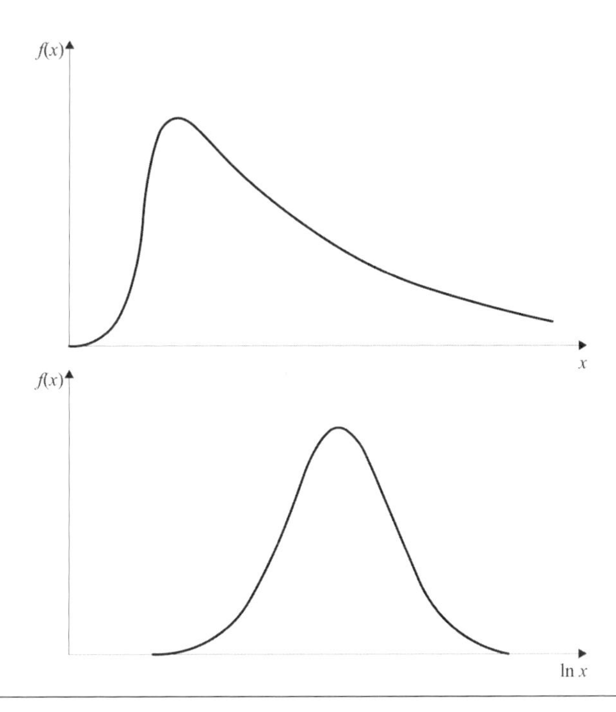

FIG. A4.2 *Distribuição lognormal*

Os pontos de inflexão da curva de Gauss distam $\pm\sigma_X$ do ponto médio. A Tab. A4.1 mostra, para uma distribuição normal, a probabilidade de x tomar valores dentro de determinados intervalos centrados no valor médio e medidos em função do desvio-padrão.

TAB. A4.1 PROBABILIDADES DE X TOMAR VALORES DENTRO DE INTERVALOS CENTRADOS EM X_{med} OU ABAIXO DOS LIMITES INFERIORES DOS INTERVALOS, PARA UMA DISTRIBUIÇÃO NORMAL

Intervalo centrado em X_{med}	Probabilidade de X tomar valores dentro do intervalo (%)	Probabilidade de X tomar valores inferiores ao limite mínimo do intervalo (%)
$X_m \pm\sigma_X$	68,26	15,87
$X_m \pm 1{,}645\sigma_X$	90	5
$X_m \pm 2\sigma_X$	95,44	2,28
$X_m \pm 3\sigma_X$	99,73	0,135
$X_m \pm 3{,}5\sigma_X$	99,978	0,023
$X_m \pm 4\sigma_X$	99,9936	0,0032
$X_m \pm 4{,}5\sigma_X$	99,99934	0,00033

Para as propriedades resistentes, é usual considerar o valor característico, X_k, como o valor da propriedade cuja probabilidade de ocorrência de valor inferior não exceda 5%. Como mostram a Fig. A4.3 e a Tab. A4.1, para uma distribuição normal, o valor assim definido está relacionado com o valor médio pela seguinte equação:

$$X_k = X_{\text{med}} - 1{,}645\sigma_X \tag{A4.2}$$

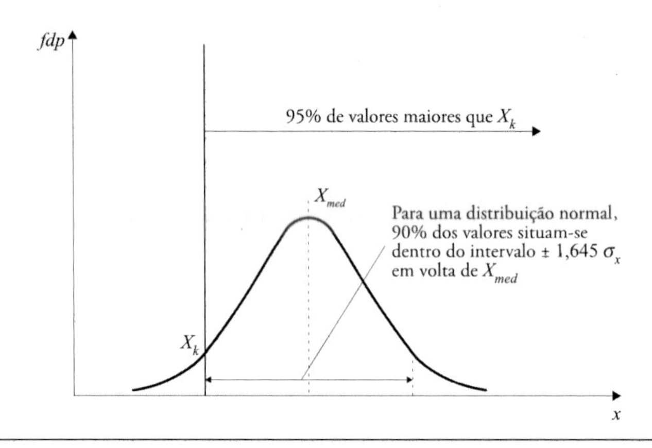

Fig. A4.3 *Função de densidade de probabilidade de uma distribuição normal ou gaussiana com indicação do percentual de 5% de valores inferiores, geralmente associado à definição de valor característico de parâmetro resistente*

A5 Coeficientes de segurança parciais para os estados-limites EQU, UPL e HYD segundo o Eurocódigo 7

Tab. A5.1 Estados-limites tipo EQU – coeficientes parciais para as ações (γ_F)

Ação	Símbolo	Valor
Permanente		
Desfavorável (1)	$\gamma_{G;dst}$	1,1
Favorável (2)	$\gamma_{G;stb}$	0,9
Variável		
Desfavorável (1)	$\gamma_{Q;dst}$	1,5
Favorável (2)	$\gamma_{Q;stb}$	0

1. *Desestabilizante.*

2. *Estabilizante.*

Tab. A5.2 Estados-limites tipo EQU – coeficientes parciais para os parâmetros do terreno (γ_M)

Parâmetro do solo	Símbolo	Valor
Ângulo de atrito em tensões efetivas (1)	$\gamma_{\phi'}$	1,25
Coesão efetiva	$\gamma_{c'}$	1,25
Resistência ao cisalhamento não drenada	γ_{S_u}	1,4
Resistência à compressão uniaxial	γ_{qu}	1,4
Peso específico	γ_{γ}	1,0

1. *Esse coeficiente é aplicado a tg ϕ'.*

Tab. A5.3 Estados-limites tipo UPL – coeficientes parciais para as ações (γ_F)

Ação	Símbolo	Valor
Permanente		
Desfavorável (1)	$\gamma_{G;dst}$	1,0
Favorável (2)	$\gamma_{G;stb}$	0,9
Variável		
Desfavorável (3)	$\gamma_{Q;dst}$	1,5

1. *Desestabilizante.*
2. *Estabilizante.*
3. *O Anexo Nacional do EC 7 estabelece que sempre que existir escoamento sob a estrutura ou sob a camada de terreno de baixa permeabilidade cuja estabilidade é verificada, os valores de cálculo das ações verticais desestabilizantes (associadas às subpressões da água) devem ser multiplicadas por um fator (adicional) de 1,1 (coeficiente de modelo).*

Tab. A5.4 Estados-limites tipo UPL – coeficientes parciais para os parâmetros do terreno e para as capacidades resistentes

Parâmetro do solo	Símbolo	Valor
Ângulo de atrito em tensões efetivas (1)	$\gamma_{\phi'}$	1,25
Coesão efetiva	$\gamma_{c'}$	1,25
Resistência ao cisalhamento não drenada	γ_{S_u}	1,40
Resistência à tração de uma estaca	$\gamma_{s;t}$	1,40
Resistência de uma ancoragem	γ_a	1,40

1. *Esse coeficiente é aplicado a tg ϕ'.*

Nessa abordagem, por vezes, é também necessário utilizar γ_R > 1 (para estacas à tração, por exemplo), sendo utilizada a Eq. A6.8c:

$$R_d = R\left\{\gamma_F F_{rep}; X_k/\gamma_M; a_d\right\}/\gamma_R \tag{A6.14}$$

O PRIMEIRO LIVRO EM LÍNGUA PORTUGUESA DEDICADO À MECÂNICA DOS SOLOS

O primeiro livro em língua portuguesa dedicado a temas da Mecânica dos Solos foi publicado em 1942 com o título de *Estudo dos maciços terrosos e dos seus suportes*, sendo seu autor Francisco Correia de Araújo.

Distinto acadêmico, Francisco Correia de Araújo (1909-1981) foi Professor Catedrático e Diretor da Faculdade de Engenharia da Universidade do Porto (FEUP). Notabilizou-se também como projetista de estruturas, sendo a sua obra mais conhecida a ponte de Abreiro sobre o rio Tua, um arco abatido de concreto armado de grande beleza.

Foi responsável pela introdução da Mecânica dos Solos no curso de Engenharia Civil a partir de 1952 e seu primeiro professor na FEUP.

Foi também quem introduziu o primeiro computador na Faculdade de Engenharia. Em sua homenagem, a faculdade atribuiu ao serviço que gere toda a infraestrutura informática e de gestão da informação o nome de Centro de Informática Correia de Araújo, o CICA para qualquer membro da comunidade da FEUP.

Na época da publicação do livro, os meios de cálculo eram muito limitados, sendo ainda intensivamente usados pelos engenheiros os métodos gráficos. A figura abaixo, retirada do livro, ilustra o cálculo do empuxo ativo sobre um muro gravidade com paramento de tardoz quebrado pela então muito conhecida construção de Poncelet.

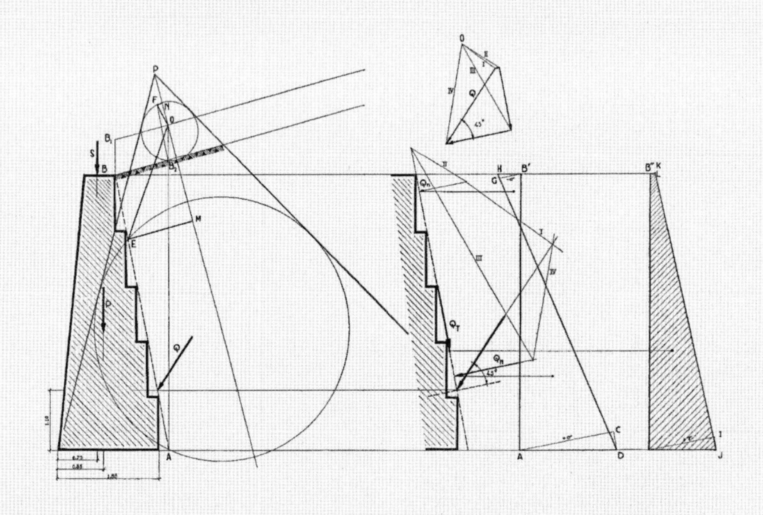

Empuxos de terras. Muros gravidade

São inúmeros os casos em que as estruturas de Engenharia Civil interagem com maciços terrosos por meio de paramentos verticais (ou próximos da vertical). O termo *paramento*, que é frequentemente usado neste capítulo, pretende designar a face de uma estrutura ou elemento estrutural que interage com o solo no contexto anteriormente descrito. Como resultado da referida interação, mobilizam-se sobre aquele paramento forças, normalmente denominadas *empuxos*, de direção horizontal ou com componente horizontal predominante.

Os problemas de interação referidos podem ser classificados em duas grandes categorias. A primeira verifica-se quando a estrutura suporta o maciço terroso com que tem contato. Diz-se que um maciço está suportado quando a respectiva superfície lateral tem uma inclinação em relação à horizontal maior do que aquela que assumiria sem o auxílio de qualquer carga exterior comunicada por determinada estrutura, denominada *estrutura de arrimo*. A Fig. 4.1 representa obras desse tipo. Nesses casos o empuxo que o solo exerce sobre a estrutura é uma *solicitação*. Quer dizer, portanto, que o solo "empurra" a estrutura e ela tenderá a experimentar um movimento maior ou menor, dependendo das suas condições de apoio, no sentido contrário ao solo suportado.

Entre as estruturas referidas é dado particular destaque neste capítulo aos chamados *muros de arrimo de gravidade* ou simplesmente *muros gravidade*. Essa designação decorre do fato de o próprio peso do muro desempenhar papel relevante no equilíbrio do empuxo das terras suportadas, como é o caso da estrutura da Fig. 4.1b. A mesma designação aplica-se ainda a estruturas como a da Fig. 4.1c, em que o muro é concebido de modo a aproveitar o peso do solo acima da sapata na estabilidade.

4.2 Deslocamentos associados aos estados ativo e passivo

4.2.1 Experiências de Terzaghi

Terzaghi (1920, 1934) conduziu ensaios em modelo em laboratório com o objetivo de quantificar a grandeza dos deslocamentos dos paramentos estruturais para os quais, nos maciços adjacentes, os estados de equilíbrio limite ativo e passivo são mobilizados. Como mostra a Fig. 4.7a, essas experiências foram conduzidas usando uma caixa ou um tanque preenchido com areia, depositada cuidadosamente em camadas, em que um dos paramentos laterais era articulado na base e dotado de dispositivos, a várias alturas, que permitiam medir a pressão de terras, logo, o empuxo.

Durante o enchimento do tanque com areia o paramento foi mantido na posição vertical; registrou-se, no fim do enchimento, um valor do empuxo de terras, considerado como empuxo, I_0. De fato, parece razoável imaginar que

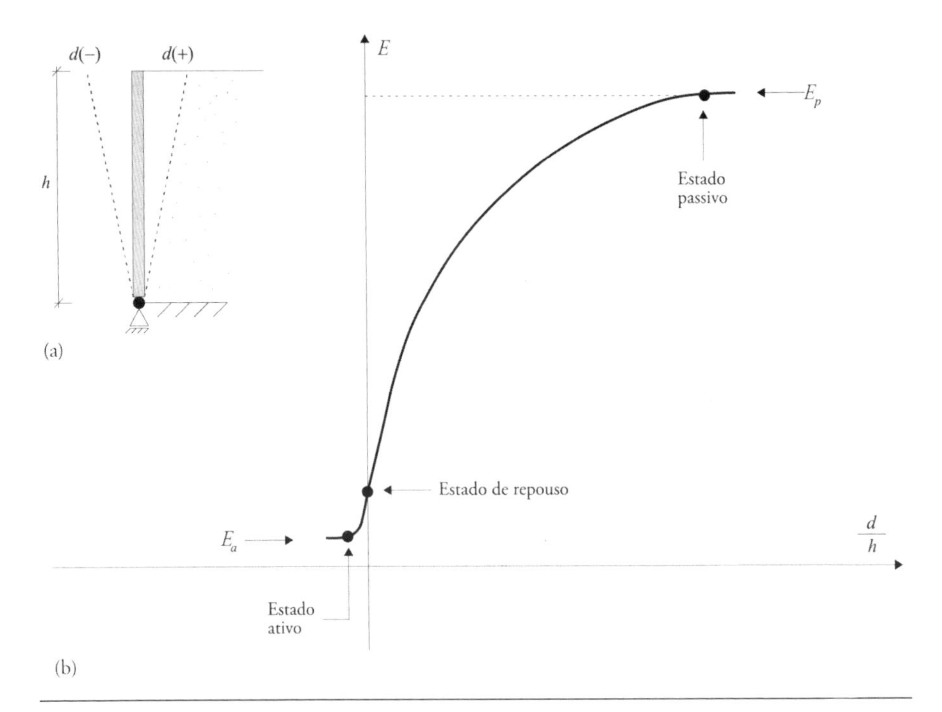

Fig. 4.7 *Experiências de Terzaghi sobre os deslocamentos associados aos estados ativo e passivo: (a) dispositivo de ensaio; (b) aspecto típico dos diagramas empuxo de terras* versus *deslocamento do topo do paramento*

as pressões instaladas contra a parede de contenção serão semelhantes às que se instalariam nesse plano vertical caso tal parede se situasse a grande distância atrás dele.

Partindo dessa situação, em certos ensaios o paramento (articulado na base) era deslocado contra o solo; registrava-se, então, um crescimento do empuxo até um valor máximo, considerado o empuxo passivo, E_p. Quando, em outros ensaios, o paramento era deslocado no sentido oposto, o empuxo baixava para valores menores do que I_0, até determinado valor mínimo, considerado o empuxo ativo, E_a.

A Fig. 4.7b mostra o aspecto típico das curvas que relacionam a evolução do empuxo com o deslocamento, d, do topo do paramento. Os ensaios evidenciam nitidamente que são necessários deslocamentos muito grandes para a mobilização do estado passivo. Ao contrário, deslocamentos muito reduzidos acarretam a mobilização do estado ativo. Citando ordens de grandeza, retiradas desses ensaios e de ensaios análogos conduzidos por outros autores, aqueles deslocamentos para o estado passivo podem exceder 5% da altura do paramento, enquanto para o estado ativo 0,1 a 0,2% da altura do paramento é geralmente suficiente.

4.2.2 TRAJETÓRIAS DE TENSÕES. RESULTADOS TÍPICOS DE ENSAIOS TRIAXIAIS

A explicação dos resultados apresentados precisa ser necessariamente encontrada nas relações tensão-deformação-resistência dos solos, arenosos neste caso. A Fig. 4.8a mostra as trajetórias de tensões efetivas correspondentes à mobilização dos estados-limites ativo e passivo, que podem ser obtidas realizando, com corpos de prova adensados sob o estado de tensão efetiva de repouso, respectivamente, ensaios de compressão triaxial (com diminuição da tensão horizontal, mantendo constante a tensão vertical) e ensaios de extensão triaxial (com aumento da tensão horizontal, mantendo constante a tensão vertical).

A Fig. 4.8b mostra curvas típicas de ensaios com aquelas trajetórias sobre corpos de prova de areia fofa e compacta. Os resultados ilustram a evolução da deformação horizontal com a tensão deviatória. Pode-se observar que: i) como seria de se esperar, para um mesmo tipo de ensaio, a resistência é maior e a deformação na ruptura é menor na areia compacta; ii) para determinada areia, as deformações na ruptura são muito menores para os ensaios de compressão do que para os ensaios de extensão; iii) o contraste entre essas deformações é superior na areia fofa.

A explicação para o contraste das deformações se relaciona essencialmente a dois aspectos. O primeiro decorre do fato de as tensões incrementais correspondentes à passagem do estado de repouso para o ativo serem muito inferiores às necessárias para passar do estado de repouso para o passivo (comparar, a propósito, as grandezas de $|\sigma'_{h0} - \sigma'_{ha}|$ e de $|\sigma'_{h0} - \sigma'_{hp}|$ na Fig. 4.5 ou o comprimento das trajetórias de tensões respectivas na Fig. 4.8a).

A isso acresce o fato de a deformabilidade dos solos depender da trajetória de tensões. Geralmente, os solos parecem exibir menor deformabilidade nas trajetórias de tensões que implicam redução da tensão média – caso da evolução para o estado ativo – do que naquelas que implicam aumento da tensão média – caso da evolução para o estado passivo.

Compreende-se assim a razão do comportamento constatado pelas experiências de Terzaghi: a mobilização do estado ativo implica deslocamentos muito inferiores porque envolve tensões incrementais muito menores e, para o tipo de carregamento que envolve, os solos exibem maior rigidez.

4.2.3 Consequências para o dimensionamento de estruturas de Engenharia Civil

Do exposto, é possível compreender que a grandeza das pressões que atuam nos paramentos estruturais depende dos deslocamentos que eles podem experimentar. Essa é, portanto, uma questão crítica no dimensionamento de estruturas que interagem com maciços terrosos através de paramentos verticais, ou próximos da vertical, objeto deste capítulo.

Um movimento de um paramento estrutural contra o terreno acontece em situações em que a estrutura está apoiada no (ou suportada pelo) solo. Em termos gerais, as pressões de equilíbrio resultantes de tal interação serão maiores do que as de repouso e menores ou iguais às passivas – sendo o respectivo integral, isto é, o empuxo mobilizado, uma *reação de apoio*. Os valores que esse empuxo pode assumir estão, assim, dentro de intervalo muito largo (ver Fig. 4.7). Logo, ao dimensionar a estrutura, deve-se considerar que os

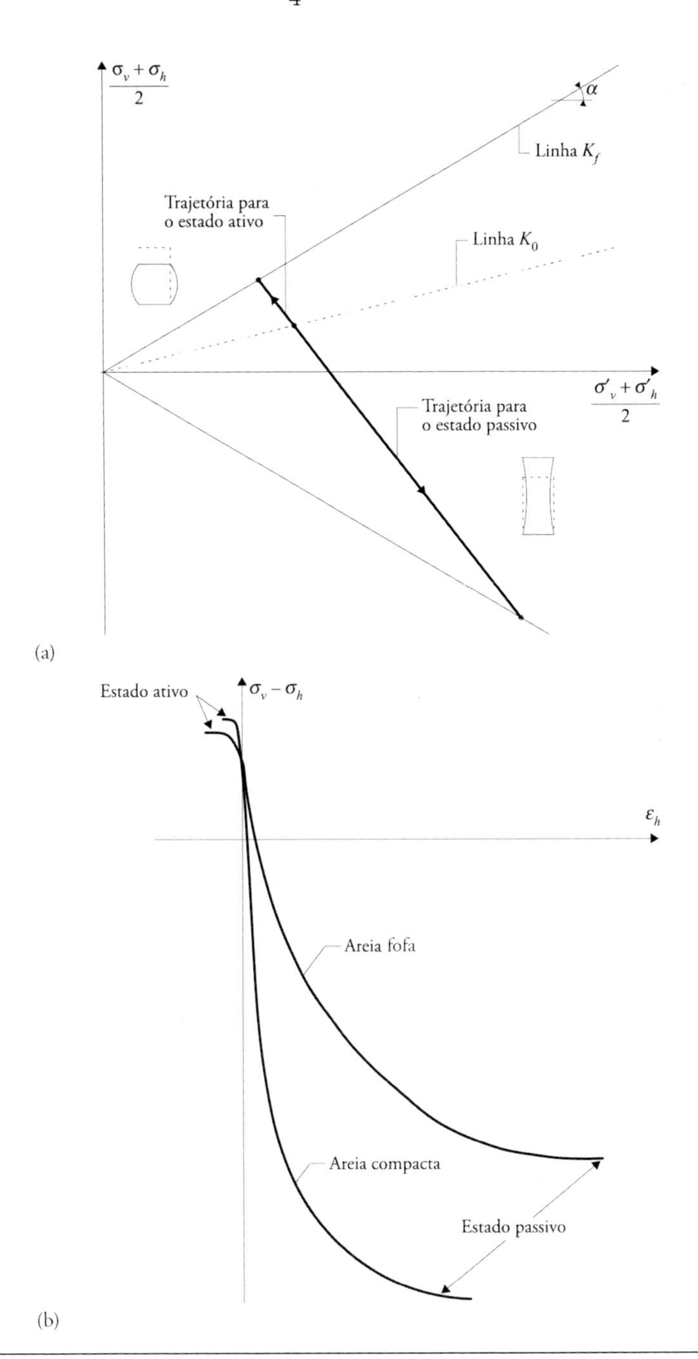

Fig. 4.8 *Trajetórias de tensões efetivas associadas aos estados ativo e passivo (a), e aspecto típico dos diagramas tensão de cisalhamento máxima* versus *deformação horizontal sobre corpos de prova de areia fofa e compacta (b)*

deslocamentos necessários para a mobilização do valor máximo do empuxo, isto é, o empuxo passivo, são muito elevados e, na maioria dos casos, incompatíveis com a capacidade de deformação da própria estrutura. É usual, no dimensionamento, limitar a parcela da resistência passiva a mobilizar. (Essas considerações são feitas dentro de um contexto puramente determinístico. Não estão nesse momento em questão as incertezas relacionadas com as ações e com os parâmetros de resistência do terreno, que naturalmente desaconselhariam adotar, no dimensionamento, o valor máximo do empuxo, mesmo que os deslocamentos para sua mobilização fossem aceitáveis para a própria estrutura.) O grau atingido por essa limitação depende do tipo de estrutura (de sua maior ou menor ductilidade) e do tipo de solo (maior ou menor compacidade). (Na prática tradicional da Geotecnia, isso é considerado ao adotar coeficientes globais de segurança bastante altos. Como foi discutido no Cap. 3, esses coeficientes são também usados como um método semiempírico de controle das deformações.)

Ao discutir a outra família de interações, na qual é a estrutura que suporta o terreno com que interage, a resultante das tensões de interação, o empuxo mobilizado, situa-se entre o empuxo em repouso e o empuxo ativo.

O empuxo igualará o de repouso caso seja nulo o deslocamento da estrutura. É geralmente o caso das paredes periféricas dos subsolos de edifícios, como a representada na Fig. 4.1a, considerando o travamento oferecido pelas vigas e lajes da estrutura interna.

Quando se trata de muros gravidade, o movimento do muro é essencialmente controlado por sua fundação. Como mostra a Fig. 4.9, a fundação do muro recebe uma força, que é a resultante do peso e do empuxo, inclinada e com determinada excentricidade. O equilíbrio dessa força vai exigir a mobilização de tensões tangenciais e normais na base do muro, como sugere a figura. As tensões normais, com a distribuição indicada, acarretam recalques crescentes da borda interior para a borda exterior da fundação. Por sua vez, as tensões tangenciais exigem deslocamento tangencial (muito pequeno) entre o muro e a fundação. Em suma: i) o movimento que o muro experimenta é essencialmente devido à deformação do terreno de fundação; ii) aquele movimento pode ser simplificadamente caracterizado como a combinação de uma rotação com uma translação horizontal, ambas dirigidas para o lado oposto às terras suportadas.

O fato de o estado limite ativo se mobilizar para deslocamentos muito pequenos do paramento estrutural permite que, no dimensionamento dos muros gravidade, se adote como solicitação das terras suportadas o valor do empuxo ativo. Considerando que o empuxo ativo é o *mínimo dos empuxos possíveis*, o leitor poderá ser levado a temer as consequências funestas da possibilidade de o empuxo instalado exceder o ativo!

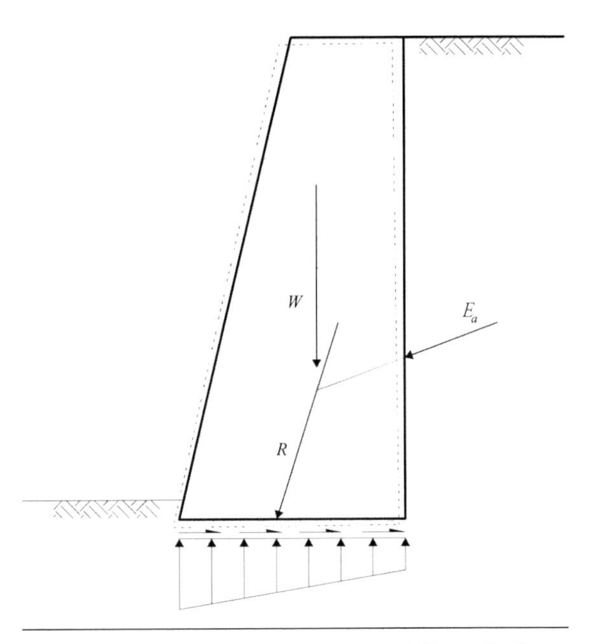

FIG. 4.9 *Muro gravidade, força transmitida à fundação, tensões mobilizadas na base do muro e movimento típico associado*

Essa situação não acarretará nada de catastrófico: *muito antes de o muro sofrer colapso experimentará deslocamentos suficientes para que o empuxo baixe para o valor do empuxo ativo*. Em outras palavras, a resistência do solo atrás do muro se mobilizará para deformações muito menores do que as correspondentes à mobilização da resistência do maciço de fundação do muro. Se o empuxo exceder o ativo, isso é um bom sintoma: significa que o maciço de fundação do muro é mais resistente do que o necessário.

Mais adiante (ver seção 4.8.4) volta-se a essas questões. De qualquer modo, essas considerações ajudarão a situar o contexto adiante, em que a avaliação dos empuxos ativo e passivo passará a ser tratada genericamente.

4.3 GENERALIZAÇÃO DO MÉTODO DE RANKINE

Na seção 4.1.3, o método de Rankine foi apresentado para condições muito idealizadas, isto é, muito simples: solo granular, homogêneo, emerso, de superfície horizontal não carregada, interagindo com um paramento vertical, sendo nulo o atrito entre o solo e o paramento. Nos pontos seguintes, procura-se generalizar essa teoria a situações mais complexas, geralmente associadas à prática de Engenharia.

4.3.1 Sobrecargas uniformes verticais na superfície do terreno sem NA

Se existe, como mostra a Fig. 4.10, uma sobrecarga vertical uniformemente distribuída, q, aplicada na superfície do terreno, a tensão efetiva vertical em qualquer ponto do maciço aumenta naturalmente de igual valor. Assim:

$$\sigma'_v(z) = \gamma z + q \tag{4.13}$$

Caso o maciço se encontre em equilíbrio-limite, a pressão (ativa ou passiva) sobre o paramento à profundidade z passa a ser:

$$\sigma'_h(z) = K\sigma'_v(z) = K\gamma z + Kq \tag{4.14}$$

em que K vale K_a ou K_p, conforme o caso.

Conclui-se, assim, que a existência de uma sobrecarga uniformemente distribuída na superfície do terreno implica, em uma situação de equilíbrio--limite de Rankine, a existência de um diagrama uniforme de pressões sobre o

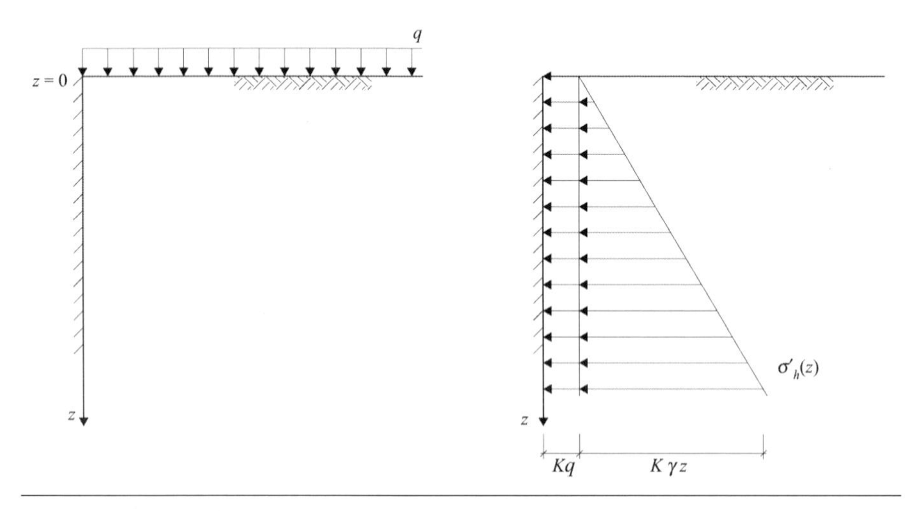

Fig. 4.10 *Aplicação do método de Rankine quando existe sobrecarga uniforme vertical na superfície do maciço*

paramento definido por uma pressão igual ao produto do valor da sobrecarga pelo coeficiente de empuxo correspondente. Esse diagrama deve naturalmente ser adicionado ao das pressões de terras.

4.3.2 MACIÇOS ESTRATIFICADOS

O que foi referido pode ser utilizado para calcular as pressões no caso de maciços estratificados, em que cada camada tenha peso específico e ângulo de atrito determinados. Como indica a Fig. 4.11, a pressão no ponto imediatamente acima da superfície de separação das camadas é calculada, como explicado na seção 4.1.3, e vale $K_1\gamma_1 h_1$(sendo K_1 o coeficiente de empuxo ativo ou passivo da camada 1).

No cálculo das pressões para as profundidades correspondentes à camada 2, a camada 1 pode ser assimilada a uma sobrecarga uniformemente distribuída de valor $\gamma_1 h_1$, dando origem, na zona em questão, a um diagrama uniforme de valor $K_2\gamma_1 h_1$. Esse diagrama é somado ao das pressões associadas à camada 2, as quais valem $K_2\gamma_2 h_2$ à profundidade h_2 abaixo da superfície de separação das camadas 1 e 2.

Nota-se que, pelo fato de ϕ'_1 e ϕ'_2 serem diferentes, K_1 e K_2 também o serão, logo o diagrama resultante (esquematizado na parte direita da Fig. 4.11) apresenta uma descontinuidade à profundidade da separação das camadas.

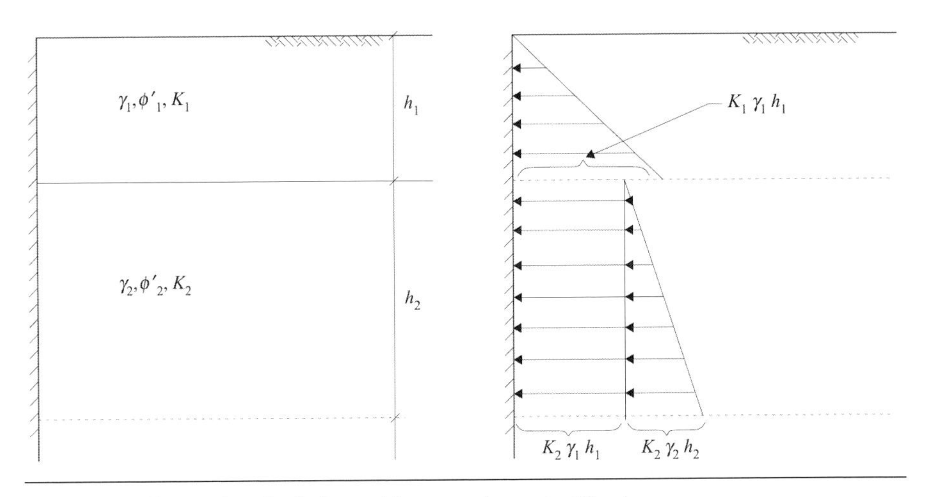

FIG. 4.11 *Aplicação do método de Rankine a maciços estratificados*

4.3.3 Maciços com nível freático

Se os maciços englobarem um nível freático estacionário, o problema pode ser encarado como se existissem duas camadas: uma acima do nível freático, de peso específico γ, e outra abaixo do nível freático, de peso específico γ' (peso específico submerso). Isso significa que, se o maciço, ou parte dele, estiver submerso, as pressões de terras diminuem. Contudo, é preciso adicionar as pressões hidrostáticas a essas pressões, sendo então o empuxo total (solo mais água) substancialmente maior do que no caso de o nível freático não existir no caso ativo, ocorrendo o oposto no caso passivo.

A Fig. 4.12 esquematiza o processo de cálculo. O diagrama 1 é referente ao solo acima do nível freático, crescendo, por isso, desde a superfície do terreno até aquele nível, mantendo-se a partir daí constante, já que aquele solo pode ser imaginado como uma sobrecarga uniforme de valor $\gamma(h - h_w)$. O diagrama 2 refere-se ao solo abaixo do nível freático. O diagrama 3 é o das pressões hidrostáticas.

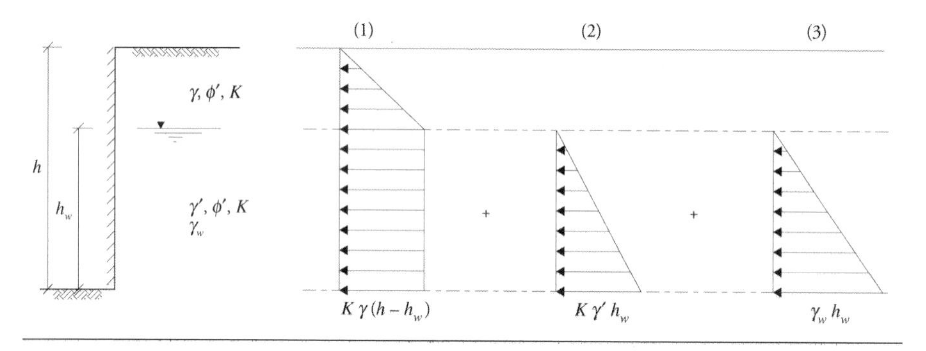

Fig. 4.12 *Aplicação do método de Rankine a maciços parcialmente submersos*

Uma vez que se trata do mesmo solo (mesmo ϕ', logo, mesmo K, acima e abaixo do nível freático), o diagrama resultante apresenta à profundidade do nível freático um ponto de quebra, mas não uma descontinuidade.

4.3.4 Extensão da teoria de Rankine a solos com coesão

Na Fig. 4.13 são esquematizados os círculos de Mohr que representam as tensões à profundidade z num maciço de superfície horizontal, com coesão e ângulo de atrito e nas situações de equilíbrio-limite de Rankine. É possível verificar facilmente que as inclinações dos planos onde a resistência ao cisalhamento está integralmente mobilizada coincidem com as deduzidas na Fig. 4.5.

A dedução das expressões dos coeficientes de empuxo para esse caso não oferece dificuldades. Tais equações, denominadas equações de Rankine--Résal, são:

$$K_a = \frac{\sigma'_{ha}}{\sigma'_v} = \frac{1 - \operatorname{sen}\phi'}{1 + \operatorname{sen}\phi'} - \frac{2c'}{\sigma'_v}\frac{\cos\phi'}{1 + \operatorname{sen}\phi'} = \operatorname{tg}^2\left(\frac{\pi}{4} - \frac{\phi'}{2}\right) - \frac{2c'}{\sigma'_v}\operatorname{tg}\left(\frac{\pi}{4} - \frac{\phi'}{2}\right) \tag{4.15}$$

$$K_p = \frac{\sigma'_{hp}}{\sigma'_v} = \frac{1 + \operatorname{sen}\phi'}{1 - \operatorname{sen}\phi'} + \frac{2c'}{\sigma'_v}\frac{\cos\phi'}{1 - \operatorname{sen}\phi'} = \operatorname{tg}^2\left(\frac{\pi}{4} + \frac{\phi'}{2}\right) + \frac{2c'}{\sigma'_v}\operatorname{tg}\left(\frac{\pi}{4} + \frac{\phi'}{2}\right) \tag{4.16}$$

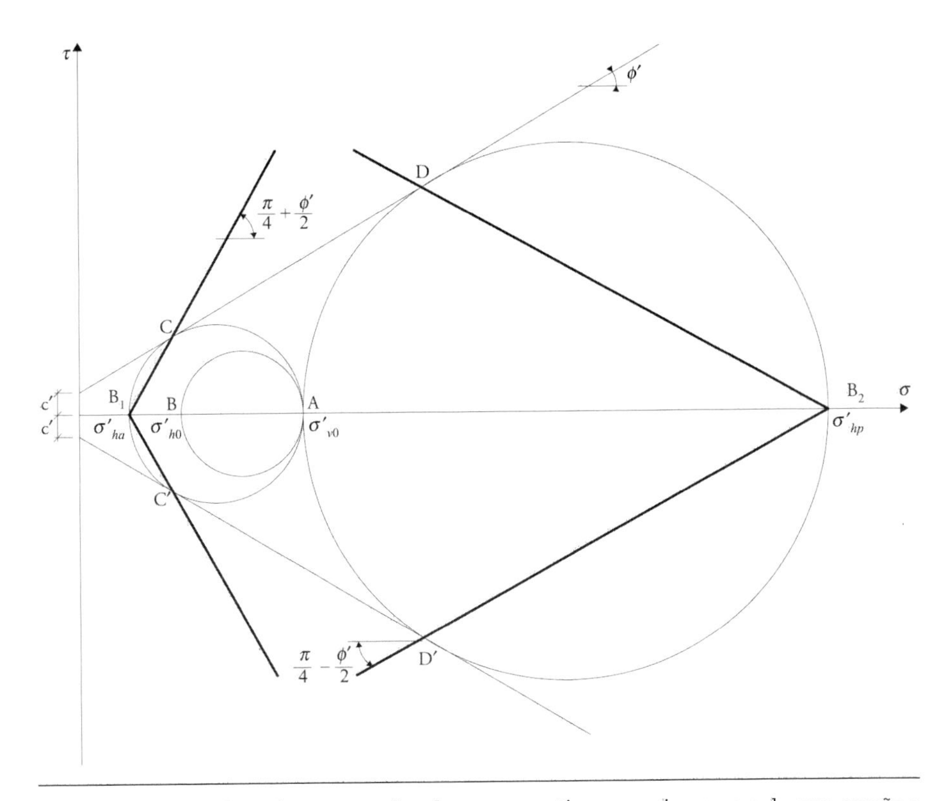

Fig. 4.13 *Círculos de Mohr nos estados de repouso, ativo e passivo num solo com coesão e ângulo de atrito*

Nota-se que aqueles coeficientes deixam de ser constantes e passam a depender da profundidade. Quer um, quer outro tendem para os valores referentes a solos sem coesão (Eqs. 4.7 e 4.8) quando σ'_v tende ao infinito.

Na Fig. 4.14 esquematizam-se os círculos de Mohr representativos dos estados de equilíbrio-limite à profundidade z num maciço puramente coesivo, $\phi = 0$. Como se sabe, o conceito de maciço puramente coesivo só faz sentido quando a análise é feita em tensões totais. Assim, ao contrário das figuras anteriores, na Fig. 4.14 as tensões são totais.

Como é possível verificar, nesse caso as inclinações dos planos onde a resistência ao cisalhamento está integralmente mobilizada são iguais para as duas situações limite e valem 45°. A qualquer profundidade, as pressões passiva e ativa diferem de $4c$.

A dedução das equações de K_a e K_p para esse caso é praticamente imediata:

$$\sigma_{ha} = \sigma_v - 2c \quad ; \quad K_a = \frac{\sigma_{ha}}{\sigma_v} = 1 - \frac{2c}{\sigma_v} \tag{4.17}$$

$$\sigma_{hp} = \sigma_v + 2c \quad ; \quad K_p = \frac{\sigma_{hp}}{\sigma_v} = 1 + \frac{2c}{\sigma_v} \tag{4.18}$$

Nota-se que os coeficientes de empuxo são definidos pelos quocientes entre as tensões totais. Como no caso anterior, os coeficientes não são constantes, mas dessa vez tendem para o mesmo valor, a unidade, quando a profundidade cresce.

Deve ser notado que, nos solos não coesivos, é sempre possível criar uma situação de equilíbrio limite (ativo) à custa da redução da tensão lateral. Nos solos coesivos, isso nem sempre é possível. Como discutido no Cap. 1

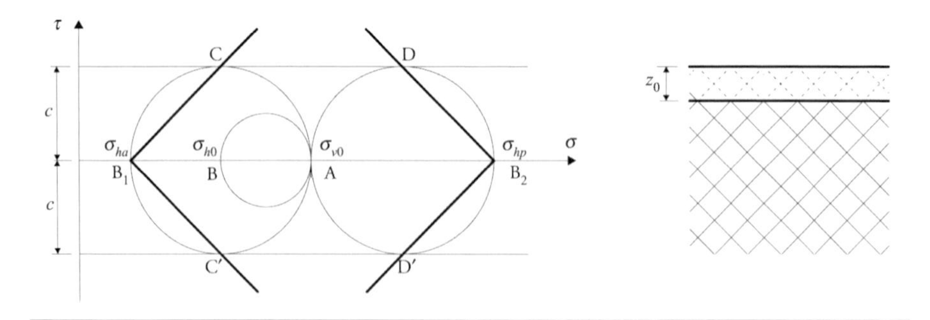

Fig. 4.14 *Estados de equilíbrio-limite num maciço puramente coesivo: círculos de Mohr nos estados de repouso, ativo e passivo*

(ver seção 1.1.2), para um solo puramente coesivo, se a tensão vertical for menor que $2c$, mesmo que σ_h seja nulo – o que, por exemplo, acontece na face de uma escavação não suportada –, o círculo de Mohr não tangencia a envoltória. Conclui-se então que só é possível instalar o estado limite ativo se forem aplicadas tensões de tração ao maciço para valores da profundidade z menores que (ver Fig. 1.2):

$$z_0 = \frac{2c}{\gamma} \tag{4.19}$$

4.3.5 EXTENSÃO DA TEORIA DE RANKINE A MACIÇOS COM SUPERFÍCIE INCLINADA INTERAGINDO COM PARAMENTOS VERTICAIS

Seja considerado um solo não coesivo com superfície inclinada de ângulo β em relação à horizontal (Fig. 4.15). Considere-se o equilíbrio de um prisma infinitesimal de geratrizes verticais, cuja face superior é a superfície e cuja face inferior difere em uma distância dz da face superior na vertical; seja ds a área das bases. Repare-se que, se ds é infinitamente pequeno, as forças que atuam nas faces laterais do prisma serão iguais e simétricas.

A Fig. 4.15 esquematiza, no geral, as forças aplicadas ao elemento. Considerando o sistema de eixos representado na figura, podem ser escritas duas equações de equilíbrio referentes às projeções das forças nos dois eixos:

$$\sum F_x = 0; \qquad dQ - dT - dQ = 0; \qquad dT = 0 \tag{4.20}$$

$$\sum F_y = 0; \qquad dV + dW - dR - dV = 0; \qquad dR = dW \tag{4.21}$$

e uma equação de equilíbrio em termos dos momentos das forças em relação a um ponto P qualquer:

$$\sum M_P = 0; \quad dV = 0 \tag{4.22}$$

Conclusão: a) as forças exercidas nas faces paralelas à superfície são puramente verticais; b) as forças exercidas nas faces verticais são paralelas à superfície. Por outro lado:

$$dW = \gamma \, dz \, ds \, \cos\beta \tag{4.23}$$

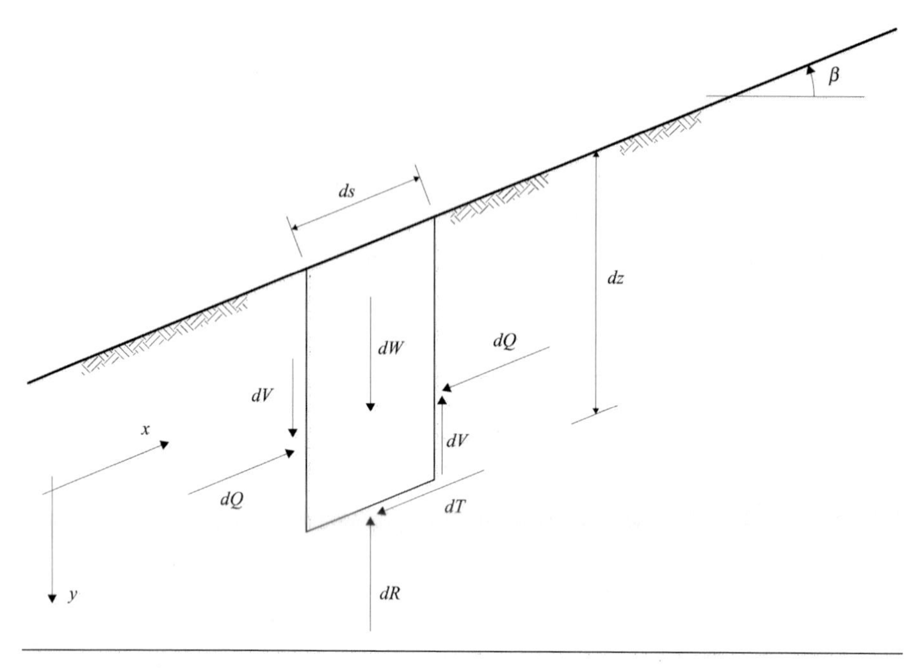

Fig. 4.15 *Maciço não coesivo de superfície inclinada e elemento de dimensões infinitesimais, faces verticais e base paralela à superfície*

Projetando $dW = (dR)$ segundo a normal e segundo a direção paralela à base do prisma e dividindo essas projeções pela área (ds) daquela base, obtêm-se as componentes da tensão nessa mesma base, bem como a inclinação da tensão em relação à normal:

$$\sigma' = \gamma \, dz \, \cos^2 \beta \tag{4.24}$$

$$\tau = \gamma \, dz \, \text{sen}\,\beta \, \cos\beta \tag{4.25}$$

$$\frac{\tau}{\sigma'} = \text{tg}\,\beta \tag{4.26}$$

Designando por:

$$dq = \frac{dQ}{dz} \tag{4.27}$$

a tensão nas faces laterais, as componentes dessa tensão e sua inclinação em relação à normal são:

$$\sigma' = dq \cos\beta \tag{4.28}$$

$$\tau = dq \cos\beta \tag{4.29}$$

$$\frac{\tau}{\sigma'} = \text{tg}\,\beta \tag{4.30}$$

Conclusão: os pontos do círculo de Mohr que representam as tensões nas duas faces em questão (paralela à superfície e vertical) pertencem a retas que passam pela origem e que têm uma inclinação β em relação à horizontal.

Admita-se agora que parte do maciço seja retirada e substituída por um paramento vertical rígido e liso. Pode-se instalar os estados de equilíbrio limite (ativo e passivo) no maciço, afastando progressivamente o paramento do maciço remanescente ou empurrando-o contra este.

Na Fig. 4.16 são esquematizados os círculos de Mohr correspondentes aos estados de equilíbrio limite ativo e passivo num ponto à profundidade z no maciço em questão. Repare-se que o ponto A, comum aos dois círculos, não está, como nos casos anteriores, no eixo das abscissas, mas segundo uma reta cuja inclinação é β. É fácil concluir, pelo exame da figura, qual é a posição

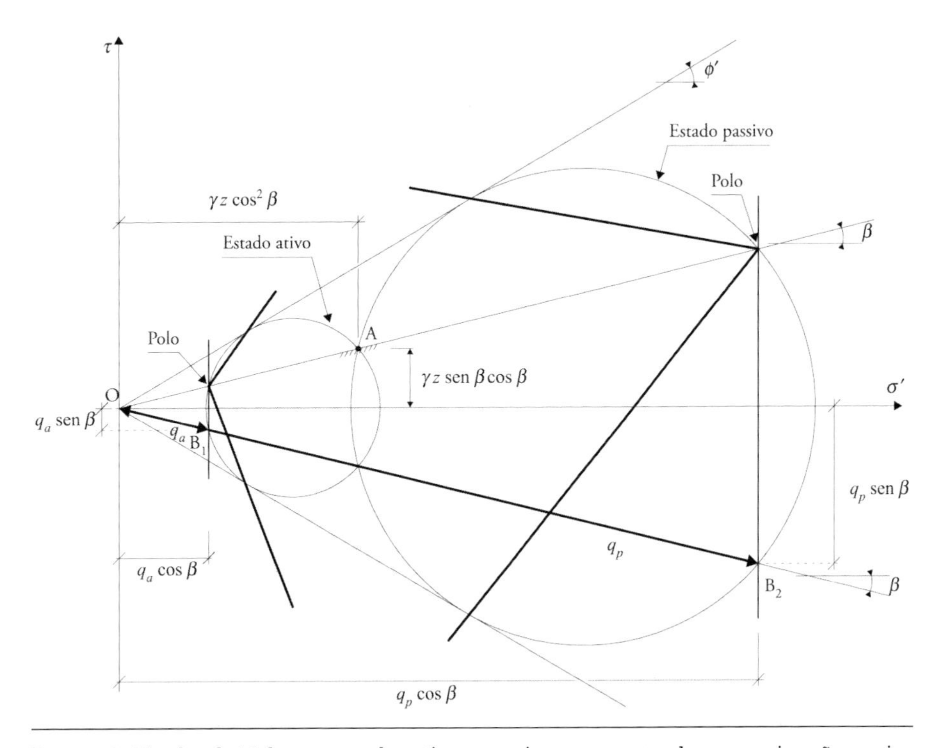

Fig. 4.16 *Círculos de Mohr nos estados ativo e passivo para o caso de um maciço não coesivo de superfície inclinada em contato com um paramento vertical*

4.3.6 Extensão da Teoria de Rankine a maciços com superfície inclinada interagindo com paramentos não verticais

Suponha-se que o maciço de superfície inclinada, abordado na seção 4.3.5, interage com um paramento inclinado de um ângulo qualquer, λ, em relação à vertical e que tal maciço se encontra em equilíbrio limite ativo ou passivo.

A Fig. 4.18a representa os círculos de Mohr ativo e passivo, idênticos aos representados na Fig. 4.16. Paralelamente ao verificado anteriormente, os pontos que representam as tensões ativa e passiva num ponto adjacente ao paramento (nesse caso, inclinado) são, respectivamente, os pontos B_1 e B_2, obtidos ao traçar retas paralelas ao paramento a partir dos polos dos respectivos círculos. As grandezas das tensões ativa e passiva, q_a e q_p, são, portanto, os segmentos OB_1 e OB_2 e incidem sobre o paramento com uma inclinação que depende de ϕ', λ e β.

Relacionando a grandeza desses dois segmentos com a grandeza (conhecida) do segmento OA, obtém-se (Chu, 1991):

$$q_a = \cos\beta \frac{\sqrt{1+\operatorname{sen}^2\phi' - 2\operatorname{sen}\phi'\cos\theta_a}}{\cos\beta + \sqrt{\operatorname{sen}^2\phi' - \operatorname{sen}^2\beta}}\gamma z \tag{4.40}$$

e

$$q_p = \cos\beta \frac{\sqrt{1+\operatorname{sen}^2\phi' + 2\operatorname{sen}\phi'\cos\theta_p}}{\cos\beta - \sqrt{\operatorname{sen}^2\phi' - \operatorname{sen}^2\beta}}\gamma z \tag{4.41}$$

em que:

$$\theta_a = \operatorname{sen}^{-1}\left(\frac{\operatorname{sen}\beta}{\operatorname{sen}\phi'}\right) - \beta + 2\lambda \tag{4.42}$$

e

$$\theta_p = \operatorname{sen}^{-1}\left(\frac{\operatorname{sen}\beta}{\operatorname{sen}\phi'}\right) + \beta - 2\lambda \tag{4.43}$$

Ao observar a Fig. 4.18b, é possível compreender que o pé do paramento, de altura h, está a uma profundidade abaixo da superfície do terreno, z_{max}, que equivale a:

$$z_{max} = \frac{\cos(\beta - \lambda)}{\cos\beta\cos\lambda} h \tag{4.44}$$

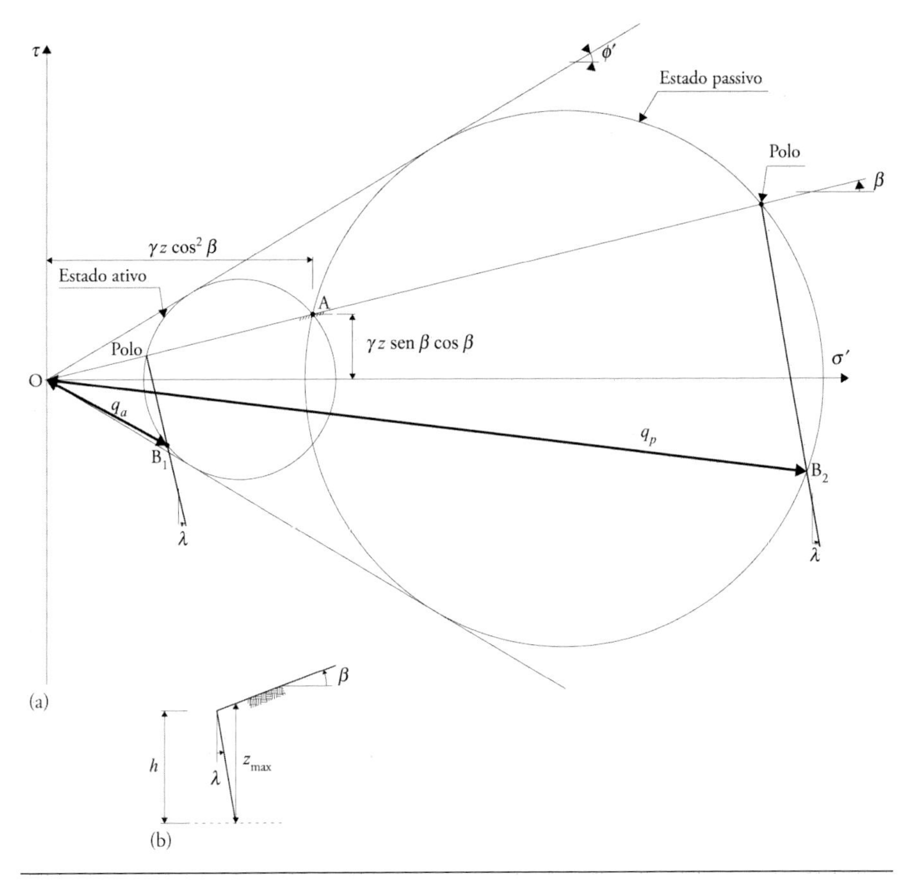

Fig. 4.18 *Extensão da teoria de Rankine a maciços de superfície inclinada em contato com um paramento não vertical: (a) círculos de Mohr nos estados ativo e passivo; (b) profundidade do pé do paramento*

Assim, $q_{a,\,max}$ e $q_{p,\,max}$, as tensões ativa e passiva no pé do paramento, podem ser obtidas ao substituir z por z_{max} nas Eqs. 4.40 e 4.41, respectivamente:

$$q_{a,\,max} = \frac{\cos(\beta - \lambda)}{\cos \lambda} \; \frac{\sqrt{1 + \operatorname{sen}^2 \phi' - 2 \operatorname{sen} \phi' \cos \theta_a}}{\cos \beta + \sqrt{\operatorname{sen}^2 \phi' - \operatorname{sen}^2 \beta}} \gamma h \qquad (4.45)$$

e

$$q_{p,\,max} = \frac{\cos(\beta - \lambda)}{\cos \lambda} \; \frac{\sqrt{1 + \operatorname{sen}^2 \phi' + 2 \operatorname{sen} \phi' \cos \theta_p}}{\cos \beta - \sqrt{\operatorname{sen}^2 \phi' - \operatorname{sen}^2 \beta}} \gamma h \qquad (4.46)$$

Considerando que a distribuição de tensões ao longo do paramento varia linearmente de zero à superfície até os valores dados pelas Eqs. 4.45 e 4.46

e que o comprimento do paramento vale $h/\cos\lambda$, os empuxos ativo e passivo equivalem, respectivamente, a:

$$E_a = \frac{1}{2}\,\frac{\cos(\beta-\lambda)}{\cos^2\lambda}\,\frac{\sqrt{1+\operatorname{sen}^2\phi' - 2\operatorname{sen}\phi'\cos\theta_a}}{\cos\beta + \sqrt{\operatorname{sen}^2\phi' - \operatorname{sen}^2\beta}}\,\gamma h^2 \tag{4.47}$$

e

$$E_p = \frac{1}{2}\,\frac{\cos(\beta-\lambda)}{\cos^2\lambda}\,\frac{\sqrt{1+\operatorname{sen}^2\phi' + 2\operatorname{sen}\phi'\cos\theta_p}}{\cos\beta - \sqrt{\operatorname{sen}^2\phi' - \operatorname{sen}^2\beta}}\,\gamma h^2 \tag{4.48}$$

ou ainda:

$$E_a = \frac{1}{2}K_a\,\gamma h^2 \tag{4.49}$$

e

$$E_p = \frac{1}{2}K_p\,\gamma h^2 \tag{4.50}$$

com:

$$K_a = \frac{\cos(\beta-\lambda)}{\cos^2\lambda}\,\frac{\sqrt{1+\operatorname{sen}^2\phi' - 2\operatorname{sen}\phi'\cos\theta_a}}{\cos\beta + \sqrt{\operatorname{sen}^2\phi' - \operatorname{sen}^2\beta}} \tag{4.51}$$

e

$$K_p = \frac{\cos(\beta-\lambda)}{\cos^2\lambda}\,\frac{\sqrt{1+\operatorname{sen}^2\phi' + 2\operatorname{sen}\phi'\cos\theta_p}}{\cos\beta - \sqrt{\operatorname{sen}^2\phi' - \operatorname{sen}^2\beta}} \tag{4.52}$$

Essas expressões se transformam nas Eqs. 4.35 e 4.36, para $\lambda = 0$, e nas Eqs. 4.7 e 4.8, para $\lambda = \beta = 0$.

Ao contrário da situação analisada na seção 4.3.5, as tensões ativa e passiva já não são paralelas à superfície do terreno, e o ângulo com que incidem no paramento já não é igual para as duas tensões. Isso pode ser confirmado observando que, na Fig. 4.18a, para os pontos B_1 e B_2, a razão da ordenada pela abscissa já não é a mesma. É possível demonstrar que, nesse caso, a inclinação em relação à normal com que as tensões e os empuxos atuam sobre o paramento é dada pelas equações:

$$\delta_a = tg^{-1}\left(\frac{\operatorname{sen}\phi'\operatorname{sen}\theta_a}{1-\operatorname{sen}\phi'\cos\theta_a}\right) \tag{4.53}$$

e

$$\delta_p = tg^{-1}\left(\frac{\operatorname{sen}\phi'\operatorname{sen}\theta_p}{1+\operatorname{sen}\phi'\cos\theta_p}\right) \tag{4.54}$$

4.4 Teoria de Boussinesq, Résal e Caquot para consideração do atrito solo-paramento

Como foi verificado, as tensões ativas e passivas, quando avaliadas pela teoria de Rankine generalizada, têm uma direção, nos casos mais complexos – quando a superfície do terreno é inclinada em relação à horizontal e/ou quando o paramento não é vertical –, que *não é normal ao paramento e que resulta da aplicação do próprio método*. É nesse ponto que se encontra a limitação da teoria de Rankine generalizada: ela não permite que o ângulo que define a inclinação do empuxo de terras sobre o paramento seja *imposto* (isto é, tomado como um dos parâmetros de cálculo, tal como, por exemplo, o ângulo de resistência ao cisalhamento do solo), sendo antes um *resultado* do método de avaliação do empuxo.

A obliquidade da tensão em relação ao paramento exige a mobilização de certa resistência tangencial na interface solo-estrutura. Lembre-se de que essa resistência depende da resistência ao cisalhamento do próprio solo e da maior ou menor rugosidade do paramento estrutural, portanto depende das condições concretas do problema analisado. Geralmente, a resistência da interface é definida por meio de um ângulo de resistência ao cisalhamento – muitas vezes denominado *ângulo de atrito terras-muro* – representado pelo símbolo δ. Este é geralmente considerado uma fração de ϕ', o ângulo de resistência ao cisalhamento do solo. Em paramentos muito rugosos, δ tenderá a igualar ϕ'.

Para compreender as consequências dessa questão, considere-se a Fig. 4.19, que mostra o caso estudado por Rankine, ou seja, um maciço de superfície horizontal interagindo com um paramento vertical, e compare-se as interações solo-paramento sem atrito (hipótese de Rankine) e solo-paramento com atrito (Figs. 4.19a e 4.19b, respectivamente) para os estados ativo e passivo.

Quando o paramento se afasta do solo, este tende a descer em relação àquele. Num paramento rugoso, as tensões tangenciais que o solo lhe aplica são dirigidas para baixo; logo, o empuxo ativo atua inclinado para baixo, com um ângulo δ em relação à normal. Ao contrário, quando o paramento é empurrado contra o solo, este tende a subir em relação àquele, aplicando-lhe tensões

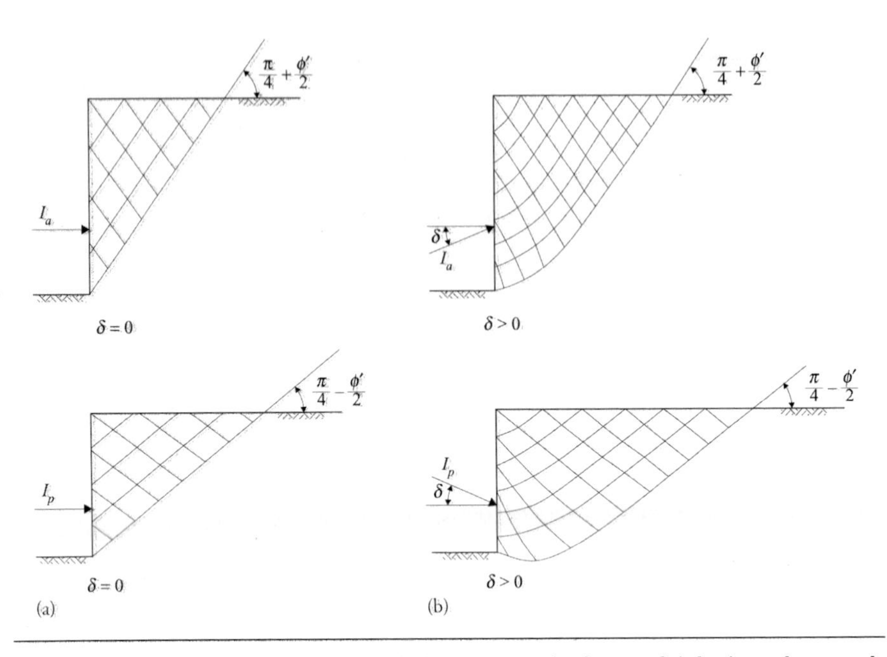

FIG. 4.19 *Interação de um paramento vertical com um maciço de superfície horizontal em estado ativo (em cima) ou passivo (embaixo): (a) paramento liso – condição de Rankine; (b) paramento rugoso*

tangenciais dirigidas para cima; logo, o empuxo passivo atua inclinado para cima, com um ângulo δ em relação à normal. O que se representa na Fig. 4.19b são as forças iguais e diretamente opostas aos empuxos ativo e passivo, forças que o paramento transmite ao solo.

A mobilização de tensões tangenciais no paramento provoca não apenas a inclinação do empuxo de terras, mas também, como sugere a Fig. 4.19b, a curvatura das superfícies onde o solo está em ruptura por cisalhamento. A mobilização de tensões tangenciais no paramento vertical faz com que as tensões principais deixem de ter as direções vertical e horizontal, isto é, aquelas tensões tangenciais provocam uma *rotação das tensões principais* em relação às respectivas posições iniciais (e às posições que prevalecem para as condições da Fig. 4.19a). Essa rotação é máxima junto ao paramento – pois é nele que reside a causa física do fenômeno –, tendendo a zero com a aproximação à superfície do terreno. Considerando que as superfícies de ruptura fazem um ângulo de $\pi/4 - \phi'/2$ com a direção da tensão principal máxima em cada ponto, como mostra a Fig. 4.5, compreende-se que aquelas superfícies exibam certa curvatura quando há tensões tangenciais no paramento.

Como se verifica mais detalhadamente adiante, a existência de resistência tangencial entre o solo e o paramento reduz a grandeza do empuxo ativo e aumenta a do empuxo passivo. Considerando que o primeiro empuxo é uma solicitação e o segundo é uma reação, conclui-se que o atrito solo-paramento favorece a estabilidade das estruturas que interagem com o solo.

4.4.1 Teoria de Boussinesq. Tabelas de Caquot-Kérisel

O problema do cálculo das tensões correspondentes aos estados ativo e passivo quando existe atrito solo-estrutura foi formulado inicialmente por Boussinesq (1885). A exposição dessa teoria excede o âmbito deste trabalho, já que envolve grande complexidade analítica. É dada apenas uma breve ideia das hipóteses iniciais, para situar o contexto que conduziu às tabelas de Caquot-Kérisel, atualmente utilizadas na Engenharia.

Considere-se a Fig. 4.20, em que se representa um paramento retilíneo, com inclinação qualquer, em contato com uma massa de solo granular homogêneo, de ângulo de resistência ao cisalhamento ϕ' e de peso específico γ, limitado por uma superfície, também com inclinação qualquer. Ao definir genericamente o tensor das tensões num ponto M em função de r e θ (coordenadas polares), Boussinesq admitiu as seguintes hipóteses:

i) a obliquidade (τ/σ') da tensão no plano sobre o raio polar é constante ao longo do raio, portanto independente de r;
ii) o valor dessa tensão é proporcional a r quando θ é constante, isto é, ao longo do mesmo raio;
iii) o valor da tensão referida anteriormente é proporcional ao peso específico do solo, γ.

Partindo dessas hipóteses e impondo o equilíbrio estático do maciço (equações de equilíbrio respeitadas em cada ponto), a condição de equilíbrio limite (por meio da lei de Mohr-Coulomb, $\tau/\sigma' = \text{tg}\ \phi'$) e, finalmente, as condições de fronteira adequadas (tensões nulas à superfície do terreno e tensões com uma obliquidade δ no paramento), Boussinesq formulou um sistema de equações diferenciais cuja integração analítica não chegou a obter.

Após estudos complementares de Résal (1903, 1910), a integração do sistema de equações foi desenvolvida por via numérica por Caquot e Kérisel

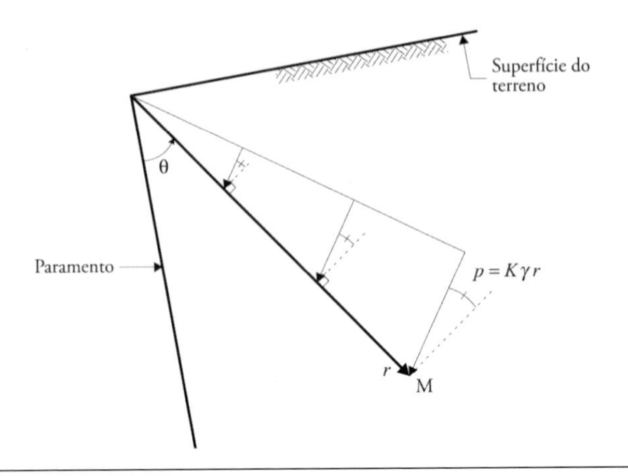

Fig. 4.20 *Hipóteses da Teoria de Boussinesq*

(1949). A partir dessa resolução, é possível conhecer o estado de tensão no maciço em equilíbrio limite, especificamente as tensões atuantes no paramento, bem como a rede das superfícies onde a resistência ao cisalhamento está integralmente mobilizada (tal como se esquematizam na Fig. 4.19), nas quais se verifica a condição $\tau/\sigma' = \text{tg}\ \phi'$.

Caquot e Kérisel condensaram os resultados de seu trabalho por meio de tabelas – conhecidas pelo nome dos seus autores – que permitem obter os coeficientes de empuxo ativo e passivo em função de quatro ângulos, definidos na Fig. 4.21: os ângulos que definem a resistência do solo e da interface, ϕ' e δ,

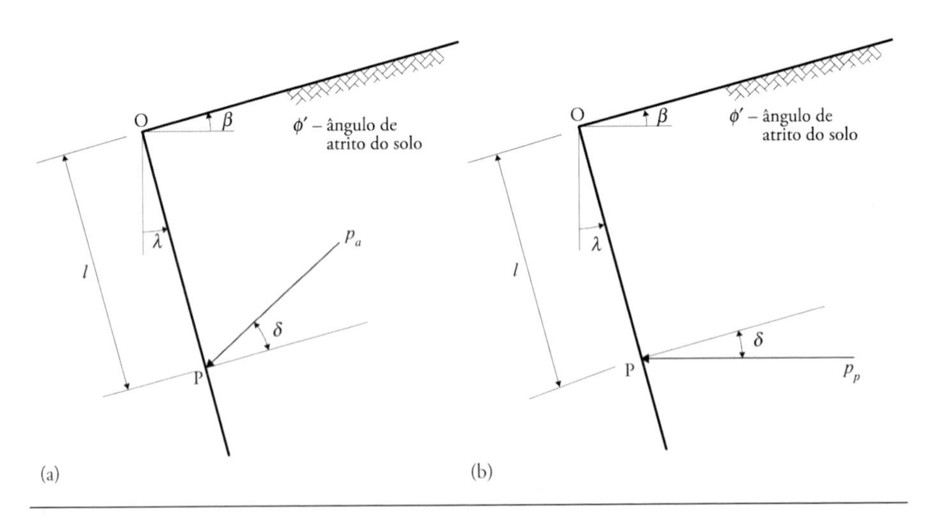

Fig. 4.21 *Convenções usadas nas tabelas de Caquot-Kérisel: (a) estado ativo; (b) estado passivo*

respectivamente, e os ângulos que definem a geometria, β e λ (indicados na figura com o sentido positivo). Em cada ponto P do paramento à distância l do vértice dele, O, as tensões ativa e passiva são dadas, respectivamente, por:

$$p_a = K_a \gamma l \tag{4.55}$$

e

$$p_p = K_p \gamma l \tag{4.56}$$

Os empuxos ativo e passivo, correspondentes ao integral das tensões entre O e P, são dados por:

$$E_a = \frac{1}{2} K_a \gamma l^2 \tag{4.57}$$

e

$$E_p = \frac{1}{2} K_p \gamma l^2 \tag{4.58}$$

Se o maciço for homogêneo, o ponto de aplicação do empuxo dista $2/3l$ de O.

O anexo A7 traz um extrato das tabelas de Caquot-Kérisel.

4.4.2 Maciços coesivos. Teorema dos estados correspondentes

Até o momento foi abordada a generalização da teoria de Rankine para considerar o atrito solo-estrutura, mas tratou-se apenas o caso dos solos não coesivos.

A Fig. 4.22 recorda, no desenho a traço cheio, a determinação da tensão (coordenadas de Q) num solo com coesão e ângulo de atrito em equilíbrio limite ativo num plano paralelo ao paramento de um muro de arrimo inclinado de λ com a vertical. A figura, nesse aspecto, é análoga à Fig. 4.18. Considere-se a envoltória de Mohr-Coulomb correspondente a um solo fictício não coesivo, com ângulo de resistência ao cisalhamento igual ao do solo real (reta a tracejado). Imagine-se um círculo de Mohr (a tracejado também) com o mesmo diâmetro da circunferência previamente desenhada para o solo real, deslocada para a direita de uma tensão:

$$H = c' \cot g \, \phi' \tag{4.59}$$

Constata-se que o círculo em questão é tangente à envoltória de Mohr-Coulomb do solo fictício. Considerando o plano P*, homólogo daquele

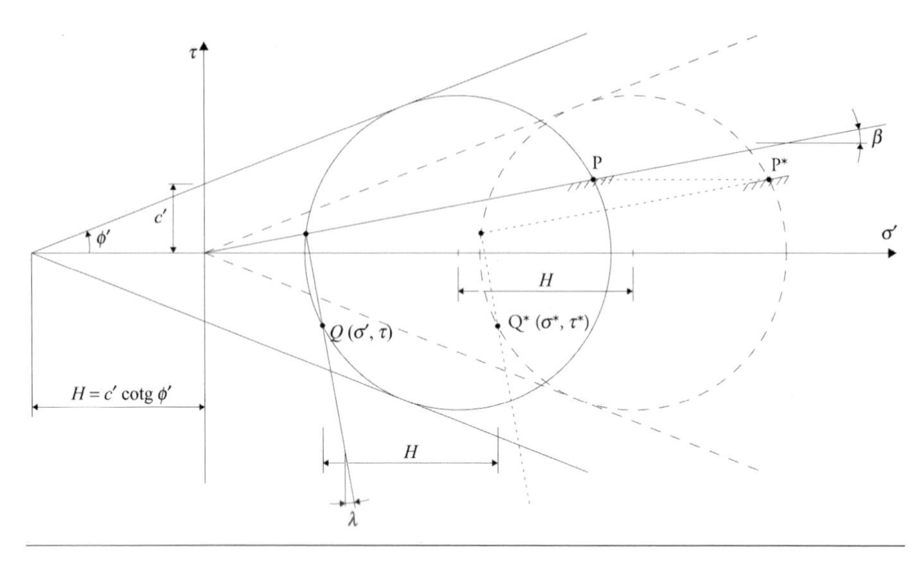

Fig. 4.22 *Teorema dos estados correspondentes*

que no solo real é paralelo à superfície livre (P), e determinando o polo da circunferência e a tensão (coordenadas de Q*) no plano paralelo ao paramento, verifica-se que, entre as componentes dessa tensão e as da tensão no mesmo plano no solo real, existem as seguintes relações:

$$\tau = \tau^* \tag{4.60}$$

$$\sigma' = \sigma^* - H \tag{4.61}$$

Isso permite concluir que as tensões no interior de um maciço coesivo em equilíbrio limite são iguais às tensões num maciço fictício não coesivo, com o mesmo ângulo de resistência ao cisalhamento, com a mesma forma geométrica, submetido às mesmas forças exteriores e também em equilíbrio limite, desde que se considere atuando sobre o maciço fictício uma pressão normal de valor H dado pela Eq. 4.59, sobre o maciço fictício. Para obter a tensão real atuante em determinado plano de um ponto, subtrai-se uma tensão normal de valor H à tensão fictícia que atua no mesmo plano e no mesmo ponto do maciço fictício. Esse é, fundamentalmente, o enunciado do teorema dos estados correspondentes, demonstrado com toda a generalidade por Caquot e Kérisel (1949).

A Fig. 4.23 esquematiza o roteiro de cálculo das pressões limites (ativas, nesse caso) na situação mais geral: maciço com coesão e ângulo de atrito, com

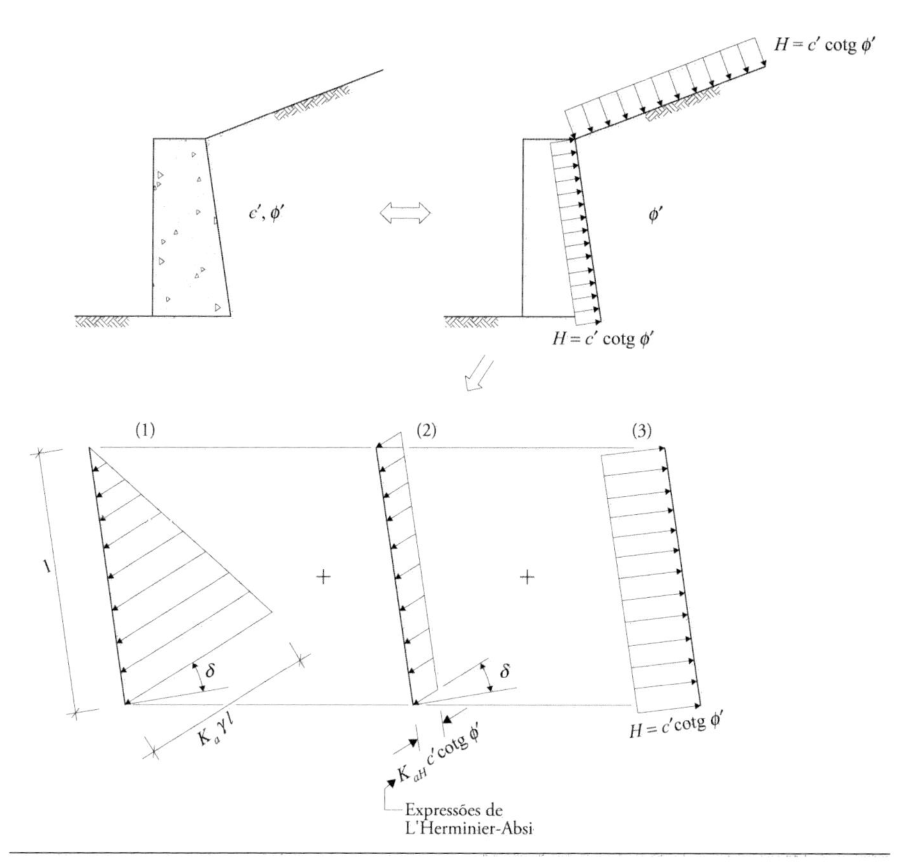

FIG. 4.23 *Exemplo da aplicação do teorema dos estados correspondentes*

superfície livre inclinada, em contato com o paramento não vertical e rugoso de um muro de arrimo. A aplicação do teorema dos estados correspondentes permite analisar problemas com o solo não coesivo, com iguais condições do primeiro, adicionando as pressões representadas na superfície livre e no paramento. Caso existam sobrecargas na superfície, elas também devem ser consideradas.

O diagrama de tensões sobre o paramento resulta da soma dos três diagramas que a figura mostra:

1. o diagrama 1 de tensões, caso o solo fosse não coesivo;
2. o diagrama 2 de tensões provocadas pela sobrecarga de valor $c' \cotg \phi'$ aplicada normalmente à superfície livre; a aplicação dessa sobrecarga corresponde à translação operada no círculo de Mohr para a direita no eixo das abscissas;

3. o diagrama 3 se refere à pressão *H* que a aplicação do teorema dos estados correspondentes exige que seja subtraída em cada ponto (nesse caso, alivia o paramento) para obter os valores reais das componentes normais da tensão; daí o sentido da pressão ser dirigido para o interior do maciço e normalmente ao paramento.

A avaliação do diagrama 2 associado à sobrecarga uniforme normal à superfície do terreno (e, portanto, com direção vertical apenas quando a superfície do terreno é horizontal) pode ser efetuada usando as equações de L'Herminier-Absi, incluídas na Fig. 4.24 (Absi, 1962; L'Herminier, 1967). Essas expressões são derivadas da teoria de Prandtl, que estuda o equilíbrio plástico de um maciço puramente friccional sem peso, limitado por um paramento rugoso e por uma superfície, inclinada ou não, onde está aplicada uma sobrecarga uniforme com qualquer inclinação em relação à normal à superfície. A exposição dessa teoria excede o âmbito deste trabalho, já que envolve grande complexidade analítica. Diga-se, contudo, que seu desenvolvimento apresenta certas analogias com o da teoria de Boussinesq, anteriormente referida.

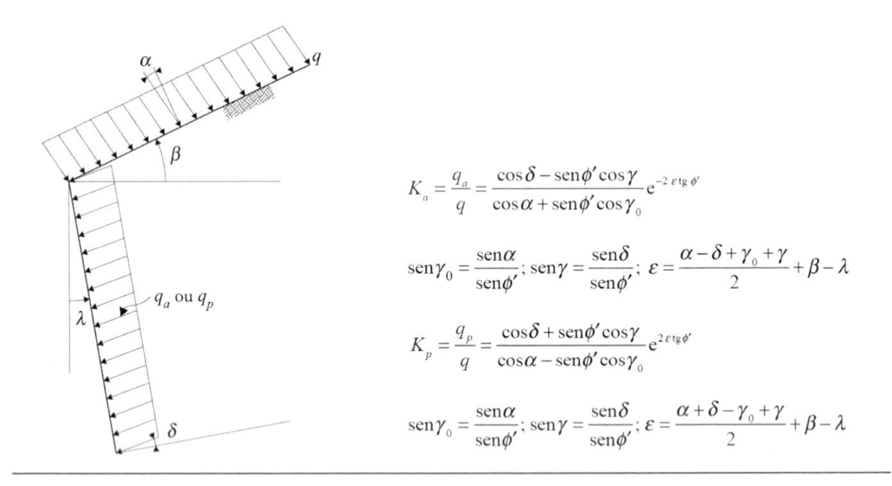

Fig. 4.24 *Equações de L'Herminier-Absi*

4.5 Método de Coulomb

4.5.1 Apresentação geral e hipóteses

Passa-se, nesta seção, à avaliação dos empuxos ativo e passivo segundo Coulomb (1773), que formulou a primeira teoria científica de avaliação dos empuxos de terras em equilíbrio limite. Como as designações de empuxo ativo e empuxo passivo, bem como as dos respectivos coeficientes de empuxo, hoje generalizadamente adotadas, foram de fato introduzidas por Rankine quase um século mais tarde, o método original de Coulomb, isto é, que ele próprio desenvolveu e usou enquanto engenheiro, consistia numa avaliação das *forças limite mínima e máxima* de interação solo-paramento, logo, numa determinação – diria-se, com inteira propriedade, *avant la lettre* – dos empuxos ativo e passivo. Coulomb desenvolveu o método de avaliação dos empuxos de terras no âmbito do projeto de fortificações enquanto engenheiro militar do Reino de França, e notabilizou-se também pelos seus trabalhos científicos sobre a eletricidade e o eletromagnetismo.

Essencialmente, Coulomb admite que a cunha de terras – um solo não coesivo, homogêneo e emerso – que condiciona a força limite de interação com o paramento estrutural é limitada por uma superfície plana que passa no pé do paramento, como mostra a Fig. 4.25. Para determinar aquela força, admite-se que a cunha está em situação de *deslizamento iminente* ao longo da superfície mencionada e ao longo do próprio paramento. O deslizamento terá sentido descendente ou ascendente, conforme seja a estrutura a suportar o terreno ou o contrário. Sendo conhecidos os ângulos de resistência ao cisalhamento do solo e da interface solo-paramento, a hipótese de deslizamento iminente torna o problema estaticamente determinado, permitindo determinar a força limite de interação.

A identificação da cunha é feita por tentativas: a consideração de distintas cunhas de terras, limitadas por outras tantas superfícies de deslizamento, permite obter uma série de forças de interação, $E_1, E_2, \ldots, E_n$.

Nos problemas em que é a estrutura a suportar o solo, a força a selecionar – aquilo a que, desde Rankine, denomina-se *empuxo ativo* – será a *maior* daquela série. Ao contrário, nos problemas em que é o terreno a suportar a estrutura, a força a selecionar – aquilo que, desde Rankine, denomina-se *empuxo passivo* – será a *menor* da série.

O método de Coulomb foi assim concebido como um método gráfico de tentativas. Na Fig. 4.25 é esquematizada uma tentativa para cada um dos estados: ativo e passivo. Note-se a orientação das forças E e R em cada um

fornecem as pressões em função da distância l ao mesmo ponto. Tendo claro que $h = l \cos \lambda$ – ver notações das Figs. 4.21 e 4.28 em conjunto –, a comparação com os coeficientes de empuxo retirados das tabelas de Caquot-Kérisel precisa ser efetuada tomando os valores de K_a e K_p das Eqs. 4.69 e 4.71 devidamente multiplicadas por $\cos^2 \lambda$.

A solução de Rankine é apenas considerada para a situação $\beta = \lambda = \delta = 0$, pois nas outras situações é a solução de Caquot-Kérisel, dentro da mesma filosofia, que é aplicável. Deve ainda recordar-se que os valores incluídos na tabela para os métodos de Coulomb e de Rankine resultam de expressões analíticas, enquanto os de Caquot-Kérisel resultam de integração numérica.

Do exame da Tab. 4.1, constata-se que:

1. as tabelas de Caquot-Kérisel conduzem a coeficientes de empuxo que são maiores, no caso ativo, ou menores, no caso passivo, do que os obtidos pelo método de Coulomb; esse resultado deriva dos teoremas anteriormente referidos: o método com base no teorema do limite inferior conduz a soluções do lado da segurança em comparação com o fundamentado no teorema do limite superior;
2. daqui decorre, como mostra a Fig. 4.30, que a solução exata de um problema de empuxo ativo é maior ou igual que aquela determinada pelo método de Coulomb e menor ou igual que aquela calculada pelo método de Caquot-Kérisel; no caso passivo, ocorre exatamente o contrário;
3. os métodos estudados conduzem à solução exata apenas no caso de superfície horizontal, paramento vertical e atrito terras-paramento

Tab. 4.1 Comparação dos coeficientes de empuxo ativo e passivo entre os métodos de Rankine, Caquot-Kérisel e Coulomb

	Coeficiente de empuxo ativo					Coeficiente de empuxo passivo				
	$\phi' = 35°$ $\beta = 0$ $\lambda = 0$			$\phi' = 35°$ $\beta = 14°$ $\lambda = 10°$		$\phi' = 35°$ $\beta = 0$ $\lambda = 0$			$\phi' = 35°$ $\beta = 14°$ $\lambda = 10°$	
δ	(1)	(2)	(3)	(2)	(3)	(1)	(2)	(3)	(2)	(3)
0	0,271	0,271	0,271	0,403	0,393	3,7	3,7	3,7	4,4	4,5
$\phi'/3$	–	0,252	0,251	0,393	0,377	–	5,4	5,7	6,7	7,5
$2\phi'/3$	–	0,247	0,244	0,383	0,382	–	8,0	10,0	9,8	14,8
ϕ'	–	0,260	0,250	0,409	0,406	–	10,5	23,0	13,2	42,2

1. Método de Rankine; 2. Tabelas de Caquot-Kérisel; 3. Método de Coulomb.

		IMPULSO ATIVO		
SOLUÇÃO DE COULOMB	≤	SOLUÇÃO EXATA	≤	SOLUÇÃO DE CAQUOT-KÉRISEL
		IMPULSO PASSIVO		
SOLUÇÃO DE CAQUOT-KÉRISEL	≤	SOLUÇÃO EXATA	≤	SOLUÇÃO DE COULOMB

Fig. 4.30 *Posições relativas das soluções de Caquot-Kérisel e de Coulomb em relação à solução exata, para os casos ativo e passivo*

nulo ($\beta = \lambda = \delta = 0$): de fato, as expressões de Rankine e Coulomb coincidem para essas condições (na Tab. 4.1, para as condições mencionadas, a solução de Caquot-Kérisel fornece um valor aproximado aos dos outros dois métodos, já que se trata de solução numérica).

Analisando agora as diferenças entre as soluções de Coulomb e de Caquot-Kérisel em termos quantitativos, é possível observar que:

4. os valores dos coeficientes de empuxo ativo obtidos pelos dois métodos são muito semelhantes;
5. no caso passivo, enquanto para valores pequenos de δ os coeficientes de empuxo são relativamente similares, para valores elevados de δ passam a ser muito distintos.

As discrepâncias entre os valores do coeficiente de empuxo passivo que acabam de ser constatadas decorrem essencialmente de erros na solução de Coulomb, que é a mais afastada da solução exata entre as duas soluções.

Como foi visto na seção 4.5.1, uma das hipóteses da teoria de Coulomb é de que a superfície de deslizamento que limita a cunha de terras em equilíbrio-limite é plana. A discussão do começo da seção 4.4 mostra que aquela hipótese só é correta quando as tensões tangenciais no paramento são nulas, passando a superfície a exibir curvatura quando aquelas tensões se desenvolvem. (Nota-se que aquilo que no âmbito da teoria de Coulomb é denominado superfície de deslizamento corresponde, no contexto da teoria de Rankine e seus desenvolvimentos, a um lugar geométrico composto por planos onde a resistência ao cisalhamento está integralmente mobilizada.) Compreende-se assim que as discrepâncias cresçam com δ e sejam maiores no caso passivo: quanto mais elevadas forem aquelas tensões tangenciais, mais pronunciada é a rotação das tensões principais (em relação às direções vertical e horizontal), logo, maior se torna o contraste entre a geometria da cunha de terras em equilíbrio limite e aquela admitida na teoria de Coulomb.

A respeito da comparação entre os métodos de Coulomb e Rankine, é interessante observar que as equações dos coeficientes de empuxo apresentadas nas seções 4.3.5 e 4.3.6, no âmbito da generalização da teoria de Rankine a maciços com superfície inclinada em relação à horizontal e/ou interagindo com paramentos inclinados em relação à vertical, e as expressões dos mesmos coeficientes da teoria de Coulomb passam a ser matematicamente idênticas caso nestas últimas sejam tomados para δ os ângulos que naquelas correspondem à inclinação do empuxo – isto é, β, no caso de 4.3.5, e as Eqs. 4.53 e 4.54, no caso de 4.3.6. Nessa verificação é preciso atender cuidadosamente às convenções de sinais de cada um dos métodos.

Convém, neste ponto, observar que outros métodos, não abordados neste livro, similares ao método de Coulomb, mas postulando superfícies de deslizamento curvilíneas, permitem obter valores para o empuxo passivo muito mais próximos dos calculados pelo método de Caquot-Kérisel (Taylor, 1948).

Do exposto, é possível concluir que: i) a estimativa do coeficiente de empuxo ativo pelo método de Coulomb é aceitável e muito cômoda com os meios de cálculo atualmente disponíveis; ii) para a avaliação do coeficiente de empuxo passivo, é aconselhável a utilização das tabelas de Caquot-Kérisel, porque os valores determinados estão do lado da segurança.

Para a avaliação do empuxo passivo, como alternativa às tabelas de Caquot-Kérisel, é possível ainda utilizar a seguinte equação, que corresponde a uma solução com base no teorema do limite inferior, logo, também do lado da segurança (Lancellotta, 2002):

$$K_p = \left[\frac{\cos\delta}{1-\operatorname{sen}\phi'}\left(\cos\delta + \sqrt{\operatorname{sen}^2\phi' - \operatorname{sen}^2\delta}\right)\right] e^{2\eta \operatorname{tg}\phi'} \tag{4.74}$$

em que:

$$2\eta = \operatorname{sen}^{-1}\left(\frac{\operatorname{sen}\delta}{\operatorname{sen}\phi'}\right) + \delta \tag{4.75}$$

4.6 Empuxos ativo e passivo sob condições sísmicas. Teoria de Mononobe-Okabe

A primeira teoria para o dimensionamento de estruturas de arrimo às ações sísmicas resultou dos trabalhos de Okabe (1926) e de Mononobe e Matsuo (1929) e pode ser considerada uma extensão da teoria de Coulomb. Assim como ela, a teoria de Mononobe-Okabe ainda hoje é largamente utilizada no dimensionamento de muros de arrimo, junto das sucessivas generalizações e adaptações de que foi objeto.

A teoria de Mononobe-Okabe baseia-se, de fato, nas mesmas hipóteses que a teoria de Coulomb (ver seção 4.5.1), acrescentando apenas outra específica da situação que pretende tratar: durante o sismo a cunha de terras que interage com a estrutura comporta-se como um corpo rígido, sendo por isso uniforme o campo das acelerações em seu interior.

Como sugere a Fig. 4.31 para o caso de um muro de arrimo, mediante aquela hipótese e aplicando o princípio de D'Alembert, a ação sísmica é considerada por meio da adição às forças atuantes, nesse caso o próprio peso do maciço, de forças fictícias, denominadas *forças de inércia*, e impondo que o sistema de forças assim considerado obedeça às equações de equilíbrio estático. As forças de inércia são obtidas multiplicando o peso do corpo em estudo, W, por fatores adimensionais denominados *coeficiente sísmico horizontal*, k_h, e *coeficiente sísmico vertical*, k_v, que representam a razão da componente respectiva da aceleração sísmica pela aceleração da gravidade. (Dizer, por exemplo, que o coeficiente sísmico horizontal é 0,2 significa que a ação do sismo origina uma força de inércia de 0,2W com direção horizontal aplicada no centro de gravidade do corpo em estudo, resultante de uma aceleração sísmica segundo a mesma

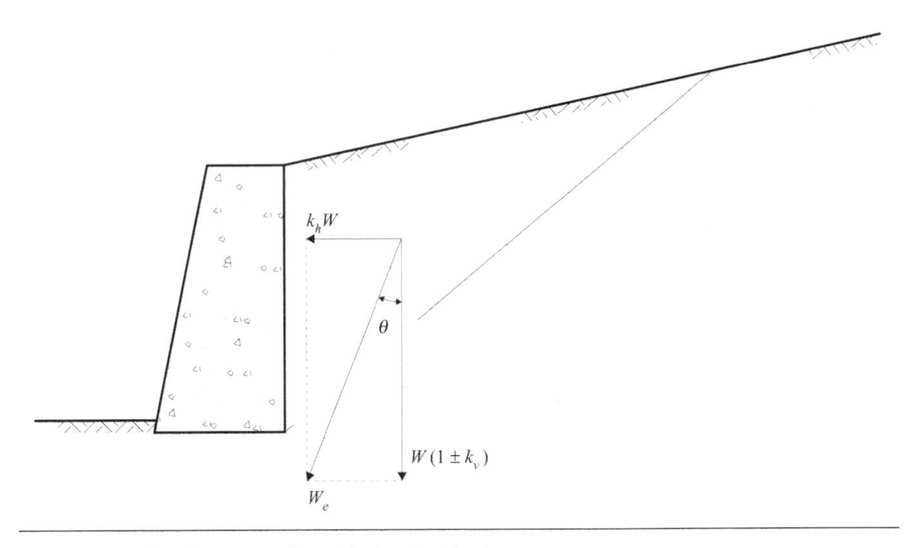

FIG. 4.31 *Cunha de terras submetida à ação sísmica*

direção – mas com sentido oposto – de 0,2g.) É de notar que o próprio muro sofre também a ação de forças de inércia definidas por coeficientes sísmicos coincidentes com aqueles que são aplicados para o solo.

No que diz respeito à direção horizontal, é de considerar a força de inércia $k_h W$ dirigida para o muro, correspondente a uma aceleração sísmica igual a $k_h g$ dirigida no sentido oposto. Quanto à direção vertical, é preciso, geralmente, considerar forças de inércia dirigidas para baixo ou para cima, isto é, $k_v W$ e $-k_v W$, respectivamente. Com efeito, embora à força de inércia dirigida para baixo ($k_v W$) corresponda maior empuxo, para essa situação a resistência do muro de arrimo vem também incrementada, pois a aceleração sísmica e a respectiva força de inércia (de sentido descendente) aplicam-se também ao próprio muro. Assim, o empuxo mais elevado poderá não conduzir à situação mais crítica em termos de estabilidade.

Como mostra a Fig. 4.31, a força resultante do peso da cunha de terras e das componentes horizontal e vertical da força de inércia, W_e, fica inclinada em relação à vertical de um ângulo θ, dado por:

$$\theta = \mathrm{tg}^{-1} \frac{k_h}{1 \pm k_v} \tag{4.76}$$

4.6.1 Dedução da expressão

A expressão de Mononobe-Okabe para o cálculo do empuxo ativo sísmico baseia-se no artifício de considerar que o efeito das acelerações sísmicas sobre a direção de W é obtido rodando os planos horizontal e vertical de referência de um ângulo θ, conforme ilustra a Fig. 4.32.

Assim, W_e ficará vertical e os ângulos β e λ passam a ser $\beta + \theta$ e $\lambda + \theta$, respectivamente. Dessa forma, o empuxo ativo sísmico poderá ser calculado utilizando a teoria de Coulomb, escrevendo:

$$E_{ae} = \frac{1}{2} K_{a*} \gamma_* \, h_*^2 \tag{4.77}$$

em que K_{a*} se obtém da Eq. 4.69 substituindo β por $\beta + \theta$ e λ por $\lambda + \theta$, e γ_* e h_* se obtêm a partir de γ e h de modo muito simples.

Com efeito, denominando l o comprimento do paramento de tardoz do muro, é possível escrever:

$$l = \frac{h}{\cos \lambda} = \frac{h_*}{\cos(\lambda + \theta)} \tag{4.78}$$

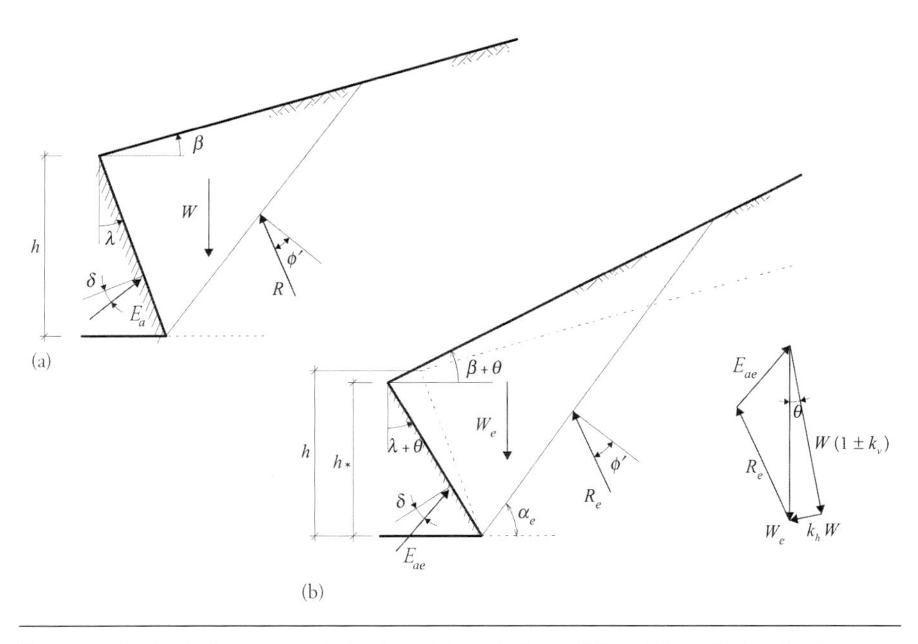

FIG. 4.32 *Cunha de terras em estado ativo: (a) condições estáticas; (b) condições sísmicas*

logo:

$$h_* = h\frac{\cos(\lambda + \theta)}{\cos\lambda} \tag{4.79}$$

Por outro lado:

$$\frac{\gamma_*}{\gamma} = \frac{W_e}{W} = \frac{W(1 \pm k_v)}{W\cos\theta} = \frac{(1 \pm k_v)}{\cos\theta} \tag{4.80}$$

vindo então:

$$\gamma_* = \gamma\frac{(1 \pm k_v)}{\cos\theta} \tag{4.81}$$

Substituindo as Eqs. 4.79 e 4.81 e ainda a expressão de K_{a*}, conforme indicado, na Eq. 4.77, obtém-se:

$$E_{ae} = \frac{1}{2}K_{ae}\,\gamma\,(1 \pm k_v)\,h^2 \tag{4.82}$$

sendo K_{ae} denominado *coeficiente de empuxo ativo símico*, com a equação:

$$K_{ae} = \frac{\cos^2(\phi' - \lambda - \theta)}{\cos\theta\,\cos^2\lambda\,\cos(\delta + \lambda + \theta)\left[1 + \left(\frac{\text{sen}(\phi'+\delta)\,\text{sen}(\phi'-\beta-\theta)}{\cos(\beta-\lambda)\,\cos(\delta+\lambda+\theta)}\right)^{1/2}\right]^2} \tag{4.83}$$

Expressões análogas podem ser deduzidas para o caso do empuxo passivo sísmico:

$$E_{pe} = \frac{1}{2} K_{pe} \gamma \ (1 \pm k_v) \, h^2 \tag{4.84}$$

sendo K_{pe} denominado *coeficiente de empuxo passivo sísmico*, com a equação:

$$K_{pe} = \frac{\cos^2(\phi' + \lambda - \theta)}{\cos\theta \cos^2\lambda \, \cos(\delta - \lambda + \theta) \left[1 - \left(\frac{\mathrm{sen}(\phi'+\delta)\ \mathrm{sen}(\phi'+\beta-\theta)}{\cos(\beta-\lambda)\ \cos(\delta-\lambda+\theta)}\right)^{1/2}\right]^2} \tag{4.85}$$

Essa solução para o coeficiente de empuxo passivo sísmico sofre das limitações anteriormente comentadas para o coeficiente de empuxo passivo em condições estáticas quando o ângulo de atrito solo-paramento é relativamente elevado. De qualquer modo, é usual, para condições sísmicas, considerar o empuxo passivo normal ao paramento ($\delta = 0$), o que naturalmente constitui opção do lado da segurança.

4.6.2 Aceleração horizontal crítica

O ângulo $\phi' - \beta - \theta$, cujo seno aparece dentro de um radical na Eq. 4.83, precisa ser maior ou igual a zero para que K_{ae} seja um número real, isto é, para que fisicamente o equilíbrio seja possível. (A situação apontada é comum quando se conjuga uma significativa inclinação da superfície do terreno com elevados coeficientes sísmicos. Em tais situações, o coeficiente de empuxo pode ser calculado tomando como nulo o resultado da expressão dentro do radical. Isso significa admitir que, caso venham a se verificar condições correspondentes aos coeficientes sísmicos adotados no cálculo, ocorrerá um escorregamento sobre a crista do muro de arrimo do terreno situado entre os planos inclinados de $\phi' - \theta$ e de β.)

Analogamente, para condições estáticas, o ângulo $\phi' - \beta$ que aparece dentro de um radical na Eq. 4.69 precisa ser maior ou igual a zero, o que corresponde ao resultado conhecido de que um solo não coesivo não pode ter a superfície com inclinação superior ao ângulo de resistência ao cisalhamento.

Para condições sísmicas deve-se, portanto, verificar:

$$\phi' - \beta - \theta \geqslant 0 \tag{4.86}$$

Introduzindo a Eq. 4.76 nesta última inequação, obtém-se sucessivamente:

$$\theta = tg^{-1}\frac{k_h}{1 \pm k_v} \leqslant \phi' - \beta \tag{4.87}$$

e

$$k_h \leq (1 \pm k_v)\, tg\left(\phi' - \beta\right) \tag{4.88}$$

Existe, portanto, uma *aceleração horizontal crítica*, que não pode ser ultrapassada, correspondente a um coeficiente sísmico horizontal igual a:

$$k_{h,cr} = (1 \pm k_v)\, tg\left(\phi' - \beta\right) \tag{4.89}$$

Dito de outro modo: um maciço com ângulo de atrito ϕ' e superfície definida por β não pode transmitir forças de cisalhamento produzidas por níveis de aceleração horizontal superiores ao crítico, sendo este expresso pela Eq. 4.89.

À medida que a aceleração sísmica aumenta, cresce o empuxo ativo e diminui o empuxo passivo, convergindo ambos para o mesmo valor quando a aceleração horizontal atinge o valor que anteriormente foi denominado crítico. Para maciços de superfície horizontal em contato com paramentos verticais, quando a aceleração atinge o valor crítico, nesse caso expresso por:

$$k_{h,cr} = (1 \pm k_v)\ \text{tg}\phi' \tag{4.90}$$

os coeficientes de empuxo ativo e passivo sísmicos assumem os respectivos valores máximo e mínimo, dados pela equação:

$$K_{ae,cr} = K_{pe,cr} = \frac{1}{\cos\phi' \cos(\phi' + \delta)} \tag{4.91}$$

A Fig. 4.33a ilustra a evolução dos coeficientes de empuxo ativo e passivo com k_h entre zero e o valor crítico para um maciço de superfície horizontal e ângulo de resistência ao cisalhamento, $\phi' = 30°$.

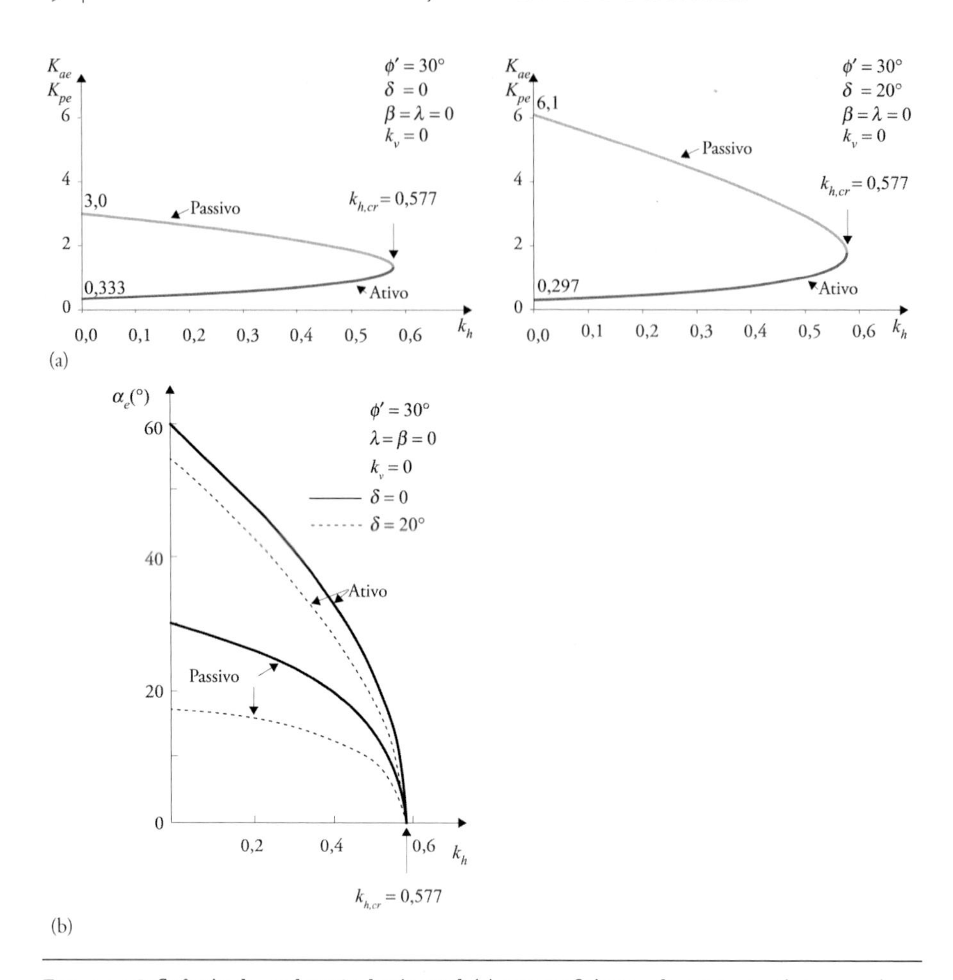

Fig. 4.33 *Influência da aceleração horizontal (a) nos coeficientes de empuxo ativo e passivo e (b) na inclinação das superfícies de deslizamento com a horizontal*

Fonte: Davies e Richards (1986).

4.6.3 Inclinação das superfícies que limitam as cunhas de empuxo

Um aspecto importante é o fato de as superfícies que limitam as cunhas ativa e passiva diminuírem sua inclinação com as ações sísmicas, que é o mesmo que afirmar que as cunhas de empuxo não são as mesmas para condições estáticas (ver Eqs. 4.72 e 4.73) e para condições sísmicas, sendo para estas mais volumosas e crescendo a diferença com a intensidade da ação sísmica.

As equações dos ângulos α_{ae} e α_{pe} da superfície de deslizamento com a horizontal para os casos ativo e passivo sísmicos, respectivamente, são (Mineiro, 1978):

$$\begin{aligned}\operatorname{cotg}(\alpha_{ae}-\beta) &= -\operatorname{tg}(\phi'+\delta+\lambda-\beta)\\ &+ \sec(\phi'+\delta+\lambda-\beta)\cdot\sqrt{\frac{\cos(\lambda+\delta+\theta)\operatorname{sen}(\phi'+\delta)}{\cos(\beta-\lambda)\operatorname{sen}(\phi'-\beta-\theta)}}\end{aligned} \tag{4.92}$$

$$\begin{aligned}\operatorname{cotg}(\alpha_{pe}-\beta) &= \operatorname{tg}(\phi'-\delta-\lambda+\beta)\\ &+ \sec(\phi'-\delta-\lambda+\beta)\sqrt{\frac{\cos(\lambda+\delta-\theta)\operatorname{sen}(\phi'-\delta)}{\cos(\beta-\lambda)\operatorname{sen}(\phi'+\beta-\theta)}}\end{aligned} \tag{4.93}$$

A Fig. 4.33b mostra a evolução de α_{ae} e α_{pe} em função do coeficiente sísmico horizontal para o conjunto de parâmetros indicado. Constata-se que, para níveis de aceleração moderados, a inclinação da cunha passiva difere pouco do caso estático, mas isso não acontece com a cunha ativa. É curioso notar que a inclinação das superfícies tende a zero à medida que a aceleração cresce e anula-se, como foi referido, quando se atinge a aceleração crítica.

4.6.4 Solução gráfica do problema

O problema em análise tem solução gráfica análoga à de Culmann para o método de Coulomb, mas trabalha com a força W_e, resultante do peso da cunha e das forças de inércia horizontal e vertical. Analogamente ao que ocorre para condições estáticas, essa metodologia permite resolver o problema quando as condições geométricas, o carregamento da superfície ou o fato de o maciço apresentar coesão inviabilizam o recurso à solução analítica.

É simples adaptar a construção de Culmann a esse caso. Para isso, e tomando ainda como referência a Fig. 4.26, a reta bg passa a fazer um ângulo de $\phi' - \theta$ com a horizontal e a reta bf um ângulo $\psi - \theta$ com a primeira.

4.6.5 Ponto de aplicação do empuxo

Nos casos em que o problema tem solução analítica, a formulação de Mononobe-Okabe, como a de Coulomb, conduz a um empuxo que é a resultante de um diagrama triangular de pressões. Seu ponto de aplicação coincide com o do empuxo em condições estáticas. Todavia, resultados de diversos estudos – usando métodos analíticos verdadeiramente dinâmicos e não pseudodinâmicos como o de Mononobe-Okabe, bem como ensaios em modelos físicos – mostram que o ponto de aplicação da resultante das tensões incrementais de origem sísmica se situa com frequência mais acima do que o do empuxo estático (Seed; Whitman, 1970; Sherif; Ishibashi; Lee, 1982; Steedman; Zeng, 1990). Tal fato, como se compreende, torna mais desfavorável o efeito das ações sísmicas e dele decorre a necessidade de desdobrar o empuxo E_{ae}.

O empuxo E_{ae} pode ser considerado resultado de duas componentes: o empuxo que já se exercia antes do sismo, E_a, e o incremento do empuxo associado à ação sísmica, ΔE_{ae}.

$$E_{ae} = E_a + \Delta E_{ae} \tag{4.94}$$

Considerando que:

$$E_a = \frac{1}{2} K_a \gamma h^2 \tag{4.95}$$

e atendendo à Eq. 4.82, pode escrever-se:

$$\Delta E_{ae} = \frac{1}{2}\gamma h^2 [(1 \pm k_v) K_{ae} - K_a] \tag{4.96}$$

Tomando:

$$\Delta K_{ae} = (1 \pm k_v) K_{ae} - K_a \tag{4.97}$$

virá, finalmente:

$$\Delta E_{ae} = \frac{1}{2}\gamma h^2 \Delta K_{ae} \tag{4.98}$$

A Fig. 4.34 inclui a solução que atualmente reúne maior consenso, com o incremento do empuxo associado à ação sísmica aplicado a meia altura do muro. Essa posição constitui uma opção conservadora em face dos resultados dos estudos anteriormente citados, para as condições de deformação típicas dos muros gravidade (Matsuzawa; Ishibashi; Kawamura,1985). A determinação exata da posição do referido ponto de aplicação só seria possível para determinado muro de arrimo sob a ação de um dado registro sísmico e envolveria estudos de grande complexidade, de modo a considerar as propriedades da ação sísmica, incluindo a aceleração na direção vertical, a rigidez do sistema solo-estrutura, a resistência ao cisalhamento do solo

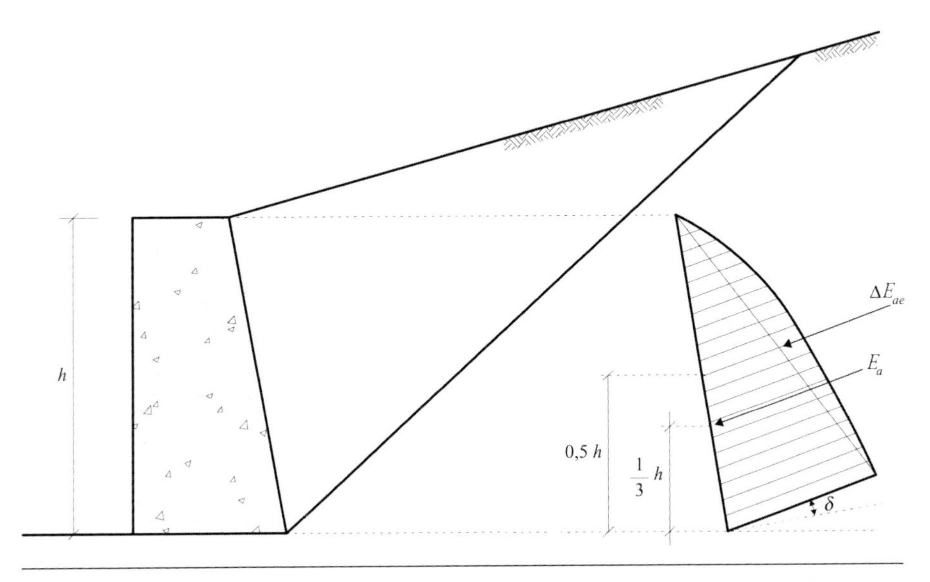

Fig. 4.34 *Desdobramento do empuxo ativo em condições sísmicas, com o incremento do empuxo associado à ação sísmica aplicado a meia altura do muro*

suportado, as propriedades do maciço de fundação etc. Tais estudos só se justificam em estruturas de importância excepcional.

4.6.6 Generalização a maciços submersos

Uma das hipóteses da teoria de Mononobe-Okabe é a de que o maciço se encontra emerso, isto é, acima do nível freático. Essa hipótese aplica-se a grande parte das estruturas de arrimo gravidade, já que é sabido que uma das condições básicas de seu bom comportamento reside na boa drenagem do maciço suportado, de modo que impeça a formação de um nível freático atrás deles (ver seção "Drenagem do maciço", p. 312). Existem, todavia, situações em que o maciço e a própria estrutura estão parcialmente (ou até totalmente) submersos, como acontece especificamente no caso dos muros-cais. Nessas situações, é necessário estimar os empuxos sísmicos do maciço submerso e do nível freático respectivo, por um lado, e da massa de água livre em frente da estrutura, por outro.

Em maciços muito permeáveis parece razoável admitir que a água e o esqueleto sólido do solo se comportam independentemente durante o sismo. Para esses casos é simples estender a teoria anteriormente exposta, como

em que G_S é a densidade das partículas sólidas. Tomando $G_S = 2{,}65$, resulta:

$$tg\,\theta' \approx 1{,}6\,tg\theta \qquad (4.103)$$

Tomando $k_v = 0$, a equação anterior equivale a considerar um coeficiente sísmico horizontal k_h' de valor:

$$k_h' \approx 1{,}6\,k_h \qquad (4.104)$$

O incremento do empuxo ativo sísmico das terras, resultante da diferença entre as Eqs. 4.101 e 4.68, deve ser combinado com o empuxo hidrodinâmico incremental dado pela Eq. 4.100. Já que o solo e a água atuam independentemente, é improvável que os respectivos empuxos estejam em fase, isto é, que atinjam simultaneamente os valores máximos. É preciso ponderar o modo mais razoável de proceder à sua combinação no dimensionamento. Alguns autores sugerem que, para isso, se proceda à raiz quadrada da soma dos quadrados dos empuxos incrementais.

É de notar que nos muros-cais ou estruturas similares, como ilustra a Fig. 4.36, é preciso ainda considerar a depressão hidrodinâmica em frente do muro, cujo valor máximo (em módulo) é dado pela Eq. 4.100.

4.7 Muros gravidade

4.7.1 Tipos de muro. Concepção

São diversos os muros de arrimo gravidade no que diz respeito ao material constitutivo, à forma e ao processo construtivo. Os dois primeiros aspectos estão fortemente interligados, de modo que, ao serem referidos os materiais, as formas, pelo menos as mais comuns, são também apresentadas. A Fig. 4.37 mostra muros gravidade com distintos materiais e formas.

Os muros de alvenaria de pedra são uma das mais antigas estruturas de engenharia civil. Por exemplo, os terraços realizados para cultivar terrenos nas encostas exigiram, desde tempos muito remotos, a construção de muros de arrimo de alvenaria aplicando regras empíricas transmitidas e aprimoradas de geração em geração, durante milênios.

Os muros de gabiões, constituídos por caixas paralelepipédicas de tela de aço galvanizado preenchidas por brita, constituem a versão moderna dos

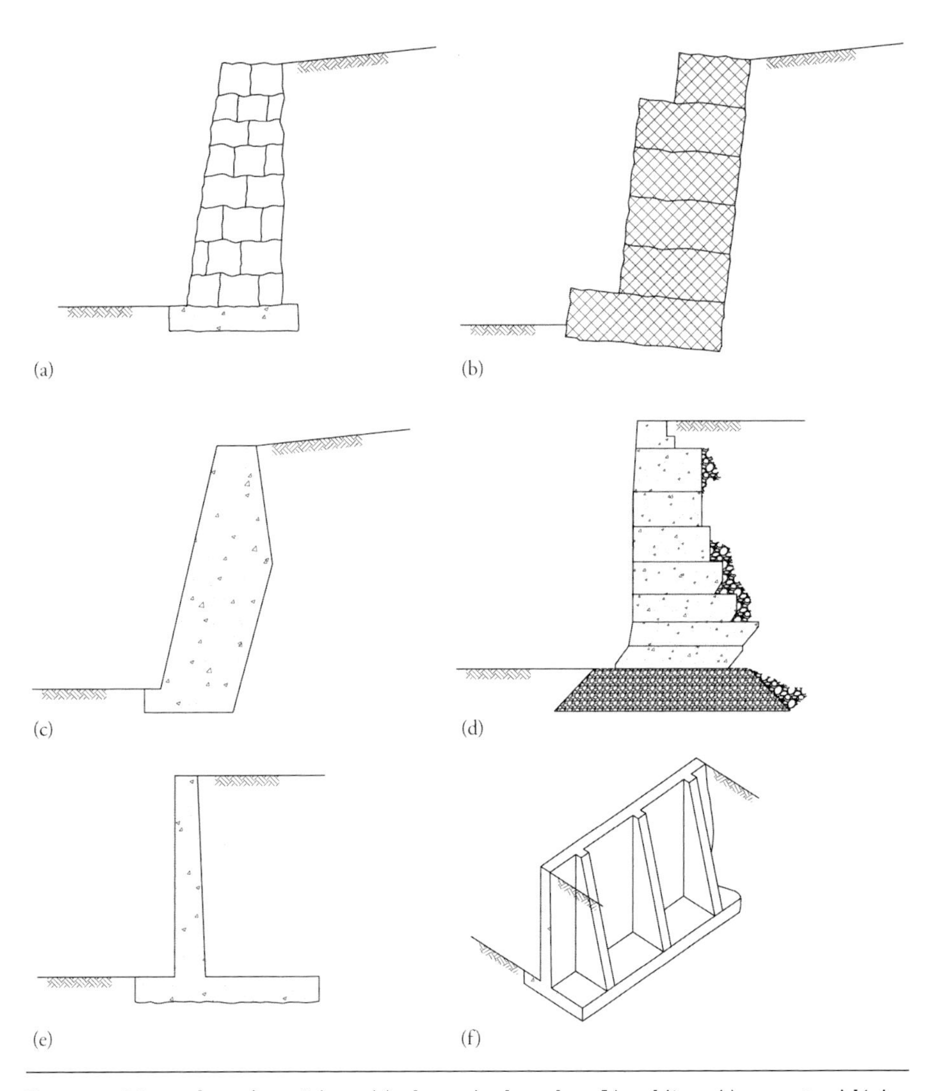

FIG. 4.37 *Muros de arrimo típicos: (a) alvenaria de pedra; (b) gabiões; (c) concreto ciclópico; (d) muro-cais de blocos; (e) concreto armado em L; (f) concreto armado com contrafortes*

muros de alvenaria. Sua aplicação é muito usual nas obras viárias, nas quais oferecem boa integração paisagística.

Os muros de concreto são também muito usuais: concreto ciclópico para alturas modestas a moderadas e concreto armado (e até protendido) para maiores alturas. Os muros de concreto armado, por meio do prolongamento da sapata para o lado das terras suportadas, são concebidos de modo a envolver

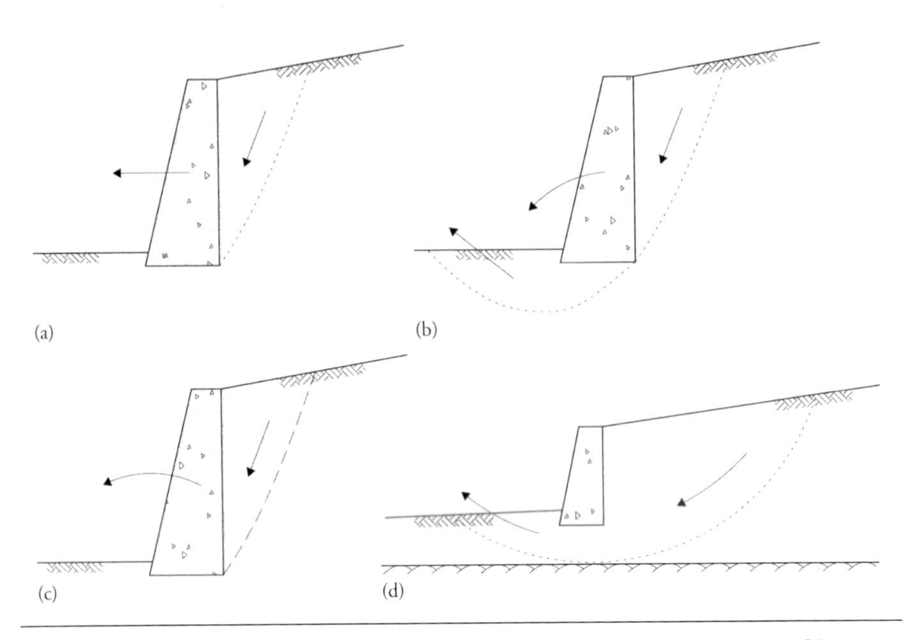

Fig. 4.39 *Estados-limites últimos de muros gravidade: (a) deslizamento pela base; (b) ruptura do solo de fundação; (c) tombamento; (d) escorregamento global*

das terras suportadas. A força que tende a se opor é composta pela força de atrito mobilizável entre a base do muro e o maciço de fundação e pelo empuxo passivo em frente do muro. É usual desprezar o efeito do empuxo passivo, pois as terras em frente do muro podem vir a ser total ou parcialmente retiradas, por qualquer razão.

O estado-limite último por ruptura do solo de fundação, mostrado na Fig. 4.39b, é abordado no Cap. 5, em que se estuda o modo de determinar a resistência ao carregamento vertical de fundações superficiais ou sapatas. Algumas considerações, todavia, podem ser adiantadas. Como referido na seção 4.2.3, o efeito conjunto do empuxo ativo e do próprio peso do muro implica a transmissão à fundação de uma força R inclinada e cujo ponto de aplicação se situa a uma distância e, a chamada excentricidade, do centro de gravidade da sapata do muro, G (ver Fig. 4.40). A componente de R paralela à base, T, é considerada no estudo da ruptura por escorregamento pela base. A parte inferior da Fig. 4.40 mostra o cálculo das tensões normais mobilizadas pela componente normal, N, que atua com determinada excentricidade, e.

É fácil verificar que, para que toda a base do muro esteja carregada, é necessário que R, logo, N, atue dentro do terço central, o que corresponde

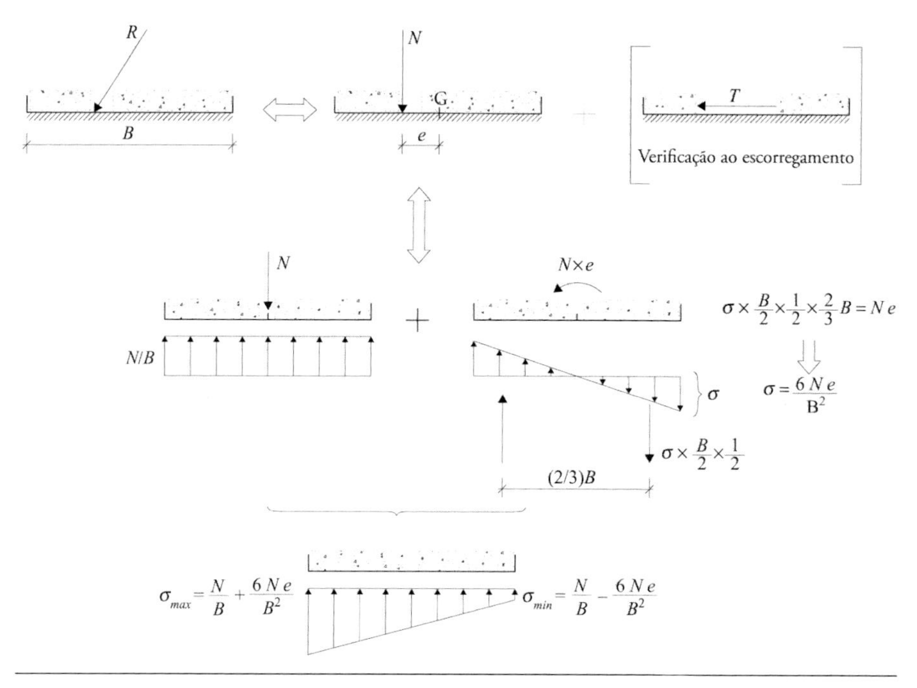

Fig. 4.40 *Determinação do diagrama de tensões normais na base de um muro de arrimo*

a impor que $e \leq B/6$. Quando isso não acontece, parte da base do muro fica descarregada, isto é, sem contato físico com o maciço de fundação. Para condições estáticas, é recomendável impor como critério de dimensionamento que a resultante passe no terço central da base do muro, a não ser que ele seja fundado num maciço rochoso de elevada resistência (situação em que se poderá admitir $e \leq B/4$). Esse cuidado consolida-se no fato de a grandeza da tensão máxima transmitida ao maciço aumentar rapidamente com a excentricidade. Assim, se ela for elevada, e o maciço de fundação não apresentar deformabilidade muito reduzida, tenderão a ocorrer recalques diferenciais significativos entre as arestas exterior e interior da base do muro. Em consequência, esse muro tende a experimentar uma rotação no sentido oposto ao das terras, o que faz aumentar ainda mais a excentricidade, logo, a tensão máxima, e assim sucessivamente, podendo esse processo resultar em colapso.

Como sugere a Fig. 4.39c, a ruptura por tombamento ocorre quando o muro, sob a ação do empuxo das terras suportadas, roda em torno da aresta exterior de sua base. Contrariam essa rotação o próprio peso e o empuxo passivo mobilizável em frente do muro. Pelas razões anteriormente apontadas, esse empuxo é, geralmente, desprezado. Esse modo de ruptura só é condicionante em muros fundados em rocha de elevada resistência. No caso de muros fundados em solos, a ruptura da fundação precederia o tombamento, embora, pela razão apresentada no parágrafo anterior, os dois modos de ruptura possam ser dificilmente distinguíveis.

Finalmente, o estado-limite último por escorregamento global ocorre quando se verifica um escorregamento do muro e do maciço envolvente, como no caso esquematizado na Fig. 4.39d. Em certos casos a superfície de escorregamento que limita a massa em movimento pode englobar apenas o solo nas proximidades imediatas do muro, estando sua formação associada às alterações que a construção daquele provoca, especificamente a escavação prévia. Em outros casos a superfície de escorregamento limita uma massa de solo consideravelmente maior e sua formação pode nada se relacionar à construção do muro ou, pelo menos, ela pode constituir apenas um fator que, associado a outros mais importantes, contribui para que tal superfície se desenvolva. Os métodos para a verificação da estabilidade global são objeto de estudo nos Caps. 1 e 6.

Os modos de ruptura de muros de arrimo quando atuados por sismos são essencialmente os mesmos que podem ocorrer sob condições estáticas. Os estados-limites referidos podem ocorrer devido aos efeitos desfavoráveis das forças de inércia no maciço e no próprio muro, mas também devido à liquefação do maciço suportado e/ou de fundação. Caso esse fenômeno ocorra no maciço suportado, o empuxo de terras atingirá valores dificilmente comportáveis pela estrutura. Parte significativa dos colapsos de estruturas de arrimo associadas a sismos ocorre em obras portuárias devido precisamente à liquefação de maciços arenosos submersos. A liquefação no maciço de fundação do muro induzirá naturalmente uma ruptura da fundação ou uma ruptura por escorregamento global. A avaliação do potencial de liquefação de um depósito granular é tratada no Cap. 5. Caso tal avaliação indique que o potencial de liquefação é significativo, é essencial proceder ao tratamento das formações em questão.

4.7.3 Concepção da forma do muro

No caso dos muros de concreto armado a forma do muro é essencialmente esquematizada nas Figs. 4.37e e 4.37f. Nesses muros as pressões transmitidas à fundação são geralmente menores do que as produzidas por muros de outros tipos, pelo que se tornam recomendáveis quando o terreno de fundação não exibe elevada resistência. A espessura da parede vertical e a da sapata são condicionadas pelo dimensionamento interno (ver seção 4.8.4). Para determinada largura da sapata, a estabilidade aumenta tanto mais quanto aquela está disposta para o lado das terras, isto é, a forma em L é preferível à de T invertido. Nos muros precedidos de escavação (Fig. 4.38c), no entanto, o desenvolvimento da sapata para o lado das terras pode estar limitado. Muitas vezes confere-se à face vista uma ligeira inclinação para o lado das terras, de modo a compensar a posterior rotação do muro sob a ação do empuxo, a qual, embora sendo geralmente muito pequena, provoca, em especial nos muros altos, efeito psicológico desagradável.

Quanto aos muros de alvenaria, de gabiões ou de concreto ciclópico, os graus de liberdade a respeito da forma são naturalmente maiores. Algumas orientações gerais podem ser apresentadas: i) uma inclinação do tardoz do muro em relação à horizontal inferior a 90° (isto é, um valor de λ negativo, de acordo com as convenções anteriormente adotadas nas teorias de empuxos) é favorável porque reduz a grandeza do empuxo de terras; ii) o centro de gravidade do muro deve estar tão perto das terras e tão baixo quanto possível, pois isso reduz a excentricidade da carga na fundação, quer em condições estáticas, quer em condições sísmicas; iii) exceto no caso dos muros concretados contra o terreno, a reta de suporte do peso do muro deve passar dentro da base dele, de modo que não seja necessário escorar o muro durante o estágio construtivo; iv) é favorável dotar a base do muro de certa inclinação em relação à horizontal (para o lado das terras suportadas) porque isso reduz a componente tangencial e aumenta a componente normal da carga na fundação.

As orientações mencionadas não são totalmente congruentes entre si. Por outro lado, determinada medida pode ser favorável para um estado-limite e desfavorável para outro. Acresce que as restrições, em termos de espaço, quer em estágio de construção, quer em estágio definitivo, do lado da frente do muro e no terrapleno, reduzem naturalmente a gama de formas possíveis. Disso resulta que a pesquisa da forma ótima de um muro seja bastante complexa. Dificilmente dois projetistas experientes chegariam ao mesmo desenho num caso concreto. Esse assunto é discutido por Correia de Araújo (1942), incluindo-se na Fig. 4.41 alguns desenhos recomendados por esse autor.

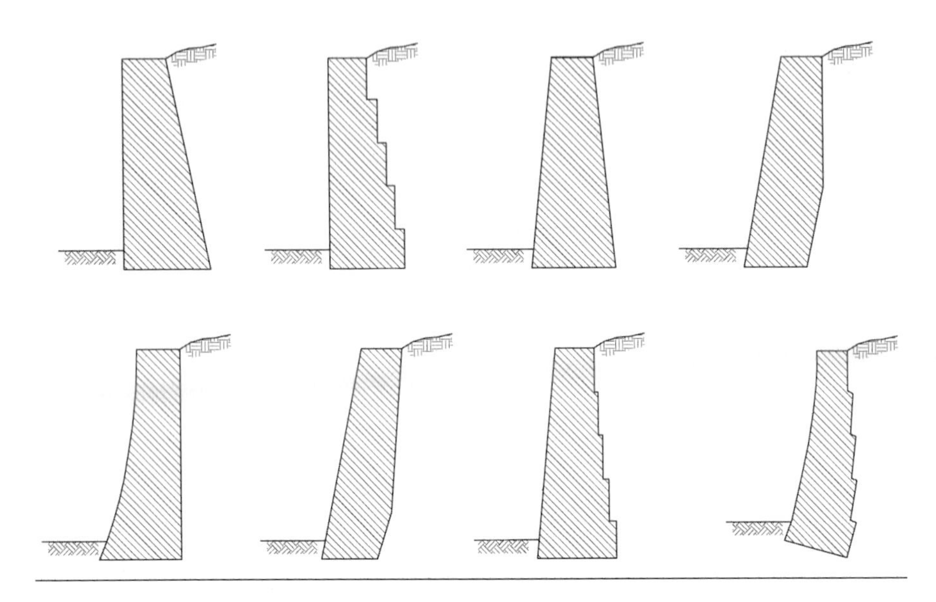

Fig. 4.41 *Formas recomendadas de muros gravidade de alvenaria e concreto ciclópico*
Fonte: Correia de Araújo (1942).

4.7.4 Questões práticas acerca do projeto e da construção

Parâmetros do terreno e das interfaces

Anteriormente se sugeriu a conveniência de que o material para colocar atrás dos muros de arrimo tenha propriedades granulares, desejavelmente menos do que 5% de finos. Com efeito, os solos com uma porcentagem significativa de finos têm comportamento muito dependente do teor de umidade, por isso, caso fossem empregados, quer o volume do maciço suportado, quer o empuxo sobre o muro exibiriam importantes variações sazonais, com o agravante de essas variações muito dificilmente serem suscetíveis de avaliação e até de controle durante a vida útil da obra. No Brasil, é possível usar solos com finos, desde que sejam solos lateríticos.

Quando é usado material de aterro de propriedades granulares atrás do muro, é preciso evitar conferir-lhe forte compactação, já que, embora ela incremente a compacidade do solo, logo, seu ângulo de atrito, as pressões sobre o muro podem aumentar de forma muito significativa. Sendo assim, os cálculos devem ser conduzidos com base no valor do ângulo de atrito ϕ'_{cv} do solo, o qual depende exclusivamente da granulometria (ver Vol. 1, Cap. 5).

No caso dos muros concretados contra o terreno (ver Fig. 4.38b) após escavação em maciços contendo apreciável quantidade de finos, o dimensionamento deve ser efetuado por meio de uma análise em tensões efetivas, na base dos parâmetros de resistência c' e ϕ', e para a distribuição das pressões na água dos poros de equilíbrio, isto é, após a dissipação dos excessos de pressão neutra negativos associados à escavação.

Relativamente ao ângulo de atrito terras-muro, ele depende, como foi referido, do ângulo de atrito do solo e da rugosidade do paramento. Essa rugosidade é maior nos muros de alvenaria e de gabiões ou nos muros de concreto construídos contra o terreno, onde se poderá considerar $\delta = \phi'_{cv}$. Em muros de concreto construídos com forma, é recomendável adotar $\delta = (2/3)\,\phi'_{cv}$. Esse valor é o máximo admitido no Eurocódigo 8 – Parte 5 para a avaliação do empuxo ativo sísmico (NP EN 1998-5, 2010).

Essas considerações aplicam-se ao caso da avaliação do empuxo ativo. Para o empuxo passivo, nos casos em que ele é considerado explicitamente no dimensionamento, é aconselhável a adoção de valores de δ mais reduzidos, considerando que a grandeza daquele empuxo cresce de modo muito acentuado com esse ângulo. Opção muitas vezes tomada em projeto consiste em considerar o efeito do empuxo passivo apenas para a verificação da segurança em condições sísmicas (considerando ser muito baixa a probabilidade de a ação sísmica coincidir com uma escavação temporária em frente do muro). Nessas circunstâncias, δ deve ser considerado nulo. Nota-se que, sendo a teoria de Mononobe-Okabe uma extensão da teoria de Coulomb, ela é também suscetível de sobrestimar aquele empuxo quando o ângulo terras-muro é elevado. Daí a opção mencionada, do lado da segurança, e imposta no Eurocódigo 8 – Parte 5 (NP EN 1998-5, 2010).

A resistência ao cisalhamento da superfície de contato entre a base do muro e o maciço de fundação é definida pelos parâmetros a_b e δ_b, respectivamente a adesão e o ângulo de atrito. Em projeto é aconselhável desprezar a contribuição da adesão. Quanto ao ângulo de atrito δ_b, é razoável admitir que ele seja próximo do ângulo de resistência ao cisalhamento do maciço de fundação, desde que a construção da sapata obedeça às regras da boa prática: um bom saneamento da superfície de fundação, imediatamente seguido da colocação da camada de concreto de limpeza, de traço seco, cuidadosamente apiloada. Caso esse procedimento seja cumprido, uma ruptura por escorregamento pela base implicaria que certa espessura do maciço imediatamente subjacente fosse igualmente arrastada, mobilizando-se na prática a resistência ao cisalhamento do solo.

Drenagem do maciço

A drenagem do maciço suportado constitui aspecto crítico para a segurança do muro. Com efeito, como foi salientado (ver seção 4.3.3), a existência de um nível freático naquele maciço é muito desfavorável, agravando substancialmente o empuxo total.

Apresentam-se alguns esquemas tradicionais de drenagem na Fig. 4.42. Nas Figs. 4.42a e 4.42b é possível observar imediatamente atrás do muro o *sistema de drenagem* constituído por material de grande permeabilidade. Ele

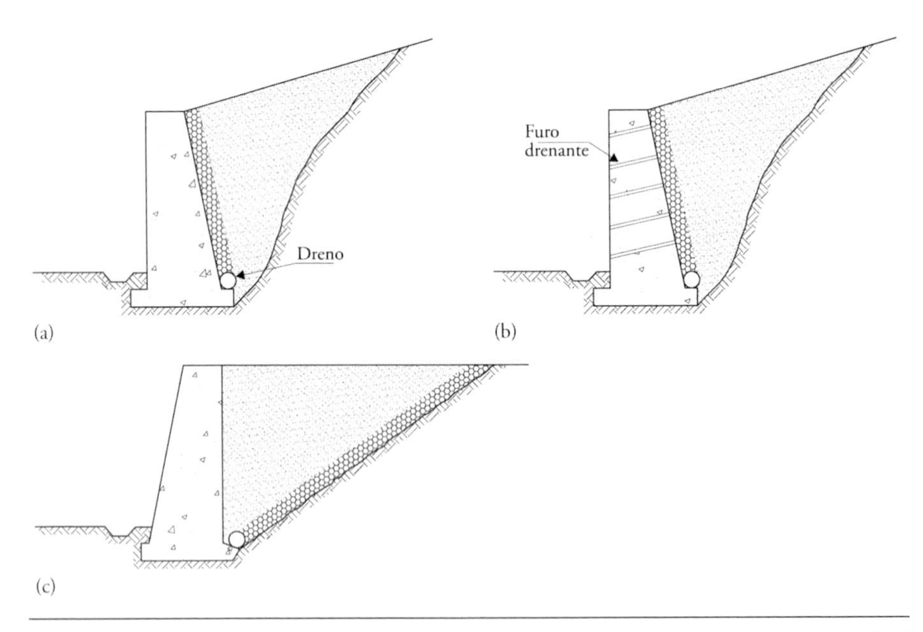

Fig. 4.42 *Drenagem de muros de arrimo: (a) cortina de drenagem ligada a dreno longitudinal posterior; (b) cortina de drenagem ligada a dreno longitudinal posterior e a barbacãs incorporadas no muro; (c) tapete de drenagem inclinado no maciço suportado ligado a dreno longitudinal posterior*

pode corresponder a material de aterro de maior granulometria ou ser um produto artificial (um geocomposto de drenagem, por exemplo). Como mostra a Fig. 4.42b, quando não há inconveniente em drenar as águas para a frente do muro, ele pode ser dotado de *drenos transversais* ou *barbacãs* (que, numa vista frontal, são geralmente dispostos em quincôncio). A Fig. 4.42c ilustra outro sistema de drenagem particularmente conveniente e que consiste na construção de um *tapete de drenagem* inclinado por detrás do muro, intercalado (embora não necessariamente) entre a superfície escavada do maciço natural e o aterro granular. Nas três soluções representadas, junto à base do muro e na parte de trás dele, coloca-se um tubo furado, materializando desse modo um dreno longitudinal, de onde a água é escoada por gravidade.

A zona adjacente aos drenos deve ser dotada de um filtro de modo a evitar não só a erosão interna no maciço mas também a obturação dos furos. Têm sido cada vez mais utilizados filtros constituídos por geotêxteis, de fácil e rápida colocação.

4.7.5 Avaliação do empuxo de terras em alguns casos práticos

Consideração das forças de percolação

Qualquer dos esquemas de drenagem apresentados anteriormente, funcionando em boas condições, impede o acúmulo de água no maciço, logo, o estabelecimento de um empuxo hidrostático sobre o muro. Todavia, pelo menos em muros que envolvam certa responsabilidade, especificamente por sua altura, é conveniente considerar no dimensionamento o efeito das forças de percolação no maciço suportado.

Na Fig. 4.43 representam-se de modo esquemático as redes de escoamento correspondentes a uma alimentação permanente de água à superfície do terreno, resultante da precipitação, para as duas soluções de drenagem apresentadas na Fig. 4.42. Nota-se que, para a questão em discussão, as soluções das Figs. 4.42a e 4.42b podem ser consideradas iguais.

A avaliação do empuxo que atende ao efeito das forças de percolação é discutida em detalhe por Lambe e Whitman (1979), que demonstram que a solução construtiva com tapete de drenagem é mais favorável, conduzindo a um empuxo ativo menor. Uma curiosidade: o efeito das forças de percolação associadas ao escoamento das águas pluviais para os drenos, analisado

4.8 Avaliação da segurança de muros gravidade

4.8.1 Processo convencional. Coeficientes globais de segurança

O modo tradicional de avaliação da segurança dos muros gravidade é fundamentado em coeficientes globais de segurança.

A Fig. 4.49 mostra um muro de arrimo e as forças aplicadas. Procurou-se ilustrar uma situação geral, contemplando não apenas as cargas estáticas, mas também as ações sísmicas, o empuxo passivo em frente do muro e a base não horizontal. Na parte inferior da figura, que contempla a situação com ações sísmicas, o empuxo passivo foi considerado normal ao paramento, de acordo com a seção 4.6.1.

O coeficiente de segurança global à ruptura do solo de fundação é representado segundo a equação:

$$F = \frac{V_R}{V_S} \tag{4.105}$$

em que V_R representa a capacidade de carga vertical, cuja avaliação é tratada no Cap. 5, e V_S é a carga vertical aplicada à fundação do muro. Como se verifica nessa altura, a grandeza daquela capacidade resistente é condicionada pela componente horizontal, H_S, e pelo momento, M_S, transmitido à fundação, bem como pela inclinação da base da fundação.

Observação importante: quando a base do muro não é horizontal, as forças V_S e H_S devem ser entendidas como as componentes da solicitação normal e tangencial à base, respectivamente. Como se verifica no Cap. 5, V_R é então a força resistente normal à base da fundação do muro. Essa questão tem particular relevância para os muros gravidade, dado que nessas estruturas é frequente adotar a fundação com base inclinada. A razão disso é que, ao contrário das fundações da maioria dos edifícios e pontes, as fundações dos muros de arrimo gravidade recebem uma carga permanente fortemente inclinada. A adoção de uma fundação de base inclinada visa precisamente aumentar a componente normal e reduzir a componente tangencial da solicitação. Geralmente aquela inclinação em relação à horizontal não ultrapassa 10°, sendo 6° um valor usual, em particular nos muros de gabiões.

O coeficiente de segurança global em relação ao deslizamento pela base do muro é dado por:

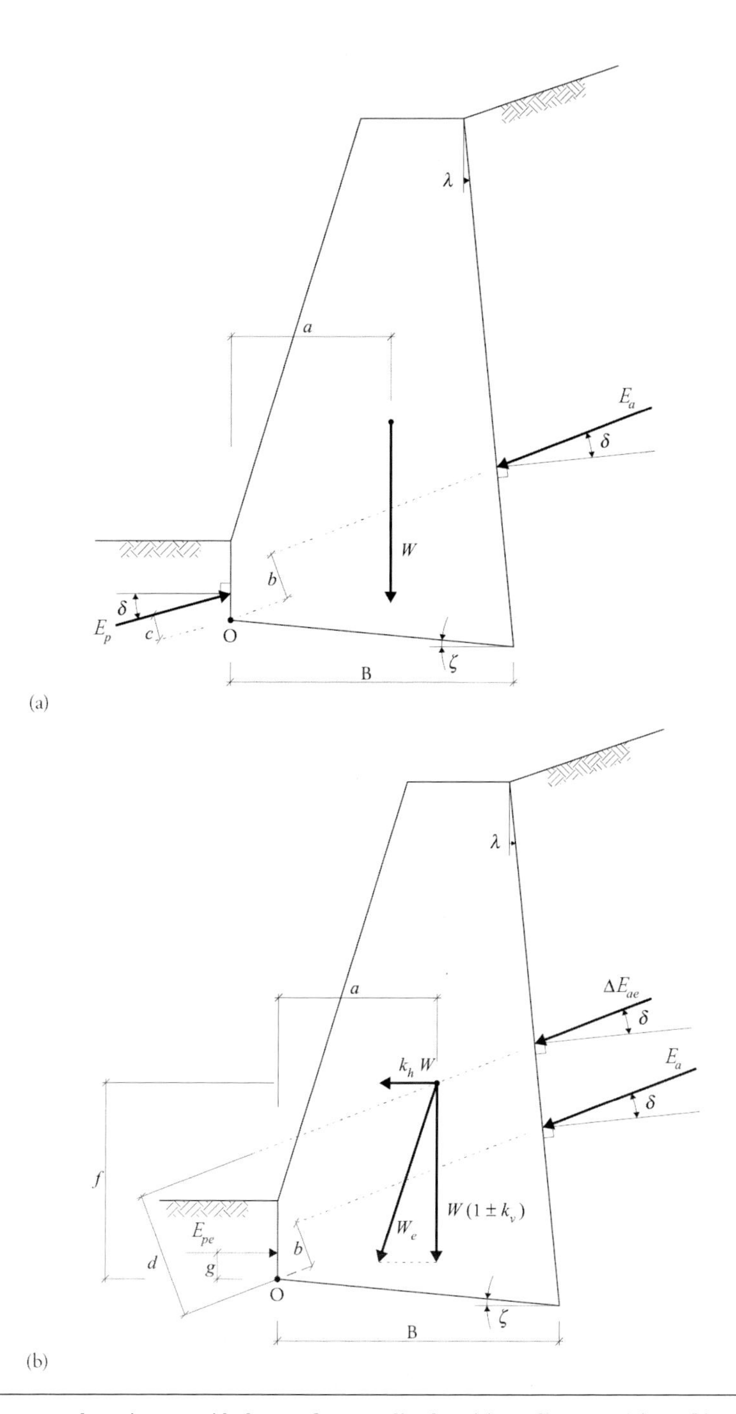

FIG. 4.49 *Muro de arrimo gravidade com forças aplicadas: (a) condições estáticas; (b) condições sísmicas*

$$F = \frac{T_R}{T_S} \tag{4.106}$$

em que T_R representa a força tangencial resistente no plano da base do muro, e T_S, a força tangencial aplicada à base do muro. No cálculo de T_R, intervém como parâmetro fundamental o ângulo de resistência ao cisalhamento da interface entre a base do muro e o solo de fundação, δ_b (ver seção 4.7.4).

O coeficiente de segurança ao tombamento é dado pela razão dos dois seguintes momentos, tomados em relação à aresta exterior da base do muro, o ponto O:

$$F = \frac{M_R}{M_S} \tag{4.107}$$

em que M_R é o momento resistente ou estabilizador, isto é, o momento que contraria o tombamento, e M_S é o momento que favorece o tombamento.

O coeficiente de segurança global em relação ao deslizamento global não é tratado neste capítulo, mas nos Caps. 1 e 6.

Os Quadros 4.1 a 4.3 incluem as expressões das forças e momentos que aparecem nas Eqs. 4.105 a 4.107, tomando como referência a Fig. 4.49. As equações dos momentos considerados no cálculo do coeficiente de segurança global ao tombamento em condições sísmicas envolvem certa controvérsia no meio técnico. As equações que constam do Quadro 4.3 destacam que a resistência do muro é fornecida pelo peso próprio e, adicionalmente, pelo empuxo passivo, enquanto a solicitação é o empuxo ativo; desse modo, todos os momentos dependentes do peso e do empuxo passivo devem aparecer no numerador do coeficiente de segurança.

A Tab. 4.2 inclui os valores mínimos considerados convenientes para os coeficientes de segurança para muros correntes. Para estruturas cuja ruptura envolva riscos potenciais elevados para pessoas e bens, devem ser adotados valores maiores.

4.8.2 Verificação da segurança pelo método dos coeficientes parciais de segurança. Aplicação do Eurocódigo 7

No contexto do chamado *limit state design*, consagrado nos Eurocódigos Estruturais, e em particular no Eurocódigo 7, trabalha-se, como se sabe,

QUADRO 4.1 EQUAÇÕES DAS FORÇAS QUE INTERVÊM NO COEFICIENTE DE SEGURANÇA GLOBAL À RUPTURA DO SOLO DE FUNDAÇÃO (EQ. 4.105)

Condições	Força	Equação
Sísmicas, base inclinada	V_R	Calculada com base no Cap. 5
	V_S	$(1 \pm k_v) W \cos\zeta + k_n W \operatorname{sen}\zeta + (E_a + \Delta E_{al}) \operatorname{sen}(\delta + \lambda + \zeta)$
	H_S	$(E_a + \Delta E_{ae}) \cos(\delta + \lambda + \zeta) + k_h w \cos\zeta - (1 \pm k_v) W \operatorname{sen}\zeta$
	M_S	(1) $E_a b + \Delta E_{ae} d + k_h Wf - (1 \pm k_v) W a + V_S \frac{B}{2}$
Sísmicas, base horizontal	V_R	Calculada com base no Cap. 5
	V_S	$(1 \pm k_v) W + (E_a + \Delta E_{ae}) \operatorname{sen}(\delta + \lambda)$
	H_S	$(E_a + \Delta E_{ae}) \cos(\delta + \lambda) + k_h W$
	M_S	(1) $E_a b + \Delta E_{ae} d + k_h Wf - W(1 \pm k_v) a + V_S \frac{B}{2}$
Estáticas, base inclinada	V_R	Calculada com base no Cap. 5
	V_S	$W \cos\zeta + E_a \operatorname{sen}(\delta + \lambda + \zeta)$
	H_S	$E_a \cos(\delta + \lambda + \zeta) - W \operatorname{sen}\zeta$
	M_S	(1) $E_a b - W a + V_S \frac{B}{2}$
Estáticas, base horizontal	V_R	Calculada com base no Cap. 5
	V_S	$W + E_a \operatorname{sen}(\delta + \lambda)$
	H_S	$E_a \cos(\delta + \lambda)$
	M_S	(1) $E_a b - W a + V_S \frac{B}{2}$

1. *M_S é o momento em relação ao centro de gravidade da base do muro; é, portanto, distinto de M_S do Quadro 4.3.*

QUADRO 4.2 EXPRESSÕES DAS FORÇAS QUE INTERVÊM NO COEFICIENTE DE SEGURANÇA GLOBAL AO DESLIZAMENTO PELA BASE (EQ. 4.106)

Condições	Força	Equação
Sísmicas, base inclinada	N_S	$(1 \pm k_v) W \cos\zeta + k_h W \operatorname{sen}\zeta + (E_a + \Delta E_{ae}) \operatorname{sen}(\delta + \lambda + \zeta) - E_{pe} \operatorname{sen}\zeta$
	T_R	$N_S \operatorname{tg}\delta_b + E_{pe} \cos\zeta$
	T_S	$(E_a + \Delta E_{ae}) \cos(\delta + \lambda + \zeta) + k_h W \cos\zeta - (1 \pm k_v) W \operatorname{sen}\zeta$
Sísmicas, base horizontal	N_S	$(1 \pm k_v) W + (E_a + \Delta E_{ae}) \operatorname{sen}(\delta + \lambda)$
	T_R	$N_S \operatorname{tg}\delta_b + E_{pe}$
	T_S	$(E_a + \Delta E_{ae}) \cos(\delta + \lambda) + k_h W$
Estáticas, base inclinada	N_S	$W \cos\zeta + E_a \operatorname{sen}(\delta + \lambda + \zeta) - E_p \operatorname{sen}(\delta + \zeta)$
	T_R	$N_S \operatorname{tg}\delta_b + E_p \cos(\delta + \zeta)$
	T_S	$E_a \cos(\delta + \lambda + \zeta) - W \operatorname{sen}\zeta$
Estáticas, base horizontal	N_S	$W + E_a \operatorname{sen}(\delta + \lambda) - E_p \operatorname{sen}\delta$
	T_R	$N_S \operatorname{tg}\delta_b + E_p \cos\delta$
	T_S	$E_a \cos(\delta + \lambda)$

Quadro 4.3 Expressões das forças que intervêm no coeficiente de segurança global ao tombamento (Eq. 4.107)

Condições	Momentos	Equação
Sísmicas	$M_R = m_O(W_e) + m_O(E_{pe})$	$(1 \pm k_v)\, W a - k_h W f + E_{pe}\, g$
	$M_S = m_O(E_a) + m_O(\Delta E_{ae})$	$E_a\, b + \Delta E_{ae}\, d$
Estáticas	$M_R = m_O(W) + m_O(E_p)$	$W a + E_p\, c$
	$M_S = m_O(E_a)$	$E_a\, b$

Tab. 4.2 Valores mínimos de coeficientes globais de segurança para muros gravidade

Modo de ruptura	*F* estático	*F* sísmico
Perda de estabilidade global	1,5	1,2
Ruptura da fundação	2,0 – 3,0	1,5
Deslizamento pela base	1,5 – 2,0	1,1 – 1,2
Tombamento	1,5	1,2

Fonte: Cardoso, Matos Fernandes e Brito (1999).

com coeficientes parciais de segurança. Com base nesses coeficientes, obtêm-se, para cada estado-limite, o valor de cálculo da resistência e o valor de cálculo dos efeitos das ações. É possível então proceder à chamada verificação da segurança, que implica que o primeiro daqueles valores seja maior ou igual ao segundo.

Para os estados-limites de ruptura do solo de fundação, de deslizamento pela base e de tombamento, as expressões das verificações da segurança são, respectivamente:

$$V_{Sd} \leqslant V_{Rd} \tag{4.108}$$

$$T_{Sd} \leqslant T_{Rd} \tag{4.109}$$

$$M_{Sd} \leqslant M_{Rd} \tag{4.110}$$

No âmbito da Abordagem de Cálculo 1 do EC 7, é a Combinação 2 que condiciona o dimensionamento externo dos muros gravidade. De acordo com o verificado no Cap. 3, nessa abordagem: i) os valores de cálculo das cargas permanentes, especificamente do peso do muro e das terras, coincidem com os respectivos valores característicos ($\gamma_G = 1$); ii) os valores de cálculo das sobrecargas variáveis na superfície, quando elas são desfavoráveis, são obtidos a partir dos respectivos valores representativos aplicando o coeficiente parcial $\gamma_Q = 1{,}3$; iii) os valores de cálculo dos parâmetros resistentes do terreno são obtidos por meio dos respectivos valores característicos por aplicação de coeficientes parciais γ_M superiores à unidade, e que dependem do parâmetro em questão e da situação de projeto, especificamente se a verificação de segurança é feita para condições estáticas ou para condições sísmicas.

As forças e momentos que entram nas Eqs. 4.108 a 4.110 são ainda as indicadas na Fig. 4.49 e referidas nos Quadros 4.1 a 4.3, acrescentando-se em todas elas o índice d de modo a informar que se trata do *valor de cálculo* (*design value*) e não do valor característico. A esse propósito, é importante sublinhar que o valor de cálculo do empuxo de terras é obtido não por uma majoração de um valor característico dessa ação (o que seria efetuado por meio de um coeficiente γ_G superior à unidade, portanto), mas através da diminuição dos valores característicos dos parâmetros resistentes do maciço, por meio de coeficientes γ_M superiores à unidade.

4.8.3 Muros gravidade sob ações sísmicas. Aplicação do Eurocódigo 8

Considerações gerais

Alguns aspectos tornam as ações sísmicas sobre os muros gravidade muito desfavoráveis: i) a grandeza que os coeficientes sísmicos k_h e k_v podem atingir (ver, a propósito, a Tab. A8.2, Anexo A8); ii) a dependência do coeficiente de empuxo ativo sísmico em relação aos coeficientes sísmicos (expressa, como exemplo, pela Fig. 4.33a); iii) o fato de o incremento do empuxo associado ao sismo se aplicar num ponto a maior distância da base do paramento do que o empuxo estático; iv) o fato de os mesmos coeficientes sísmicos afetarem o próprio muro. Disso decorre que nas regiões de sismicidade elevada e mesmo moderada o dimensionamento dos muros gravidade é geralmente condicionado pelas ações sísmicas e não pelas ações estáticas.

No Cap. 3 são discutidos os coeficientes parciais de segurança adotados para as propriedades resistentes dos terrenos nas análises de estabilidade em condições sísmicas de acordo com o Eurocódigo 8 (ver Tab. 3.10). Cabe nesse momento abordar os coeficientes sísmicos para representação adequada das ações sísmicas sobre os muros gravidade.

O modo de seleção dos coeficientes sísmicos horizontal e vertical utilizados em Portugal no dimensionamento de muros de arrimo de terras de acordo com o Eurocódigo 8 está resumido no Anexo A8. A adaptação a outras condições geográficas, logo, sismotectônicas, não oferece dificuldades.

Esses coeficientes dependem essencialmente: i) da zona sísmica em que a estrutura está situada, que determina a ação sísmica na base; ii) das propriedades do terreno de fundação do muro, que vão condicionar as acelerações à superfície do terreno; iii) da classe de importância da estrutura; iv) do deslocamento admissível do muro para o evento sísmico de projeto. Este último aspecto, isto é, a dependência dos coeficientes sísmicos do deslocamento que a estrutura possa experimentar em condições sísmicas, exige uma explicação, apresentada em seguida.

Dimensionamento sísmico aceitando deslocamentos permanentes. Modelo teórico de Richards e Elms

Nos casos em que o estado-limite condicionante é o deslizamento pela base – o que acontece frequentemente, em particular com os muros de concreto armado –, um dimensionamento mais econômico pode ser obtido aceitando que durante o sismo possa ocorrer algum movimento relativo entre o solo de fundação e a estrutura de arrimo, desde que não exceda determinado valor imposto *a priori* como admissível. Essa abordagem, inspirada em metodologias já usadas para barragens de aterro, com base no conhecido método de Newmark (1965), foi desenvolvida por Richards e Elms (1979) e permite considerar, no dimensionamento, coeficientes sísmicos mais baixos do que os adotados no método de dimensionamento tradicional.

Considere-se a Fig. 4.50, em que se representa um muro de arrimo com reserva insuficiente de resistência em relação ao deslizamento pela base para condições sísmicas. O primeiro diagrama da direita representa, com traço contínuo, as acelerações do terreno (consideram-se apenas as horizontais), e a tracejado, as acelerações do muro. Esses se deslocam solidariamente até o instante a, em que a aceleração sísmica ultrapassa a *aceleração limite*, isto é, correspondente a um coeficiente de segurança unitário em relação ao deslizamento. Depois desse instante, a aceleração do muro permanece constante, passando o terreno e o muro a deslocarem-se com velocidades absolutas diferentes,

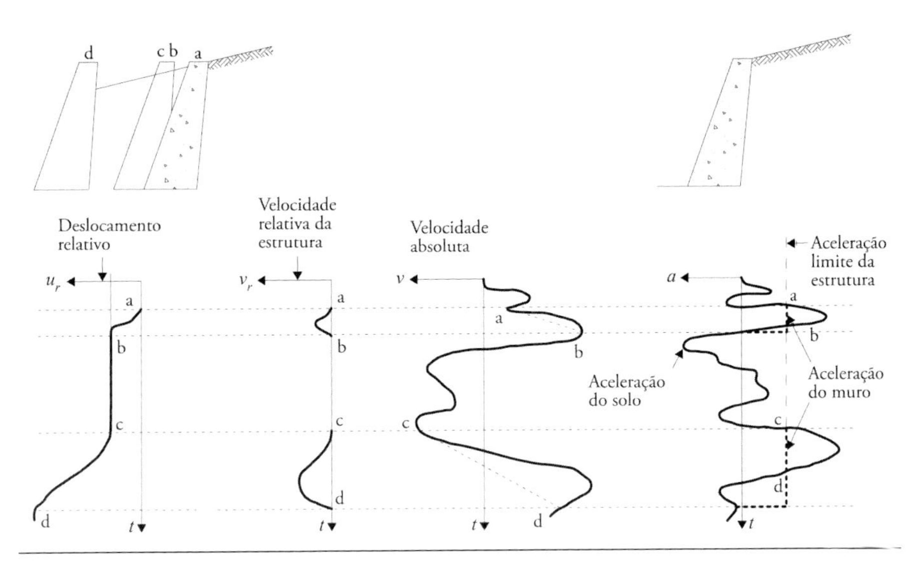

FIG. 4.50 *Movimento do terreno e do muro de arrimo durante um sismo*
Fonte: Richards e Elms (1979)

logo, o muro passa a experimentar deslocamentos relativos crescentes, que só cessam no instante *b*, quando as velocidades absolutas voltam a se igualar. O movimento solidário da estrutura e do maciço quebra-se novamente em *c* e volta a restabelecer-se em *d* por razões semelhantes, crescendo naturalmente os deslocamentos do muro. Repare que somente se verifica movimento relativo quando as acelerações se dirigem para o maciço suportado, implicando forças de inércia instabilizadoras, isto é, voltadas para o muro.

Com base nessas considerações, Richards e Elms salientam que os deslocamentos de um muro de arrimo com coeficiente de segurança relativamente ao escorregamento pela base inferior à unidade sob a ação de um sismo não ocorrem *contínua e ilimitadamente*, mas em incrementos cuja soma assume valor *finito* e, para um dado registro sísmico, *calculável* em função da razão da aceleração-limite pela aceleração de pico do registro. Ensaios em modelo reduzido apresentados pelos mesmos autores comprovaram essencialmente o modelo teórico apresentado, incluindo a adequação da teoria de Mononobe-Okabe para a previsão da aceleração-limite (Elms; Richards, 1990).

Os autores sublinham, todavia, que o cálculo dessa aceleração e o do deslocamento final para determinado registro devem ser efetuados com base nos parâmetros de resistência correspondentes ao estado crítico, embora

Fig. 4.51a. Essa opção está de acordo, por exemplo, com o recomendado pelo American Concrete Institute (Coduto, 2001), que estabelece uma majoração das tensões ativas de 1,7. Supondo um solo com $\phi' = 30°$ e um terreno com superfície horizontal, $K_a = 0,33$ e $K_0 = 0,50$, então $(K_a + K_0)/2 = 0,42$.

Em muros fundados em terrenos de grande resistência e rigidez, como uma rocha pouco alterada, por exemplo, é prudente considerar pressões próximas ou iguais às de repouso, como sugere a Fig. 4.51b.

Tudo isso se insere num contexto em que não se considera a deformação por flexão do paramento do muro. Naturalmente, poderia ser usado o argumento de que a ruptura (interna) do próprio muro seria necessariamente precedida de deformação do paramento suficiente para mobilizar o estado ativo no maciço suportado. Não é, todavia, conveniente considerar tal deformação para justificar a consideração do empuxo ativo porque isso poderá, na maior parte das situações, implicar significativa fissuração do concreto, logo, a não satisfação do estado-limite de utilização.

A questão do dimensionamento interno também é relevante para os muros de alvenaria, de gabiões ou de concreto ciclópico. Para esses materiais, o principal critério de dimensionamento consiste em verificar se, em cada seção, as tensões normais são exclusivamente de compressão. Isso implica considerar,

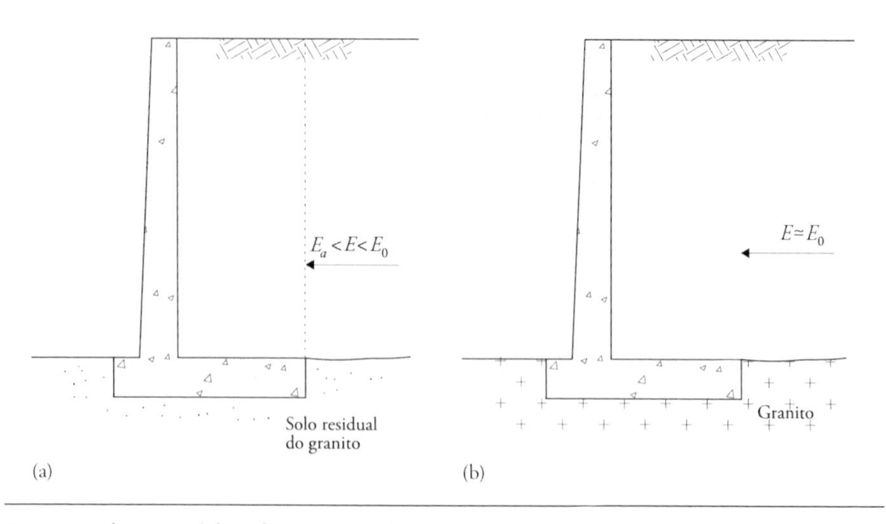

Fig. 4.51 *Situações típicas de muros gravidade de concreto armado no que diz respeito ao valor das tensões a considerar no dimensionamento interno: (a) fundação terrosa ou em rocha muito alterada; (b) fundação em rocha pouco alterada ou sã*

de cima para baixo, diversas seções do muro e verificar se a resultante do peso do material do muro e do empuxo de terras acima da seção passa em seu terço central. Em certos casos, como nos muros de concreto ciclópico, é possível admitir a mobilização de trações, caso elas sejam relativamente reduzidas quando comparadas com a resistência do material.

Nos muros-cais de blocos é indispensável verificar a segurança ao escorregamento entre blocos, devendo o ângulo de atrito respectivo ser determinado experimentalmente.

Anexos

Anexo 7 Tabelas de Caquot-Kérisel (excerto)

Tab. A7.1 Valores de K_a para $\delta = 0$

ϕ' (°)	λ(°)	Valores de β/ϕ'						
		−0,2	0	+0,2	+0,4	+0,6	+0,8	+1,0
20	+10	0,52	0,55	0,58	0,62	0,68	0,77	-
	0	0,47	0,47	0,52	0,55	0,60	0,67	0,98
	−10	0,41	0,41	0,44	0,47	0,51	0,56	0,81
25	+10	0,44	0,47	0,50	0,54	0,60	0,70	-
	0	0,39	0,41	0,43	0,46	0,51	0,59	0,92
	−10	0,32	0,34	0,36	0,38	0,41	0,47	0,73
30	+10	0,37	0,40	0,43	0,47	0,53	0,62	-
	0	0,31	0,33	0,36	0,39	0,43	0,50	0,85
	−10	0,25	0,26	0,28	0,30	0,33	0,38	0,63
35	+10	0,31	0,34	0,37	0,40	0,46	0,55	-
	0	0,25	0,27	0,29	0,32	0,35	0,42	0,77
	−10	0,20	0,21	0,22	0,23	0,26	0,30	0,54
40	+10	0,26	0,28	0,31	0,34	0,39	0,47	-
	0	0,20	0,22	0,23	0,25	0,29	0,34	0,68
	−10	0,15	0,16	0,17	0,18	0,20	0,23	0,45
45	+10	0,22	0,24	0,26	0,28	0,33	0,40	-
	0	0,16	0,17	0,18	0,20	0,23	0,27	0,58
	−10	0,11	0,12	0,12	0,13	0,14	0,17	0,35
50	+10	0,18	0,19	0,21	0,23	0,27	0,33	-
	0	0,12	0,13	0,14	0,15	0,17	0,21	0,48
	−10	0,08	0,08	0,09	0,09	0,10	0,12	0,27

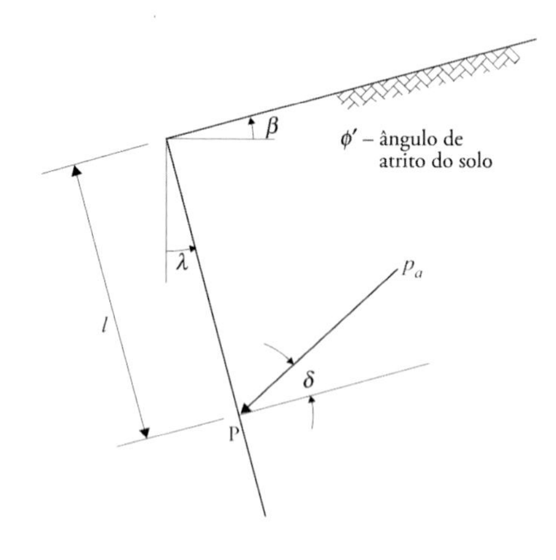

Tab. A7.2 Valores de K_a para $\delta = (2/3)\phi'$

ϕ' (°)	λ(°)	Valores de β/ϕ'						
		−0,2	0	+0,2	+0,4	+0,6	+0,8	+1,0
20	+10	0,47	0,50	0,53	0,58	0,64	0,73	-
	0	0,42	0,44	0,47	0,50	0,55	0,63	0,93
	−10	0,36	0,37	0,39	0,42	0,46	0,52	0,76
25	+10	0,40	0,43	0,46	0,50	0,57	0,67	-
	0	0,34	0,36	0,39	0,42	0,47	0,55	0,87
	−10	0,28	0,29	0,31	0,34	0,37	0,43	0,68
30	+10	0,34	0,37	0,39	0,44	0,50	0,60	-
	0	0,28	0,30	0,32	0,35	0,40	0,47	0,82
	−10	0,22	0,23	0,25	0,27	0,30	0,35	0,60
35	+10	0,29	0,31	0,34	0,38	0,44	0,55	-
	0	0,23	0,25	0,27	0,29	0,33	0,40	0,76
	−10	0,17	0,18	0,19	0,21	0,23	0,28	0,52
40	+10	0,25	0,27	0,30	0,33	0,38	0,48	-
	0	0,19	0,20	0,22	0,24	0,27	0,33	0,68
	−10	0,13	0,14	0,15	0,16	0,18	0,21	0,43
45	+10	0,21	0,23	0,25	0,28	0,33	0,41	-
	0	0,15	0,16	0,18	0,19	0,22	0,27	0,60
	−10	0,10	0,11	0,11	0,12	0,14	0,16	0,35
50	+10	0,18	0,20	0,22	0,24	0,28	0,36	-
	0	0,12	0,13	0,14	0,15	0,17	0,21	0,52
	−10	0,08	0,08	0,08	0,09	0,10	0,12	0,27

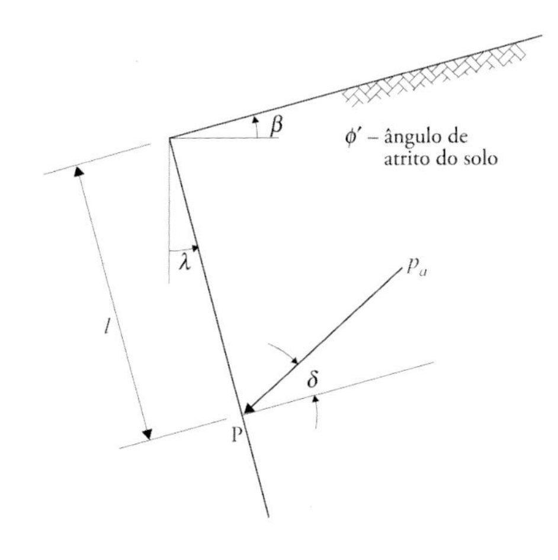

Tab. A7.3 Valores de K_a para $\delta = \phi'$

ϕ' (°)	λ(°)	Valores de β/ϕ'						
		−0,2	0	+0,2	+0,4	+0,6	+0,8	+1,0
20	+10	0,47	0,50	0,54	0,58	0,64	0,74	-
	0	0,42	0,44	0,47	0,50	0,55	0,63	0,94
	−10	0,35	0,37	0,39	0,42	0,46	0,52	0,76
25	+10	0,40	0,43	0,47	0,52	0,58	0,69	-
	0	0,35	0,37	0,39	0,43	0,48	0,56	0,91
	−10	0,28	0,30	0,31	0,34	0,37	0,43	0,70
30	+10	0,35	0,38	0,41	0,46	0,52	0,63	-
	0	0,29	0,31	0,33	0,36	0,41	0,49	0,87
	−10	0,22	0,24	0,25	0,27	0,30	0,36	0,63
35	+10	0,31	0,33	0,37	0,41	0,47	0,58	-
	0	0,24	0,26	0,28	0,31	0,35	0,42	0,82
	−10	0,18	0,19	0,20	0,22	0,25	0,29	0,55
40	+10	0,27	0,29	0,33	0,37	0,43	0,53	-
	0	0,20	0,22	0,24	0,26	0,30	0,36	0,77
	−10	0,14	0,15	0,16	0,17	0,19	0,23	0,48
45	+10	0,24	0,26	0,29	0,33	0,38	0,49	-
	0	0,17	0,18	0,20	0,22	0,25	0,31	0,71
	−10	0,11	0,12	0,13	0,14	0,15	0,18	0,41
50	+10	0,22	0,24	0,26	0,29	0,34	0,44	-
	0	0,15	0,16	0,17	0,18	0,21	0,26	0,64
	−10	0,09	0,09	0,10	0,10	0,12	0,14	0,33

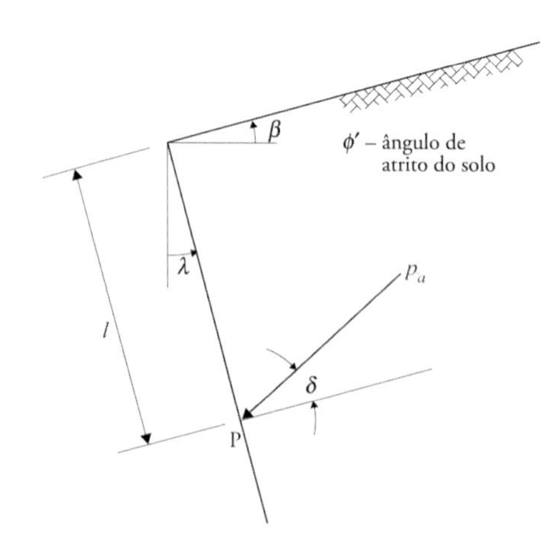

Tab. A7.4 Valores de K_p para $\delta = 0$

ϕ' (°)	λ(°)	Valores de β/ϕ'						
		−1,0	−0,8	−0,6	−0,4	−0,2	0	+0,2
20	+10	-	0,82	1,05	1,29	1,52	1,74	1,97
	0	0,64	1,03	1,30	1,57	1,81	2,04	2,27
	−10	0,75	1,25	1,56	1,84	2,10	2,34	2,58
25	+10	-	0,80	1,02	1,34	1,67	2,01	2,38
	0	0,52	1,09	1,33	1,70	2,08	2,46	2,88
	−10	0,64	1,22	1,66	2,10	2,53	2,97	3,44
30	+10	-	0,65	0,98	1,37	1,82	2,33	2,91
	0	0,41	0,88	1,32	1,82	2,38	3,00	3,72
	−10	0,52	1,16	1,74	2,38	3,05	3,82	4,74
35	+10	-	0,53	0,90	1,37	1,96	2,71	3,62
	0	0,30	0,76	1,28	1,92	2,72	3,69	4,92
	−10	0,40	1,17	1,78	2,66	3,69	5,00	6,59
40	+10	-	0,42	0,79	1,33	2,09	3,14	4,61
	0	0,20	0,63	1,19	2,00	3,09	4,58	6,69
	−10	0,29	0,93	1,78	2,94	4,51	6,69	9,65
45	+10	-	0,30	0,65	1,25	2,19	3,69	6,00
	0	0,12	0,48	1,06	2,02	3,50	5,84	9,45
	−10	0,19	0,77	1,71	3,22	5,55	9,20	14,8
50	+10	-	0,19	0,48	1,10	2,23	4,33	8,12
	0	0,065	0,33	0,82	1,91	3,94	7,58	14,1
	−10	0,11	0,59	1,57	3,46	6,91	13,28	24,5

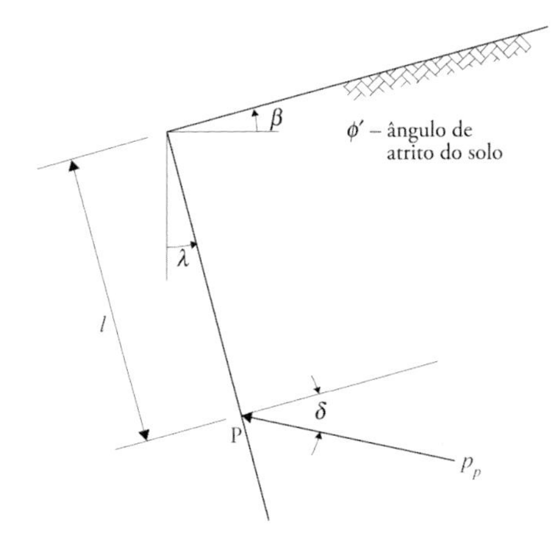

Tab. A7.5 Valores de K_p para $\delta = (2/3)\phi'$

ϕ' (°)	λ(°)	Valores de β/ϕ'						
		−1,0	−0,8	−0,6	−0,4	−0,2	0	+0,2
20	+10	-	1,12	1,44	1,76	2,08	2,38	2,68
	0	0,87	1,41	1,78	2,14	2,47	2,79	3,10
	−10	1,03	1,70	2,13	2,52	2,87	3,19	3,53
25	+10	-	1,16	1,60	2,09	2,60	3,13	3,70
	0	0,81	1,51	2,07	2,65	3,24	3,84	4,49
	−10	1,00	1,91	2,60	3,28	3,97	4,63	5,35
30	+10	-	1,19	1,79	2,52	3,32	4,27	5,34
	0	0,74	1,62	2,42	3,34	4,35	5,50	6,80
	−10	0,96	2,13	3,19	4,35	5,60	7,00	8,57
35	+10	-	1,20	2,00	3,06	4,38	6,04	8,08
	0	0,66	1,71	2,86	4,30	6,06	8,24	11,0
	−10	0,90	2,38	3,98	5,94	8,24	11,1	14,7
40	+10	-	1,19	2,25	3,81	5,96	8,99	13,2
	0	0,57	1,79	3,40	5,70	8,83	13,1	19,1
	−10	0,83	2,67	5,06	8,39	12,9	19,1	27,6
45	+10	-	1,15	2,54	4,86	8,55	14,4	23,4
	0	0,48	1,87	4,14	7,87	13,6	22,8	36,8
	−10	0,75	3,00	6,66	12,5	21,5	35,9	57,8
50	+10	-	1,09	2,88	6,42	13,0	25,2	47,4
	0	0,38	1,93	5,15	11,4	22,9	44,1	81,9
	−10	0,65	3,42	9,15	20,1	40,3	77,3	143

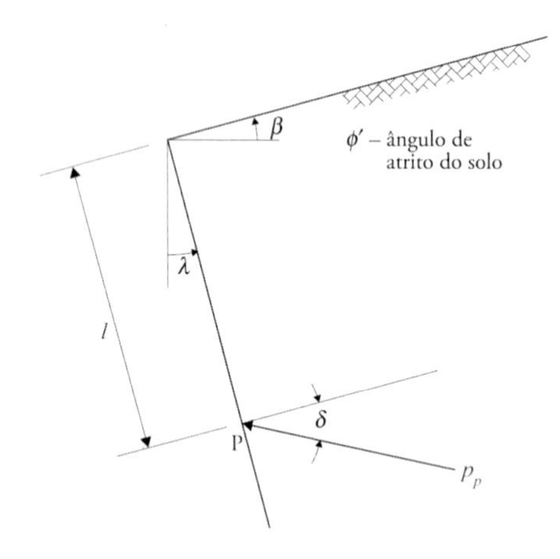

Tab. A7.6 Valores de K_p para $\delta = \phi'$

ϕ' (°)	λ(°)	Valores de β/ϕ'						
		−1,0	−0,8	−0,6	−0,4	−0,2	0	+0,2
20	+10	-	1,21	1,55	1,90	2,24	2,57	2,90
	0	0,94	1,52	1,92	2,31	2,67	3,01	3,35
	−10	1,11	1,84	2,30	2,72	3,10	3,45	3,81
25	+10	-	1,30	1,79	2,34	2,91	3,50	4,14
	0	0,91	1,69	2,31	2,96	3,62	4,29	5,02
	−10	1,12	2,13	2,90	3,66	4,41	5,17	5,99
30	+10	-	1,39	2,09	2,94	3,89	4,98	6,23
	0	0,87	1,89	2,82	3,90	5,09	6,42	7,95
	−10	1,12	2,49	3,72	5,08	6,54	8,17	10,0
35	+10	-	1,48	2,48	3,79	5,43	7,47	10,0
	0	0,82	2,11	3,53	5,32	7,50	10,2	13,6
	−10	1,11	2,95	4,92	7,35	10,2	13,8	18,2
40	+10	-	1,59	3,00	5,09	7,97	12,0	17,6
	0	0,77	2,39	4,54	7,61	11,8	17,5	25,5
	−10	1,11	3,57	6,77	11,2	17,2	25,5	36,8
45	+10	-	1,70	3,74	7,16	12,6	21,2	34,5
	0	0,71	2,76	6,10	11,6	20,1	33,5	54,3
	−10	1,10	4,43	9,83	18,5	31,9	52,9	85,2
50	+10	-	1,83	4,85	10,8	21,9	42,5	79,6
	0	0,64	3,25	8,67	19,2	38,6	74,3	138
	−10	1,10	5,75	15,4	33,9	67,7	130	240

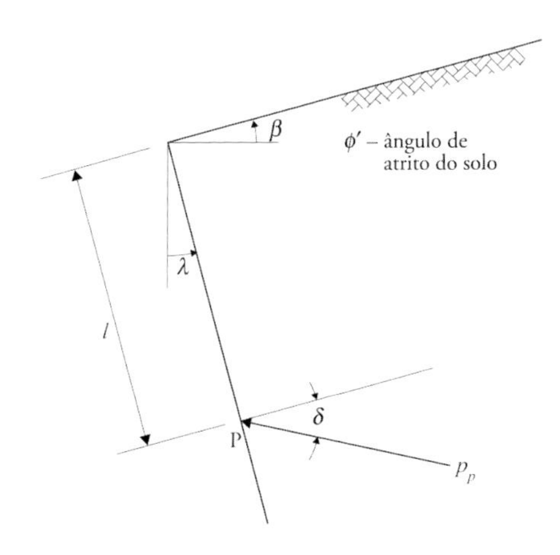

Tab. A7.7 Valores de K_p para o caso de $\beta = \lambda = 0$

ϕ' (°)	$\delta = 0$	$\delta = (1/3)\phi'$	$\delta = (2/3)\phi'$	$\delta = \phi'$
20	2,04	2,40	2,75	3,10
22	2,20	2,65	3,10	3,55
24	2,37	2,95	3,50	4,10
26	2,56	3,30	4,00	4,75
28	2,77	3,65	4,60	5,60
30	3,0	4,0	5,3	6,5
32	3,25	4,6	6,2	8,0
34	3,5	5,2	7,4	9,75
36	3,8	5,8	8,6	11,0
38	4,2	6,6	10	14
40	4,6	7,6	12	18
42	5,0	8,8	15	25
44	5,5	10,3	18	32
46	6,1	12	22	40
48	6,7	14	28	53
50	7,2	15	35	70

Anexo A8 Coeficientes sísmicos utilizados em Portugal para o dimensionamento de muros de arrimo segundo o Eurocódigo 8

Este anexo destina-se a apresentar de modo resumido os aspectos do Eurocódigo 8 (NP EN 1998-1, 2010; NP EN 1998-5, 2010) que permitem estabelecer os coeficientes sísmicos usados no dimensionamento de muros de arrimo de terras em Portugal.

O coeficiente sísmico horizontal é dado por:

$$k_h = \left(\frac{a_g}{g}\right) S \frac{1}{r} \tag{A8.1}$$

em que:

a_g representa o valor de cálculo da aceleração sísmica (horizontal) num terreno tipo A (ver Tab. 3.5) e que resulta do produto da aceleração máxima de referência a_{gR} nas várias zonas sísmicas pelo coeficiente de importância da estrutura, γ_I;

S é o coeficiente que considera a possível amplificação da aceleração entre o substrato e a superfície;

r é um fator dependente do deslocamento admissível do muro de arrimo;

g é a aceleração da gravidade.

A determinação de a_g e de S é abordada no Cap. 3 (ver seção 3.6). O Quadro A8.1 contém uma proposta do autor deste livro de classes de importância de muros de arrimo, inspirada no Eurocódigo 0 (Anexo Informativo B – Gestão da Confiabilidade Estrutural em Construções) e no Eurocódigo 8 – Parte 1 (Quadro 4.3 – Classes de importância para edifícios) (NP EN 1990, 2009; NP EN 1998-1, 2010), que, junto com a Tab. 3.7, permite obter o coeficiente de importância da estrutura, γ_I.

Os valores do fator r estão indicados na Tab. A8.1.

Por sua vez, o coeficiente sísmico vertical é dado por (NP EN 1998-5, 2010):

$$k_v = \pm 0{,}5 k_h \quad \text{se} \quad \frac{a_{vg}}{a_g} > 0{,}6 \tag{A8.2}$$

$$k_v = \pm 0{,}33 k_h \quad \text{se} \quad \frac{a_{vg}}{a_g} \leqslant 0{,}6 \tag{A8.3}$$

Considerando o estabelecido na Tab. 3.9 para as ações sísmicas no território português, as Eqs. A8.2 e A8.3 conduzem a:

$$k_v = \pm 0{,}5 k_h \tag{A8.4}$$

A torre inclinada de Pisa

1. A torre

A torre sineira da Catedral de Pisa é admirada pela sua beleza arquitetônica mas é famosa sobretudo pela sua inclinação desconcertante, que se desenvolveu ao longo de mais de oito séculos até ser estabilizada por uma intervenção tão delicada quanto engenhosa, concluída em 2001.

Como mostra a Fig. P1, a torre consiste numa estrutura cilíndrica resistente em alvenaria decorada externamente por oito ordens de *loggias* em calcário. A alvenaria é constituída por dois anéis concêntricos de pedras quadradas (0,4 m a 0,5 m de lado) entre os quais foi feito um enchimento de brita e argamassa. A espessura total da alvenaria é de 4,1 m na primeira *loggia* e de 2,6 m da segunda à sexta *loggias*. As duas últimas *loggias* são de alvenaria de tijolo e pedra-pomes.

Gravura do século XVII de autor desconhecido
Fonte: AGI (1991a).

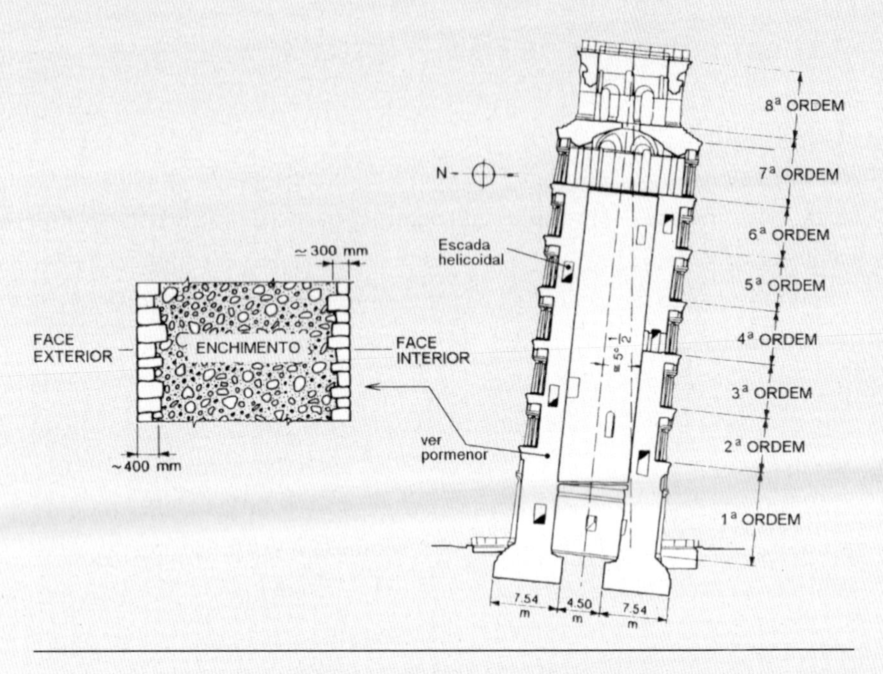

FIG. P1 *Estrutura da torre de Pisa*
Fonte: AGI (1991a).

A torre foi construída em três fases. De 1173 a 1178 foram construídas as fundações e os quatro primeiros pisos, atingindo 29 m de altura. Os trabalhos foram então interrompidos durante quase um século. De 1272 a 1278 a torre cresceu até a sétima *loggia*, atingindo 51 m de altura. Seguiu-se nova interrupção durante cerca de oitenta anos. Finalmente, de 1360 a 1370 a torre foi terminada, com a construção da câmara dos sinos, ficando com 58 m de altura.

A fundação, em pedra, tem forma de anel com diâmetros interior e exterior de 4,5 m e 19,6 m, respectivamente. O peso total da torre é de 142 MN e aplicava-se à fundação, imediatamente antes das obras de estabilização, com uma excentricidade de 2,25 m. A pressão média transmitida ao terreno é de aproximadamente 500 kPa.

O assentamento médio da torre desde o início da construção foi estimado em cerca de 2,5 m a 3,0 m.

2. O terreno

O maciço de fundação da torre de Pisa é de origem aluvionar e geologicamente muito recente (Plistocênico e Holocênico). A Fig. P2a mostra um perfil do subsolo no plano da máxima inclinação da torre, praticamente coincidente com o plano norte-sul, e a Fig. P2b inclui resultados de um ensaio CPT no local. A formação A, a mais recente, é constituída por uma sucessão de finos estratos de areia siltosa, silte argiloso e areia; a formação B é predominantemente argilosa, enquanto a formação C é arenosa.

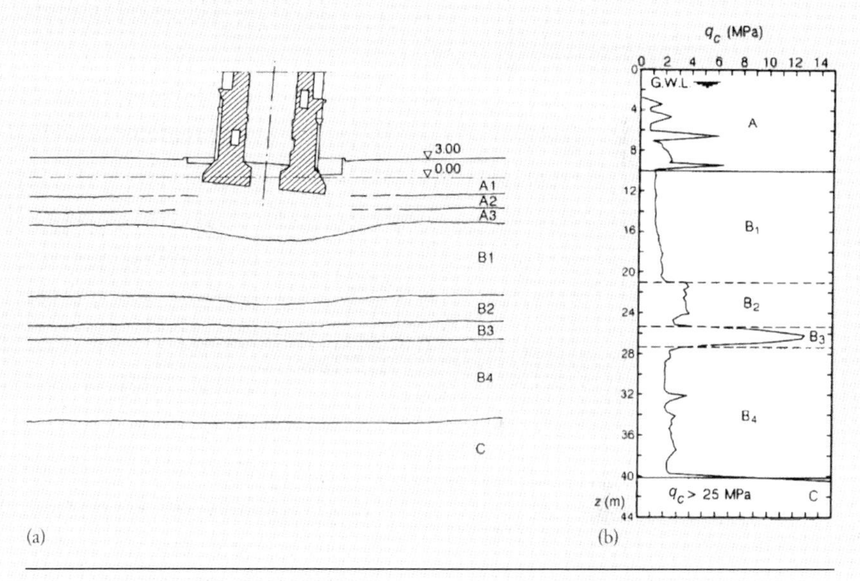

Fig. P2 *Maciço de fundação da torre de Pisa: (a) perfil estratigráfico; (b) resultados típicos de um ensaio CPT*

Fonte: AGI (1991a).

É curioso notar que a fronteira entre a formação A e o estrato argiloso B_1, a argila superior, é horizontal em toda a praça (Piazza dei Miracoli), exceto sob a torre, onde apresenta uma depressão que excede 2 m, o que fornece uma estimativa da ordem de grandeza do assentamento por consolidação induzido pelo peso do monumento.

Os movimentos da torre durante as obras foram cuidadosamente controlados. Os resultados foram animadores: a torre exibiu uma clara tendência para a redução da inclinação, rodando para norte cerca de 37 segundos (1 segundo vale 1/3.600 do grau). O assentamento médio associado à operação foi de cerca de 2,5 mm (Burland et al., 1994).

A fase seguinte das obras de estabilização, ditas "definitivas", visou conferir à torre uma rotação para norte de cerca de 0,5° (1.800 segundos), considerada apropriada por diversas razões: sendo impercetível a olho nu, não afetava a memória coletiva da Torre Inclinada, que era imperioso conservar; assegurava uma redução das tensões de compressão na alvenaria, acautelando um colapso estrutural; poderia conduzir a uma estabilização do processo de progressiva inclinação para sul.

Após apurados estudos ao longo da década, a solução escolhida foi a técnica designada na bibliografia de língua inglesa como *underexcavation*, já usada com sucesso na reabilitação da catedral da Cidade do México. Como mostra a Fig. P6a, o método consiste na remoção localizada e progressiva de solo do interior de furos inclinados de pequeno diâmetro realizados a partir da superfície do terreno; os furos de onde é retirado terreno acabam por fechar, induzindo um assentamento suave e controlado da superfície.

No dia 9 de fevereiro de 1999, num ambiente de grande expectativa, iniciou-se a primeira extração de solo numa frente de 6 m, do lado norte, usando 12 furos inclinados de 30°, como mostra a parte superior da Fig. P6b. A torre começou a rodar lentamente para norte. Quando a rotação atingiu 80 segundos, no início de julho de 1999, a extração preliminar foi interrompida. A rotação continuou, com taxa decrescente, até outubro seguinte.

O sucesso dessa fase preliminar convenceu o comitê de que era seguro levar a cabo uma extração de solo abarcando toda a largura da fundação. Assim, entre dezembro de 1999 e janeiro de 2000, como indica a parte inferior da Fig. P6b, foram instalados do lado norte 41 furos, inclinados de 20° e espaçados de 0,5 m, cada um com o seu tubo de revestimento e trado interior. A extração de solo teve início em 21

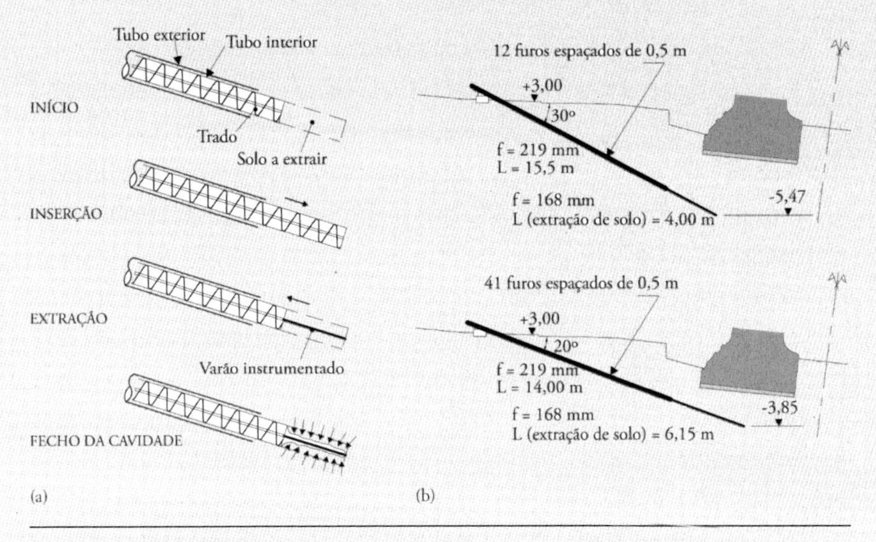

FIG. P6 *Estabilização "definitiva" da torre de Pisa: (a) esquema da técnica de* underexcavation*; (b) esquema aplicado para extrair terreno do maciço de fundação do lado norte da torre.*

Fonte: a) Jamiolkowski (1999); b) adaptado de Burland e Jamiolkowski (2009).

de fevereiro de 2000, com resposta positiva da torre, que se inclinou para norte de modo muito regular. A extração de terreno prolongou-se até junho de 2001, altura em que a torre tinha rodado para norte o valor desejado (1.800 segundos), reassumindo a inclinação com que se encontrava em 1844.

Um mês antes tinha sido iniciado o processo de retirada do contrapeso de blocos de chumbo, seguido da demolição do anel de concreto armado na sua base. Após cuidada reabilitação da zona envolvente, em dezembro de 2001, mais de onze anos após a sua interdição, a torre foi finalmente reaberta ao público, com a cidade de Pisa em festa.

Os membros do comitê apresentaram em 2009 o ponto da situação da torre (Burland; Jamiolkowski, 2009). Os resultados são francamente satisfatórios: entre 2001 e 2008 verificou-se uma inclinação adicional para norte de 148 segundos, mas com taxa cada vez menor; no fim desse período a torre encontrava-se praticamente imóvel.

No mesmo trabalho, refletindo sobre a evolução da torre no futuro, os especialistas traçam dois cenários. O *cenário otimista* corresponde à paragem definitiva da torre, com excessão de pequeníssimas oscilações sazonais motivadas por variações de temperatura e das condições da água no terreno. No *cenário pessimista*, após algumas décadas de imobilidade, a torre reinicia o processo de inclinação para sul, a princípio com taxa muito reduzida, depois com taxa crescente. Nesse cenário, seriam precisos cerca de 200 anos para a torre reassumir a inclinação que tinha em 1993, imediatamente antes das obras de estabilização. Todavia, mesmo que os vindouros não desenvolvam novos métodos de intervenção, o recurso ao processo de extração de terreno do lado norte permitirá a qualquer momento reduzir de novo e no valor desejado a inclinação da torre.

Fundações superficiais

5

Denomina-se *fundação superficial*, mas também usualmente *fundação direta* ou ainda *sapata*, uma fundação que transmite a carga proveniente da estrutura a uma camada, denominada *camada portante*, próxima da superfície do terreno.

Aquilo que distingue, do ponto de vista de seu funcionamento, uma fundação superficial de uma fundação profunda é que naquela a interação com o terreno para equilíbrio da carga vertical que não se processa através da base é geralmente desprezível e, portanto, ignorada no dimensionamento. Já nas fundações profundas a interação com o terreno através da área lateral (também denominada fuste), dada sua relevância para o equilíbrio da carga vertical, é normalmente considerada.

Na maioria das fundações de edifícios e pontes as forças verticais são claramente predominantes, sendo as forças horizontais normalmente associadas a ações variáveis ou até de acidente, como o vento e os sismos, de grandeza modesta ou moderada. Compreende-se, assim, que geralmente as fundações superficiais tenham base horizontal. Fundações superficiais com base inclinada são adotadas muitas vezes em muros de arrimo gravidade, como se verifica no Cap. 4, o que se compreende pelo fato de nessas estruturas a componente horizontal da força transmitida à fundação ser elevada e de caráter permanente.

Na perspectiva do terreno, o dimensionamento de uma fundação superficial deve satisfazer a segurança em relação aos estados-limites últimos e aos estados-limites de utilização.

O estado-limite último mais importante consiste na ruptura do terreno sob a fundação por capacidade resistente insuficiente ao carregamento vertical. Isso acarreta deslocamentos verticais muito elevados, que induzem também um estado-limite último, parcial ou global, na estrutura suportada.

Outro estado-limite muito relevante consiste em recalques excessivos da fundação. Normalmente eles são associados a um estado-limite de utilização, mas, em certas circunstâncias, podem induzir estados-limites últimos em elementos estruturais vizinhos da fundação em questão.

Este capítulo é em grande parte destinado a apresentar metodologias que permitem, para as fundações superficiais: i) avaliar a capacidade de carga vertical; ii) estimar os recalques. Com base nessas metodologias é possível definir, para um dado caso concreto, a cota da base da fundação e as suas dimensões em planta. Com base em outros conhecimentos, fora do âmbito deste livro, completa-se o dimensionamento da fundação como peça estrutural (especificamente, se for de concreto armado, estabelecendo sua altura e sua armadura).

De modo análogo ao anteriormente discutido para os muros de arrimo, durante milênios as fundações foram dimensionadas por meio de critérios empíricos, de validade restrita aos solos de uma dada zona ou região, ajustados de geração em geração com base nos casos de sucesso e de insucesso. Essas regras foram essencialmente desenvolvidas para estruturas de alvenaria.

A generalização das estruturas reticuladas associadas ao uso do aço e do concreto como materiais estruturais mais usuais a partir do fim do século XIX, e especialmente a partir do princípio do século XX, colocou exigências acrescidas no que diz respeito às fundações. Com efeito, passaram a ser construídas estruturas mais altas, com vãos maiores, implicando cargas maiores e mais concentradas transmitidas às fundações.

O corpo teórico disponível para o dimensionamento de fundações superficiais foi desenvolvido no século XX, acompanhando o desenvolvimento da Mecânica dos Solos a partir dos trabalhos pioneiros de Terzaghi na década de 1920. Todavia, a complexidade de muitas das questões envolvidas no dimensionamento faz com que muitos dos métodos de aplicação usual acabem por constituir ainda uma mescla de soluções teóricas, isto é, racionalmente demonstráveis, e de soluções semiempíricas e mesmo empíricas, com base na experiência.

Neste capítulo a componente empírica foi limitada ao mínimo indispensável, privilegiando-se a discussão dos fenômenos mecânicos envolvidos no comportamento das fundações e os métodos de dimensionamento fundamentalmente com base em considerações racionais. Isso permitirá recorrer, caso se necessite, e com sentido crítico, ao estudo de outras publicações especializadas de aspecto mais informativo, especificamente os manuais de fundações, em que outros métodos são apresentados.

5.1 CAPACIDADE DE CARGA VERTICAL

Considere-se a fundação representada na Fig. 5.1a, assente sobre a superfície de um maciço terroso, submetida a uma carga vertical centrada e crescente.

A Fig. 5.1b mostra o aspecto simplificado do diagrama carga vertical--recalque. A parte inicial, aproximadamente linear e de pequeno declive, representa a deformação do maciço em regime essencialmente elástico. A partir de certo ponto, o diagrama começa a exibir uma curvatura, indiciando o início da ruptura por cisalhamento no maciço carregado, ainda localizada. A inclinação do diagrama torna-se cada vez mais acentuada à medida que a ruptura irradia no terreno. O tramo final aproximadamente linear merece comentário mais

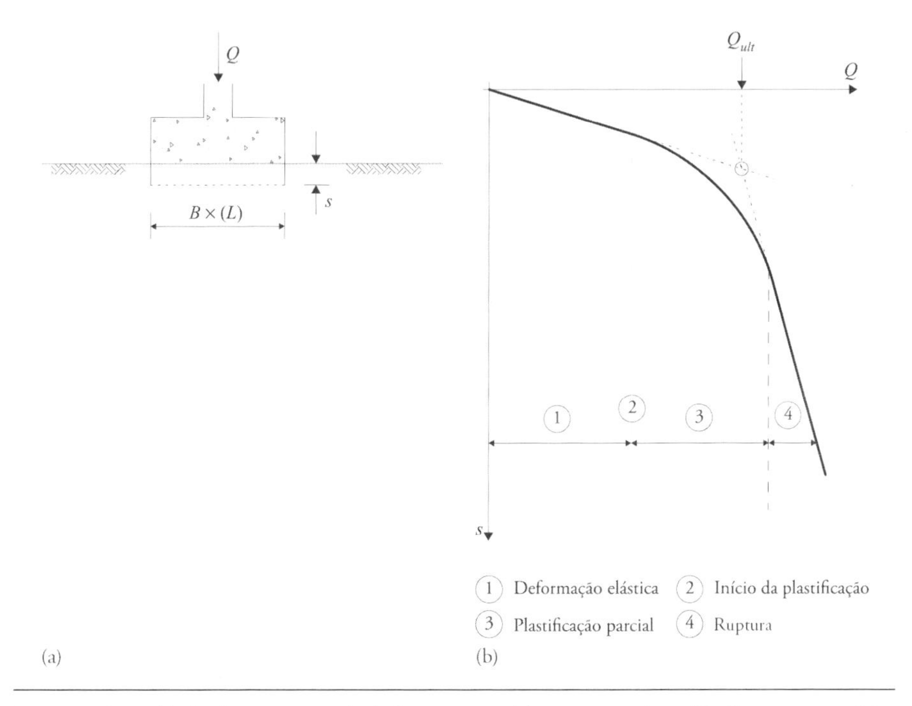

FIG. 5.1 *Capacidade de carga vertical de sapatas: (a) esquema-tipo; (b) diagrama genérico carga-recalque*

detalhado, porque quer seu declive quer sua extensão dependem de diversos aspectos, especialmente do tipo de solo.

Nos solos arenosos compactos e nas argilas carregadas em condições não drenadas, como mostra a Fig. 5.2a, o tramo é praticamente vertical e relativamente curto. A ruptura ocorre de forma súbita, com nítido levantamento do terreno lateral vizinho da fundação. Isso significa que se desenvolve um escoamento plástico não confinado, isto é, uma situação de ruptura por cisalhamento abrangendo uma massa contínua desde a região subjacente à sapata até as regiões circundantes, limitada por uma superfície de deslizamento que se estende até a superfície do terreno. A geometria dessa massa é esquematizada no lado direito da Fig. 5.2a e será analisada em detalhe na seção 5.1.1. Se a fundação não tiver restrição oferecida por uma ligação ao resto da estrutura (fundação isolada), ela experimentará uma pronunciada rotação para um dos lados na parte final da ruptura.

A razão dessa rotação precisa de uma explicação. Todos os terrenos exibem alguma heterogeneidade. Durante o carregamento os recalques crescem mais rapidamente do lado menos resistente. Quando os recalques atingem valores relativamente elevados, os efeitos de segunda ordem deixam de ser desprezíveis. Assim, as tensões verticais passam a aumentar mais rapidamente do lado mais fraco, ocasionando novos recalques e acelerando, desse modo, a ruptura. Em conjugação com o recalque, a sapata experimenta assim uma rotação no sentido do lado menos resistente do terreno. A explicação precedente invoca, por analogia, o fenômeno da flambagem estudado na Resistência de Materiais.

Nos solos arenosos fofos e nas argilas carregadas em condições drenadas, como ilustra a Fig. 5.2b, o tramo final terá uma inclinação acentuada, mas mais ou menos afastada da vertical, e poderá prolongar-se até recalques muito elevados sem que se manifeste uma ruptura generalizada similar à anteriormente referida. A explicação para o fato é que, à medida que o carregamento se processa e ocorre o recalque, a resistência do terreno vai, de certa forma, aumentando, logo, a ruptura generalizada vai sendo quase indefinidamente protelada. No caso da areia, as deformações associadas ao carregamento provocam alguma densificação, logo, aumento do ângulo de resistência ao cisalhamento. Por outro lado, o recalque (elevado) vai fazer com que o peso do terreno acima da base da sapata aumente. Vê-se, adiante, que

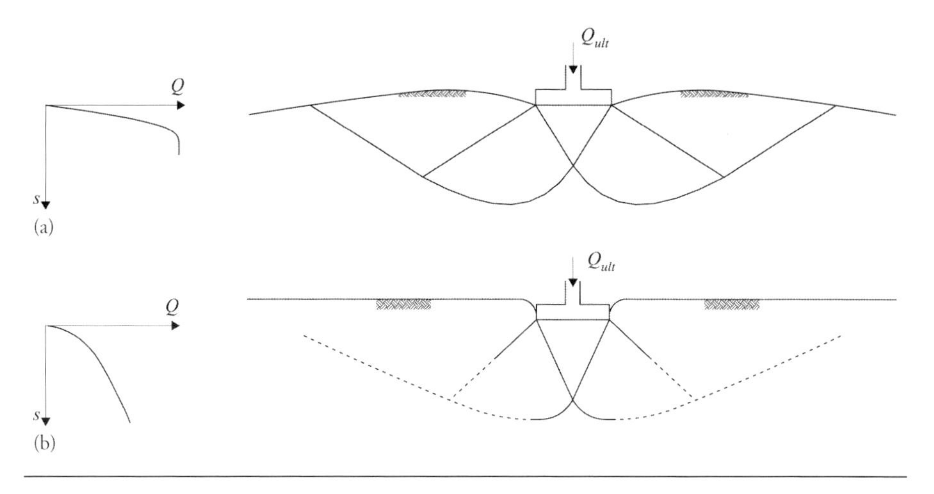

FIG. 5.2 *Modos de ruptura típicos de sapatas: (a) ruptura geral; (b) ruptura local ou parcial*
Fonte: adaptado de Vesić (1963).

esse peso desempenha papel relevante na resistência ao carregamento. No caso das argilas, as considerações precedentes são também, no essencial, aplicáveis.

Voltando à Fig. 5.1b, a interseção das tangentes aos dois tramos aproximadamente retilíneos da curva pode ser considerada a *carga de ruptura* teórica, Q_{ult}. Ela é também denominada *carga-limite* ou ainda *carga última* da fundação.

A *capacidade de carga* da fundação é a razão da carga de ruptura pela área da base respectiva:

$$q_{ult} = \frac{Q_{ult}}{B\,L} \tag{5.1}$$

sendo B a largura e L o comprimento da sapata.

5.1.1 EXPRESSÃO GERAL DA CAPACIDADE DE CARGA VERTICAL

O problema da avaliação da resistência ao carregamento de uma fundação superficial é tratado no âmbito da teoria da plasticidade usando métodos de análise-limite fundamentados nos teoremas do limite superior e do limite inferior (ver Cap. 1). Como se sabe, os métodos fundamentados no primeiro teorema fornecem estimativas por excesso (inseguras), enquanto os fundamentados no segundo teorema fornecem estimativas por defeito (do lado da segurança). Nos casos em que as soluções fornecidas pelos dois teoremas coincidem, aquelas são consideradas exatas. No âmbito desses métodos, admite-se que o solo se comporta como um material rígido-plástico, isto é, as deformações pré-ruptura não são consideradas.

Atendendo à complexidade analítica e numérica do problema em questão, faz-se em seguida uma apresentação muito sucinta da solução generalizadamente empregada para dimensionamento, referindo as hipóteses de base e as contribuições fundamentais. Solução alternativa, de natureza semi-empírica, com base diretamente nos resultados do ensaio PMT (ver seção 2.2.8), apresenta-se no Anexo A9.

Considere-se uma sapata como a representada na Fig. 5.3, com largura B, cuja base se encontra a uma profundidade D, sobre um maciço homogêneo de superfície horizontal e peso específico γ, carregada por uma carga vertical centrada. Admita-se que:

i) a sapata tem desenvolvimento infinito;
ii) o solo obedece ao critério de ruptura de Mohr-Coulomb;
iii) é nula a resistência ao cisalhamento do solo acima da base da sapata, isto é, o solo atua sobre a superfície ao nível da base da sapata como uma sobrecarga uniformemente distribuída;
iv) são nulos o atrito e a adesão entre a sapata e o solo de fundação.

Como mostra a Fig. 5.3, a ruptura por cisalhamento do solo implica a formação de três blocos ou cunhas plastificados: a cunha I, que na ruptura desce solidária com a sapata e se encontra no estado-limite ativo de Rankine, obriga a cunha II, em cisalhamento radial, a deslocar-se lateralmente, a qual, por sua vez, induz um deslocamento lateral e ascendente da cunha III, em estado passivo de Rankine. Como geralmente acontece nas soluções matemáticas de problemas de engenharia, o mecanismo de ruptura considerado foi inspirado na observação de rupturas em modelos físicos de laboratório.

A linha ACDE é formada por dois segmentos retos, AC e DE, e por um segmento curvo. Os segmentos retos formam ângulos ψ e ψ' com a horizontal de, respectivamente, $\pi/4 + \phi/2$ e $\pi/4 - \phi/2$; o segmento curvilíneo é um arco de circunferência para solos com ângulo de atrito nulo e assemelha-se a uma espiral logarítmica nos casos restantes.

Dada a solidariedade mecânica e geométrica da cunha ABC com a sapata, um método para estudar seu equilíbrio poderá ser o estudo do equilíbrio da cunha referida. Ela é sujeita às forças incluídas na Fig. 5.3, além de seu peso

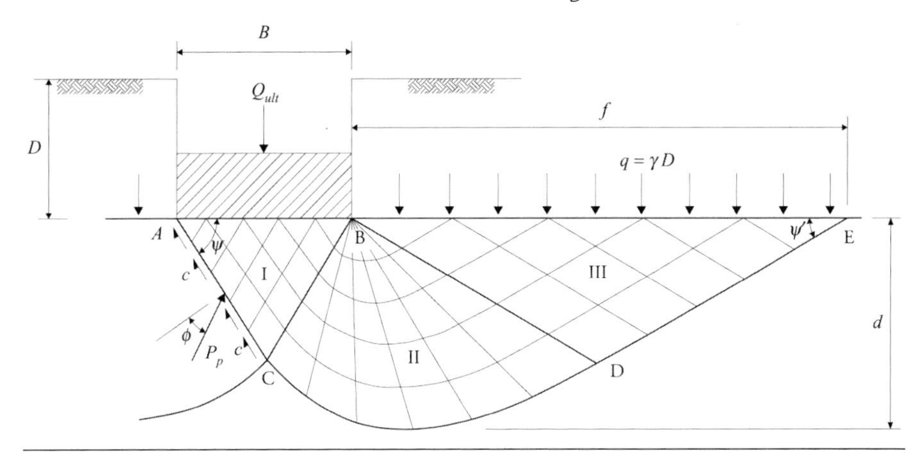

FIG. 5.3 *Capacidade resistente ao carregamento de uma sapata: zonas de cisalhamento e forças que se opõem à ruptura*

próprio, W. Considerando o equilíbrio das forças na direção vertical, é possível escrever:

$$Q_{ult} = 2P_p \cos(\psi - \phi) + 2\overline{AC}\, c \ \text{sen}\, \psi - W \tag{5.2}$$

Atendendo a que:

$$\overline{AC} = \frac{B}{2\cos\psi} \tag{5.3}$$

e

$$W = \frac{\gamma B^2}{4} \text{tg}\ \psi \tag{5.4}$$

então, a Eq. 5.2 fica:

$$Q_{ult} = 2P_p \cos(\psi - \phi) + B\, c\ \text{tg}\, \psi - \frac{\gamma B^2}{4}\ \text{tg}\, \psi \tag{5.5}$$

Dividindo a Eq. 5.5 pela largura da fundação, B, obtém-se:

$$q_{ult} = \frac{2P_p}{B} \cos(\psi - \phi) + \ c\ \text{tg}\, \psi - \frac{\gamma B}{4}\ \text{tg}\, \psi \tag{5.6}$$

Na Eq. 5.6 a única grandeza desconhecida é a força P_P. A dificuldade desse problema reside precisamente na determinação dessa força.

Para materiais *sem peso* ($\gamma = 0$), o problema tem solução matematicamente exata. Essa solução, desenvolvida por Prandtl (1921) e Reissner (1924) no âmbito do estudo da ruptura de metais, foi adaptada à Mecânica dos Solos por Caquot (1934), correspondendo a:

$$q_{ult} = c\, N_c + q\, N_q \tag{5.7}$$

em que o valor da sobrecarga aplicada à superfície lateralmente à fundação é:

$$q = \gamma D \tag{5.8}$$

e N_c e N_q são coeficientes adimensionais com as seguintes equações:

$$N_c = (N_q - 1)\ \cot g\phi \tag{5.9}$$

e

$$N_q = e^{\pi\, \mathrm{tg}\,\phi}\, \mathrm{tg}^2\left(\frac{\pi}{4} + \frac{\phi}{2}\right) \tag{5.10}$$

No âmbito dessa solução exata, para $\phi = 0$, $N_c = \pi + 2 = 5{,}14$ e $N_q = 1$.

Até o momento não foi encontrada solução exata para a capacidade resistente ao carregamento de solos reais, isto é, *com peso*. O problema foi pela primeira vez analisado por Buisman (1940) e logo em seguida por Terzaghi (1943), admitindo nula a coesão e a sapata à superfície do terreno, logo, nula (também) a sobrecarga lateral ($q = 0$). A equação proposta a seguir envolve o coeficiente adimensional N_γ, cujo valor esses autores calcularam utilizando métodos gráficos:

$$q_{ult} = \frac{1}{2}\gamma B N_\gamma \tag{5.11}$$

Para um problema geral de um solo com coesão, sobrecarga lateral e peso, Terzaghi (1943) propôs conjugar as Eqs. 5.7 e 5.11 numa única equação. A expressão geral da resistência ao carregamento de uma sapata, conhecida pela equação de Buisman-Terzaghi, uma das equações mais aplicadas da Mecânica dos Solos, é:

$$q_{ult} = c\, N_c + q\, N_q + \frac{1}{2}\gamma\, B\, N_\gamma \tag{5.12}$$

O segundo membro dessa equação pode ser interpretado da seguinte forma: i) a primeira parcela representa a capacidade resistente ao carregamento de um material com resistência atrítica combinada *com coesão*, mas *sem peso* e *sem sobrecarga lateral*; ii) a segunda parcela representa a resistência ao carregamento de um material com resistência atrítica combinada *com sobrecarga lateral*, mas *sem coesão* e *sem peso*; iii) a terceira parcela representa a resistência ao carregamento de um material com resistência atrítica combinada *com o peso*, mas *sem coesão* e *sem sobrecarga lateral*.

Diversos estudos mostraram que essa *sobreposição de efeitos*, não sendo matematicamente correta, envolve erros toleráveis e do lado da segurança quando aplicada a fundações em que todos aqueles parâmetros estejam envolvidos (Lundgren; Mortensen, 1953; Barreiros Martins, 1965; Brinch Hansen; Christensen, 1969).

Como foi referido, não se conhece solução matematicamente exata para o coeficiente N_γ, que se verifica ser muito dependente de ψ, o ângulo que define a geometria da cunha sob a sapata (ver Fig. 5.3). A equação a seguir tem tido aplicação muito generalizada (adotada no Eurocódigo 7) e resulta de uma aproximação aos valores numéricos obtidos por Caquot e Kérisel (1953) admitindo o ângulo $\psi = \pi/4 + \phi/2$:

$$N_\gamma = 2\left(N_q - 1\right)\ \mathrm{tg}\,\phi \tag{5.13}$$

A busca de soluções aproximadas para o fator N_γ é um tópico recorrente na investigação em Mecânica dos Solos nas últimas décadas, acompanhando o desenvolvimento dos modernos métodos numéricos computacionais. Uma solução muito aproximada atualmente disponível é a desenvolvida por Hjiaj, Lyamin e Sloan (2005), que combinaram métodos fundamentados nos dois teoremas de análise-limite. A solução proposta resulta da média das soluções obtidas a partir de cada uma das abordagens, confinando a solução exata com erros máximos da ordem de 3%. Os autores desenvolveram a seguinte equação, que aproxima os valores numéricos obtidos:

$$N_\gamma = e^{\frac{1}{6}\left(\pi + 3\pi^2\,\mathrm{tg}\,\phi\right)}\ (tg\phi)^{\frac{2\pi}{5}} \tag{5.14}$$

Na Tab. 5.1 encontram-se tabelados os valores dos três coeficientes adimensionais de capacidade resistente ao carregamento para os valores de ϕ com aproveitamento prático. Os valores de N_c e de N_q resultam das Eqs. 5.9 e 5.10, respectivamente. Para N_γ incluem-se valores calculados a partir das Eqs. 5.13 e 5.14; como se pode observar, as diferenças são muito significativas, com os valores da equação mais conhecida a excederem os mais recentes entre 25% e 40% para valores do ângulo de atrito abaixo de 40°. O uso dos valores fornecidos pela última equação parece ser recomendável não apenas porque são inferiores, mas também porque, pela forma como foram obtidos, serão, em termos matemáticos, quase exatos.

Tab. 5.1 Valores dos coeficientes de capacidade resistente ao carregamento

ϕ	$N_{c(1)}$	$N_{q(2)}$	$N_{\gamma(3)}$	$N_{\gamma(4)}$
0	5,14	1,00	0,00	0,00
20	14,83	6,40	3,93	2,86
21	15,81	7,07	4,66	3,37
22	16,88	7,82	5,51	3,97
23	18,05	8,66	6,50	4,67
24	19,32	9,60	7,66	5,50
25	20,72	10,66	9,01	6,46
26	22,25	11,85	10,59	7,60
27	23,94	13,20	12,43	8,94
28	25,80	14,72	14,59	10,52
29	27,86	16,44	17,12	12,40
30	30,14	18,40	20,09	14,62
31	32,67	20,63	23,59	17,26
32	35,49	23,18	27,72	20,42
33	38,64	26,09	32,59	24,19
34	42,16	29,44	38,37	28,71
35	46,12	33,30	45,23	34,16
36	50,59	37,75	53,40	40,75
37	55,63	42,92	63,18	48,75
38	61,35	48,93	74,90	58,49
39	67,87	55,96	89,01	70,43
40	75,31	64,20	106,05	85,11
41	83,86	73,90	126,74	103,27
42	93,71	85,37	151,94	125,85
43	105,11	99,01	182,80	154,10
44	118,37	115,31	220,77	189,66
45	133,88	134,87	267,75	234,72
46	152,10	158,50	326,20	292,25
47	173,64	187,21	399,36	366,25
48	199,26	222,30	491,56	462,24
49	229,92	265,50	608,54	587,85
50	266,88	319,06	758,09	753,79

Notas: 1 – Eq. 5.9; 2 – Eq. 5.10; 3 – Eq. 5.13; 4 – Eq. 5.14.

Com base na Fig. 5.4 podem ser avaliadas a profundidade e a largura abrangidas pela zona plastificada responsável pelo equilíbrio da sapata (ver o significado de *d* e *f* na Fig. 5.3). Pode se constatar, por exemplo, que para uma areia de ângulo de atrito igual a 30° a superfície de ruptura se estende para cada lado cerca de três vezes a largura da sapata, atingindo uma profundidade máxima da ordem dessa largura.

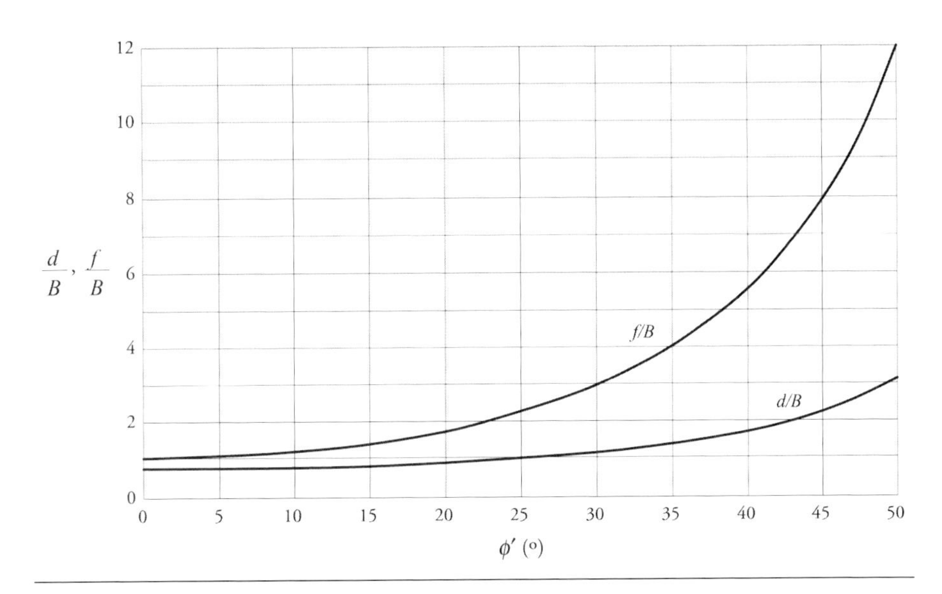

Fig. 5.4 *Dimensões da zona plastificada sob a sapata*
Fonte: Meyerhof (1948).

5.1.2 Condições de aplicação da equação da capacidade de carga. Análises em tensões efetivas e em tensões totais

A Eq. 5.12 é uma equação geral, podendo ser aplicada em análises em tensões efetivas e em tensões totais.

Numa análise em termos de tensões efetivas, aquela equação transforma-se em:

$$q_{ult} = c' N_c + q' N_q + \frac{1}{2} \gamma \, B \, N_\gamma \tag{5.15}$$

em que:

i) c' é a coesão em termos de tensões efetivas;

A terceira parcela varia proporcionalmente à largura da fundação. Assim, uma sapata larga repousando sobre um solo com um ângulo de atrito elevado tem capacidade resistente muito alta, ainda que uma sapata estreita sobre o mesmo solo tenha uma capacidade muito inferior. Contudo, é de notar que N_γ é nulo para $\phi = 0$, o que significa que em solos argilosos sob condições não drenadas a capacidade resistente é independente da largura da fundação.

A coesão do solo influi somente na primeira parcela. Considerando que para $\phi = 0$, $N_q = 1$ e $N_\gamma = 0$, aquela parcela torna-se preponderante na capacidade resistente nas análises não drenadas em tensões totais.

5.1.4 Extensão da expressão da capacidade de carga a casos de aproveitamento prático

Como foi referido na seção 5.1.1, quando se enumeraram as hipóteses referentes à solução deduzida para a capacidade de carga vertical, tal solução corresponde a um problema muito idealizado e simplificado, dele se afastando em maior ou menor grau os problemas reais. Com efeito, nesses problemas são comuns, entre outras, as seguintes condições não contempladas na solução teórica: i) a sapata tem desenvolvimento finito, isto é, a dimensão longitudinal não é muito maior que a dimensão transversal; ii) a carga vertical aplica-se à fundação com determinada excentricidade; iii) a carga aplica-se à fundação com uma dada inclinação; iv) a base da sapata não é horizontal; v) a superfície do terreno não é horizontal; vi) o terreno é estratificado ou a certa profundidade sob a base da fundação ocorre o firme (material de grande resistência).

Para atender à maioria das condições práticas enumeradas é usual a aplicação de *coeficientes corretivos* a cada uma das parcelas da Eq. 5.12. A simbologia usada para estes consta de uma letra minúscula, geralmente a primeira letra da palavra inglesa cuja condição prática tais coeficientes pretendem contemplar, e de um índice, indicativo da parcela correspondente. Por exemplo, o coeficiente corretivo s_q refere-se à correção da segunda parcela da capacidade resistente (contribuição da sobrecarga lateral, portanto), de modo a se considerar a forma em planta (*shape*, em inglês) da fundação.

Grande parte dos coeficientes corretivos é, dada a complexidade do problema, de natureza semiempírica, resultante de análises simplificadas e/ou de conclusões retiradas de ensaios em modelos físicos à escala reduzida.

Sapatas com carga excêntrica

Entre as condições listadas, há uma que tem tratamento diferenciado e que deve ser efetuado previamente. Quando em conjunto com a carga vertical, V, verifica-se a existência de momentos, M_x e M_y, em torno dos eixos do plano da base da sapata, como mostra a Fig. 5.6A, o sistema de forças generalizadas (V, M_x, M_y) atuando no baricentro da fundação é estaticamente equivalente à força V aplicada no ponto P (Fig. 5.6b) de coordenadas e_x e e_y, tal que:

$$e_x = \frac{M_y}{V} \tag{5.17}$$

$$e_y = \frac{M_x}{V} \tag{5.18}$$

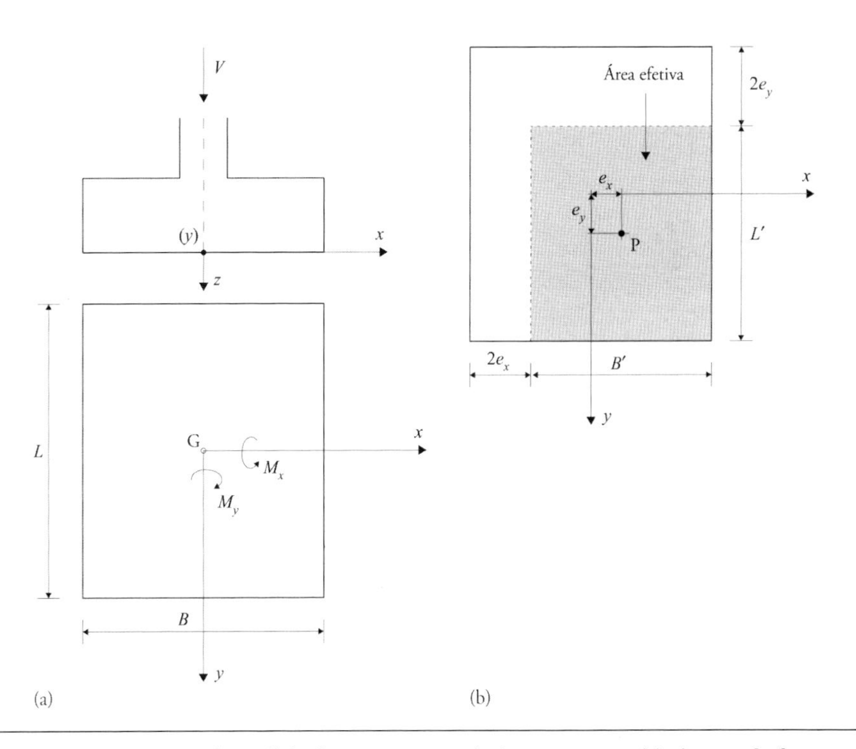

FIG. 5.6 *Sapata retangular solicitada por carga vertical e momentos: (a) sistema de forças no baricentro da fundação; (b) área efetiva da sapata*

Para efeitos práticos, como se indica na Fig. 5.6b, a capacidade resistente deve ser calculada considerando uma sapata fictícia centrada no ponto P, o que equivale a tomar como *dimensões efetivas* da sapata:

$$B' = B - 2e_x \tag{5.19}$$

e

$$L' = L - 2e_y \tag{5.20}$$

e como *área efetiva* da fundação:

$$A_{ef} = (B - 2e_x)(L - 2e_y) = B'L' \tag{5.21}$$

Se q_{ult} for a capacidade resistente calculada tomando, para todos os efeitos, como dimensões da sapata as anteriormente referidas, a carga de ruptura da sapata, Q_{ult}, vale:

$$Q_{ult} = q_{ult} \cdot A_{ef} = q_{ult} \cdot B'L' \tag{5.22}$$

A Fig. 5.7 sugere um procedimento simplificado para aplicar a metodologia apresentada a sapatas circulares (Brinch Hansen, 1961). A chamada

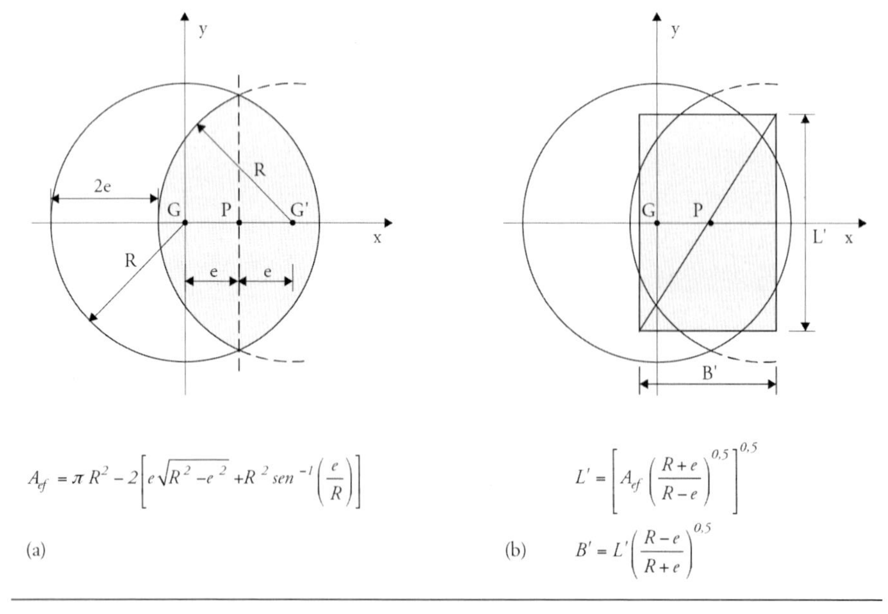

$$A_{ef} = \pi R^2 - 2\left[e\sqrt{R^2 - e^2} + R^2 \, sen^{-1}\left(\frac{e}{R}\right)\right]$$

$$L' = \left[A_{ef}\left(\frac{R+e}{R-e}\right)^{0,5}\right]^{0,5}$$

$$B' = L'\left(\frac{R-e}{R+e}\right)^{0,5}$$

Fig. 5.7 *Sapata circular solicitada por carga vertical e momentos: (a) determinação da área efetiva; (b) sapata retangular com área efetiva equivalente*

área efetiva da sapata é a área comum à sapata real e a outra com igual diâmetro centrada no ponto G', distando do centro da primeira duas vezes o valor da excentricidade, $e = M/V$. Em seguida, procura-se uma sapata retangular cujas dimensões B' e L' produzam uma área igual à área efetiva e cuja proporção permita aproximar razoavelmente a forma da mesma área. A Fig. 5.7b inclui expressões aproximadas para calcular B' e L' de acordo com tal critério (Fang, 1991).

Coeficientes de correção da capacidade resistente

A Tab. 5.2 resume as situações práticas que necessitam de consideração, as variáveis através das quais são definidas, os símbolos dos respectivos coeficientes de correção e a condição de neutralidade, isto é, a condição que torna unitários os coeficientes corretivos.

TAB. 5.2 SITUAÇÕES PRÁTICAS PARA O CÁLCULO DA CAPACIDADE RESISTENTE AO CARREGAMENTO DE UMA FUNDAÇÃO SUPERFICIAL E RESPECTIVOS COEFICIENTES DE CORREÇÃO DA SOLUÇÃO TEÓRICA SIMPLIFICADA

Efeito	Variáveis	Fatores corretivos	Condição de neutralidade	Esquema
Forma da fundação	B, L	s_c, s_q, s_γ	$L = \infty$	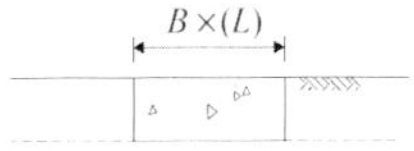 $B \times (L)$
Inclinação da carga	V, H	i_c, i_q, i_γ	$H = 0$	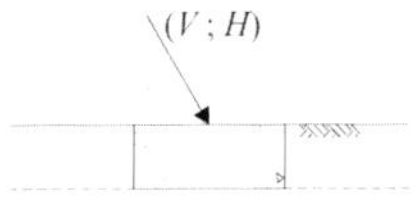 $(V; H)$
Inclinação da base da fundação	ζ	b_c, b_q, b_γ	$\zeta = 0$	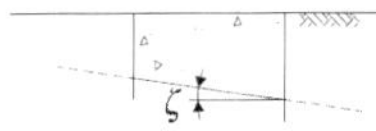 ζ
Inclinação da superfície do terreno	β	g_c, g_q, g_γ	$\beta = 0$	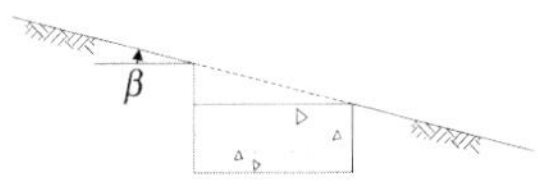 β
Proximidade do firme	B, H	f_c, f_q, f_γ	$H = \infty$	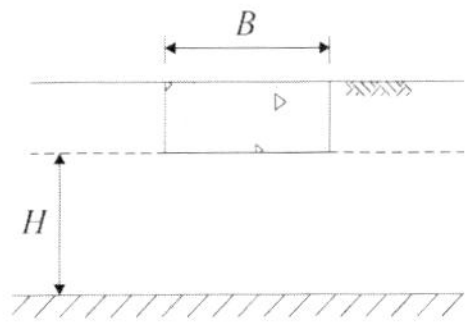 B, H

Dessa forma, num caso geral, em que aquelas situações ocorram simultaneamente, a expressão da capacidade resistente ao carregamento será:

$$q_{ult} = c N_c s_c i_c b_c g_c f_c + q N_q s_q i_q b_q g_q f_q + \frac{1}{2} \gamma B N_\gamma s_\gamma i_\gamma b_\gamma g_\gamma f_\gamma \quad (5.23)$$

Considerando o anteriormente dito acerca do modo como os coeficientes corretivos foram obtidos, compreende-se que as equações possam variar entre os autores que têm investigado esse tema. Recentemente, tem-se gerado consenso mais ou menos generalizado em torno das expressões resumidas na Tab. 5.3, que foram incluídas no Eurocódigo 7. De modo geral, as expressões indicadas resultam de propostas de Vesić (1975), com base em suas investigações, e de trabalhos de outros autores, como Meyerhof (1953), De Beer (1970) e Brinch Hansen (1961, 1970). Para o caso dos coeficientes corretivos referentes à primeira parcela da capacidade resistente, incluem-se as expressões para as análises em tensões efetivas e em tensões totais.

É de notar que na Eq. 5.23 e nas expressões da Tab. 5.3 as dimensões da sapata considerada são as dimensões efetivas, B' e L', obtidas conforme tratado na seção "Sapatas com carga excêntrica", p. 367.

No caso em que a base da sapata apresenta certo ângulo ζ em relação à horizontal, o resultado da Eq. 5.23 multiplicado pela área efetiva da sapata fornece a *força normal resistente* da fundação e não a força vertical resistente. Ainda nesse caso, as forças V e H que entram nas diversas equações necessárias à avaliação da capacidade resistente e da respectiva segurança devem ser entendidas como a força normal e a força tangencial à base da sapata.

Quando existe uma componente tangencial à base da fundação será preciso verificar a segurança em relação ao escorregamento pela base. Tal verificação processa-se de modo análogo ao discutido para os muros de arrimo. Geralmente, a contribuição do empuxo passivo para a segurança ao escorregamento é desprezada, já que sua mobilização – ao contrário da resistência da interface entre a base da sapata e o terreno de fundação – exige deslocamentos que, na maior parte dos casos, não serão comportados pelas próprias estruturas.

Sapatas sobre maciços estratificados

No método da avaliação da capacidade resistente de fundações superficiais que vem sendo apresentado admite-se que o maciço subjacente à sapata é homogêneo, isto é, que a espessura da camada terrosa

Tab. 5.3 Expressões dos coeficientes de correção da solução teórica simplificada da capacidade resistente ao carregamento de uma fundação superficial

Efeito	1ªParcela (coesão)	2ªParcela (sobrecarga)	3ªParcela (peso)
Forma da sapata (fatores s) (ver nota 1)	Análise em t. efetivas $s_c = \frac{s_q N_q - 1}{N_q - 1}$ Análise em t. totais $s_c = 1 + 0{,}2\frac{B}{L}$	$s_q = 1 + \frac{B}{L}\,\text{sen}\,\phi'$ EC7 (Vesić tem tg ϕ' em alternativa a sen ϕ')	$s_\gamma = 1 - 0{,}3\frac{B}{L}$ EC7 (Vesić tem 0,4 em vez de 0,3)
Inclinação da carga (fatores i) (ver nota 2)	Análise em t. efetivas $i_c = i_q - \frac{1 - i_q}{N_c\ \text{tg}\ \phi'}$ Análise em t. totais com $H \leq Ac_u$ $i_c = \frac{1}{2}\left[1 + \left(1 - \frac{H}{AS_u}\right)^{0,5}\right]$	$i_q = \left(1 - \frac{H}{V + B\,L\,c'\ \text{cotg}\,\phi'}\right)^m$ (ver nota 5)	$i_\gamma = \left(1 - \frac{H}{V + B\,L\,c'\ \text{cotg}\,\phi'}\right)^{m+1}$ (ver nota 5)
Inclinação da base da fundação (fatores b) (ver nota 3)	Análise em t. efetivas $b_c = b_q - \frac{1 - b_q}{N_c\ \text{tg}\ \phi'}$ Análise em t. totais (ζ em radianos) $b_c = 1 - \frac{2\zeta}{\pi + 2}$	$b_q = (1 - \zeta\ \text{tg}\ \phi')^2$	$b_\gamma = (1 - \zeta\ \text{tg}\ \phi')^2$
Inclinação da superfície do terreno (fatores g) (ver nota 4)	Análise em t. efetivas $g_c = g_q - \frac{1 - g_q}{N_c\ \text{tg}\ \phi'}$ Análise em t. totais (β em radianos) $g_c = 1 - \frac{2\beta}{\pi + 2}$	$g_q = (1 - \text{tg}\ \beta)^2$	$g_\gamma = (1 - \text{tg}\ \beta)^2$
Proximidade do firme (fatores f)	f_c– ver Tab. 5.4	f_q– ver Tab. 5.4	f_γ– ver Tab. 5.4

Notas:

1 - Fatores s – Vesić adaptando e generalizando proposta de De Beer (1970); posteriormente, o EC7 ajustou-a.

2 - Fatores i – Vesić adaptando e generalizando proposta de Brinch Hansen (1961).

3 - Fatores b – Vesić com base em Meyerhof (1953) e Brinch Hansen (1970).

4 - Fatores g – Vesić com base em Brinch Hansen (1970).

5 - Definição do expoente m: $m = m_B = \frac{2+(B/L)}{1+(B/L)}$ quando H é paralela a B; $m = m_L = \frac{2+(L/B)}{1+(L/B)}$ quando H é paralela a L; $m = m_\theta = m_L \cos^2\theta + m_B\,\text{sen}^2\,\theta$ quando H faz um ângulo θ com L.

5.1.5 Capacidade de carga vertical em condições sísmicas

As ações sísmicas vão traduzir-se na aplicação de forças de inércia aos blocos responsáveis pela capacidade resistente, forças essas que alteram desfavoravelmente as condições de equilíbrio daqueles blocos anteriormente formuladas, afetando por isso a capacidade resistente do terreno.

Por outro lado, as ações sísmicas sobre a estrutura terão como efeitos forças horizontais e momentos aplicados à fundação, cuja consideração na avaliação da capacidade de carga vertical é naturalmente indispensável e foi tratada (ver seção 5.1.4).

De igual modo, previamente a qualquer dimensionamento das fundações sobre maciços arenosos, será preciso avaliar a segurança em relação ao fenômeno da liquefação, o que será tratado no fim deste capítulo (ver 5.4).

Dos efeitos dos sismos referidos nos três parágrafos anteriores, apenas os dois últimos são normalmente contemplados no processo de dimensionamento das fundações superficiais. Para o primeiro só muito recentemente foram desenvolvidas soluções matemáticas.

A solução desenvolvida por Fishman, Richards e Yao (2003) para incorporar o efeito das forças de inércia no terreno portante é muito prática, porque permite manter o uso da clássica Eq. 5.12, agora com os fatores de capacidade resistente para condições sísmicas N_{ce}, N_{qe} e $N_{\gamma e}$ substituindo os fatores homólogos para condições estáticas, N_c, N_q e N_γ. Os resultados da solução citada mostram que os fatores de capacidade resistente em condições sísmicas experimentam reduções em relação aos respectivos valores para condições estáticas que variam de forma praticamente linear com o coeficiente sísmico horizontal, k_h, para valores deste de até 0,3 a 0,4, intervalo que abrange as zonas de substancial risco sísmico. A Fig. 5.8 mostra esse resultado para os fatores N_q e N_γ para dois valores do ângulo de resistência ao cisalhamento (os resultados para o fator N_c são muito similares aos do fator N_q. (É de se notar que as curvas da figura tendem para a vertical, isto é, para uma redução de 100%, quando k_h atinge o valor correspondente à aceleração horizontal crítica – Eq. 4.89.)

Está fora do âmbito deste trabalho a apresentação detalhada da formulação da capacidade resistente incorporando o efeito das forças de inércia no terreno portante. Uma solução expedita para o problema, sugerida pelo

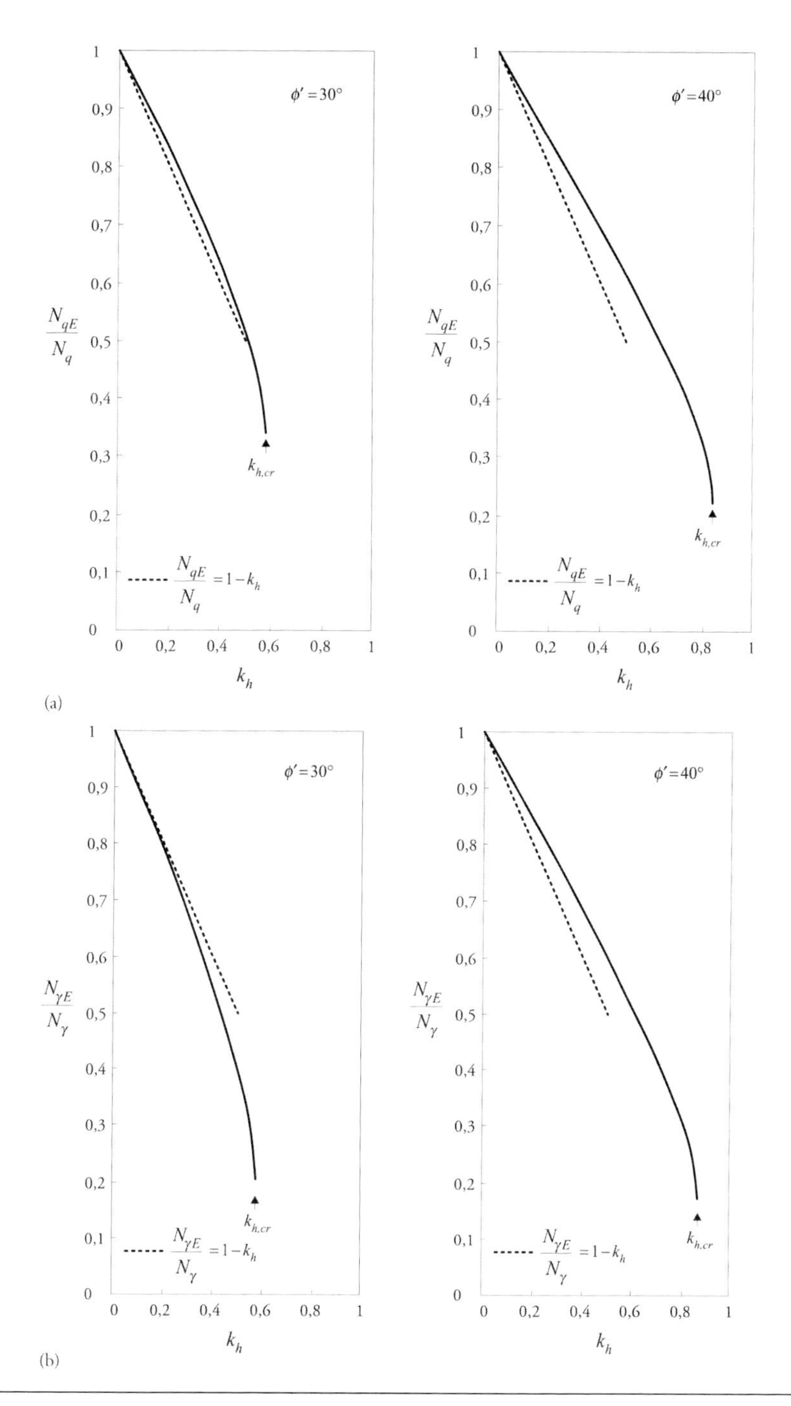

FIG. 5.8 *Redução dos coeficientes de capacidade de carga vertical de sapatas induzida pelas forças de inércia no terreno portante: (a) fator N_q; (b) fator N_γ*

Fonte: adaptado de Fishman, Richards e Yao (2003).

Q_{k1} representa o valor característico da ação variável dominante;

Q_{ki} representa os valores característicos das outras ações variáveis;

A_d representa o valor de cálculo da ação acidental;

A_{Ed} representa o valor de cálculo da ação sísmica;

γ_{Gj} é o coeficiente de segurança parcial para a ação permanente *j* (ver Tab. 3.4);

γ_{Qi} é o coeficiente de segurança parcial para a ação variável *i* (ver Tab. 3.4);

ψ_0 é o coeficiente para o valor de combinação da ação variável (ver, em cada caso, o Eurocódigo 0);

ψ_1 é o coeficiente para o valor frequente da ação variável (ver, em cada caso, o Eurocódigo 0);

ψ_2 é o coeficiente para o valor quase permanente da ação variável (ver, em cada caso, o Eurocódigo 0).

5.2 Estimativa dos recalques de fundações

A previsão aproximada do recalque de uma fundação é geralmente muito difícil. Daí que seja mais apropriado falar em *avaliação* ou em *estimativa*, e não tanto em *cálculo* do recalque. É certamente útil discutir algumas dificuldades envolvidas no processo, sendo outras analisadas mais adiante.

Em primeiro lugar, é preciso salientar que a pressão aplicada por uma dada sapata ao terreno não é suscetível de ser ela própria avaliada com grande exatidão. De fato, nas estruturas hiperestáticas os recalques diferenciais entre sapatas vizinhas vão induzir redistribuições de esforços que podem ser relevantes. Geralmente, a carga será aliviada nas fundações que mais assentam e agravada nas fundações que experimentam menores recalques. Ao contrário, ao aplicar qualquer das expressões adiante apresentadas para a estimativa do recalque está (implicitamente) se admitindo que, para qualquer valor que este atinja, a pressão aplicada não variará.

Ainda sobre a pressão aplicada ao terreno, é de notar que para a estimativa dos recalques utilizam-se valores de cálculo das ações, e as respectivas combinações, correspondentes aos chamados estados-limites de utilização. Para as ações variáveis esses valores resultam da aplicação de regulamentos de segurança, fundamentados em métodos probabilísticos, que pretendem evitar situações de ordem diversa passíveis de ocorrer durante a construção e a vida útil da estrutura. O recalque observado (num dado momento) pode assim ser condicionado por uma carga (nessa altura) *realmente aplicada* sensivelmente (ou significativamente) distinta da usada na previsão de projeto.

Por outro lado, é preciso atender à evolução do recalque no tempo. A curva genérica tempo-recalque de uma fundação está esquematicamente representada na Fig. 5.9. O recalque total, s, é a soma de três componentes:

$$s = s_i + s_c + s_d \tag{5.29}$$

o recalque imediato, s_i, o recalque por adensamento primário, s_c, e o recalque por adensamento secundário ou por fluência, s_d.

As duas últimas parcelas são abordadas no Vol. 1, Cap. 4, com particular ênfase para o caso do carregamento de camadas de argila. Quanto ao recalque imediato, ele constitui a componente do recalque total que ocorre concomitantemente com a aplicação da carga. A curva representada na Fig. 5.9 é aplicável a todos os maciços se se considerar que a escala dos tempos e as grandezas relativas das três componentes do recalque podem variar muitas ordens de grandeza, conforme a natureza do solo e a relação entre as dimensões (em planta) da fundação e a magnitude do conjunto das camadas significativamente compressíveis sobrejacentes ao firme. No Quadro 5.1 indica-se, em termos gerais, para diversas hipóteses no que diz respeito a esta última relação e à natureza (predominantemente arenosa ou argilosa) das camadas deformáveis,

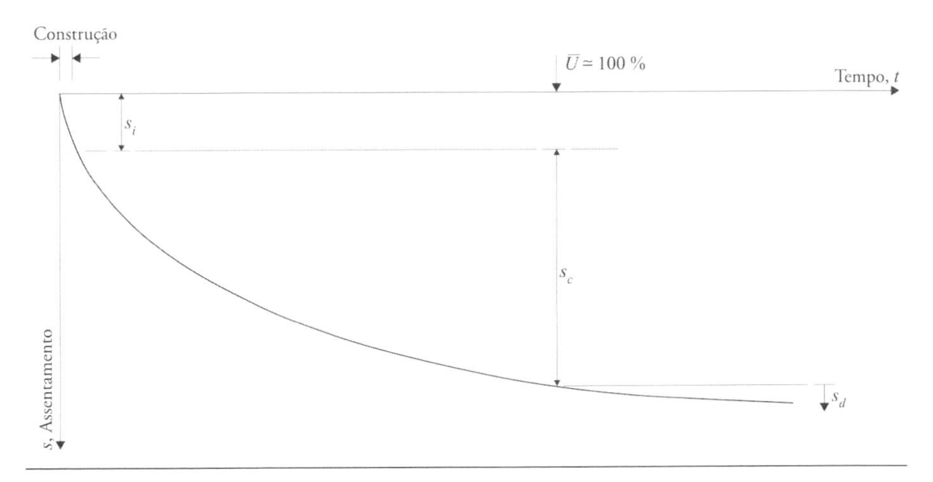

FIG. 5.9 *Curva genérica tempo-recalque de uma fundação*
Fonte: Perloff (1975).

a importância relativa das três componentes do recalque. Quando, no maciço, ocorrerem simultaneamente camadas argilosas e arenosas, todas as combinações são possíveis em relação ao que é adiantado para o caso de ocorrência de um único tipo de solo.

Quadro 5.1 Importância típica das três componentes do recalque em função do tipo de solo de fundação

Propriedades do maciço de fundação		s_i	s_c	s_d
Predominantemente argiloso, confinado	Normalmente adensado ou ligeiramente sobreadensado	Praticamente nulo	Alto a muito alto	Relevante nos solos altamente orgânicos
	Sobreadensado	Praticamente nulo	Baixo a moderado	Desprezível
Predominantemente argiloso, não confinado	Normalmente adensado ou ligeiramente sobreadensado	Muito variável	Alto a muito alto	Relevante nos solos altamente orgânicos
	Sobreadensado	Baixo a moderado	Baixo	Desprezível
Predominantemente arenoso	Cargas com variações modestas	Muito variável	Nulo	Em geral baixo, por vezes significativo
	Cargas com variações significativas	Muito variável	Nulo	Relevante

Fonte: Matos Fernandes (1995).

5.2.1 Recalque imediato. Soluções elásticas

Expressão geral

No Vol. 1, Cap. 2 (seção 2.4), é discutida a aplicação da teoria da elasticidade para a avaliação das tensões e das consequentes deformações induzidas num maciço terroso por solicitações à superfície. Naquela seção, é sublinhado que são duas as condições para que essa aplicação seja legítima:

i) as solicitações precisam ser essencialmente monótonas, isto é, crescer até determinado valor e a partir daí experimentarem variações relativamente pequenas quando comparadas com o valor "médio" da carga aplicada;

ii) as tensões transmitidas ao solo precisam ser modestas em relação ao valor da capacidade de carga vertical.

Essas duas condições são verificadas pelas fundações superficiais de muitas estruturas de Engenharia Civil, nomeadamente edifícios e pontes. Em particular, a segunda verifica-se pela grande conveniência, adiante discutida neste capítulo, em limitar as deformações induzidas no terreno, controlando os recalques dentro de limites bastante restritos. Isso faz com que o dimensionamento das fundações seja geralmente determinado por condições de deformação do solo subjacente e não por satisfação estrita da segurança em relação à ruptura dele. Essa circunstância leva à adoção, no contato sapata-terreno, de tensões relativamente baixas, para as quais se verifica uma razoável proporcionalidade em relação às deformações que são ocasionadas no maciço.

No Vol. 1, Cap. 2, estudam-se diversas soluções elásticas que permitem determinar o estado de tensão induzido num maciço por determinado tipo de cargas aplicadas em sua superfície. É também comentado que a distribuição das tensões não é particularmente sensível a variações em profundidade das características elásticas do meio. Isso significa que para maciços estratificados é possível empregar com razoável aproximação soluções para a distribuição de tensões induzidas em meios elásticos homogêneos.

Considere-se o maciço representado na Fig. 5.10, constituído por n camadas, todas com comportamento elástico, solicitado à superfície pela sobrecarga Δq_s uniformemente distribuída numa determinada área. Sendo conhecidos os acréscimos de tensões, $\Delta\sigma_{zj}$, $\Delta\sigma_{xj}$ e $\Delta\sigma_{yj}$, por aquela induzidos no centro da camada genérica de espessura h_j, e características elásticas E_j e ν_j, o recalque imediato à superfície pode ser calculado pela aplicação da lei de Hooke:

$$s_i = \sum_{j=1}^{n} \frac{1}{E_j} \cdot \left[\Delta\sigma_{zj} - \nu_j\left(\Delta\sigma_{xj} + \Delta\sigma_{yj}\right)\right] \cdot h_j \tag{5.30}$$

Maciço homogêneo semi-indefinido

Caso as características elásticas sejam constantes em profundidade, o somatório da equação anterior transforma-se num integral:

$$s_i = \int_0^{\infty} \frac{1}{E}\left[\Delta\sigma_z - \nu\left(\Delta\sigma_x + \Delta\sigma_y\right)\right] dz \tag{5.31}$$

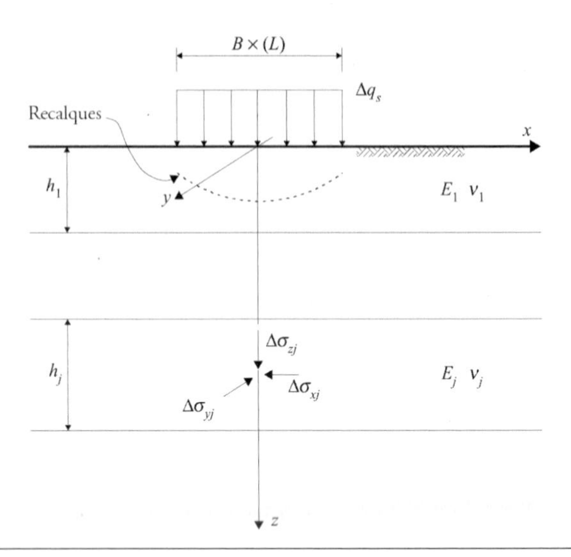

FIG. 5.10 *Carregamento à superfície de um maciço elástico estratificado*

Nos casos mais simples e usuais, $\Delta\sigma_z$, $\Delta\sigma_x$ e $\Delta\sigma_y$ são funções analíticas dependentes da pressão aplicada à superfície do meio elástico, Δq_s, das coordenadas do ponto, das dimensões da área carregada, B e L, e ainda, no que diz respeito às duas últimas tensões incrementais, do coeficiente de Poisson. Atendendo a que as tensões incrementais são diretamente proporcionais a Δq_s, é possível escrever:

$$\begin{aligned} \Delta\sigma_z &= \Delta q_s\, f_{\Delta\sigma_z}(B, L, x, y, z) \\ \Delta\sigma_x &= \Delta q_s\, f_{\Delta\sigma_x}(\nu, B, L, x, y, z) \\ \Delta\sigma_y &= \Delta q_s\, f_{\Delta\sigma_y}(\nu, B, L, x, y, z) \end{aligned} \tag{5.32}$$

Dessa forma, a Eq. 5.31 pode ser escrita como:

$$s_i = \left(\frac{\Delta q_s}{E}\right) \int_0^\infty \left[f_{\Delta\sigma_z} - \nu\left(f_{\Delta\sigma_x} + f_{\Delta\sigma_y}\right)\right] dz \tag{5.33}$$

A função dentro dos colchetes do segundo membro da Eq. 5.33, que pode ser denominada f_s:

$$f_s = \left[f_{\Delta\sigma_z} - \nu\left(f_{\Delta\sigma_x} + f_{\Delta\sigma_y}\right)\right] = f_s(\nu, B, L, x, y, z) \tag{5.34}$$

é uma função adimensional, enquanto seu integral tem as dimensões de um comprimento. De fato, observando a Eq. 5.33 e comparando-a com a expressão da lei de Hooke unidimensional, o integral representa aquilo que se poderia designar como *espessura ou profundidade equivalente*, h_S, responsável pelo recalque. O resultado desse integral, para um dado ponto da superfície de coordenadas x, y, vale:

$$h_S = \int_0^\infty f_S(\nu, B, L, z)\, dz = B(1-\nu^2)I_S \tag{5.35}$$

em que I_S é um fator adimensional dependente da geometria da área carregada e, naturalmente, do ponto da superfície.

Substituindo a Eq. 5.35 na Eq. 5.33, obtém-se a expressão do recalque para o caso de meio elástico e homogêneo (E e ν constantes):

$$s_i = \Delta q_S B \frac{1-\nu^2}{E} I_S \tag{5.36}$$

É interessante verificar que a anteriormente designada *espessura equivalente* (Eq. 5.35), logo, o recalque (Eq. 5.36), é diretamente proporcional a B. Isso resulta do fato de, para uma área com determinada forma geométrica carregada à superfície, a profundidade atingida por determinada porcentagem das tensões incrementais à superfície crescer com a dimensão transversal, B (ver, por exemplo, no Vol. 1, Cap. 2, a Fig. 2.12 com os bulbos de tensões).

Na Tab. 5.5 incluem-se os valores de I_S em função da geometria da área carregada e, para cada geometria, para diversos pontos dela; pode-se constatar que I_S é máximo, como seria de esperar, no centro da área carregada e mínimo nas bordas.

Importa notar que a solução analítica apresentada não corresponde em exatidão ao caso do carregamento de um maciço por uma sapata porque se tomou a pressão atuante à superfície como uma *sobrecarga*, isto é, supondo que cada força elementar de que ela é composta se aplica ao meio elástico sem que exista qualquer solidariedade física com as forças vizinhas. Daí, naturalmente, I_S, logo, s_i, serem função do ponto sob o qual se procedeu à integração das deformações verticais. Tal solução corresponde àquilo que se poderia denominar uma *sapata infinitamente flexível*.

As fundações reais aproximam-se geralmente mais do conceito de *sapata rígida*, já que os recalques serão praticamente iguais em todos os seus pontos, desde que, evidentemente, a carga sobre a sapata seja centrada. As soluções para o caso de recalques de sapatas rígidas sobre meios elásticos semi-indefinidos e homogêneos não são soluções exatas, isto é, analíticas,

Tab. 5.5 Valores de I_S para maciços semi-indefinidos

Forma da sapata	I_S, sapata infinitamente flexível (sobrecarga)					I_S
	Centro	Vértice	Meio do lado menor	Meio do lado maior	Média	Sapata rígida
Circular	1,00	—	0,64	0,64	0,85	0,79
Quadrada	1,12	0,56	0,77	0,77	0,95	0,92
Retangular $L/B = 1,5$	1,36	0,68	0,89	0,97	1,15	1,13
$= 2,0$	1,53	0,77	0,98	1,12	1,30	1,27
$= 2,5$	1,67	0,83	1,05	1,25	1,44	1,40
$= 3,0$	1,78	0,89	1,11	1,36	1,52	1,51
$= 4,0$	1,97	0,98	1,20	1,53	1,71	1,67
$= 5,0$	2,10	1,05	1,27	1,67	1,83	1,81
$= 7,0$	2,31	1,16	1,38	1,89	2,03	2,01
$= 10,0$	2,54	1,27	1,49	2,10	2,25	2,25

Fonte: Perloff (1975) e Milović (1992).

encontrando-se desenvolvidas soluções numéricas aproximadas para as geometrias mais comuns.

Para tais casos os recalques podem ser estimados aplicando a Eq. 5.36, adotando, para isso, os valores de I_S incluídos na última coluna da Tab. 5.5. Como se pode verificar, os valores de I_S propostos para sapatas rígidas são bastante próximos dos valores médios para o caso de sapatas flexíveis (sobrecargas) com igual geometria.

É ainda interessante notar, sobre a Tab. 5.5, que a grandeza de I_S cresce com a dimensão longitudinal, L, da fundação. A razão do fato é análoga à anteriormente abordada para a dimensão transversal, B.

Maciço homogêneo com fronteira rígida inferior

Caso ocorra, à profundidade H abaixo da superfície do meio elástico, uma fronteira rígida, uma via para o cálculo do recalque poderia ser a da integração das deformações verticais análoga à da Eq. 5.31, mas tomando H como limite superior de integração. Essa via tem, contudo, uma limitação que desaconselha seu uso: a presença da fronteira rígida introduz modificações significativas nas tensões induzidas em relação à solução elástica para maciço homogêneo semi-indefinido. Essas modificações são: i) as tensões incrementais verticais passam a ser mais elevadas do que as tensões teóricas para meio semi-indefinido e deixam de ser independentes do coeficiente de Poisson (embora a sensibilidade em relação a esse parâmetro seja relativamente baixa); ii) as tensões horizontais afastam-se ainda mais significativamente das tensões homólogas para meio semi-indefinido, dependendo tal afastamento do valor do coeficiente de Poisson; iii) as tensões horizontais, depois de um decréscimo em profundidade análogo ao das tensões num meio semi-indefinido, voltam a crescer com a aproximação da fronteira rígida inferior.

Como exemplo, a Fig. 5.11 mostra a distribuição das tensões verticais e horizontais sob o centro de uma sapata circular rígida sobre um meio elástico limitado por uma fronteira rígida à profundidade igual ao diâmetro da sapata, calculadas pelo método dos elementos finitos, em comparação com as tensões homólogas fornecidas pela teoria da elasticidade para um meio semi-indefinido.

Alternativa preferível ao procedimento anteriormente criticado consiste no uso da Eq. 5.36 considerando, naturalmente, valores de I_S adaptados à nova situação. Na Tab. 5.6 incluem-se, para o caso em análise, os valores de I_S para o recalque de sapatas rígidas; esses valores naturalmente são função da razão da espessura do meio deformável pela largura da fundação e do coeficiente de Poisson. Os valores da tabela foram obtidos pelo método dos elementos finitos.

Rotação de sapatas associadas a momentos

Caso a fundação, como se ilustra na Fig. 5.12, esteja submetida a momentos, além dos recalques calculados anteriormente, a sapata experimenta igualmente rotações. A composição dos recalques associados à carga vertical com aquelas rotações vai fazer com que os deslocamentos verticais passem a ser variáveis de ponto para ponto da base da sapata, mesmo que ela seja rígida.

As rotações das sapatas associadas aos dois momentos M_x e M_y, para o caso de maciços homogêneos semi-indefinidos, podem ser estimadas pelas equações:

$$\operatorname{tg}\omega_x = \frac{M_x}{BL^2} \cdot \frac{1-\nu^2}{E} \cdot I_{\omega x} \tag{5.37}$$

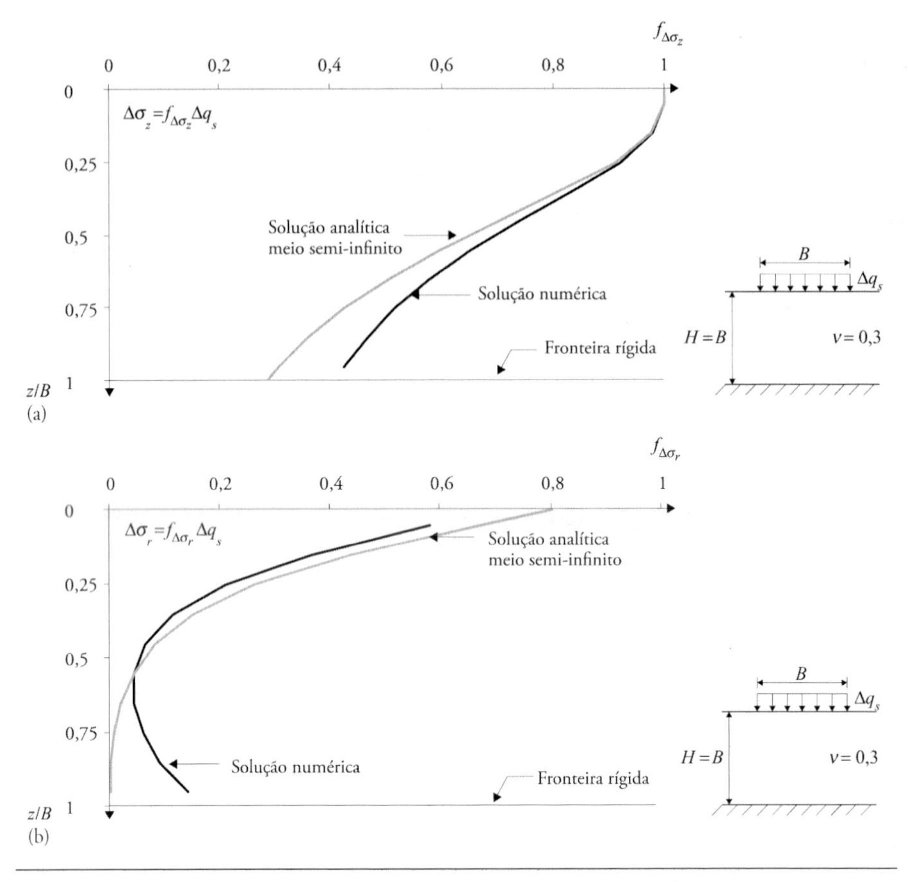

Fig. 5.11 *Tensões verticais (a) e horizontais (b) sob o centro de uma sapata circular rígida sobre um meio elástico limitado por fronteira rígida, calculadas pelo método dos elementos finitos, e sua comparação com as tensões da teoria da elasticidade para meio semi-indefinido ($H/B = 1$; $\nu = 0,3$)*

$$\text{tg}\, \omega_y = \frac{M_y}{B^2 L} \cdot \frac{1 - \nu^2}{E} \cdot I_{\omega y} \tag{5.38}$$

em que I_{ω_x} e I_{ω_y} são parâmetros adimensionais que, para sapatas rígidas, podem ser calculados pelas seguintes equações aproximadas:

$$I_{\omega_x} = \frac{16}{\pi\left(1 + \frac{0,22\,L}{B}\right)} \tag{5.39}$$

e

$$I_{\omega_y} = \frac{16}{\pi\left(1 + \frac{0,22\,B}{L}\right)} \tag{5.40}$$

Tab. 5.6 Valores de I_S para sapatas rígidas sobre um meio elástico com fronteira rígida à profundidade H e $\nu = 0,3$

H/B	Círculo	Retângulo					
	Diâmetro = B	$L/B = 1$	$L/B = 1,5$	$L/B = 2$	$L/B = 3$	$L/B = 5$	$L/B = \infty$
0,0	0,00	0,00	0,00	0,00	0,00	0,00	0,00
0,5	0,31	0,32	0,32	0,33	0,34	0,35	0,36
1,0	0,47	0,48	0,52	0,54	0,57	0,58	0,63
1,5	0,55	0,57	0,64	0,68	0,72	0,75	0,83
2,0	0,60	0,63	0,72	0,77	0,83	0,87	0,99
2,5	0,63	0,66	0,77	0,83	0,91	0,97	1,12
3,0	0,65	0,69	0,80	0,88	0,97	1,04	1,23
3,5	0,66	0,71	0,83	0,91	1,02	1,10	1,32
5,0	0,69	0,74	0,88	0,97	1,10	1,22	1,54
7,5	0,71	0,77	0,92	1,01	1,15	1,34	1,79
10	0,72	0,77	0,93	1,05	1,17	1,45	1,97

Fonte: Magalhães (2009) e Marques e Magalhães (2010).

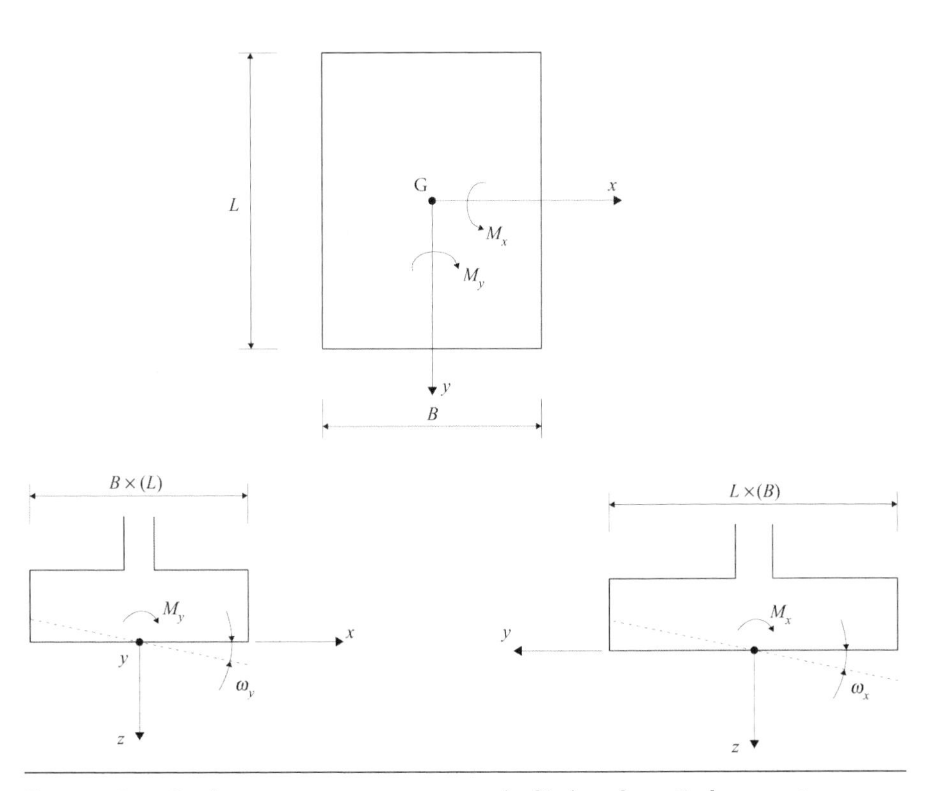

Fig. 5.12 *Rotações de uma sapata assente num meio elástico sob a ação de momentos*

Crítica das soluções elásticas

A estimativa do recalque por via das soluções elásticas envolve limitações significativas que importam discutir.

A forma da função f_S, definida na Eq. 5.34, permite ter uma ideia da distribuição das tensões de cisalhamento incrementais em profundidade, logo, dos horizontes que mais contribuem para o recalque. A Fig. 5.13 mostra a função f_S para a vertical que passa no centro da área carregada, para três geometrias dessa área (com a mesma dimensão transversal, B) e dois valores do coeficiente de Poisson. Em face da grande variação das tensões de cisalhamento incrementais em profundidade, a porcentagem da resistência ao cisalhamento mobilizada pelo carregamento a cada profundidade é muito distinta. Logo, mesmo num solo *fisicamente homogêneo*, o módulo de deformabilidade exibido perante o carregamento da fundação será distinto de ponto para ponto e tanto menor quanto maior for aquela porcentagem.

O que acaba de ser referido tem ainda outra consequência: o carregamento pode ocasionar a ruptura por cisalhamento em certas regiões do maciço de fundação, mesmo quando a reserva de resistência global é ainda muito considerável. Todavia, as estimativas elásticas das tensões incrementais perdem progressivamente legitimidade a partir do momento em que se inicia a plastificação do maciço e ela se estende a regiões cada vez maiores. Ensaios em modelos físicos e estudos numéricos fundamentados no método dos elementos finitos sugerem que o progresso da plastificação tende a aumentar a profundidade à qual se verificam as maiores deformações, isto é, o pico da função f_S.

Outro aspecto que pode contribuir para o afastamento das tensões incrementais em relação às soluções elásticas é que nestas, como foi referido, o carregamento consiste numa pressão ou sobrecarga distribuída em determinada área da superfície, enquanto o carregamento dos maciços terrosos é geralmente materializado por fundações praticamente rígidas.

É preciso ainda considerar que o módulo de deformabilidade do solo depende não só da fração da resistência ao cisalhamento mobilizada, mas também da tensão efetiva média, crescendo com esta. Ora, a tensão efetiva média depende, para além naturalmente do próprio carregamento, do estado de tensão de repouso. Isso explica o conhecido efeito favorável do enterramento da sapata no terreno: duas fundações iguais, igualmente carregadas, fundadas

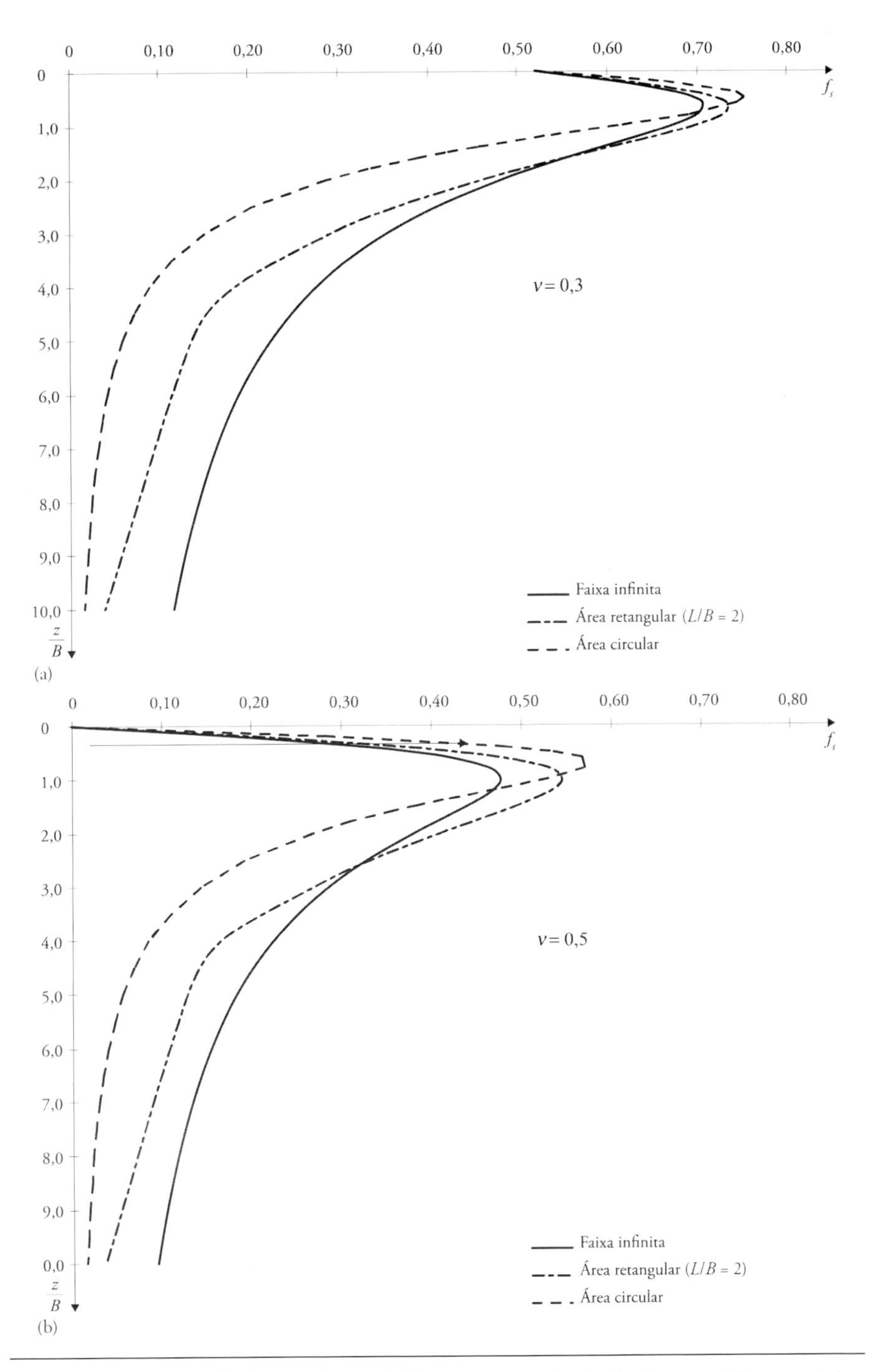

Fig. 5.13 *Distribuição da função f_s (Eq. 5.34) sob o centro da fundação, para três geometrias: (a) $\nu = 0,3$; (b) $\nu = 0,5$*

no mesmo maciço homogêneo a profundidades distintas não assentarão de igual modo: assentará mais aquela fundada a menor profundidade.

As considerações precedentes ajudam a compreender as tendências dos desvios entre as previsões e os recalques observados, a seguir comentadas.

Onde os métodos elásticos mais parecem afastar-se da realidade é no que diz respeito a profundidade até à qual ocorrem as deformações. Com efeito, a observação de numerosos casos reais sugere que a espessura do solo que condiciona os recalques é sensivelmente menor que aquela que seria de esperar por via da teoria da elasticidade. Por essa razão, os recalques não são de fato proporcionais à largura da fundação, ao contrário do que a Eq. 5.36 expressa, nem crescem com o aumento do comprimento da sapata (isto é, com a razão L/B) de forma tão acentuada como a que a Tab. 5.5 mostra (por exemplo, segundo ela, o recalque de uma sapata rígida cresce cerca de 2,5 vezes quando L/B passa de 1 para 10).

Recorde-se que a proporcionalidade do recalque em relação à largura da fundação, B, consagrada na solução elástica do problema, decorre do fato de aquela largura ser, por sua vez, proporcional às dimensões do bulbo de tensões induzidas no maciço, isto é, à profundidade até a qual são significativos os acréscimos de tensões, logo, até a qual ocorrem as deformações. É precisamente pela mesma razão que o recalque dado pela teoria da elasticidade cresce com o comprimento da fundação (ver Fig. 5.13).

Vale a pena citar, a propósito, o notável estudo de Burland e Burbidge (1985), que analisaram estatisticamente mais de 200 casos bem documentados de fundações de edifícios, depósitos e aterros sobre maciços granulares (areias e pedregulhos), tendo concluído, entre outras coisas, que:

i) em média, os recalques observados foram proporcionais a $B^{0,7}$;
ii) em média, o crescimento dos recalques imediatos com a razão L/B pode ser expresso pela relação:

$$\frac{s_i(L/B > 1)}{s_i(L/B = 1)} = \left[\frac{1{,}25\ L/B}{(L/B) + 0{,}25}\right]^2 \tag{5.41}$$

cujo segundo membro tende para 1,56 quando L/B tende para infinito.

Esses resultados mostram que as soluções elásticas tendem a sobrestimar os recalques imediatos. A explicação para esse afastamento das soluções elásticas em relação ao comportamento observado parece residir na anteriormente discutida dupla dependência da deformabilidade dos solos em relação à porcentagem da resistência ao cisalhamento mobilizada e à tensão efetiva média. Assim, para as maiores profundidades sob a sapata, às quais os incrementos de tensão são modestos em relação às tensões efetivas de repouso, as deformações associadas tenderão a ser desprezíveis.

Um processo simplificado de considerar o desvio analisado consiste em proceder ao somatório das extensões verticais de acordo com a Eq. 5.30, mas apenas até as profundidades para as quais o incremento da tensão vertical represente uma fração significativa da tensão efetiva vertical de repouso. Por exemplo, o Eurocódigo 7 sugere, para aquela, o valor de 20%.

Solução alternativa, de natureza semiempírica, com base diretamente nos resultados do ensaio PMT (ver seção 2.2.8), apresenta-se no Anexo A10.

5.2.2 RECALQUE IMEDIATO EM AREIAS

Método de Schmertmann

Considerando as limitações dos métodos teóricos (elásticos) anteriormente discutidas, não surpreende que a literatura da área contenha um número significativo de métodos empíricos e semiempíricos para estimar recalques de fundações superficiais. Por exemplo, o trabalho de Burland e Burbidge anteriormente citado deu origem a um desses métodos, nesse caso de natureza empírica.

Entre os métodos mencionados, o método semiempírico de Schmertmann (1970; Schmertmann; Hartman; Brown, 1978) é o mais conhecido e aplicado para sapatas rígidas. A expressão do recalque imediato é:

$$s_i = C_s \Delta q_s \int \left(\frac{I_\varepsilon}{E} \right) dz \tag{5.42}$$

em que C_s é um coeficiente corretivo adimensional que se destina a considerar o efeito favorável do enterramento da sapata, anteriormente comentado, com a equação:

$$C_s = 1 - 0{,}5 \left(\frac{\sigma'_{vb}}{\Delta q_s} \right) \tag{5.43}$$

em que:

σ'_{vb} representa a tensão efetiva vertical ao nível da base da sapata;

Δq_s é a pressão aplicada pela sapata subtraída de σ'_{vb};

E representa o módulo de deformabilidade do solo, estimado para cada profundidade a partir de resultados de ensaios CPT, de acordo com a Tab. 5.7;

I_ε é o chamado *fator de influência da deformação vertical*, grandeza adimensional cuja distribuição está indicada na Fig. 5.14.

Tab. 5.7 Correlações entre E e q_c (CPT) para aplicação do método de Schmertmann

Tipo de solo	E/q_c
Areias recentes normalmente adensadas	2,5 a 3,5
Areias antigas normalmente adensadas	3,5 a 6,0
Areias sobreadensadas	$\geqslant$ 6,0

Fonte: adaptado de Schmertmann (1970) e Robertson e Campanella (1988).

Nas aplicações práticas o integral da Eq. 5.42 é substituído por um somatório, estendido às n subcamadas em que o maciço é dividido, representando I_{ε_j} e E_j os valores médios do fator de influência da deformação e do módulo de deformabilidade da subcamada genérica, de espessura h_j:

$$s_i = C_s \, \Delta q_s \sum_{j=1}^{n} \frac{I_{\varepsilon_j}}{E_j} h_j \tag{5.44}$$

Método teórico elástico versus *método de Schmertmann*

A comparação das Eqs. 5.33 e 5.42 permite compreender que a função f_s da solução teórica e o fator de influência da deformação vertical, I_ε, do método de Schmertmann, bem como os respectivos integrais, têm o mesmo significado físico. (É de notar, contudo, que f_s é obtida para sobrecargas aplicadas à superfície do meio elástico e pode ser definida para qualquer ponto (x,y) daquela superfície, enquanto I_ε é definido para sapatas rígidas e para o centro da fundação.) Comparando as Figs. 5.13 e 5.14, é possível observar que esta última corresponde a uma simplificação e adaptação da primeira, de modo a contemplar alguns dos aspectos, anteriormente discutidos, responsáveis pelos desvios das soluções elásticas. Entre eles são, por exemplo, patentes as adaptações relacionadas com a contribuição negligenciável dos horizontes mais

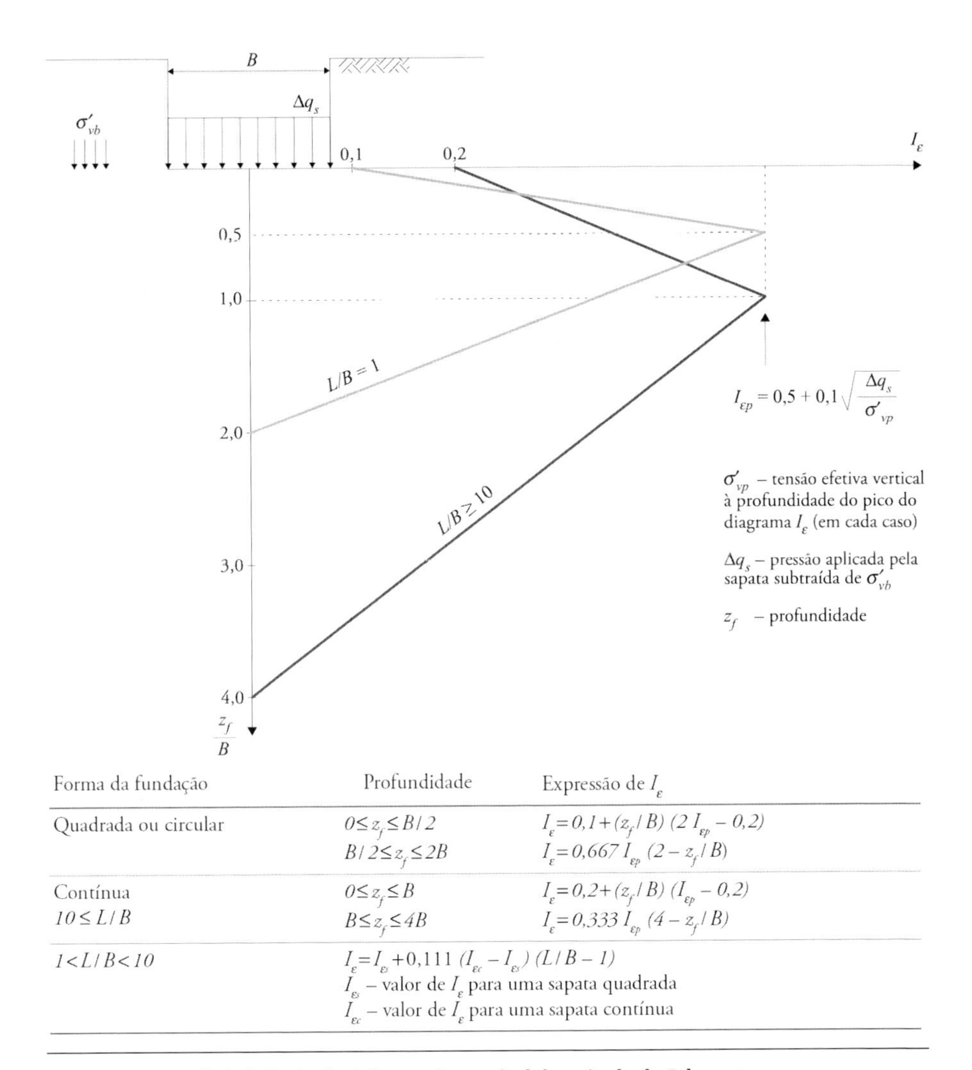

Forma da fundação	Profundidade	Expressão de I_ε
Quadrada ou circular	$0 \leq z_f \leq B/2$ $B/2 \leq z_f \leq 2B$	$I_\varepsilon = 0,1 + (z_f/B)\,(2\,I_{\varepsilon p} - 0,2)$ $I_\varepsilon = 0,667\,I_{\varepsilon p}\,(2 - z_f/B)$
Contínua $10 \leq L/B$	$0 \leq z_f \leq B$ $B \leq z_f \leq 4B$	$I_\varepsilon = 0,2 + (z_f/B)\,(I_{\varepsilon p} - 0,2)$ $I_\varepsilon = 0,333\,I_{\varepsilon p}\,(4 - z_f/B)$
$1 < L/B < 10$	$I_\varepsilon = I_{\varepsilon s} + 0,111\,(I_{\varepsilon c} - I_{\varepsilon s})\,(L/B - 1)$ $I_{\varepsilon s}$ – valor de I_ε para uma sapata quadrada $I_{\varepsilon c}$ – valor de I_ε para uma sapata contínua	

Fig. 5.14 *Fator de influência de deformação vertical do método de Schmertmann*

profundos, bem como a maior profundidade do pico dos diagramas. Atendendo ao valor típico do coeficiente de Poisson em areias, os diagramas da Fig. 5.14 devem, nesse contexto, ser comparados com os diagramas da Fig. 5.13a.

Em razão do exposto, não surpreende que o método teórico elástico e o de Schmertmann conduzam frequentemente a resultados não muito discrepantes, principalmente quando este último é aplicado considerando unitário o fator C_S que procura atender ao efeito da tensão efetiva média na redução da deformabilidade do terreno, quando a profundidade da base da sapata aumenta.

Esses resultados se aproximam ainda mais se, no método teórico, forem introduzidos outros ajustes anteriormente comentados, como: i) truncar o integral das deformações abaixo da profundidade para a qual a tensão vertical incremental é menor que um dado valor, por exemplo, 0,20 σ'_{v0}; ii) atender à Eq. 5.41 para considerar a influência da dimensão longitudinal da fundação.

É útil clarificar esse aspecto, já que o método de Schmertmann é apresentado em alguns tratados como uma solução "fechada", isto é, de fundamentação exclusivamente prática, logo, empírica, o que não é, de todo, correto. Como se verifica, o método de Schmertmann constitui, essencialmente, um *ajuste* da solução elástica teórica para atender a certos desvios em relação a resultados observados em casos reais. Para esses desvios foi encontrada explicação racional, anteriormente discutida, embora sua quantificação por meio de formulações gerais de natureza analítica não tenha sido encontrada. Daí a classificação desse método como *semiempírico*.

A qualidade das estimativas do método de Schmertmann é objeto de diversos estudos, que permitem concluir que se trata geralmente de um método conservativo, isto é, que geralmente sobrestima os recalques, embora com grau de aproximação bastante aceitável (Frank, 1991). Deve-se notar que o método teórico elástico, se aplicado com ponderação, pode também constituir uma via razoável, recomendando-se a aplicação de ambos.

É possível encontrar outros métodos semiempíricos e empíricos na bibliografia especializada (Coduto, 2001; Frank, 2003).

Módulo de deformabilidade de solos arenosos

No Cap. 2 são apresentados os principais ensaios de campo para caracterização de maciços arenosos. É salientado também que, para alguns desses ensaios – como o SPT e o CPT –, não se conhecem metodologias de interpretação teórica dos resultados que os relacionem com parâmetros de rigidez do solo. Para outros ensaios – como o de carga em placa, o ensaio sísmico entre furos e o pressiômetro autoperfurante –, a interpretação teórica é conhecida, permitindo em particular obter um módulo de deformabilidade do solo.

Em face do exposto, pareceria razoável pensar que, geralmente, são estes últimos os ensaios realizados quando se pretende estimar recalques de fundações superficiais. Ao contrário: são os ensaios de penetração os mais usados com tal objetivo na maioria das obras. A explicação dessa situação aparentemente paradoxal está assentada em duas ordens de razões.

Antes de tudo, os ensaios de penetração são muito menos onerosos, e em particular o SPT é realizado por rotina acompanhando as sondagens que constituem a prospecção básica do sítio. A isso acresce que os outros ensaios mencionados, sendo suscetíveis de interpretação teórica, fornecem valores de E associados a determinadas condições de tensão e de deformação do solo que não são necessariamente as que prevalecem sob as fundações superficiais num dado caso (ver seção 2.3.3).

Isso explica que o valor (ou valores) daquele parâmetro introduzido(s) nas expressões do recalque imediato decorra(m) essencialmente da experiência, isto é, da observação das obras e sejam obtidos a partir de correlações com resultados dos ensaios de penetração.

A *praxis* está esquematizada na Fig. 5.15 e pode ser resumida da seguinte forma:

1. a observação do comportamento das fundações permite medir o recalque que experimentam;
2. a aplicação de qualquer uma das expressões do recalque anterior-

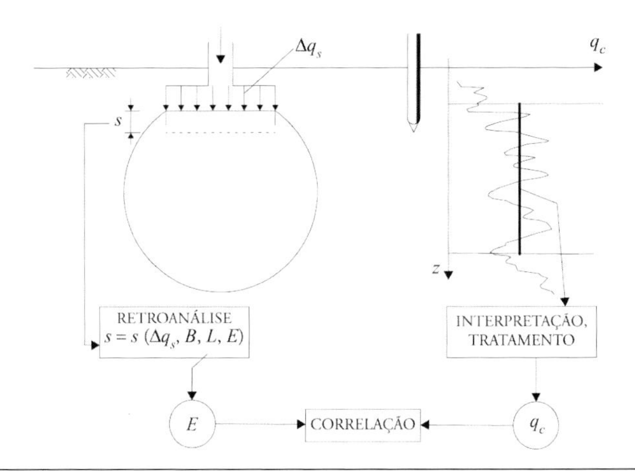

FIG. 5.15 *Formulação de correlações empíricas entre resultados de ensaios de campo e o módulo de deformabilidade do solo para estimativa de recalques de fundações*

Quando os recalques não são uniformes, o parâmetro habitualmente usado para estabelecer limites relacionados com estados-limites de utilização é a distorção angular, cuja relação com as tensões impostas nos elementos estruturais e nos revestimentos é mais direta do que, por exemplo, a dos recalques diferenciais.

O tema das relações entre os movimentos das fundações e os danos induzidos nas construções não tem conhecido significativos desenvolvimentos recentes, sendo os limites apresentados nos tratados da especialidade retirados de trabalhos bastante antigos (Skempton; McDonald, 1956; Polshin; Tokar, 1957; Bjerrum, 1963; Sowers, 1968; Burland; Wroth, 1974; Burland; Broms; De Mello, 1977). A razão reside na grande complexidade do tema, porque o valor do recalque diferencial ou da distorção angular que causa danos numa determinada construção depende de inúmeros fatores, muitos deles não quantificáveis, relacionados com os elementos construtivos (estruturais e não estruturais), o tipo e a taxa de carregamento, o tipo de solo de fundação etc. Verifica-se, por exemplo, que a velocidade com que se processa o recalque afeta de modo importante o comportamento das estruturas, causando danos menos relevantes aqueles que se processam com grande lentidão.

Acresce que na maioria das construções os limites dos recalques diferenciais e das respectivas distorções angulares estão condicionados, geralmente, pela fissuração dos revestimentos (mais sensíveis que as próprias estruturas) e até, em alguns edifícios industriais, pelo funcionamento de

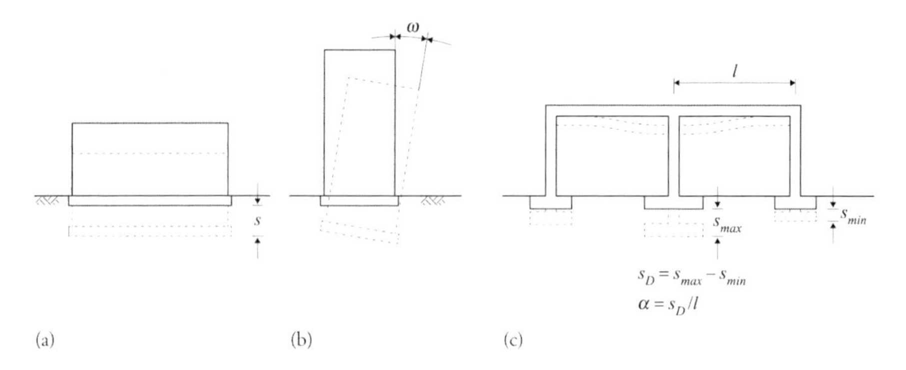

FIG. 5.17 *Esquema simplificado do movimento das fundações de uma estrutura: (a) recalque uniforme da estrutura como corpo rígido; (b) recalque uniforme conjugado com rotação (tilt) da estrutura como um corpo rígido; (c) recalque não uniforme com distorção da estrutura*

equipamentos especialmente sensíveis. Ora, quer os revestimentos, quer esses equipamentos são colocados num estágio em que parte das cargas nas fundações já foi aplicada, logo, também parte significativa do recalque delas já teve lugar. Daí a dificuldade de, com base na experiência ou em estudos teóricos, deduzir de modo consistente os movimentos admissíveis das fundações.

A Tab. 5.8 inclui sinopse dos valores-limites das distorções angulares recomendáveis, elaborada a partir dos trabalhos anteriormente citados. Edifícios industriais com equipamentos sensíveis precisarão ser dimensionados obedecendo aos limites impostos pelo fabricante desses equipamentos. Muitas vezes, quando estes têm dimensões e peso elevados, é conveniente dotá-los de fundação própria, independente das fundações do edifício.

Tab. 5.8 Ordens de grandeza das distorções angulares admissíveis para diversas situações

Tipo de estrutura	Distorção angular admissível, α_a
Estruturas metálicas simples, armazéns com estrutura metálica e paredes envoltórias metálicas	5,0 / 1.000
Edifícios com estrutura reticulada de aço: • sem contraventamentos diagonais • com contraventamentos diagonais	 2,0 / 1.000 1,5 / 1.000
Edifícios com estrutura reticulada de concreto armado	2,5 / 1.000
Edifícios com acabamentos sensíveis	1,0 / 1.000
Paredes resistentes de alvenaria não armada – deformação em **U** • comprimento / altura = 1 • comprimento / altura = 5	 0,4 / 1.000 0,8 / 1.000
Paredes resistentes de alvenaria não armada – deformação em ∩ • comprimento / altura = 1 • comprimento / altura = 5	 0,2 / 1.000 0,4 / 1.000

5.3.2 O dimensionamento por meio da tensão admissível ou pressão admissível

Tem longa tradição na Engenharia Civil o dimensionamento das fundações superficiais de uma estrutura por meio da fixação de uma tensão máxima que cada sapata deve aplicar ao terreno, denominada *tensão admissível*, estabelecida de forma empírica, isto é, com base na experiência com determinado tipo de terreno. Tal corresponde a uma satisfação, de forma implícita e simultânea, dos estados-limites último e de utilização.

Nas situações em que, devido à existência de momentos transmitidos à fundação, a distribuição das tensões em sua base não é uniforme, é também usual impor, por exemplo, que a tensão correspondente a ¾ da tensão normal máxima não ultrapasse a tensão admissível.

As dimensões de cada sapata são assim calculadas com base na pressão admissível e com base na carga vertical aplicada. Esta é geralmente adotada combinando as ações permanentes e variáveis sem aplicação de coeficientes de segurança parciais majoritários.

Essa forma de proceder não é a mais desejável, não pelo fato de constituir um processo empírico – existem inúmeras metodologias empíricas de grande utilidade na Geotecnia –, mas porque, como será verificado em seguida, pode conduzir a opções de projeto pouco racionais e insatisfatórias.

Considere-se, como mostra a Fig. 5.18a, duas fundações vizinhas, 1 e 2, da mesma estrutura, que recebem cargas significativamente discrepantes. Admita que a forma geométrica das duas sapatas é a mesma e que o maciço de fundação não difere entre os dois locais. Se for aplicada a metodologia de dimensionamento anteriormente referida, as sapatas transmitirão a mesma tensão (denominada admissível), ficando assim com dimensões bastante contrastantes.

A sapata 1, de maior dimensão, terá maior coeficiente de segurança global em relação a uma ruptura por insuficiente capacidade resistente do terreno, porque essa capacidade cresce com a dimensão transversal da fundação (ver Eq. 5.12). Não obstante, o recalque será mais elevado também nessa sapata 1, porque aquele cresce (também) com a dimensão transversal da fundação. Como se verificou anteriormente, segundo a expressão do método teórico elástico, o recalque, para sapatas com a mesma forma geométrica, é diretamente proporcional a B (ver Eq. 5.36). Como também se verificou, tal método tende a sobrestimar aquela dependência, tendo Burland e Burbidge, na análise de casos reais, encontrado uma dependência média do tipo $B^{0,7}$.

Para essas duas hipóteses, a Fig. 5.18b mostra a evolução da razão dos recalques das duas sapatas em função da razão das cargas aplicadas a elas, para duas formas geométricas.

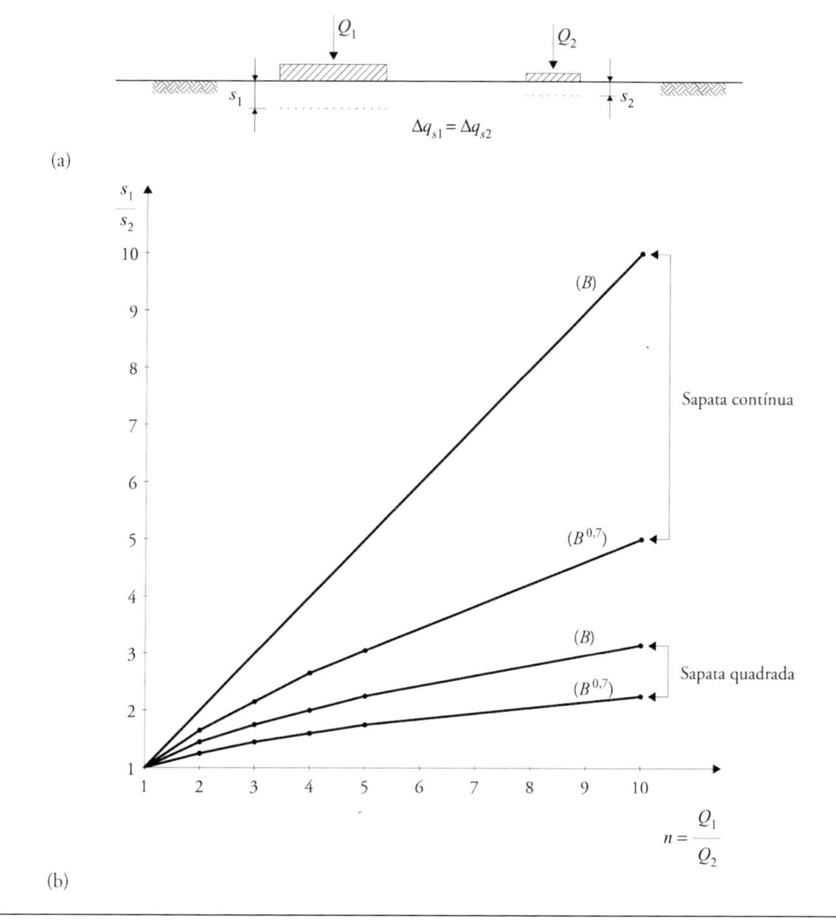

Fig. 5.18 *Dimensionamento fundamentado na tensão admissível: (a) sapatas vizinhas com a mesma forma geométrica suportando cargas distintas, mas transmitindo igual pressão ao terreno; (b) razão dos recalques das duas fundações para duas formas geométricas, admitindo maciço elástico e homogêneo e dois graus de influência de* **B**, *em função da razão das cargas aplicadas*

Deve ser referido que no contexto anterior admitiu-se que o terreno, homogêneo em planta, responde com a mesma deformabilidade sob as duas sapatas. Tal hipótese é inexata porque a deformabilidade depende da fração mobilizada da resistência do solo. Sendo mais elevado o coeficiente de segurança global na sapata 1, o respectivo solo de fundação tenderá a exibir uma deformabilidade inferior à do solo de fundação da sapata 2. Dessa forma, a razão dos recalques expressa pelas curvas da Fig. 5.19 estará de algum modo superestimada.

O escrito no parágrafo precedente não retira validade à conclusão de que o dimensionamento com base numa tensão admissível irá conduzir necessariamente a recalques diferenciais sempre que as cargas nas distintas fundações não forem muito similares. Se se conjugar a variação das cargas com a heterogeneidade do maciço, e zonas mais moles ocorrerem sob as sapatas de maiores dimensões, naturalmente os recalques diferenciais tenderão ainda a agravar-se.

O método da tensão admissível é ainda criticável por outras razões.

Normalmente, a tensão é estabelecida pelo tipo de solo, isto é, a partir de sua descrição geológica, tal como *solo residual do granito do Porto*, *argila dos Prazeres* etc. Para certas formações descritas dessa forma, parece pouco razoável estabelecer uma tensão admissível. Por exemplo, os solos residuais do granito ocorrem com características de resistência e de deformabilidade extremamente variáveis.

Outro aspecto que deve ser considerado é que o uso com algum sucesso de determinada tensão admissível no passado não assegura o mesmo sucesso no futuro. Com efeito, não é razoável fixar uma tensão admissível para certo tipo de solo independentemente da estrutura que será construída. Um edifício com poucos pisos, por exemplo, implicará cargas relativamente reduzidas, logo, sapatas de dimensões reduzidas ou moderadas. No mesmo solo, um edifício com muito mais pisos, aplicando idêntica tensão admissível, será dotado de fundações de dimensões bastante maiores. Em termos comparativos, experimentará recalques bem mais elevados.

Na explicação precedente, deixou-se implícita a ideia de que as grandezas das cargas aplicadas nas duas fundações da Fig. 5.18 são fixas, sejam quais forem os movimentos das fundações. Essa hipótese, como se sabe, só é verdadeira para as estruturas isostáticas. Ao contrário, nas estruturas hiperestáticas a distribuição das cargas nas fundações depende dos deslocamentos que elas experimentarem. Se, por hipótese, o recalque numa fundação tender a ser elevado comparativamente com os das fundações vizinhas, as deformações estruturais mobilizarão uma redistribuição de esforços, acarretando alívio da carga na primeira e acréscimos nestas últimas.

Ou seja, nas estruturas hiperestáticas a interação solo-estrutura propicia de fato uma distribuição de recalques menos discrepante do que aquela que resulta da avaliação deles, sapata a sapata. O grau de homogeneização dos recalques será tanto maior quanto maior for a rigidez da estrutura, logo, maior for a amplitude da redistribuição de cargas nas fundações em relação àquelas que presidiram ao dimensionamento.

Sendo assim, é possível arrematar a crítica ao método da tensão admissível com alguma ironia: esse método não somente não consegue propiciar uma distribuição mais ou menos uniforme dos recalques como também não consegue assegurar uma uniformidade das pressões transmitidas ao terreno!

5.3.3 O dimensionamento com base num recalque comum a todas as fundações

Da discussão anterior é possível concluir que quando se fala do conjunto das fundações de uma dada estrutura – e admitindo que para todas elas ficará assegurada a capacidade de carga vertical dentro das margens de segurança recomendadas pelo critério ou código de projeto adotado –, a situação mais desejável é claramente aquela em que:

- os recalques das fundações assumem um valor *muito próximo* em todas elas;
- este último valor é *bastante reduzido*.

Em outras palavras, é preferível o critério de dimensionamento fundamentado num *recalque de cálculo, tanto quanto possível comum para todas as fundações*.

O critério do estabelecimento da grandeza desse recalque será tratado na seção 5.3.4. O que importa salientar nesse momento é que, adotado o valor do recalque de cálculo para uma dada estrutura a ser fundada num determinado terreno, é possível desenvolver ábacos de dimensionamento como o da Fig. 5.19, que relacionam a carga aplicada com a dimensão B necessária para assegurar o recalque adotado, para diversas formas geométricas da fundação. De fato, nas diversas equações discutidas na seção 5.2, num contexto da avaliação do recalque, este corresponde ao *resultado* de um cálculo onde entram como *dados*, essencialmente, o módulo de deformabilidade do solo (ou das diversas subcamadas em que este é dividido), as dimensões da sapata, a respectiva forma geométrica e a carga aplicada. No contexto do dimensionamento em questão, a perspectiva é outra: impondo um recalque, trata-se de obter, a partir das mesmas equações, as dimensões da fundação, dada a carga aplicada e, naturalmente, as características de deformabilidade do solo de fundação.

Nos casos em que a equação do recalque corresponde a uma expressão analítica, a obtenção dos ábacos de dimensionamento é muito simples. Tal é o caso da Fig. 5.19, em que, como exemplo, se adotou a equação do método elástico para maciço homogêneo (introduzindo apenas a correção no expoente da largura da fundação, de acordo com o trabalho de Burland e Burbidge – ver seção "Crítica das soluções elásticas", p. 386). Nos casos em que a equação do recalque corresponder a uma equação algébrica, por exemplo, do tipo das Eqs. 5.30 e 5.44, a obtenção dos ábacos envolve naturalmente cálculos um pouco mais laboriosos.

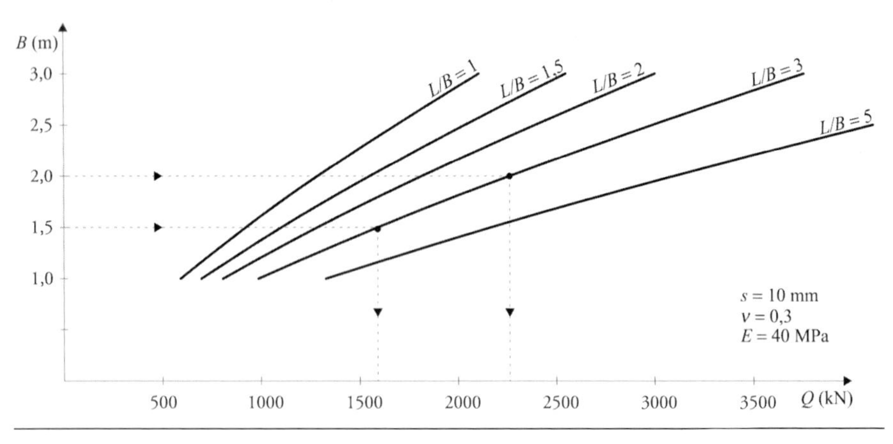

Fig. 5.19 *Exemplo de ábaco de dimensionamento das fundações de uma estrutura, que permite, para cada valor da carga aplicada e para uma dada forma geométrica, obter a dimensão transversal da fundação que conduz a um recalque imposto (ver condições indicadas na figura)*

Da aplicação desses ábacos é possível facilmente verificar que, para determinada forma geométrica, a pressão diminui com o aumento da dimensão B. Veja-se como exemplo os pontos assinalados na figura para a fundação com forma definida pela razão $L/B = 3$. Para $B = 1{,}5\,\text{m}$ a sapata estaria apta a receber uma carga de aproximadamente 1.600 kN, a que corresponde uma pressão $p = 1.600/(1{,}5 \times 4{,}5) = 237\,\text{kPa}$, enquanto para $B = 2{,}0\,\text{m}$ a carga correspondente vale cerca de 2.250 kN, a que corresponde uma pressão $p = 2.250/(2 \times 6) = 188\,\text{kPa}$.

Crítica recorrente à via de dimensionamento das fundações que acaba de ser apresentada consiste em invocar as dificuldades envolvidas na avaliação do módulo de deformabilidade do solo de fundação, ou das diversas camadas em que este for dividido, que se repercute na dificuldade em estimar aproximadamente o recalque.

Essa dificuldade, que aliás foi anteriormente enfatizada, não limita o mérito dessa metodologia. Parece razoável crer que (eventuais ou prováveis) erros na estimativa da deformabilidade do terreno afetem em grau aproximado as distintas fundações da estrutura. Dessa forma – dentro de um contexto determinístico do problema, isto é, admitindo que não há incertezas relacionadas com outras variáveis envolvidas no dimensionamento –, os recalques continuarão a ser muito similares entre as diversas fundações, embora ao redor de um valor numérico (possivelmente) distinto do adotado no dimensionamento. Se esses dois valores não forem radicalmente discrepantes, isso não terá particular relevância, porque o objetivo de minimizar os recalques diferenciais (sem, para isso, exigir redistribuição de esforços) terá sido atingido.

Defendido o critério de dimensionamento fundamentado no recalque comum às diversas fundações, importa agora discutir o critério da fixação quantitativa dele.

5.3.4 Recalque admissível de cálculo para as fundações de uma estrutura

Se não houvesse outras incertezas envolvidas no processo de dimensionamento relacionado com os recalques, o valor adotado para o recalque comum a todas as fundações poderia ser bastante elevado. Tenha-se, a propósito, presente o que na seção 5.3.1 foi escrito para os limites dos recalques totais uniformes das fundações.

Todavia, o dimensionamento das fundações é frequentemente afetado por incertezas relacionadas com a heterogeneidade espacial do maciço de fundação e com as ações aplicadas à fundação, que aconselham a limitar o valor do recalque admissível de cálculo a valores geralmente bastante pequenos.

As incertezas relativas às ações foram anteriormente abordadas, mas podem nesse momento ser desenvolvidas. O aspecto, nesse contexto, mais relevante se relaciona com as ações variáveis, em particular com as sobrecargas de utilização. Como sugere a Fig. 5.20, sua distribuição, variável no espaço e no

mento dentro da metodologia de recalque comum a todas as fundações envolvem os seguintes passos essenciais, esquematizados na Fig. 5.24:

1. adoção da distorção angular admissível, α_a, por exemplo, a partir da Tab. 5.8;
2. para cada zona da estrutura, com base no afastamento médio dos pilares, l, calcular o recalque diferencial admissível entre pontos de apoio contíguos por meio da equação:

$$s_{Da} = \alpha_a l \quad (5.53)$$

3. adotar o recalque admissível de cálculo, $s_{a,d}$, com base na Tab. 5.9;
4. com base no recalque de cálculo e nos modelos geológico-geotécnicos locais, construir os ábacos de dimensionamento das fundações que relacionam a carga aplicada com as dimensões das sapatas, para diversas formas geométricas delas;
5. com base nas cargas aplicadas às fundações, retiradas das análises da estrutura admitindo apoios rígidos, e nos ábacos de dimensionamento referidos em 4, obter as dimensões (B, L) de cada sapata;
6. para cada sapata, tomando as dimensões obtidas em 5, verificar se é suficiente a capacidade resistente do terreno ao carregamento vertical; em caso negativo, ajustar convenientemente as dimensões das sapatas ou reavaliar a camada portante; note que as ações consideradas nessa verificação são distintas daquelas tomadas em 5;
7. passar ao estágio de dimensionamento estrutural das fundações.

Em certos casos, após serem fixadas as dimensões em planta das fundações (ver 5), pode ser aconselhável efetuar novas análises de esforços da estrutura, considerando agora apoios deformáveis. Se, numa dessas análises, forem introduzidas as condições de carregamento que ditaram as forças tomadas em 5 e a rigidez dos apoios compatível com os ábacos de dimensionamento referidos em 4, os resultados, em termos de esforços, coincidirão com a análise com apoios rígidos, sendo a única diferença a referente aos deslocamentos verticais das fundações, que coincidirão com o recalque de cálculo. (Isso não será exatamente como referido caso tenha havido algum ajuste de dimensões relacionado com a verificação indicada em 6.) Logo, essa análise fará apenas sentido, quando muito, como verificação adicional dos cálculos efetuados no dimensionamento das fundações.

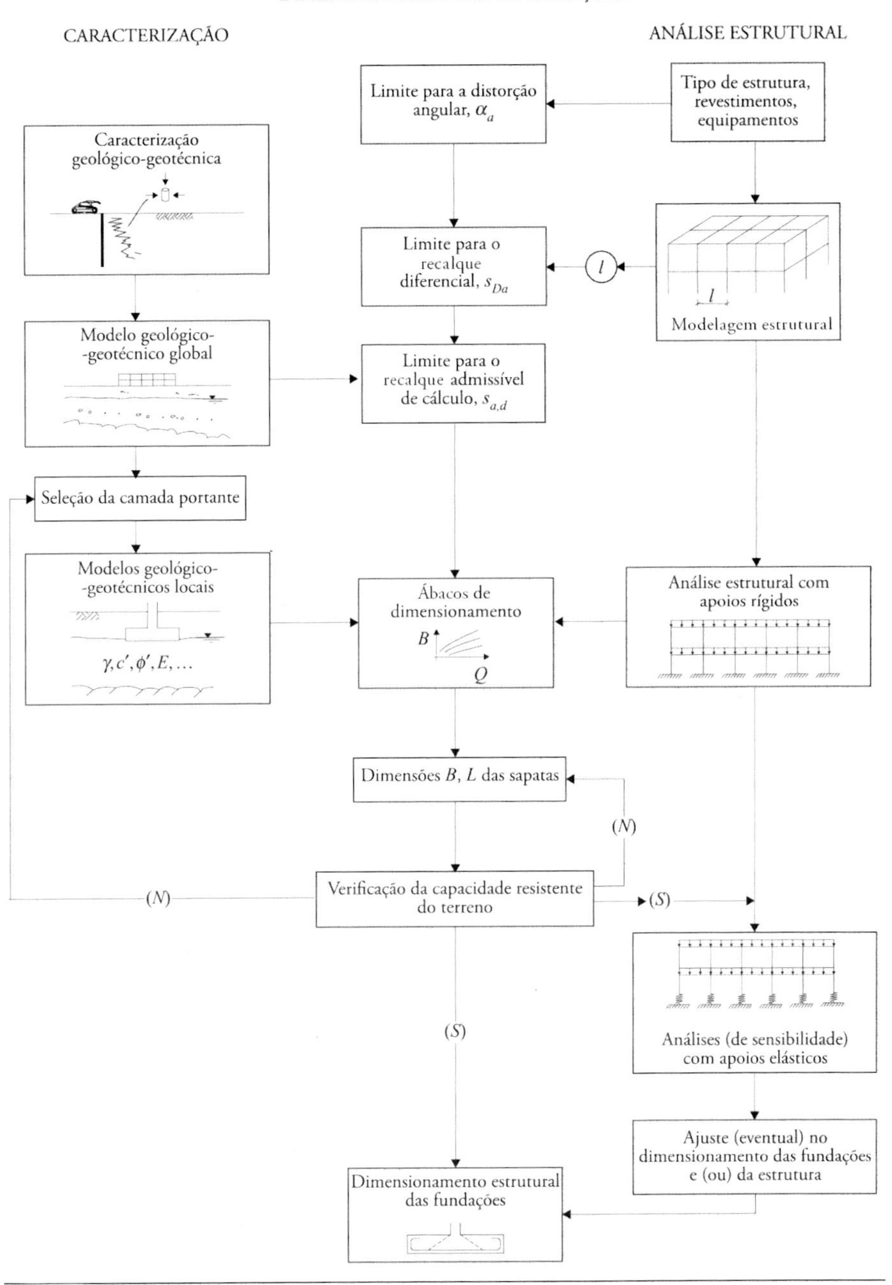

FIG. 5.24 *Esquema que resume a metodologia de dimensionamento das fundações com base no recalque de cálculo*

Assim, as análises de interação solo-estrutura justificam-se plenamente quando são introduzidas alterações em relação ao modelo de base. É manifestamente o caso em que, por exemplo, se conjuga um cenário geológico-geotécnico com grande heterogeneidade com cargas variáveis relativamente importantes. A realização de *análises de sensibilidade*, introduzindo variações na distribuição da deformabilidade do solo de fundação, bem como variações na distribuição espacial das cargas variáveis, permitirá avaliar a influência dessas incertezas na distribuição e na grandeza dos recalques e dos esforços estruturais.

Nessas análises, pode ser conveniente considerar, de forma conjugada, a evolução da geometria estrutural e do carregamento da estrutura e das fundações. Isto é, em vez de, tomando a geometria final da estrutura, aplicar num só incremento as cargas totais, deve-se analisar os diversos estágios construtivos dela (num edifício, o crescimento em estágios dos pisos), aplicando-se para cada geometria apenas as cargas correspondentes ao estágio de construção respectivo.

Em certas situações as diferenças entre os resultados dos dois modos de análise referidos podem ser significativas. Repare-se que, por exemplo, numa estrutura reticulada de um edifício de n pisos, caso ocorram recalques diferenciais, os esforços nos elementos estruturais do último piso não dependerão, naturalmente, dos recalques associados às cargas permanentes dos $n-1$ primeiros pisos.

Por outro lado, a consideração da evolução da geometria da estrutura permite melhor atender, como parece óbvio, à evolução de sua rigidez. Por exemplo: num edifício com grande número de pisos, considerar a geometria final e a essa geometria aplicar a totalidade das cargas conduzirá a uma superestimativa, que pode ser muito significativa, de sua capacidade de redistribuição de esforços induzidos pelos recalques das fundações.

Os resultados dessas análises de interação solo-estrutura poderão conduzir a significativas alterações nas envoltórias de esforços estruturais, logo, a ajustes no dimensionamento dos elementos da estrutura e, inclusive, no dimensionamento das fundações. Pode mesmo acontecer que, em face desses estudos, em certas estruturas especialmente sensíveis a recalques, opte-se por uma concepção distinta do sistema de fundação ou até por uma solução com fundações por estacas.

5.4 Avaliação do comportamento sísmico do local. Suscetibilidade de maciços de areia à liquefação

No Vol. 1, Caps. 1 e 5, é discutido que maciços de areia de baixa compacidade são suscetíveis de exibir mau comportamento caso sejam submetidos a ações sísmicas de intensidade média ou elevada.

No caso de areias submersas o comportamento pode consistir no fenômeno da liquefação. As tensões de cisalhamento cíclicas associadas às ações sísmicas tendem a conferir ao solo reduções de volume (compressão), o que ocasiona o desenvolvimento de excessos de pressão neutra positivos. A grandeza destes depende da amplitude e da duração do carregamento cíclico, sendo esta, por sua vez, dependente da chamada *magnitude do sismo*. Caso os excessos de pressão neutra gerados sejam suficientes para anular as tensões efetivas no solo, desencadeia-se a liquefação, com redução drástica da resistência ao cisalhamento e danos muito graves nas estruturas fundadas no maciço. Terminado o evento sísmico, os excessos de pressão neutra dissipam-se com relativa rapidez e o solo reorganiza-se com maior compacidade, dando origem a um recalque da superfície. No caso de solos arenosos emersos, não saturados, o carregamento sísmico tenderá a induzir recalque, sem ocorrência de liquefação.

Como se compreende do exposto, a avaliação da segurança do maciço em condições sísmicas deverá preceder os aspectos específicos do dimensionamento de fundações tratados anteriormente neste capítulo. Caso essa avaliação leve à conclusão de que o comportamento deficiente é esperado em caso de um evento sísmico (definido naturalmente de acordo com os regulamentos ou códigos de segurança aplicáveis), três hipóteses podem ser ponderadas: i) realizar um processo de tratamento do maciço (ver seção 5.4.3); ii) alterar a concepção das fundações, optando por fundações por estacas, e considerar, no dimensionamento destas, o comportamento deficiente das camadas superiores em condições sísmicas; iii) rejeitar o sítio como impróprio para construção.

Muitos dos conhecimentos atualmente disponíveis sobre liquefação foram desenvolvidos com base nos trabalhos de Seed e dos seus colaboradores na Universidade de Berkeley, entre as décadas de 1960 e de 1980. A essa equipe se deve a metodologia mais conhecida para tratar o fenômeno da liquefação, denominada abordagem das tensões cíclicas, primeiramente formulada por Seed e Idriss (1971) e que é em seguida apresentada.

5.4.1 Avaliação da suscetibilidade em relação à liquefação. A abordagem das tensões cíclicas

Representação do carregamento sísmico

Considere-se a Fig. 5.25a, em que se representa um maciço de superfície horizontal submetido a uma história de acelerações horizontais. No instante representado, em que a aceleração à superfície atinge seu pico (máximo) (a_{max}), atua no maciço a tensão de cisalhamento máxima. Considerando a coluna de faces verticais, altura z e área da base unitária, caso a mesma se comportasse como um corpo rígido, receberia uma força de inércia horizontal, F_{ih}, de valor:

$$F_{ih} = \frac{a_{max}}{g} \gamma z \tag{5.54}$$

induzindo em sua base uma tensão de cisalhamento dada pela equação:

$$(\tau_{max})_r = \frac{a_{max}}{g} \gamma z = \frac{a_{max}}{g} \sigma_{v0} \tag{5.55}$$

Como sugere a Fig. 5.25b, não sendo a coluna de solo um corpo rígido, a tensão de cisalhamento mobilizada é menor que a dada pela Eq. 5.55, podendo ser obtida a partir daquela por meio da introdução de um fator de redução r_d, decrescente com a profundidade:

$$(\tau_{max})_d = \frac{a_{max}}{g} \sigma_{v0} r_d \tag{5.56}$$

A evolução de r_d em profundidade tem geralmente o aspecto expresso pela Fig. 5.25c. Resultados de simulações numéricas da propagação em altura em maciços arenosos de grande variedade de registros sísmicos reais conduziram a uma avaliação de r_d que, em média, pode ser aproximada pelas seguintes equações (Youd; Idriss, 2001):

$$\begin{aligned} r_d &= 1{,}0 - 0{,}00768.z \quad para\ z \leqslant 9{,}15\,m \\ r_d &= 1{,}174 - 0{,}0267.z \quad para\ z > 9{,}15\,m \end{aligned} \tag{5.57}$$

Como se compreende, sendo a história sísmica um carregamento cíclico de amplitude aleatória, de instante para instante a tensão de cisalhamento em qualquer plano horizontal considerado irá variar em grandeza (bem como em sentido, que se inverterá de instante para instante). O valor máximo da aceleração não será o mais indicado para a caracterização do carregamento

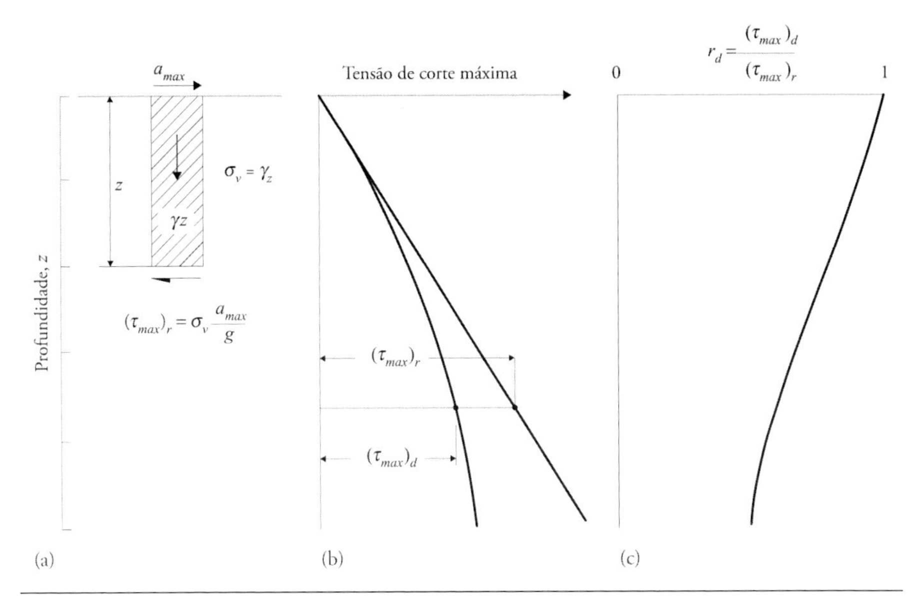

FIG. 5.25 *Método simplificado para avaliar as tensões de cisalhamento induzidas por um sismo: (a) esquema de uma coluna de solo; (b) evolução em profundidade das tensões de cisalhamento em planos horizontais para as hipóteses de corpo rígido e deformável; (c) evolução típica em profundidade do coeficiente r_d que relaciona as tensões anteriores*
Fonte: adaptado de Seed e Idriss (1971).

sísmico. Acresce, como mencionado, que sua duração, isto é, o número total de ciclos, é também muito relevante.

Para efeitos do estudo da liquefação, Seed e Idriss (1971) definiram a ação dos sismos por meio de um carregamento cíclico *uniforme equivalente*, isto é, de frequência e amplitude constantes, sendo esta última igual a 65% da amplitude máxima do sismo, passando a tensão de cisalhamento cíclica a ter a equação:

$$\tau_{cyc} = 0,65 \frac{a_{max}}{g} \sigma_{v0} r_d \tag{5.58}$$

Dividindo ambos os membros por σ'_{v0}, obtém-se a chamada *razão de tensões cíclicas*, CSR:

$$CSR = \frac{\tau_{cyc}}{\sigma'_{v0}} = 0,65 \frac{a_{max}}{g} \frac{\sigma_{v0}}{\sigma'_{v0}} r_d \tag{5.59}$$

Quanto ao número de ciclos do carregamento uniforme, é dado pela segunda coluna da Tab. 5.10, em função da magnitude do sismo. Esses resultados foram obtidos de estudos de simulação numérica comparando os excessos de pressão neutra gerados em certos depósitos de areia, por um lado, por registros sísmicos reais (com distintas tensões de cisalhamento máximas e magnitudes), e, por outro, por carregamentos cíclicos uniformes de amplitude igual a 65% da máxima amplitude do registro sísmico respectivo.

Tab. 5.10 Número de ciclos de um carregamento uniforme de amplitude $0{,}65\tau_{max}$ representativos de diferentes magnitudes sísmicas e fator corretivo aplicado para magnitudes diferentes de 7,5 à deformação volumétrica retirada da Fig. 5.28

Magnitude, M	Nºciclos 0,65 τ_{max} Seed et al. (1975)	$\varepsilon_{vol,M}/\varepsilon_{vol,M=7,5}$ Tokimatsu e Seed (1987)
8,5	26	1,25
7,5	15	1,00
6,75	10	0,85
6	5-6	0,60
5,25	2-3	0,40

Caracterização da resistência à liquefação

A via mais utilizada para a caracterização da resistência à liquefação tem sido o estudo de casos reais bem documentados em que se dispõe: i) de dados referentes ao sismo, podendo se calcular a anteriormente designada CSR; ii) a observância comprovada de *ocorrência* ou de *não ocorrência* de liquefação (geralmente através da observação de ejeções de areia e abertura de fissuras à superfície); iii) um parâmetro caracterizador da resistência do maciço *antes do sismo*.

Na maioria dos casos analisados, no âmbito dos primeiros estudos (sismos no Japão, China, Alasca, Guatemala e Argentina, nas décadas de 1960 e 1970), o parâmetro disponível para caracterizar a resistência era o resultado do SPT. (Note-se, a propósito, que aquilo que num maciço granular faz aumentar o N_{SPT} – como a compacidade e a tensão média efetiva – é favorável em termos de resistência à liquefação.) A Fig. 5.26 apresenta um exemplo de um dos primeiros estudos (Seed; Idriss; Arango, 1983), marcando-se o parâmetro representativo da resistência do terreno em abscissas e a razão de tensões cíclicas representativas da ação sísmica em ordenadas. Como se pode observar, uma fronteira foi traçada separando, de forma conservativa, as duas zonas onde se concentram os símbolos dos casos em que ocorreu liquefação dos casos em que esta não ocorreu.

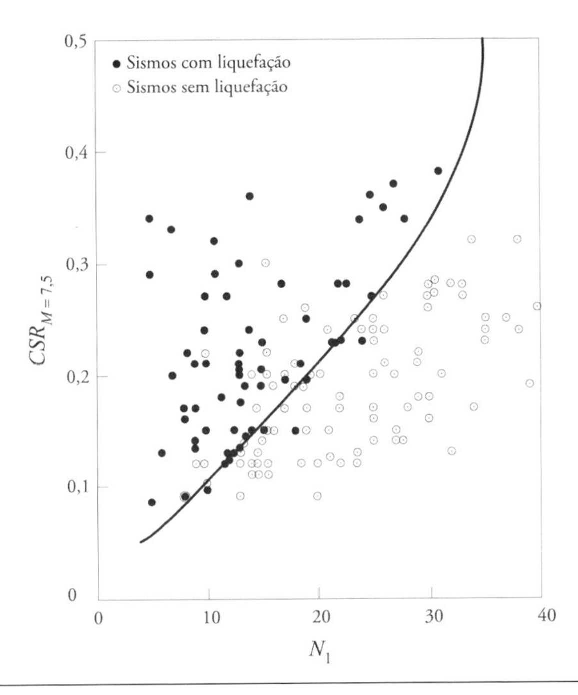

FIG. 5.26 *Correlação entre o comportamento exibido em relação à liquefação de maciços de areias (D_{50} > 0,25 mm) de superfície horizontal sob ação de sismos (M = 7,5) e o resultado do SPT, N_1 (normalizado para a tensão efetiva vertical de 100 kPa, mas ainda não para a razão de energia-padrão de 60%)*

Seed, Idriss e Arango (1983).

O desenvolvimento de estudos seguindo essa estratégia, bem como o acúmulo de mais casos bem documentados, propiciado por sismos mais recentes, permitiu desenvolver relações análogas para solos granulares com distintas percentagens de finos (Seed et al., 1985) e para resultados do CPT (Robertson; Campanella, 1985; Robertson; Wride, 1998; Robertson, 2004).

A Fig. 5.27 mostra os chamados *ábacos de liquefação* fundamentados no SPT e no CPT que recentemente mereceram consenso entre os especialistas, reunidos sob o patrocínio do National Center for Earthquake Engineering Research (NCEER), dos Estados Unidos, para fazer o ponto da situação dos conhecimentos sobre liquefação (o relato da reunião foi publicado por Youd e Idriss (2001). Detalhe importante: os ábacos de liquefação fornecem, para determinado tipo de solo com determinada resistência (expressa pelos resultados de ensaios de campo), a grandeza da tensão de cisalhamento cíclica (dividida por σ'_{v0}) que o solo em questão pode experimentar sem liquefação; portanto, justifica-se que a ordenada dos ábacos seja denominada *razão de resistência cíclica*, CRR.

Junto de cada ábaco incluem-se equações que aproximam as curvas respectivas para as areias limpas (*clean sands*), particularmente úteis quando são usadas folhas de cálculo. É, ainda, indispensável mencionar que no desenvolvimento da Fig. 5.27a seus autores não aplicaram a correção C_R (ver Eq. 2.7 e Tab. 2.1), para profundidades superiores a 3 m, no cálculo de $(N_1)_{60}$. Desse modo, igual procedimento deve ser adotado em sua utilização, pois o mesmo tem implicitamente incorporada a influência do comprimento do conjunto de hastes, para profundidades maiores do que a referida, nos resultados do SPT.

Como se pode verificar na Fig. 5.27a, as curvas referentes às areias com finos correspondem a resistências maiores à liquefação, para um dado valor de $(N_1)_{60}$. É possível questionar se o fato decorre de uma resistência à liquefação realmente mais elevada conferida pelos finos ou, ao contrário, de uma redução na resistência à penetração no SPT induzida por eles. Como alternativa à utilização das curvas para areias com finos da Fig. 5.27a, a reunião de especialistas anteriormente mencionada considerou recomendável adotar a seguinte metodologia (Youd; Idriss, 2001):

i) calcular uma resistência à penetração do SPT equivalente à das areias limpas, $(N_1)_{60,cs}$, a partir da resistência efetivamente medida, $(N_1)_{60}$, usando a equação:

$$(N_1)_{60,cs} = \alpha + \beta\,(N_1)_{60} \qquad (5.60)$$

em que α e β são dados pela Tab. 5.11;

ii) com os valores calculados a partir da Eq. 5.60, usar a curva para areias limpas da Fig. 5.27a.

Esse procedimento, além de permitir uma avaliação de CRR para qualquer valor da fração fina entre 5% e 35%, não corresponde exatamente às curvas da Fig. 5.27a. De fato, os resultados de sua aplicação para 15% de finos correspondem a uma curva sensivelmente deslocada para a direita em relação à representada para aquela porcentagem, logo, tem por base um critério mais

Tab. 5.11 Valores dos parâmetros adimensionais α e β da Eq. 5.60

% de finos, FC	α	β
FC ⩽ 5	0	1
5 ⩽ FC ⩽ 35	exp[1,76 – (190 / FC²)]	0,99 + (FC¹·⁵/1000)
35 ⩽ FC	5,0	1,2

prudente de avaliação da razão de resistência cíclica. Tal critério resultou de uma reavaliação dos dados disponíveis à data da referida reunião.

Por fim, importa ainda notar que os ábacos de liquefação foram preparados tomando como magnitude de referência $M = 7{,}5$. A razão de resistência

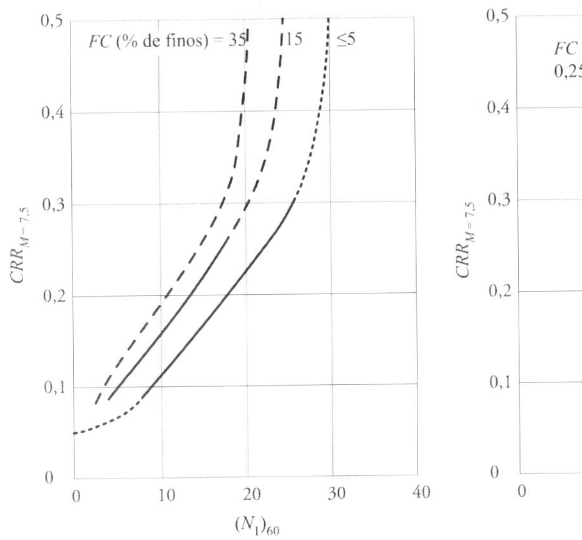

Equação aproximativa da curva para $FC \leq 5$

$$CRR_{M=7,5} = \frac{1}{34-(N_1)_{60}} + \frac{(N_1)_{60}}{135} + \frac{50}{\left[10(N_1)_{60}+45\right]^2} - \frac{1}{200}$$

Equação aproximativa da curva para $FC < 5$

$$\text{Se } q_{c1N} < 50 : CRR_{M=7,5} = 0{,}833\left(\frac{q_{c1N}}{1000}\right) + 0{,}05$$

$$\text{Se } 50 \leq q_{c1N} < 160 : CRR_{M=7,5} = 93\left(\frac{q_{c1N}}{1000}\right)^3 + 0{,}08$$

(a) (b)

Fig. 5.27 *Ábacos de liquefação recomendados: (a) com base nos resultados do SPT (Seed et al. (1985), corrigido, ver Youd e Idriss (2001)); (b) com base nos resultados do CPT (Robertson; Wride, 1998)*

cíclica para magnitudes diferentes desta, CRR_M, pode ser obtida a partir da grandeza homóloga para $M = 7{,}5$ por aplicação da equação:

$$CRR_M = MSF \cdot CRR_{M=7,5} \tag{5.61}$$

em que MSF é um fator adimensional de natureza corretiva, cujos valores estão incluídos na Tab. 5.12. Para isso, são apresentados os valores de consenso pelos especialistas reunidos sob patrocínio do NCEER, bem como os valores propostos por Ambraseys (1988), que foram, no essencial, adotados pelo Eurocódigo 8 – Parte 5 (NP EN 1998-5, 2010).

Tab. 5.12 Fatores corretivos a aplicar para magnitudes diferentes de 7,5 à razão de resistência cíclica retirada dos ábacos de liquefação

Magnitude	$MSF = CRR_M/CRR_{M=7,5}$		
M	Youd e Idriss (2001)[1]	Ambraseys (1988)	EC8 - Parte 5 (NP EN 1998-5:2010)
5,5	2,20	2,86	2,86
6,0	1,76	2,20	2,20
6,5	1,44	1,69	1,69
7,0	1,19	1,30	1,30
7,5	1,00	1,00	1,00
8,0	0,84	0,67	0,67
8,5	0,72	0,44	-

1. *Os valores dessa coluna resultam da expressão MSF= 174/(Mexp 2,56), que aproxima resultados numéricos.*

Cálculo da segurança em relação à liquefação. Aplicação do Eurocódigo 8

A avaliação da segurança em relação à liquefação para determinado maciço para o qual se disponha da evolução em profundidade de $(N_1)_{60}$ ou de q_{c1N} envolve os seguintes passos: i) cálculo da evolução em profundidade da razão de tensões cíclicas, $CSR(z)$, a partir da Eq. 5.59; ii) em função dos resultados dos ensaios de campo, obtenção, a partir do ábaco de liquefação, para cada profundidade, da razão de resistência cíclica para a magnitude de 7,5, $CRR_{M=7,5}(z)$; iii) cálculo da razão de resistência cíclica para a magnitude do sismo, $CRR_M(z)$, para cada profundidade, a partir da Eq. 5.61; iv) cálculo do coeficiente de segurança em relação à liquefação, para cada profundidade, por meio da razão:

$$F_L(z) = \frac{CRR_M(z)}{CSR\ (z)} \tag{5.62}$$

Para aplicação do Eurocódigo 8 às condições do território de Portugal, é preciso considerar que: i) o cálculo da razão de tensões cíclicas requer a adoção da aceleração máxima à superfície, que deve ser efetuada de acordo com o apresentado no Cap. 3 (ver seção 3.6.1); ii) o cálculo da razão de resistência cíclica requer a adoção da magnitude sísmica no local, cujos valores podem ser consultados no anexo nacional português àquele eurocódigo (Anexo Nacional, NP EN 1998-5, 2010); iii) o coeficiente de segurança definido na Eq. 5.62 deve ser igual ou superior a 1,25. A adaptação a outras condições geográficas, logo, sismotectônicas, não oferece dificuldades.

É importante salientar que essa metodologia de avaliação da segurança é aplicável a maciços de superfície horizontal ou muito próxima da horizontal, nos quais, portanto, no estado pré-sismo ou pós-sismo, não existem, ou são praticamente nulas, tensões de cisalhamento em potenciais planos de ruptura. Para avaliar a segurança em relação à liquefação quando estas últimas condições não se verificarem – como, por exemplo, no caso de maciços com superfície inclinada –, sugere-se a consulta de bibliografia especializada (Kramer, 1996; Finn, 2001). Os fenômenos de liquefação nos maciços de superfície horizontal e nos maciços de superfície inclinada são, na bibliografia de língua inglesa, referidos habitualmente por *cyclic liquefaction* e *flow liquefaction*, respectivamente. Este trabalho aborda apenas a liquefação do primeiro tipo.

5.4.2 AVALIAÇÃO DOS RECALQUES EM MACIÇOS DE AREIA EMERSOS

Como foi comentado, nos solos arenosos fofos não saturados, logo, emersos, o carregamento sísmico é suscetível de provocar recalques da superfície de grandeza substancial. A avaliação aproximada desses recalques é ainda mais difícil do que a dos associados ao carregamento estático, anteriormente abordados. O método mais usado para isso é um procedimento simplificado desenvolvido na Universidade de Berkeley, tal como o anteriormente apresentado para a liquefação (Tokimatsu; Seed, 1987).

Considerando a Eq. 5.58, que fornece a estimativa das tensões cíclicas, as distorções ou deformações por cisalhamento podem ser obtidas por meio da equação:

$$\gamma_{cyc} = \frac{\tau_{cyc}}{G} = 0{,}65 \frac{a_{max}}{g} \sigma_{v0} r_d \frac{1}{G} \tag{5.63}$$

em que G representa o módulo de distorção do solo.

Como é sabido, G depende do nível de deformação, sendo obtido geralmente através de ábacos como o da Fig. 2.40, em função de G_0 e do nível de deformação por cisalhamento. Assim, a aplicação da Eq. 5.63 exige um pequeno processo iterativo: i) adoção de um primeiro valor de G, representando uma dada fração de G_0; ii) cálculo de γ_{cyc} a partir da Eq. 5.63; iii) em função do resultado, aplicando a Fig. 2.40 ou outra similar, obtenção da razão G/G_0; iv) caso esse resultado não seja compatível com o valor adotado em i), ajustá-lo até obter concordância.

Obtida, para cada subcamada da camada de areia, a deformação por cisalhamento, é necessário relacionar esta com a deformação volumétrica. Essa relação é muito dependente da dilatância da areia, logo, de sua compacidade relativa. A Fig. 5.28a mostra resultados experimentais expressando essa dependência, obtidos em ensaios triaxiais cíclicos (com 15 ciclos completos, correspondentes a um sismo de magnitude 7,5). A Fig. 5.28b foi obtida da anterior usando a relação entre $(N_1)_{60}$ e CR expressa pela Fig. 2.5.

Obtidas, para as diversas subcamadas, as deformações volumétricas a partir da Fig. 5.28, caso o sismo em consideração tenha magnitude distinta de 7,5, os resultados deverão ser corrigidos de acordo com a última coluna da Tab. 5.10. Após isso, é imediato o cálculo das variações da espessura das subcamadas, cujo somatório representa o recalque.

De modo a considerar que as tensões cíclicas horizontais se aplicam em duas direções, de acordo com os resultados de Pyke, Seed e Chan (1975), é conveniente multiplicar os resultados obtidos por um fator de 2,0. De acordo com os mesmos autores, o efeito adicional das tensões cíclicas associadas às acelerações verticais poderá aumentar os recalques em 50% em relação aos causados pelas componentes horizontais do carregamento, as únicas consideradas na abordagem apresentada.

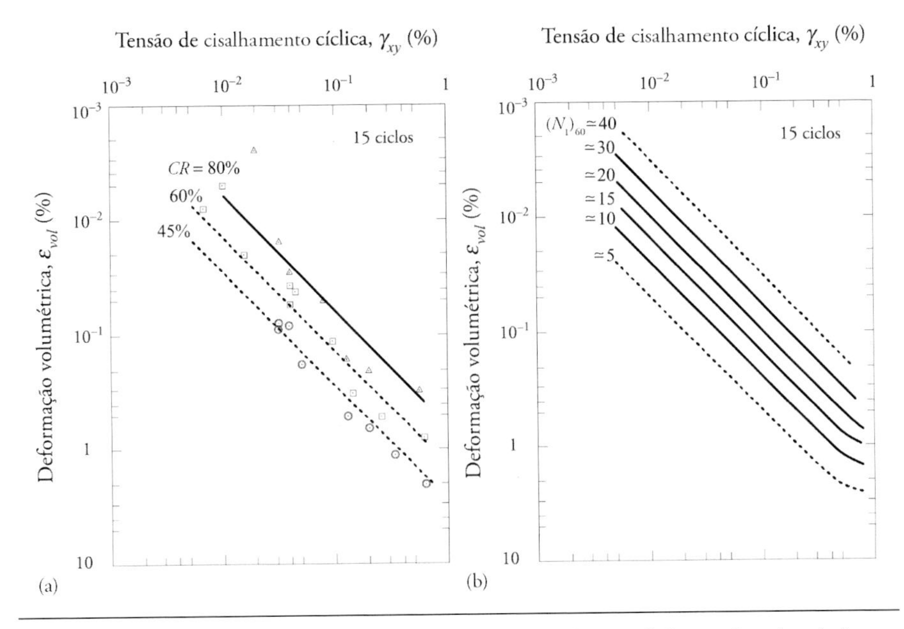

FIG. 5.28 *Relação entre a deformação por cisalhamento cíclica e a deformação volumétrica em areias para diversos valores (a) da compacidade relativa (Silver; Seed, 1971) e (b) de* $(N_1)_{60}$ *(Tokimatsu; Seed, 1987)*

5.4.3 TRATAMENTO DOS MACIÇOS PARA EVITAR A LIQUEFAÇÃO

Quando os estudos identificarem suscetibilidade à liquefação ou a recalques significativos sob condições sísmicas, a viabilização da fundação de uma estrutura por meio de fundações superficiais exige tratamento prévio do maciço. Os tipos de tratamento atualmente disponíveis são bastante numerosos e envolvem tecnologias de execução muito diversificadas (JGS, 1998). Todavia, para o cenário analisado – sítio de superfície aproximadamente horizontal com presença de um ou mais camadas arenosas de baixa compacidade –, o tipo de tratamento mais comum é de *densificação*, visando reduzir o índice de vazios daquelas camadas. Logo, caso o solo esteja saturado, o carregamento sísmico não induzirá excessos de pressão neutra positivos, prevenindo-se o fenômeno da liquefação e os recalques pós-sismo que, como se verificou, podem ocorrer caso o solo esteja saturado ou não saturado.

Métodos mais usuais de densificação de camadas arenosas

Entre os chamados métodos de densificação de maciços arenosos, os mais comuns no contexto da liquefação são: i) a vibrocompactação; b) a compactação dinâmica; iii) a vibrossubstituição. O Quadro 5.2 resume alguns aspectos essenciais referentes aos métodos mencionados.

O processo de *vibrocompactação* é exemplificado na Fig. 5.29. A peça fundamental do equipamento é um vibrador (3 m a 5 m de altura e 0,30 m a 0,50 m de diâmetro são dimensões típicas) suspenso de uma grua móvel e dotado de uma ponta de tungstênio, com furos por onde podem ser injetados, sob pressão, água ou ar. Inicia-se a operação pela cravação do vibrador no terreno à custa de seu peso e de injeção de água ou ar. Na vizinhança do vibrador o solo sofre temporariamente liquefação e, imediatamente após,

Quadro 5.2 Métodos mais comuns de tratamento de solos para evitar a liquefação

Método	Parâmetros	Efeitos	Condições de aplicação
Vibrocompactação ou vibroflutuação	Espaçamento dos pontos de cravação Frequência de vibração Amplitude de vibração Potência do vibrador	Redução do índice de vazios Aumento da tensão média efetiva (em especial de σ'_{h0})	Aplicável até cerca de 30 m de profundidade. Aplicável a solos com % finos < 20%.
Vibrossubstituição (colunas de brita)	Espaçamento dos pontos de cravação Frequência de vibração Amplitude de vibração Potência do vibrador	Reforço do maciço (coluna de material mais resistente) Melhor drenagem Redução do índice de vazios entre colunas Aumento da tensão média efetiva (em especial de σ'_{h0})	Aplicável até cerca de 30 m de profundidade. Aplicável em toda a gama de solos (com ou sem finos).
Compactação dinâmica	Espaçamento dos pontos de impacto N° de impactos/ponto Altura de queda Peso	Redução do índice de vazios Aumento da tensão média efetiva (em especial de σ'_{h0})	Limite de aplicação até cerca de 10 m a 12 m de profundidade. Aplicável em grandes áreas e longe de construções e zonas habitadas.

rearruma-se com uma compacidade relativamente baixa. Assim se leva o vibrador até a base da camada a tratar, após o que se interrompe a injeção. Inicia-se então a subida do vibrador em funcionamento (taxa de subida da ordem de 0,3 m/min), compactando o solo num volume cilíndrico que envolve o furo inicial. À superfície forma-se uma depressão que, durante a subida do vibrador, vai sendo preenchida com material granular. Resulta, assim, uma coluna fortemente compactada, com diâmetro que atinge três a quatro vezes o diâmetro do vibrador. A frequência e a amplitude de vibração são reguláveis em função, especificamente, da granulometria do solo tratado. Os pontos de cravação dispõem-se segundo uma malha quadrada ou triangular, com afastamento geralmente da ordem de 2 m a 3 m.

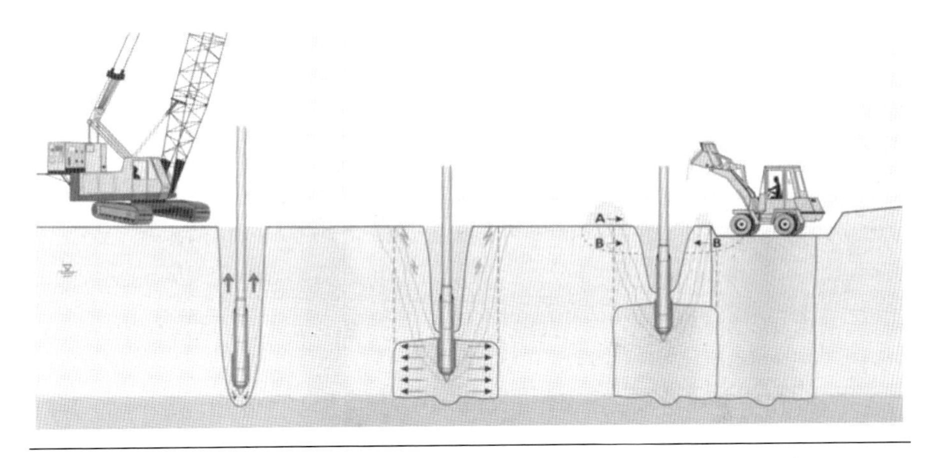

FIG. 5.29 *Esquema do processo de vibrocompactação (cortesia de Keller Grundbau)*

Pela descrição apresentada, compreende-se que os solos ideais para aplicação da vibrocompactação são os solos arenosos limpos ou com reduzida fração fina, passando a técnica a ser desaconselhável quando a fração ultrapassa 15% a 20%. Muitas vezes, embora o maciço tratado seja constituído essencialmente por areias limpas, a existência de camadas argilosas ou siltoargilosas de reduzida espessura intercaladas nas areias acaba igualmente por limitar severamente a eficácia do tratamento.

Passa, então, a ser preferível o recurso ao processo da vibrossubstituição, ilustrado na Fig. 5.30, cujo equipamento é muito semelhante ao da vibrocompactação. Na chamada execução por via seca, o vibrador é introduzido

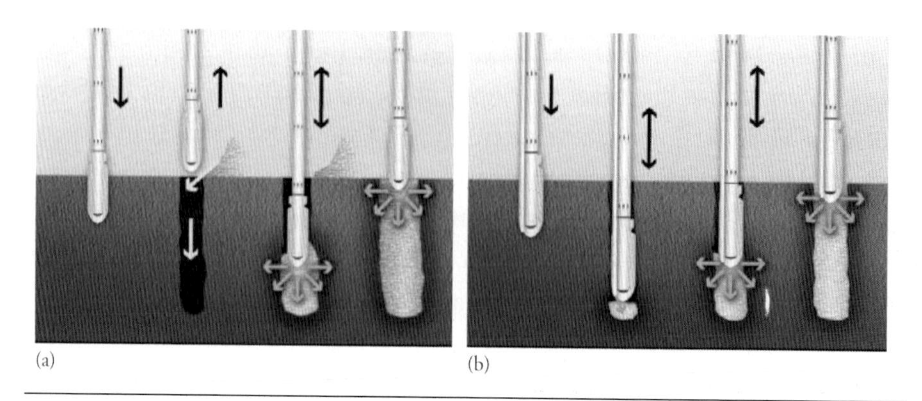

Fig. 5.30 *Esquema do processo de execução de colunas de brita (vibrossubstituição): (a) via seca; (b) via úmida (cortesia de Keller Grundbau)*

na camada tratada, formando uma cavidade cilíndrica. Quando a base da camada é atingida, é introduzida brita a partir da superfície, que vai sendo apiloada e compactada à medida que o vibrador sobe, preenchendo a cavidade e alargando-a, formando as chamadas colunas de brita até a superfície. Na execução por via úmida, a diferença essencial reside no modo de introdução da brita; para isso, é usado um tubo paralelo ao vibrador e solidário com este, que permite que a brita saia na base da cavidade, junto à extremidade do vibrador.

Importa, nesse momento, clarificar a designação de vibrossubstituição e a inclusão desse tratamento, no contexto deste capítulo, nos métodos de densificação. Quando o método é aplicado para reforço de solos argilosos moles (como é discutido no Cap. 1), as colunas de brita *substituem* de fato o solo mole, mas não o *densificam*. Como o solo mole é, em curto prazo, incompressível, o volume das colunas de brita é compensado com um empolamento da superfície do terreno na zona tratada e nas zonas vizinhas. Quando o mesmo método é aplicado em solos arenosos (embora com finos), o efeito de densificação predomina em relação ao de substituição. Todavia, como a tecnologia é, essencialmente, a mesma, a designação de vibrossubstituição prevalece.

A *compactação dinâmica* consiste em compactar o solo à custa do impacto provocado pela queda de um peso de determinada altura. A manobra é feita por uma grua móvel, de grande capacidade de elevação, que, posicionada sucessivamente ao longo de uma malha de pontos, ergue o peso (bloco de concreto armado ou de aço com o interior preenchido por concreto) e deixa-o em seguida cair em queda livre, uma ou mais vezes, em cada local, como mostra a Fig. 5.31. O peso e a altura de queda podem ser muito variáveis (foram empregados pesos da ordem de 200 tf e alturas de queda próximas de 40 m).

A experiência mostra que a profundidade de influência do processo cresce com a energia de impacto (proporcional ao produto do peso pela altura de queda) e que o máximo melhoramento ocorre a cerca de metade daquela profundidade (Mayne; Jones; Dumas, 1984). A metodologia de tratamento mais eficaz consiste em procurar aumentar a compacidade de baixo para cima, isto é, das zonas mais profundas para as mais superficiais. Para isso, no primeiro estágio, aplicam-se, numa malha mais larga, os impactos com máxima energia. Depois da regularização do terreno, com preenchimento com material granular das crateras provocadas pelos impactos, procura-se tratar o solo a profundidades intermediárias por meio de impactos com menor energia, mas em maior número e numa malha mais densa, por exemplo, com metade do espaçamento da primeira. Finalmente, a parte menos profunda é compactada com impactos de mais baixa energia, procurando cobrir praticamente toda a área. A regularização final com material granular e equipamento de compactação convencional (rolos compactadores) assegura o tratamento até a superfície do terreno.

É evidente, da descrição do processo, que ele só pode ser usado em locais afastados de construções e de áreas habitadas, devido às fortes vibrações e ao ruído associados a ele. É também um processo que só se torna economicamente atrativo quando a área a tratar é relativamente grande.

A compactação dinâmica tem uma gama de aplicação bastante ampla no que diz respeito aos solos tratados, podendo assim ser uma alternativa satisfatória à vibrocompactação quando a fração fina for relativamente importante.

FIG. 5.31 *Compactação dinâmica (www.brandenburg.com)*

A bibliografia não contém metodologias consolidadas para a questão da definição da área em planta que envolve a estrutura até onde deve ser estendido o tratamento.

Para o caso de uma fundação com coeficiente de segurança à ruptura relativamente baixo, e tomando como referência a Fig. 5.3, a área tratada deveria se estender lateralmente, no mínimo, até uma distância *f* para um e para outro lado da fundação. Esse critério poderia conduzir a soluções pouco razoáveis em alguns casos, por exemplo, em radiers de grandes dimensões.

Todavia, como foi salientado, geralmente a reserva de resistência das fundações em relação à ruptura global – evitando a liquefação – é muito considerável. A Fig. 5.33 ilustra os critérios mais comuns referidos na bibliografia. Enquanto não forem desenvolvidos estudos sobre essa questão que apontem para soluções devidamente fundamentadas, é recomendável optar pelo critério mais conservador dos representados.

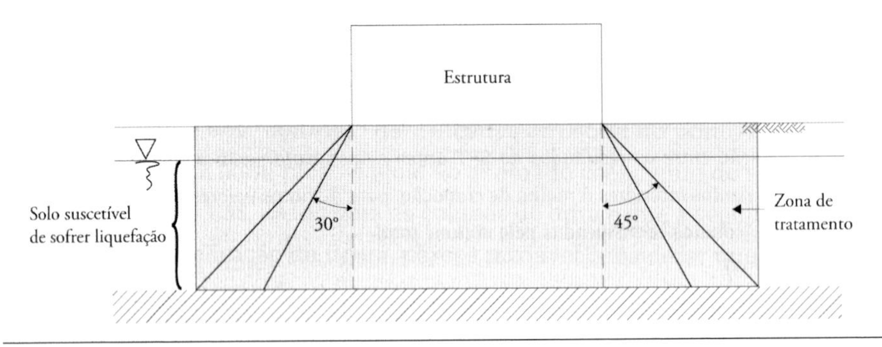

Fig. 5.33 *Definição do volume de terreno tratado na vizinhança das fundações superficiais de uma estrutura*

Fonte: Kramer (1996).

Anexos

A9 Avaliação da capacidade de carga vertical aplicando diretamente os resultados do ensaio PMT (MELT, 1993)

Este anexo contém um método de avaliação da capacidade de carga vertical de fundações superficiais fundamentado diretamente na pressão limite, p_ℓ, determinada por meio do ensaio com o pressiômetro Ménard, PMT (ver seção 2.2.8). Esse método é essencialmente empírico. Para informações adicionais, recomenda-se o estudo de Frank (2003).

A chamada *pressão-limite líquida*, p_ℓ^*, é definida por meio da equação:

$$p_\ell^* = p_\ell - \sigma_{h0} \quad \text{(A9.1)}$$

em que p_ℓ é a pressão-limite medida pelo PMT e σ_{h0} é a tensão total horizontal de repouso ao mesmo nível.

A chamada *pressão-limite líquida equivalente*, $p_{\ell e}^*$, é calculada de duas formas: i) se o solo, numa profundidade de 1,5B sob a sapata, for razoavelmente homogêneo (mesma camada), é traçada uma reta que represente a evolução de p_ℓ^* em profundidade e, então, $p_{\ell e}^*$ é tomada como o valor de p_ℓ^* dado por essa reta à profundidade de 0,67B sob a sapata, como mostra a Fig. A9.1; ii) caso contrário, ainda para a profundidade de 1,5B sob a sapata, depois de eliminados os valores de p_ℓ^* mais discrepantes, $p_{\ell e}^*$ é tomada como a média geométrica de p_ℓ^*, isto é:

$$p_{\ell e}^* = \sqrt[n]{p_{\ell 1}^* \cdot p_{\ell 2}^* \cdot \ldots\ldots p_{\ell n}^*} \quad \text{(A9.2)}$$

Atendendo à Fig. A9.1, a chamada *altura de engastamento equivalente* da fundação, D_e, é dada pela equação:

$$D_e = \frac{1}{p_{\ell e}^*} \int_0^D p_\ell^*(z)\, dz \quad \text{(A9.3)}$$

A capacidade resistente da fundação ao carregamento vertical pode ser calculada por meio da equação:

$$q_{ult} = \sigma_{v0} + k_p\, p_{\ell e}^* \quad \text{(A9.4)}$$

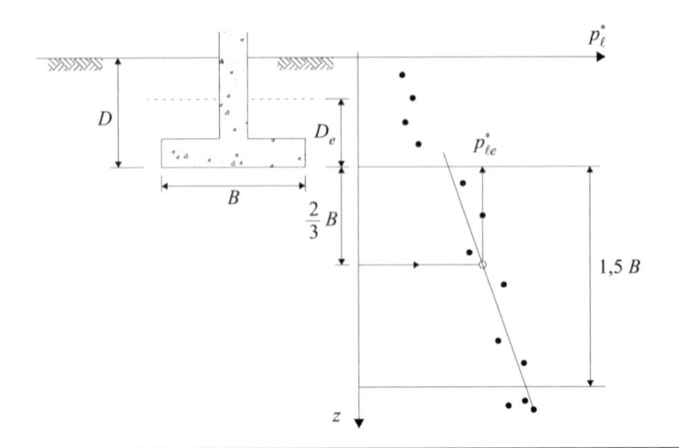

Fig. A9.1 *Critérios para determinar a pressão-limite líquida equivalente sob a fundação e para calcular a altura de encastramento equivalente da fundação*

sendo:

- σ_{v0} a tensão total vertical de repouso ao nível da base da fundação;
- $p_{\ell e}^*$ a pressão líquida limite equivalente anteriormente definida;
- k_p um fator de resistência ao carregamento dado pela Tab. A9.1.

A10 Avaliação do recalque aplicando diretamente os resultados do ensaio PMT (MELT, 1993)

Este anexo contém um método de avaliação dos recalques de fundações superficiais fundamentado diretamente no módulo pressiométrico, E_{PMT}, determinado por meio do ensaio com o pressiômetro Ménard, PMT (ver seção 2.2.8). Esse método é essencialmente empírico. Para informações adicionais, recomenda-se o estudo de Frank (2003).

De acordo com esse método, considera-se o recalque da fundação como tendo duas componentes: i) o recalque, $s_{c,PMT}$, atribuído predominantemente às deformações volumétricas da camada imediatamente subjacente de espessura $B/2$, logo, carregada em condições próximas do confinamento lateral; ii) o recalque, $s_{d,PMT}$, associado predominantemente às deformações distorcionais até a profundidade $8B$. Assim:

$$s_{PMT} = s_{c,PMT} + s_{d,PMT} \tag{A10.1}$$

em que:

$$s_{c,PMT} = (q - \sigma_{v0}) \frac{\lambda_c B \alpha}{q E_c} \tag{A10.2}$$

TAB. A9.1 VALORES DO FATOR k_p A PARTIR DOS RESULTADOS DO PMT PARA APLICAÇÃO DA EQ. A9.4

Tipo de terreno	p_ℓ Categoria	p_ℓ (MPa)	k_p	$k_{p,max}$ sapatas quadradas	$k_{p,max}$ sapatas corridas
Argilas e siltes	A	< 0,7	$0{,}8\left[1+0{,}25\left(0{,}6+0{,}4\frac{B}{L}\right)\cdot\frac{D_e}{B}\right]$	1,30	1,10
	B	1,2 –2,0	$0{,}8\left[1+0{,}35\left(0{,}6+0{,}4\frac{B}{L}\right)\cdot\frac{D_e}{B}\right]$	1,50	1,22
	C	> 2,5	$0{,}8\left[1+0{,}50\left(0{,}6+0{,}4\frac{B}{L}\right)\cdot\frac{D_e}{B}\right]$	1,80	1,40
Areias e pedregulhos	A	< 0,5	$\left[1+0{,}35\left(0{,}6+0{,}4\frac{B}{L}\right)\cdot\frac{D_e}{B}\right]$	1,88	1,53
	B	1,0 – 2,0	$\left[1+0{,}50\left(0{,}6+0{,}4\frac{B}{L}\right)\cdot\frac{D_e}{B}\right]$	2,25	1,75
	C	> 2,5	$\left[1+0{,}80\left(0{,}6+0{,}4\frac{B}{L}\right)\cdot\frac{D_e}{B}\right]$	3,00	2,20
Crés [1]	B e C	1,0 – 2,5 > 3,0	$1{,}3\left[1+0{,}27\left(0{,}6+0{,}4\frac{B}{L}\right)\cdot\frac{D_e}{B}\right]$	2,18	1,83
Margas, calcários Rochas alteradas	-	> 1,5 2,5 – 4,0	$\left[1+0{,}27\left(0{,}6+0{,}4\frac{B}{L}\right)\cdot\frac{D_e}{B}\right]$	1,68	1,41

1. *Rocha sedimentar carbonatada, porosa e friável, constituída por micro-organismos calcários debilmente interligados (LNEC, 1971).*

e

$$s_{d,PMT} = (q - \sigma_{v0})\,\frac{2B_0}{9E_d}\left(\frac{\lambda_d B}{B_0}\right)^{\alpha} \tag{A10.3}$$

sendo:

σ_{v0} a tensão total vertical ao nível da base da fundação;

q a pressão aplicada pela fundação;

B_0 uma largura de referência igual a 0,6 m;

B a largura da fundação;

λ_c e λ_d fatores de forma dados pela Tab. A10.1;

α um fator de reologia dado pela Tab. A10.2;

E_c o valor de E_{PMT} entre a base da fundação e a profundidade $B/2$ abaixo dela (módulo E_1 na Fig. A10.1);

E_d calculado a partir dos valores de E_{PMT} até a profundidade de $8B$ sob a fundação, por meio da seguinte equação (ver também a Fig. A10.1):

$$\frac{4}{E_d} = \frac{1}{E_1} + \frac{1}{0{,}85 E_2} + \frac{1}{E_{3,5}} + \frac{1}{2{,}5 E_{6,8}} + \frac{1}{2{,}5 E_{9,16}} \tag{A10.4}$$

em que E_{ij} é a média harmônica dos valores de E_{PMT} medidos nas camadas situadas entre as profundidades $iB/2$ e $jB/2$. Assim, por exemplo:

$$\frac{3{,}0}{E_{3,5}} = \frac{1}{E_3} + \frac{1}{E_4} + \frac{1}{E_5} \tag{A10.5}$$

Tab. A10.1 Valores dos fatores de forma λ_c e λ_d para aplicação das Eqs. A10.2 e A10.3

L/B	Circular	Quadrada	2	3	5	20
λ_c	1	1,1	1,2	1,3	1,4	1,5
λ_d	1	1,12	1,53	1,78	2,14	2,65

Tab. A10.2 Valores do fator de reologia α para aplicação da Eq. A10.1

Tipo de terreno	Descrição	E_{PMT}/p_ℓ	α
Turfas			1
Argilas	Sobreadensadas	> 16	1
	Normalmente adensadas	9 – 16	0,67
	Subadensadas ou amolgadas	7 – 9	0,5
Siltes	Sobreadensados	> 14	0,67
	Normalmente adensados	8 – 14	0,5
	Subadensados ou amolgados	5 - 8	0,5
Areias	Muito compactas	> 12	0,5
	Medianamente compactas	7 – 12	0,33
	Fofas	5 - 7	0,33
Areias e pedregulho	Muito compactos	> 10	0,33
	Medianamente compactos	6 – 10	0,25
Rochas	Muito pouco fraturadas	–	0,67
	Medianamente fraturadas	–	0,5
	Muito fraturadas	–	0,33
	Alteradas	–	0,67

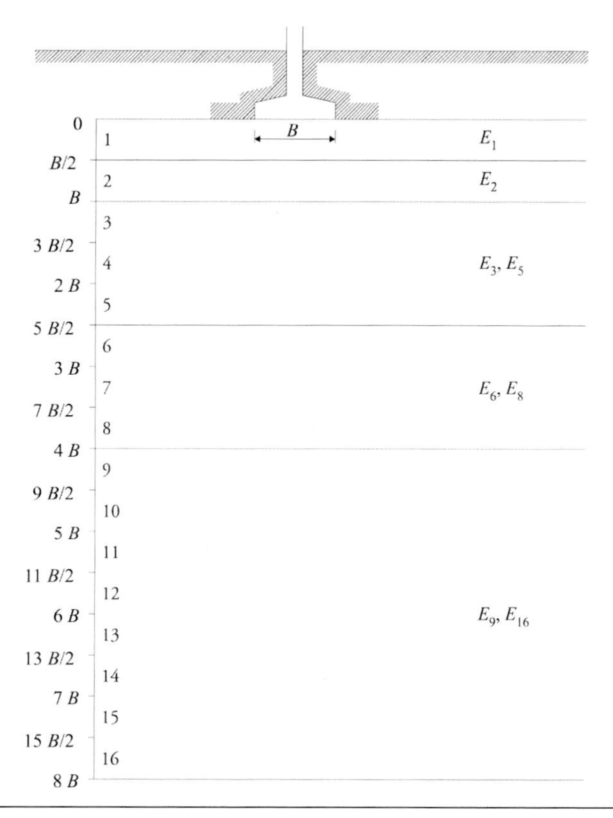

FIG. A10.1 *Módulos pressiométricos considerados para o cálculo do recalque de uma fundação*

Fig. 6.3 *Escorregamento de talude natural em Santa Tecla, El Salvador, em 13 de janeiro de 2001, no seguimento de um sismo*
Fonte: gentileza da Associated Press.

desses acidentes, quer no estudo de soluções de estabilização das encostas afetadas (Lacerda, 2004; GeoRio, 1999; Ortigão; Sayão, 2004; Nunes et al., 2013).

As Figs. 6.4 e 6.5 ilustram dois escorregamentos recentes, com avultadas perdas de vidas humanas e bens materiais, no Estado do Rio de Janeiro.

A Fig. 6.4 diz respeito ao escorregamento da Enseada do Bananal, na Ilha Grande, região de Angra dos Reis, ocorrido na madrugada do *réveillon* de 2009-2010, causando 32 mortes, com destruição de casas na base da encosta. O escorregamento deu-se no contato do solo de cobertura, solo residual e de colúvio, este mais perto da base, com o maciço rochoso. Como referem Nunes et al. (2013), a instabilização da encosta foi deflagrada pela excepcional intensidade de chuvas (143 mm de chuva no período de meio-dia do dia 31 de dezembro ao meio-dia do dia seguinte, equivalentes à precipitação média de um mês).

Já a Fig. 6.5 ilustra um dos inúmeros escorregamentos ocorridos na região serrana do Rio de Janeiro nos dias 11 e 12 de janeiro de 2011, a maior tragédia causada por escorregamentos de terras na história do Brasil, com cerca de mil vítimas fatais (o número real nunca pôde ser apurado), 23 mil pessoas desalojadas e cerca de 17 mil desabrigadas. Nunes et al. (2013) afirmam que os escorregamentos foram causados por fortíssimos temporais: precipitação de

FIG. 6.4 *Escorregamento de talude natural em Angra dos Reis, Ilha Grande, Enseada do Bananal, 1° de janeiro de 2010*
Foto: *António Lacerda.*

FIG. 6.5 *Escorregamento de talude natural em Nova Friburgo, Estado do Rio de Janeiro, janeiro de 2011*
Foto: *gentileza do Departamento de Recursos Minerais, Estado do Rio de Janeiro, Brasil.*

297 mm na noite de 11 para 12 de janeiro de 2011, precedida por 388 mm de precipitação no mês de dezembro de 2010.

Outro exemplo clássico da ação humana particularmente intensa no contexto analisado é a construção de barragens, especialmente as de grande altura. Essa construção implica uma subida do nível freático. Em barragens altas, essa subida é muito significativa, instalando condições da água no terreno e nos taludes muito mais desfavoráveis do que quaisquer outras precedentes. Um dos escorregamentos de terras mais trágicos do século XX, o escorregamento de Vaiont, ocorrido na Itália, em 1963, anteriormente descrito, é precisamente associado a esse fato (Leonards, 1987; Alonso; Pinyol; Puzrin, 2010).

Os exemplos anteriores, entre muitos outros, explicam de que modo as obras associadas à humanidade têm acelerado a instabilização de taludes que, por condições naturais, estavam com níveis de segurança relativamente precários, bem como têm provocado instabilizações em outros taludes naturais em que aqueles níveis eram muito confortáveis.

Os problemas relacionados com a estabilidade de taludes naturais são dos mais complexos de que trata a Mecânica dos Solos (e também a Mecânica das Rochas, já que naturalmente muitos taludes são constituídos por maciços rochosos). Várias questões contribuem para isso.

Com efeito, trata-se frequentemente de maciços de muito grandes dimensões, atingindo muitas vezes milhões de metros cúbicos. Essa dimensão implica normalmente que podem estar envolvidos solos muito distintos e, para um mesmo solo, implica que suas propriedades podem ser bastante variáveis. As grandes dimensões da massa de terras implicam também que as superfícies potenciais de deslizamento tenham grande desenvolvimento. Ora, passar da caracterização da resistência do solo em amostras de pequenas dimensões para aquela que é mobilizada ao longo de superfícies com muitas dezenas ou mesmo centenas de metros envolve dificuldades, como é discutido oportunamente.

É preciso ainda considerar que se trata muitas vezes de materiais geológicos muito antigos, fortemente sobreadensados, com história geológica e história de tensões longas e complexas, mas de modo geral mal conhecidas. Sua caracterização mecânica torna-se, por isso, muito mais difícil do que a de solos mais recentes, normalmente adensados ou ligeiramente sobreadensados, que existem no estado natural com superfície horizontal ou próxima da horizontal. Não raro, como anteriormente foi referido, os taludes que revelam instabilidade experimentaram no passado geológico escorregamentos ao longo de determinadas superfícies, tendo após eles adquirido geometria mais favorável à estabilidade, que se pode ter mantido por milhares ou milhões de anos. Ao longo daquelas *superfícies de escorregamento fósseis*, nas quais as deformações por cisalhamento atingiram valores muito grandes, está mobilizada a resistência residual, em certos solos muito mais baixa do que a de pico. Acontece, todavia, que, perante sinais de instabilidade manifestados na atualidade por tais taludes, sua história é muitas vezes desconhecida e aquelas superfícies também o são.

Escorregamentos como os anteriormente mencionados, envolvendo milhões de metros cúbicos, podem ser provocados por camadas de muito pequena espessura de solos argilosos de alta plasticidade, com disposição ou inclinação desfavorável. Sendo assim, o tratamento adequado desses problemas requer estudos geológicos de grande complexidade e detalhe, conduzidos por equipes de Geologia de Engenharia competentes e experientes.

Esses estudos são, como se verifica, indispensáveis para os projetos de estabilização, isto é, os projetos de obras que visam a aumentar o nível de segurança desses taludes. Nesse contexto, a observação do comportamento dos taludes assume importância excepcional quer no auxílio aos estudos de caracterização geológico-geotécnica – portanto anterior à elaboração dos projetos de estabilização –, quer após eles, para verificação da eficácia das soluções construídas e para controle da segurança.

Pelo exposto, compreende-se que os problemas envolvendo a estabilidade de taludes naturais são muito diversos, sendo difícil estabelecer para seu tratamento métodos de aplicação geral. Disso deriva que sejam numerosos os métodos conhecidos com esse objetivo e que, portanto, o assunto em questão seja, além de complexo, bastante vasto. Neste capítulo são abordados alguns métodos, como complemento aos apresentados no Cap. 1, para apresentar a filosofia dos problemas de estabilidade de taludes e fornecer bases para, perante um problema concreto, ser possível optar por um deles ou enveredar pelo estudo de outros porventura mais apropriados. Por outro lado, para cada um dos métodos a apresentar, procura-se referir o cenário geológico-geotécnico em que sua aplicação poderá, geralmente, justificar-se. É possível aprofundar o tema deste capítulo, e em particular o dos métodos de análise de estabilidade, por meio do estudo do livro de Gerscovich (2012).

Na parte final deste capítulo discutem-se as metodologias típicas dos estudos de estabilização de taludes naturais e procede-se a uma breve introdução às soluções de estabilização.

A Fig. 6.6 mostra as obras de estabilização realizadas na década de 1970 na encosta das Portas do Sol, em Santarém, Portugal. No topo do talude situa-se

Fig. 6.6 *Obras de estabilização da encosta das Portas do Sol em Santarém, Portugal*
Foto: gentileza de Teixeira Duarte Engenharia e Construções.

o castelo de Santarém, considerado monumento nacional português, e no sopé, junto ao rio Tejo, passa a Linha do Norte, a linha férrea mais importante de Portugal, que liga Lisboa ao Porto.

6.1 Taludes Infinitos

6.1.1 Cenários geológico-geotécnicos

Uma das classificações dos taludes usualmente feita para facilitar a metodologia de análise dos problemas é a divisão dos taludes em finitos e infinitos.

A Fig. 6.7 representa dois cenários geológico-geotécnicos cujas condições permitem que sejam assimilados a taludes infinitos: i) taludes constituídos por formações de origem sedimentar cujas superfícies de separação são paralelas à superfície do terreno; ii) encostas de formações graníticas ou gnáissicas, com camada superficial de solo residual. O escorregamento a que a Fig. 6.4 diz respeito corresponde claramente a este último cenário.

Como se deduz dos exemplos apresentados, é possível considerar um talude infinito quando as propriedades do maciço a determinada profundidade abaixo da respectiva superfície se mantêm aproximadamente constantes e

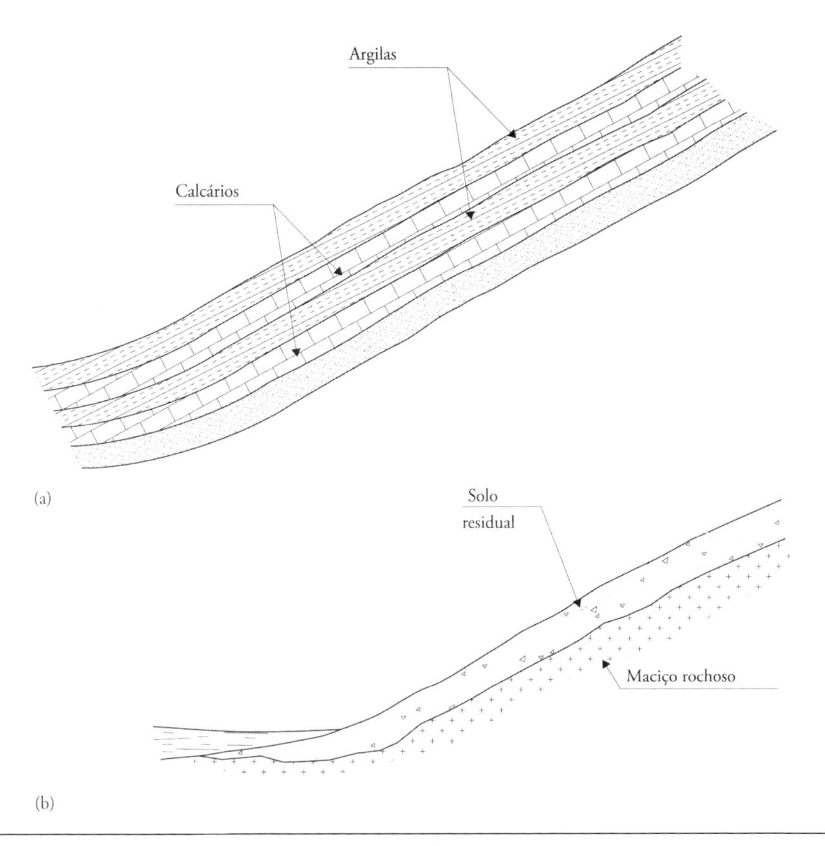

Fig. 6.7 *Cenários geológico-geotécnicos assimiláveis a taludes infinitos: (a) camadas sedimentares cujos planos de separação são paralelos à superfície do terreno; (b) rochas graníticas ou gnáissicas com camada superficial de solo residual*

quando a espessura do terreno superficial potencialmente instável é pequena em relação ao desenvolvimento do próprio talude. Nessas condições, caso sejam desprezados os efeitos da interação dos extremos da massa potencialmente instável com a remanescente, um prisma de faces verticais e largura arbitrária, como o representado na Fig. 6.8, pode ser considerado representativo para a análise da estabilidade do talude.

6.1.2 Talude infinito de material puramente friccional emerso

A análise dos taludes infinitos inicia-se com um caso muito simples, tratado no Cap. 5 do Vol. 1, e que serve de referência para os desenvolvimentos seguintes.

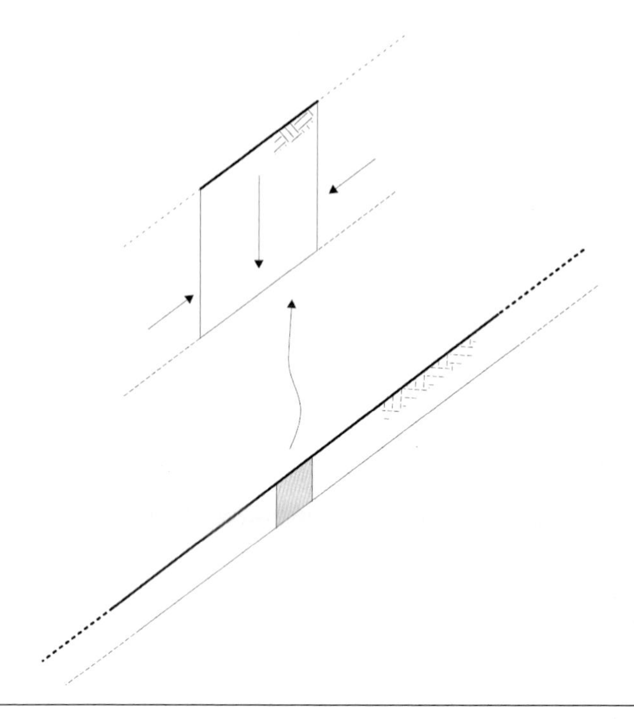

Fig. 6.8 *Prisma representativo do talude infinito para a análise de estabilidade*

Considere-se um maciço infinito e homogêneo, emerso, de material granular, cuja superfície se encontra inclinada de um ângulo β em relação à horizontal e cujo ângulo de resistência ao cisalhamento vale ϕ'. Considere-se, ainda, um prisma elementar limitado por faces verticais, pela superfície do terreno e por uma face paralela a esta a uma profundidade z, como indica a Fig. 6.9. Sendo arbitrária a dimensão do prisma paralela à superfície do terreno, será admitida como unitária, sendo, dessa forma, coincidentes as forças e as tensões normal e tangencial na base do prisma.

Considerações de equilíbrio semelhantes às analisadas no Cap. 4 (ver seção 4.3.5) mostram que a reação da base do prisma é uma força igual e diretamente oposta ao peso do prisma. Logo, sendo:

$$W = \gamma z \cos\beta \tag{6.1}$$

as componentes normal e tangencial da tensão valem:

$$\sigma' = \gamma z \cos^2\beta \tag{6.2}$$

e

$$\tau = \gamma z \operatorname{sen}\beta \cos\beta \tag{6.3}$$

O coeficiente de segurança global é definido como o valor pelo qual deve se dividir a resistência do maciço para obter a resistência mobilizada. Nesse caso, e já que o equilíbrio do prisma é representativo do equilíbrio de todo o maciço:

$$\frac{\sigma' \, tg\phi'}{F} = \tau \tag{6.4}$$

$$\frac{\gamma z \cos^2 \beta tg\phi'}{F} = \gamma z \ \operatorname{sen}\beta \cos\beta \tag{6.5}$$

de onde:

$$F = \frac{tg\phi'}{tg\beta} \tag{6.6}$$

Conclui-se, assim, que num talude infinito e emerso num solo puramente friccional o coeficiente de segurança global é independente da profundidade e igual à razão da tangente do ângulo de atrito pela tangente do ângulo que define a inclinação com a horizontal.

Isso significa que o maciço estará numa situação de equilíbrio limite quando a inclinação da superfície com a horizontal for igual ao valor do ângulo de atrito do material.

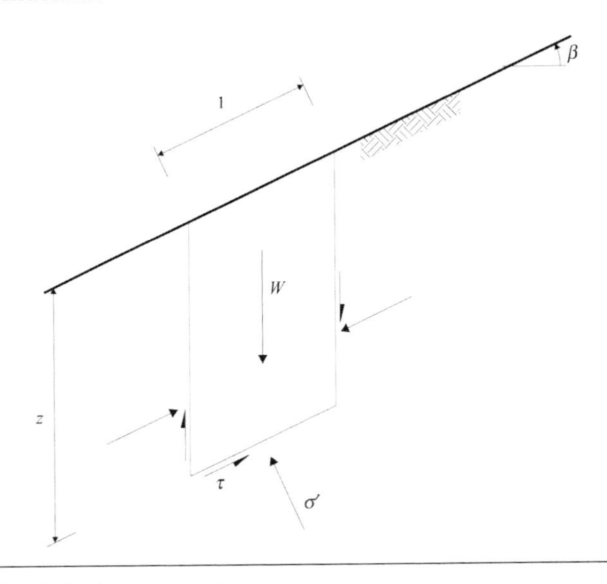

Fig. 6.9 *Talude infinito de solo granular emerso*

freático à profundidade z_w. Essa profundidade pode ser, em condições extremas de precipitação, praticamente nula.

A Fig. 6.11b ilustra a rede de fluxo para um regime como o referido. Como mostra a figura, o gradiente hidráulico no maciço é constante e vale:

$$i = \text{sen}\,\beta \tag{6.11}$$

e a pressão na água dos poros à profundidade z vale:

$$u = \gamma_w\,(z - z_w)\cos^2\beta \tag{6.12}$$

Para analisar o equilíbrio do prisma representativo de todo o talude, é possível proceder de duas formas, como indica a Fig. 6.12.

Na Fig. 6.12a é tomado o peso total do prisma, logo, precisarão ser consideradas as pressões da água nas fronteiras dele, cuja resultante é igual à soma vetorial do empuxo hidrostático com a resultante das forças de percolação. Em alternativa, como mostra a Fig. 6.12b, para a parte do prisma abaixo do nível

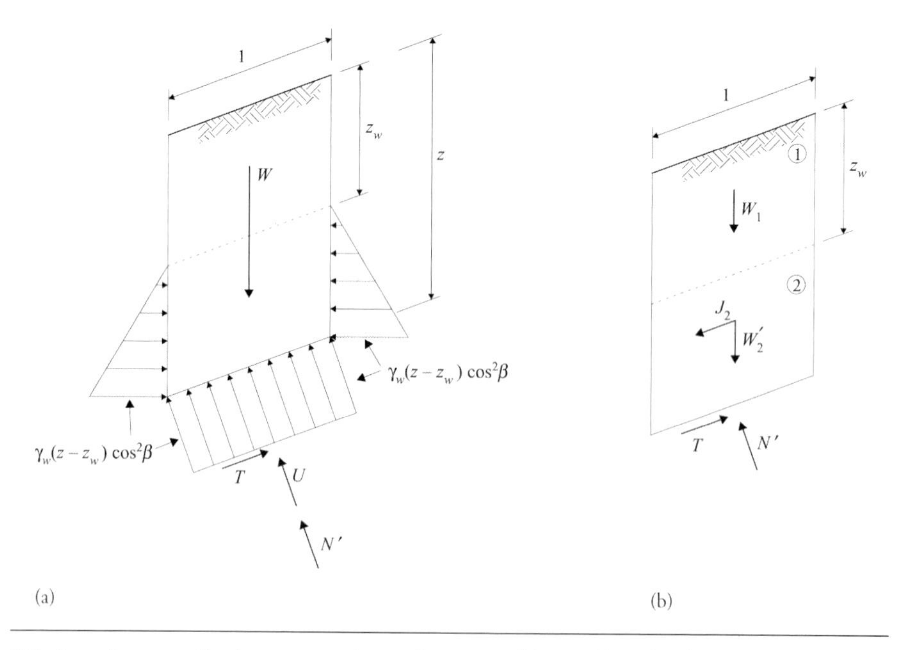

Fig. 6.12 *Forças aplicadas a um prisma elementar: (a) consideração das pressões da água nas fronteiras do prisma entrando com o peso total deste; (b) consideração na parte abaixo do nível freático do peso submerso conjugado com a resultante das forças de percolação*

freático, é possível considerar o respectivo peso submerso combinado com a resultante das forças de percolação. Esta última alternativa é mais cômoda, logo, será tomada a seguir.

O peso emerso, o peso submerso e a resultante das forças de percolação valem, respectivamente:

$$W_1 = \gamma z_w \cos\beta \tag{6.13}$$

$$W_2 = \gamma' (z - z_w) \cos\beta \tag{6.14}$$

e

$$J_2 = \gamma_w (z - z_w) \operatorname{sen}\beta \cos\beta \tag{6.15}$$

É possível calcular a tensão efetiva normal e a tensão tangencial na base do prisma:

$$\sigma' = \gamma z_w \cos^2\beta + \gamma' (z - z_w) \cos^2\beta \tag{6.16}$$

e

$$\tau = \gamma z \operatorname{sen}\beta \cos\beta \tag{6.17}$$

Passando para o cálculo do coeficiente de segurança, para um material puramente friccional obtém-se, após alguns desenvolvimentos:

$$F = \frac{(\gamma_w z_w + \gamma' z)}{\gamma z} \frac{tg\,\phi'}{tg\,\beta} \tag{6.18}$$

Caso o nível freático coincida com a superfície do terreno, z_w é nulo, obtendo-se:

$$F = \frac{\gamma'}{\gamma} \frac{tg\,\phi'}{tg\,\beta} \tag{6.19}$$

Considerando um solo com coesão e ângulo de atrito, o coeficiente de segurança para percolação com o nível freático coincidente com a superfície corresponde à equação:

$$F = \frac{c' + \gamma' z \cos^2\beta\, tg\phi'}{\gamma z \operatorname{sen}\beta \cos\beta} \tag{6.20}$$

Designando ainda como h_{cr} o valor de z para o qual o coeficiente de segurança é unitário, obtém-se, para essas condições:

$$h_{cr} = \frac{c'}{\gamma} \cdot \frac{1}{\cos^2\beta\,(tg\beta - \frac{\gamma'}{\gamma}\, tg\,\phi')} \tag{6.21}$$

A comparação da Eq. 6.21 com a Eq. 6.10 permite facilmente concluir que a existência de percolação reduz substancialmente a profundidade crítica.

As duas equações em questão correspondem a duas situações extremas no que diz respeito à estabilidade: a primeira (Eq. 6.10) representa um limite superior da profundidade crítica, na prática inatingível, pois na camada alterada superficial não deixará naturalmente de ocorrer percolação provocada pela precipitação. A segunda (Eq. 6.21) representa um limite inferior daquela profundidade crítica, por corresponder a condições-limites no que diz respeito aos efeitos desfavoráveis da percolação. Parece razoável afirmar que, no caso apresentado, o talude começará a apresentar sinais de instabilidade em associação com períodos de precipitação excepcional quando a profundidade de alteração ultrapassar o valor de h_{cr} dado pela Eq. 6.21.

6.1.5 Taludes infinitos sujeitos a ações sísmicas

Nos problemas de estabilidade de taludes sob ações sísmicas é usual, em analogia com o que é tratado para os muros gravidade no Cap. 4, a adoção do princípio de d'Alembert, por meio do qual os efeitos das acelerações sísmicas horizontal e vertical são representados por forças de inércia.

Como mostra a Fig. 6.13, nesse caso, é possível ainda adotar o artifício de Mononobe-Okabe, imaginando que há uma rotação da figura no sentido contrário aos ponteiros do relógio de um ângulo θ, definido pelas ações sísmicas, passando a superfície do terreno a ter uma inclinação $\beta + \theta$ e a fatia representativa a ter, aplicada em seu centro de gravidade, uma força vertical W_e, resultante da força da gravidade e das forças de inércia vertical e horizontal.

Tomando o caso de um solo puramente friccional emerso, e sendo:

$$W_e = \frac{W(1 \pm k_v)}{\cos\theta} = \frac{\gamma(1 \pm k_v)\, z \cos\beta}{\cos\theta} \tag{6.22}$$

As componentes normal e tangencial da tensão valem:

$$\sigma' = W_e \cos(\beta + \theta) = \frac{\gamma(1 \pm k_v)\, z \cos\beta \cos(\beta + \theta)}{\cos\theta} \tag{6.23}$$

$$\tau = W_e \operatorname{sen}(\beta + \theta) = \frac{\gamma(1 \pm k_v)\, z \cos\beta \operatorname{sen}(\beta + \theta)}{\cos\theta} \tag{6.24}$$

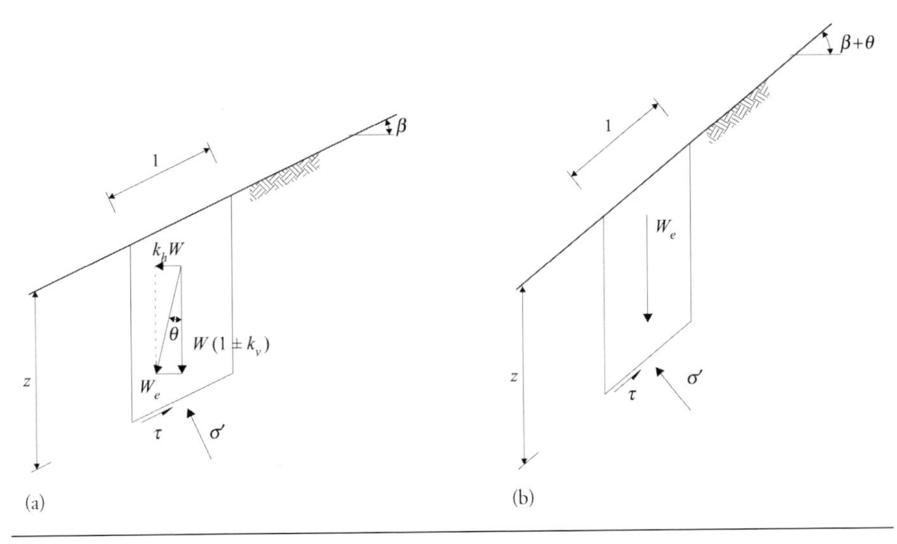

Fig. 6.13 *Aplicação do artifício de Mononobe-Okabe para a consideração de ações sísmicas num talude infinito*

O coeficiente de segurança é igual a:

$$F = \frac{\sigma' \, tg\,\phi'}{\tau} = \frac{tg\phi'}{tg\,(\beta + \theta)} \tag{6.25}$$

Essa equação revela óbvia analogia com a Eq. 6.6. Na prática, trata-se apenas de substituir nessa equação o ângulo que define a inclinação da superfície do terreno pela soma deste com o ângulo θ, o que corresponde à inclinação fictícia do talude por aplicação do artifício de Mononobe-Okabe.

Considerando um solo emerso com coesão e ângulo de atrito, a equação do coeficiente de segurança passa a ser:

$$F = \frac{c' \cos\theta + \gamma\,(1 \pm k_v)\, z \cos\beta \cos(\beta + \theta)\ \ tg\phi'}{\gamma\,(1 \pm k_v)\, z \cos\beta\ \mathrm{sen}\,(\beta + \theta)} \tag{6.26}$$

Designando, como anteriormente se verificou, o valor de z correspondente a um coeficiente de segurança unitário por profundidade crítica, h_{cr}, obtém-se, após alguns desenvolvimentos:

$$h_{cr} = \frac{c' \cos\theta}{\gamma\,(1 \pm k_v)} \cdot \frac{1}{\cos\beta\ \cos(\beta + \theta)\ [tg\,(\beta + \theta) - tg\phi']} \tag{6.27}$$

Essa equação pode ser entendida como derivada da Eq. 6.10 com os seguintes ajustes, por analogia com a solução de Mononobe-Okabe estudada no Cap. 4: i) onde está β passa a estar $\beta + \theta$; ii) onde está γ deverá estar a resultante das forças de massa durante o sismo, ou seja, para a unidade de volume, $\gamma(1 \pm kv)/\cos\theta$; iii) atendendo à rotação do ângulo θ, onde está h_{cr} deverá estar $h_{cr} \cos\beta / \cos(\beta + \theta)$.

A combinação das ações sísmicas com condições de percolação análogas às referidas na seção 6.1.4 não oferece dificuldades, embora as expressões do coeficiente de segurança e da profundidade crítica sejam mais complexas. As condições concretas consideradas nessa combinação, em particular no que diz respeito à profundidade do nível freático, z_w, devem ser devidamente ponderadas, considerando o conteúdo do Cap. 3.

6.1.6 Nota sobre a verificação da segurança segundo os Eurocódigos 7 e 8

De acordo com as considerações de capítulos anteriores, no âmbito do EC 7, a estabilidade de taludes é controlada pela Combinação 1.2 da Abordagem de Cálculo 1 (ver Cap. 3, em particular a Tab. 3.4). Dessa forma, o próprio peso do maciço e de outras ações permanentes (construções, por exemplo) sobre ele existentes é afetado por um coeficiente de segurança $\gamma_G = 1{,}0$, as ações variáveis são afetadas de um coeficiente parcial de segurança $\gamma_Q = 1{,}3$, devendo simultaneamente aplicar-se os coeficientes γ_M aos valores característicos dos parâmetros de resistência do terreno.

Nos taludes naturais, de modo geral, as ações variáveis são desprezíveis em comparação com o peso próprio. Nessas circunstâncias, por exemplo, a verificação da segurança para o caso do talude emerso puramente friccional (com ϕ' sendo, nesse momento, entendido como valor característico, e ϕ'_d, como valor de cálculo) deve ser efetuada da seguinte forma:

$$\frac{\sigma' tg\phi'}{\gamma_{\phi'}} = \gamma z \cos^2 \beta tg\phi'_d \geqslant \gamma z \operatorname{sen}\beta \cos\beta \tag{6.28}$$

$$\frac{\operatorname{tg}\phi'}{\gamma_{\phi'}} = \operatorname{tg}\phi'_d \geqslant \operatorname{tg}\beta \tag{6.29}$$

Combinando esta última relação com a Eq. 6.6, obtém-se:

$$F \geqslant \gamma_{\phi'} \tag{6.30}$$

Isso permite concluir que, nesse caso, o coeficiente parcial $\gamma_{\phi'}$ referente ao ângulo de atrito é o valor mínimo do coeficiente de segurança global convencional.

Quando o maciço apresenta coesão e ângulo de atrito, a verificação da segurança será efetuada por meio das seguintes relações:

$$\frac{c'}{\gamma_{c'}} + \sigma' \frac{\text{tg}\,\phi'}{\gamma_{\phi'}} = c'_d + \gamma z \cos^2\beta \,\text{tg}\,\phi'_d \geqslant \gamma z \,\text{sen}\,\beta \cos\beta \tag{6.31}$$

Comparando a Eq. 6.31 com a Eq. 6.9, e considerando que, nesse caso, $\gamma_M = \gamma_{\phi'} = \gamma_{c'}$, é possível concluir, analogamente ao que se concluiu para o caso do talude em material puramente friccional, que γ_M corresponde ao valor mínimo do coeficiente de segurança global.

Das considerações precedentes, seria possível concluir que a Abordagem de Cálculo 1-Combinação 2 do EC 7 equivale a um coeficiente global de segurança de 1,25 (que equivale ao valor de γ_M para os parâmetros de resistência efetivos incluído na Tab. 3.4). Esse valor é inferior aos coeficientes globais de segurança tradicionalmente recomendados, iguais ou superiores a 1,5. Isso motivou a inclusão, no Anexo Nacional de Portugal, do seguinte princípio: "Sempre que (...) a ocorrência de estados-limites de utilização nas estruturas ou redes de serviços situadas num talude natural ou em sua vizinhança seja evitada através da limitação da resistência ao cisalhamento do terreno mobilizada, devem ser adotados, na verificação da estabilidade global do talude, os seguintes valores dos coeficientes parciais para os parâmetros do terreno: $\gamma_{\phi'} = \gamma_{c'} = 1{,}5$". Esses valores são mencionados na nota que informa a Tab. 3.4.

Essas considerações aplicam-se ainda ao caso em que o talude está sujeito a um regime de percolação com superfície livre paralela à superfície do terreno.

Para o caso das ações sísmicas, recorde-se que os coeficientes parciais γ_M usados em Portugal no âmbito da aplicação do Eurocódigo 8 estão indicados na Tab. 3.10. O Anexo A11 resume o procedimento para a seleção dos coeficientes sísmicos horizontal e vertical usados em Portugal nas análises de estabilidade de taludes de acordo com o mesmo eurocódigo. A adaptação a outras condições geográficas, logo, sismotectônicas, não oferece dificuldades.

6.2.2 Cálculo do coeficiente de segurança

Pela razão abordada, em casos em que a aplicação do método dos blocos deslizantes é utilizada, é de modo geral complicada a obtenção de uma expressão analítica para o coeficiente de segurança global, como as deduzidas anteriormente para taludes infinitos. O cálculo daquele coeficiente é de modo geral efetuado por um processo de tentativas. Esse coeficiente é ainda definido como o valor pelo qual se deve dividir a resistência do terreno para obter a resistência mobilizada. Assim, geralmente:

$$F = \frac{c'}{c'_m} = \frac{tg\phi'}{tg\phi'_m} = \frac{S_u}{S_{u,m}} \tag{6.32}$$

Essa equação é estendida naturalmente a todos os diferentes materiais envolvidos na análise de estabilidade, correspondendo o índice m às componentes coesiva, friccional e não drenada *mobilizadas* da resistência ao cisalhamento.

A Fig. 6.15 mostra os três blocos referentes ao caso da Fig. 6.14a, admitindo-se que a formação superior exibirá comportamento essencialmente drenado com resistência em termos de tensões efetivas com componentes coesiva e friccional, c' e ϕ', respectivamente, enquanto a camada sub-horizontal argilosa exibirá, num eventual deslizamento, comportamento não drenado, a que corresponde uma resistência não drenada S_u.

Como se pode constatar da análise da figura, existem, no problema, seis incógnitas (R'_1, E_a, R_2, E_p, R'_3 e F) e outras tantas equações de equilíbrio (duas para cada bloco). Uma forma de calcular o valor de F por tentativas é:

i) adotar um valor para F;

ii) calcular c'_m, ϕ'_m e $S_{u,m}$;

iii) determinar, por meio da análise do equilíbrio dos blocos ativo e passivo, as forças de interação destes com o bloco central, E_a e E_p;

iv) verificar se as duas equações de equilíbrio do bloco central são verificadas (note que nessas duas equações apenas R_2 aparece como incógnita); em caso afirmativo, o valor de F adotado é o coeficiente de segurança global pretendido; caso contrário, será preciso iniciar novamente o processo ajustando o valor de F arbitrado.

É importante sublinhar que o coeficiente de segurança calculado diz respeito apenas ao sistema de blocos considerado.

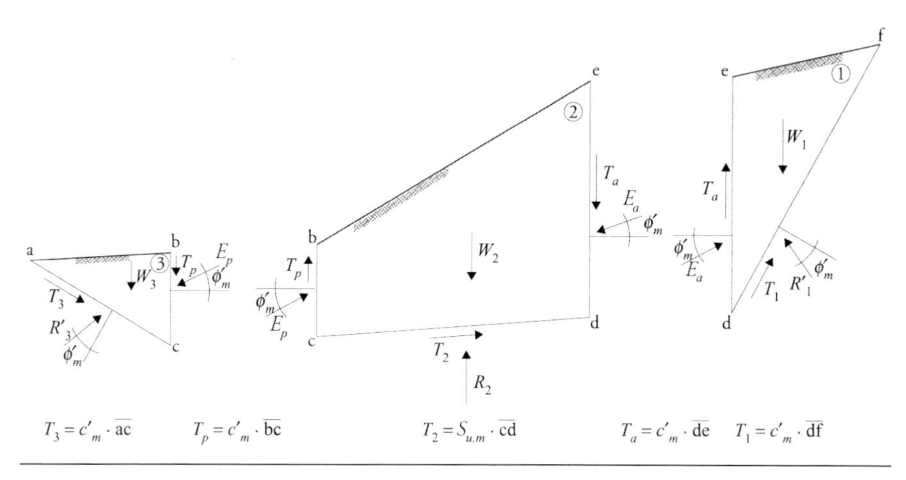

FIG. 6.15 *Forças aplicadas aos três blocos deslizantes da Fig. 6.14A*

6.2.3 VERIFICAÇÃO USANDO COEFICIENTES PARCIAIS DE SEGURANÇA

Caso se opte pelo uso de coeficientes parciais de segurança de acordo com o Eurocódigo 7, e sendo, nesse caso, o coeficiente de segurança parcial para as ações, γ_G, unitário, com base nos coeficientes γ_M adotados obtêm-se os valores de cálculo dos parâmetros de resistência, o que permite passar a uma *verificação de segurança* do sistema de blocos em questão.

Na prática, e tomando ainda como referência o caso de Fig. 6.15, o procedimento a seguir poderá conter os seguintes passos:

i) com base nos coeficientes de segurança γ_M, determinam-se os valores de cálculo dos parâmetros de resistência c'_d, ϕ'_d e $S_{u,d}$;

ii) analisando o equilíbrio dos blocos ativo e passivo, determinam-se os valores de cálculo das forças de interação com o bloco central, $E_{a,d}$ e $E_{p,d}$;

iii) com as forças de interação calculadas em ii) e com o peso do bloco $W_{2,d}$, determinam-se os valores de cálculo das duas componentes da reação na base do bloco central, isto é, a componente normal $R_{2,d}$ e a componente tangencial, $T_{2,d}$;

iv) a verificação de segurança será satisfeita caso $T_{2,d}$ seja inferior ou igual a $S_{u,d} \cdot \overline{cd}$, isto é, ao valor de cálculo da força tangencial mobilizável na base do bloco.

6.2.4 Encostas instáveis. Resistência residual mobilizada na superfície de escorregamento

Caso particularmente curioso ao qual o método dos blocos é aplicável esquematiza-se na Fig. 6.16. Trata-se de uma encosta em cuja parte inferior se acumularam *depósitos de vertente*, também designados como *colúvios* ou *tálus*, resultantes do transporte por ação da gravidade de detritos resultantes da desintegração física e da decomposição química das formações rochosas que afloram mais perto do cume. Com frequência, a massa dos depósitos de vertente tem a forma de "lente", como mostra a figura.

Para efeitos da análise de estabilidade, aquela massa pode ser dividida em dois blocos: o *bloco ativo* na parte superior, correspondente ao trecho mais inclinado da superfície de contato dos depósitos de vertente com as formações subjacentes, e um *bloco passivo* ou resistente, cujo contato com a unidade subjacente é menos inclinado. O escorregamento de novos materiais do topo da encosta, aumentando o peso do bloco ativo, pode dar origem ao movimento do conjunto, o qual tende a estabilizar quando parte do peso do bloco ativo se transfere para o bloco passivo (Matos Fernandes, 1995).

Dessa forma, ao longo do tempo (entendido no contexto geológico), esses depósitos de vertente vão aumentando de volume (logo, de peso) e escorregando ao longo da encosta. Encontram-se em situação próxima de um

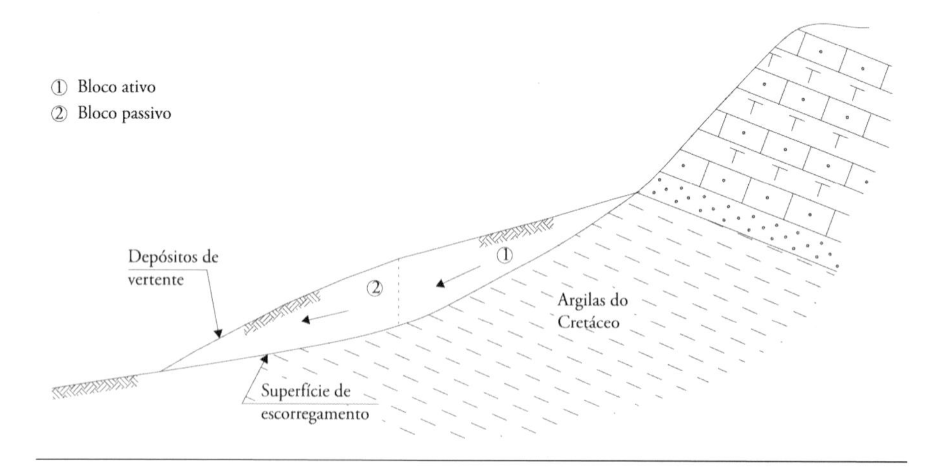

Fig. 6.16 *Encosta instável com depósitos de vertente sobre formações argilosas muito antigas Fonte: Matos Fernandes (1995).*

equilíbrio limite, experimentando episodicamente certas instabilizações tanto em períodos de precipitação excepcionalmente intensa quanto em associação com eventos sísmicos.

A identificação, tão cedo quanto possível, de cenários análogos ao apresentado é muito importante, de modo a evitar a localização de certas obras – por exemplo, obras viárias – nessas zonas. É típica desses cenários a ocorrência de numerosas cicatrizes de antigos escorregamentos, bem como a ausência de árvores seculares e de edificações antigas.

Questão particularmente importante quando as formações subjacentes aos depósitos de vertente são essencialmente argilosas – ou quando os próprios depósitos de vertente têm fração argilosa significativa – é que as instabilizações anteriormente referidas, ao implicarem escorregamentos sucessivos, portanto, deformações por cisalhamento muito elevadas no contato entre aqueles materiais, originam, na superfície das formações argilosas, uma reorientação progressiva das partículas para uma direção paralela à do movimento, com a consequente redução da resistência mobilizável, a qual passa a corresponder à denominada *resistência residual* (Skempton, 1985). Esse assunto é tratado no Cap. 6 do Vol. 1 (seção 6.3).

A Fig. 6.16 é inspirada num escorregamento de depósitos de vertente sobre argilas do Cretáceo na região de Torres Vedras, Portugal. No caso apresentado, devido ao fenômeno descrito no parágrafo anterior, o ângulo de atrito residual mobilizado, ϕ'_r, oscilou entre apenas 11° e 14° (sendo a coesão efetiva residual, c'_r, praticamente nula), não obstante se tratar de uma argila muito antiga e extremamente compacta.

O caso apresentado sugere que a adoção dos parâmetros de resistência para as análises de estabilidade de taludes que passaram por certos períodos de instabilidade precisa ser cuidadosamente ponderada, sob risco de se cometerem erros importantes que firam a segurança, especificamente ao dimensionar determinadas obras de arrimo, ou de não se interpretar de maneira correta as instabilizações constatadas.

No Brasil existem vários casos de massas coluvionares saturadas instáveis depositadas em encostas e que têm movimentos sazonais. Esses movimentos são designados como rastejos. São apresentados dois casos para ilustrar esse tipo de movimento de massa em solos tropicais.

Teixeira e Kanji (1970) descreveram um escorregamento da encosta da Serra do Mar na Via Anchieta, em São Paulo, ocorrido no final de 1964. A massa instável atingia uma área de cerca de 200.000 m². Sobrepostos às rochas (micaxistos com ocorrência de intercalações xistosas no gnaisse) e a seus correspondentes solos residuais ocorriam dois depósitos de tálus (colúvios) onde aconteciam os escorregamentos. Os depósitos de tálus apresentavam-se saturados de água, com várias surgências e represamentos superficiais. Os deslocamentos medidos por marcos superficiais acumulavam vários metros em 6 meses. A massa foi estabilizada com o uso de drenos horizontais profundos com comprimentos superiores a 100 m.

Em Angra dos Reis (RJ) havia uma encosta instável. Lacerda (1997) apresentou estudos que verificaram que essa massa coluvionar se movia sazonalmente em razão da flutuação do nível freático. Tratava-se de um movimento em que a superfície de deslizamento ficava quase sempre submersa, porém a elevação da pressão positiva da água acelerava a movimentação. A massa instável tinha extensão de 350 m de comprimento, 120 m de largura e 20 m de espessura, o que representava 8.000.000 m^3 de volume. A inclinação média era de 17°. Chuvas acumuladas de 25 dias foram correlacionadas com as acelerações medidas por meio de marcos e inclinômetros.

6.3 Métodos gerais de análise de estabilidade

No Cap. 1 são apresentados os métodos de Fellenius, de Bishop simplificado e de Spencer para a análise de estabilidade de massas de terra limitadas por superfícies de deslizamento que correspondem a arcos de circunferência. Como foi salientado, nos grandes taludes naturais, onde, de modo geral, a geologia é complexa, muitas vezes as superfícies de deslizamento não têm aquela forma. É do maior interesse, no contexto deste capítulo, apresentar métodos gerais de estabilidade.

Apresenta-se inicialmente o método de Morgenstern e Price (1965), que se enquadra ainda dentro da filosofia do método das fatias, e exige aplicação computacional devido ao processo iterativo relativamente complexo que envolve. Como complemento, é apresentado o método de Correia (1988), inspirado no anterior e que envolve cálculos menos laboriosos, sem perda de exatidão nos resultados.

6.3.1 O método de Morgenstern e Price

Hipóteses

Considere-se o talude representado na Fig. 6.17a, no qual se pretende examinar a estabilidade da massa limitada pela superfície potencial de deslizamento de equação $y(x)$ qualquer. Na Fig. 6.17b, representa-se uma fatia genérica de faces verticais e largura infinitesimal dx com as seguintes forças aplicadas: i) o peso dW; ii) a componente normal efetiva da reação na base da fatia, dN'; iii) a componente tangencial da reação na base da fatia, dT; iv) a resultante da pressão na água dos poros na base da fatia, $dU = udx/\cos\alpha$, conhecida a partir da rede de fluxo ou por outro processo; v) as componentes normal e tangencial, respectivamente, das forças de interação com as fatias vizinha à esquerda, E e X, e à direita, $E+dE$ e $X+dX$. A linha que une os pontos de aplicação das forças de interação, chamada de *linha de empuxo* ou *linha de pressão*, tem a equação $y'(x)$. E_0 e E_n são as componentes normais aplicadas nas faces-limites da massa em questão, admitidas como conhecidas; de modo geral, a primeira será nula e a segunda pode corresponder à resultante do empuxo da água numa fenda de tração.

Parece oportuno recordar o que é discutido no Cap. 1 acerca da indeterminação do problema em questão. Naquele capítulo, comenta-se (ver Tab. 1.1)

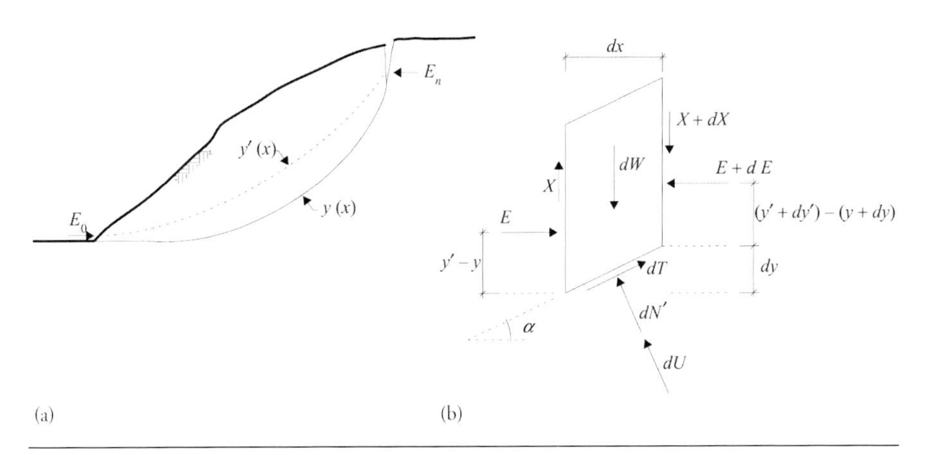

Fig. 6.17 *Método de Morgenstern e Price: (a) talude em análise com a massa potencialmente instável limitada por uma superfície de qualquer forma; (b) fatia genérica de largura infinitesimal com as forças aplicadas*

em que x e y são as coordenadas do ponto médio da base de cada fatia. Introduzindo as Eqs. 6.46 e 6.47, a Eq. 6.50 transforma-se em:

$$-\sum \Delta X\ (x - x_C) + \sum \Delta E (y - y_C) = 0 \tag{6.51}$$

A partir da Eq. 6.41, chega-se a:

$$\Delta X = X_{max} \Delta f \tag{6.52}$$

e a partir das Eqs. 6.43 e 6.49, chega-se a:

$$\sum \Delta f\, x_C = x_C \sum \Delta f = 0 \tag{6.53}$$

$$\sum \Delta E\, y_C = y_C \sum \Delta E = 0 \tag{6.54}$$

Nesse momento, usando as Eqs. 6.48, 6.52, 6.53 e 6.54, as Eqs. 6.49 e 6.51 podem ser transformadas em:

$$A_1 X_{max} + A_2 = 0 \tag{6.55}$$

$$A_3 X_{max} + A_4 = 0 \tag{6.56}$$

em que A_1, A_2, A_3 e A_4 são funções de F, dadas por:

$$A_1 = \sum \Delta f \frac{tg\phi' - F\, tg\alpha}{F + tg\phi' tg\alpha} \tag{6.57}$$

$$A_2 = \sum \frac{W(tg\phi' - F\, tg\alpha) + (c' - u\, tg\phi')\Delta x\, sec^2\alpha}{F + tg\phi'\, tg\alpha} \tag{6.58}$$

$$A_3 = \sum \Delta f \frac{(tg\phi' - F\, tg\alpha)}{F + tg\phi'\, tg\alpha} y - \sum \Delta f x \tag{6.59}$$

$$A_4 = \sum \frac{W(tg\phi' - F\, tg\alpha) + (c' - u\, tg\phi')\Delta x\, sec^2\alpha}{F + tg\phi'\, tg\alpha} y \tag{6.60}$$

A partir das Eqs. 6.55 e 6.56, chega-se a:

$$\Psi(F) = A_1 A_4 - A_2 A_3 = 0 \tag{6.61}$$

e

$$X_{max} = -\frac{A_2}{A_1} \tag{6.62}$$

Resolução

Como se pode verificar, o coeficiente de segurança pode ser obtido a partir da solução da equação numérica não linear 6.61. Após o cálculo de F, X_{max} pode ser obtido a partir da Eq. 6.62, determinando-se em seguida todas as forças tangenciais por meio da Eq. 6.41 e todas as forças normais de interação por meio da soma dos valores de E dados pela Eq. 6.48. É também possível, usando a condição de equilíbrio de momentos em cada fatia, obter a localização dos pontos de aplicação das forças normais de interação, isto é, a linha de empuxo.

É possível concluir que esse método é, quando comparado com o de Morgenstern e Price, mais favorável no que diz respeito à solução numérica do problema, pelo fato de evitar um processo iterativo com duas variáveis simultaneamente. Para a solução numérica da Eq. 6.61, Correia sugere o método de Newton-Raphson.

A Fig. 6.20a mostra um talude com uma massa limitada por uma superfície de deslizamento composta, formada por uma fenda vertical de tração (CR), dois arcos de circunferência (LA e CB) e um segmento reto (AB) que se desenvolve ao longo de uma camada inclinada de solo de baixa resistência. A figura mostra as propriedades dos dois solos envolvidos pela massa instável, bem como a posição do nível freático.

As análises de estabilidade pelos métodos de Morgenstern e Price – admitindo para $f(x)$ uma função tipo seno, como a representada na Fig. 6.18b – e de Correia forneceram os seguintes resultados: i) linha de empuxo coincidente, mostrada na Fig. 6.20a; ii) distribuição das forças tangenciais de interação muito próxima, como se mostra na Fig. 6.20b, devendo-se notar que, das duas curvas representadas, a de Correia é imposta no âmbito da aplicação do método, enquanto a outra corresponde ao resultado da análise; iii) valores muito próximos do coeficiente de segurança para os dois métodos, sendo o de Correia um pouco inferior.

6.4 Contexto dos estudos de estabilização de taludes

A estabilização de um talude natural consiste no conjunto de intervenções de natureza construtiva com o objetivo de incrementar sua segurança ou, pelo menos, impedir ou atenuar determinada redução

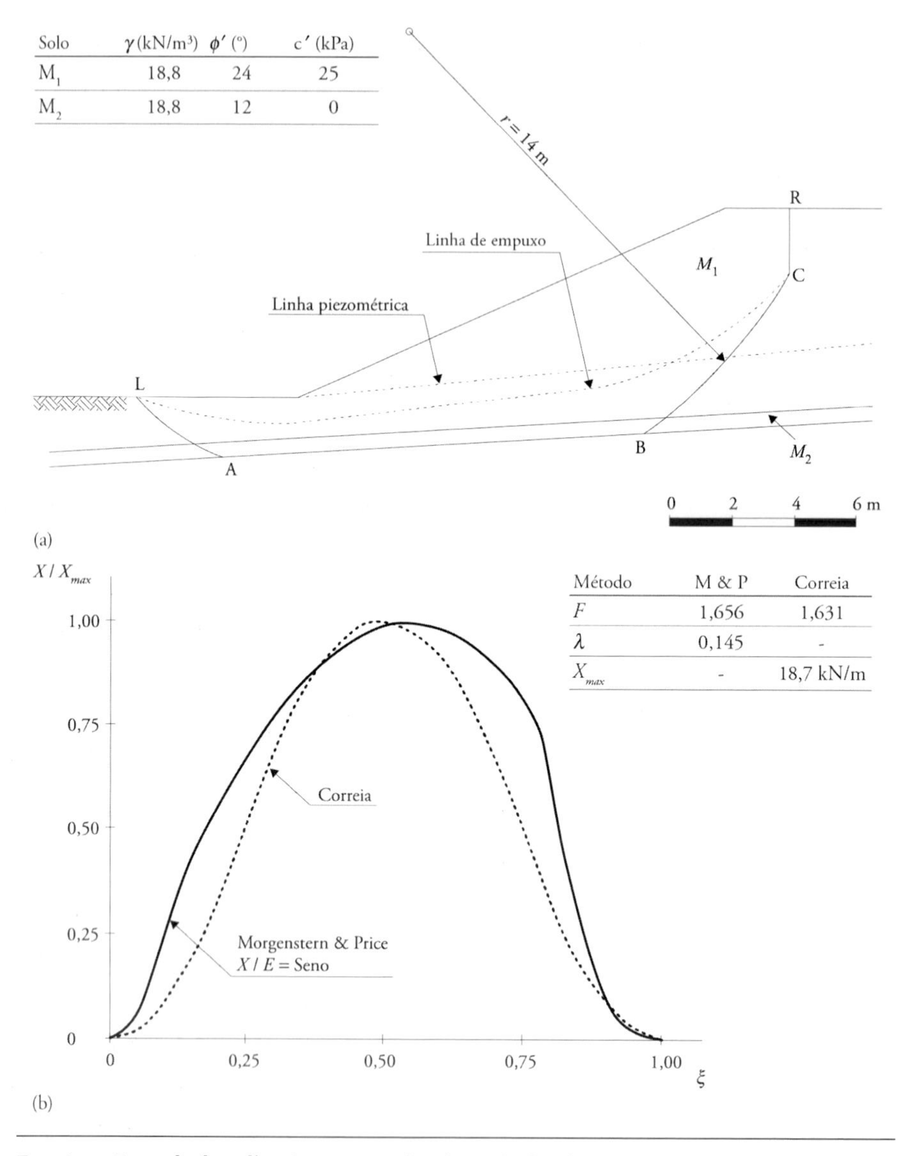

Fig. 6.20 *Exemplo de aplicação comparativa dos métodos de Morgenstern e Price e de Correia: (a) massa de terras em análise; (b) distribuição adimensional calculada (método de Morgenstern e Price) e admitida (método de Correia) para a força de interação tangencial (Correia, 1988)*

que naquela se venha processando. Da afirmação precedente pode-se deduzir que, em regra, os taludes naturais revelam sintomas de instabilidade sem que tal acarrete, necessariamente e desde logo, a ocorrência de escorregamentos catastróficos, no duplo sentido de repentinos e implicando avultados danos.

A constatação desses sintomas vai conduzir a estudos com vista a obras de estabilização. Se, em alguns casos, a constatação dos sintomas de instabilidade conduz de imediato à interpretação do fenômeno em desenvolvimento, isto é, à identificação da massa instável e do mecanismo de ruptura potencial, em outros casos, muito especialmente nos grandes taludes naturais, da observação da superfície e em certos pontos dos sintomas à interpretação do mecanismo em desenvolvimento pode haver um grande passo.

Nas seções seguintes são tratados os seguintes aspectos: i) como se inicia e desenvolve a instabilização de um talude; ii) como a instabilização começa a se manifestar; iii) como, nos casos mais complexos, se identifica a massa instável, isto é, se interpreta o mecanismo de ruptura em desenvolvimento.

6.4.1 Como se inicia e desenvolve a instabilização de um talude natural

Considere-se um grande talude natural em condições geológicas complexas, como ilustra a Fig. 6.21, e considere-se também a superfície potencial de deslizamento representada e a massa por ela limitada dividida em fatias de faces verticais.

Como foi visto, para a análise de estabilidade o peso de cada fatia é decomposto segundo a normal e segundo a tangente à base dela. A componente tangencial vai contribuir para o *momento* (ou para a *força*) *instabilizador(a) ou solicitante*, enquanto a componente normal vai contribuir para a parcela atrítica do *momento* (ou da *força*) *resistente*. Da observação da figura é fácil compreender que, em termos relativos, é na fatia superior (fatia 5) que a componente tangencial é mais elevada e a componente normal mais reduzida. À medida que se consideram fatias mais afastadas do topo do talude, a componente normal aumenta progressivamente. Evolução oposta experimenta a componente tangencial, que na zona inferior (fatia 1) passa mesmo a ter sentido favorável à estabilidade.

Isso quer dizer que, se se considerasse o equilíbrio de momentos ou de forças *para cada fatia considerada isolada*, isto é, sem sofrer forças de interação com as fatias vizinhas – o que representaria aquilo que se poderia denominar *coeficiente de segurança local* –, esse coeficiente seria mínimo na fatia

5, aumentando progressivamente para as fatias de número de ordem inferior. Numa situação como a representada, geralmente o coeficiente de segurança local é inferior à unidade num conjunto de fatias de número de ordem mais elevado, e maior que a unidade para as restantes.

Das considerações precedentes decorre que, num talude como o representado, na parte superior há uma zona em que se verifica um *deficit* de resistência e outra, mais abaixo, em que ocorre um *superavit* de resistência. Enquanto este for, em valor absoluto, superior àquele, a estabilidade de toda a massa está assegurada. E são as forças de interação entre fatias que permitem que, *fisicamente*, aquele *superavit* compense o *deficit*. A zona superior, deficitária, pode ser considerada a *zona ativa*, enquanto a zona inferior, superavitária, a *zona passiva*.

Uma forma rápida de identificar, para determinada massa em análise, a fronteira da zona superavitária ou ativa com a zona deficitária ou passiva, a

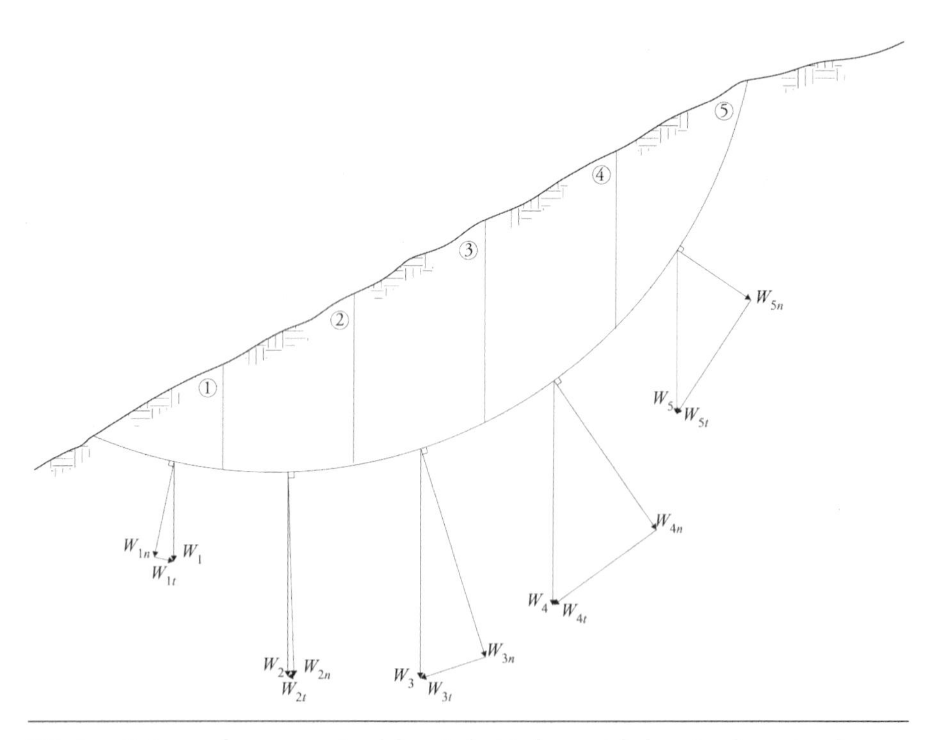

Fig. 6.21 *Esquema de massa potencialmente instável num talude natural, mostrando, para diversas fatias, a decomposição do peso segundo as direções normal e tangente à respectiva base*

chamada *linha neutra*, consiste em aplicar à superfície uma sobrecarga vertical móvel, como no traçado de uma linha de influência numa estrutura, e para cada posição dela calcular o coeficiente de segurança (Hutchinson, 1977). A linha neutra é a vertical que contém o ponto de aplicação da sobrecarga na posição em que ela não afeta o coeficiente de segurança. A Fig. 6.22 ilustra a explicação apresentada.

6.4.2 Como a instabilização começa a se manifestar

Se cada fatia em que a massa de terras considerada foi dividida constituísse um corpo absolutamente rígido, o deslocamento daquela massa em relação ao maciço subjacente seria o mesmo em qualquer ponto da superfície potencial de deslizamento. Assim, a resistência seria mobilizada de forma razoavelmente uniforme ao longo daquela.

Todavia, como as fatias não são corpos rígidos, o deslocamento relativo na superfície de deslizamento vai ser máximo no limite superior dela, isto é, onde é maior o *deficit* de resistência, e mínimo no limite inferior. Tratando-se de uma superfície que pode ter muitas dezenas ou até algumas centenas de metros, compreende-se que no topo poderá haver deslocamentos relativos muito consideráveis (da ordem de alguns decímetros ou mesmo da ordem de alguns metros), enquanto perto do limite inferior tais deslocamentos podem ser ainda muito reduzidos ou praticamente nulos.

A mobilização da resistência começa, assim, no limite superior da superfície de deslizamento e progredirá no sentido do limite inferior, à medida que as condições de estabilidade se degradam.

Tratando-se de solos antigos, exibindo pico de resistência mais ou menos pronunciado, como ilustra a Fig. 6.22d, na zona superior poderá estar mobilizada a resistência residual; a resistência de pico estará mobilizada num segmento intermediário, ainda com deformações por cisalhamento relativamente pequenas; por sua vez, na zona inferior a resistência mobilizada será ainda muito pequena, correspondendo a uma porcentagem baixa da resistência de pico, por serem também muito reduzidas nesse segmento da superfície potencial de deslizamento as deformações por cisalhamento.

Das considerações precedentes é possível compreender que, à superfície do terreno, perto do limite superior da superfície de deslizamento, tenderão a aparecer fendas, muitas vezes com abertura considerável. Se tal zona for

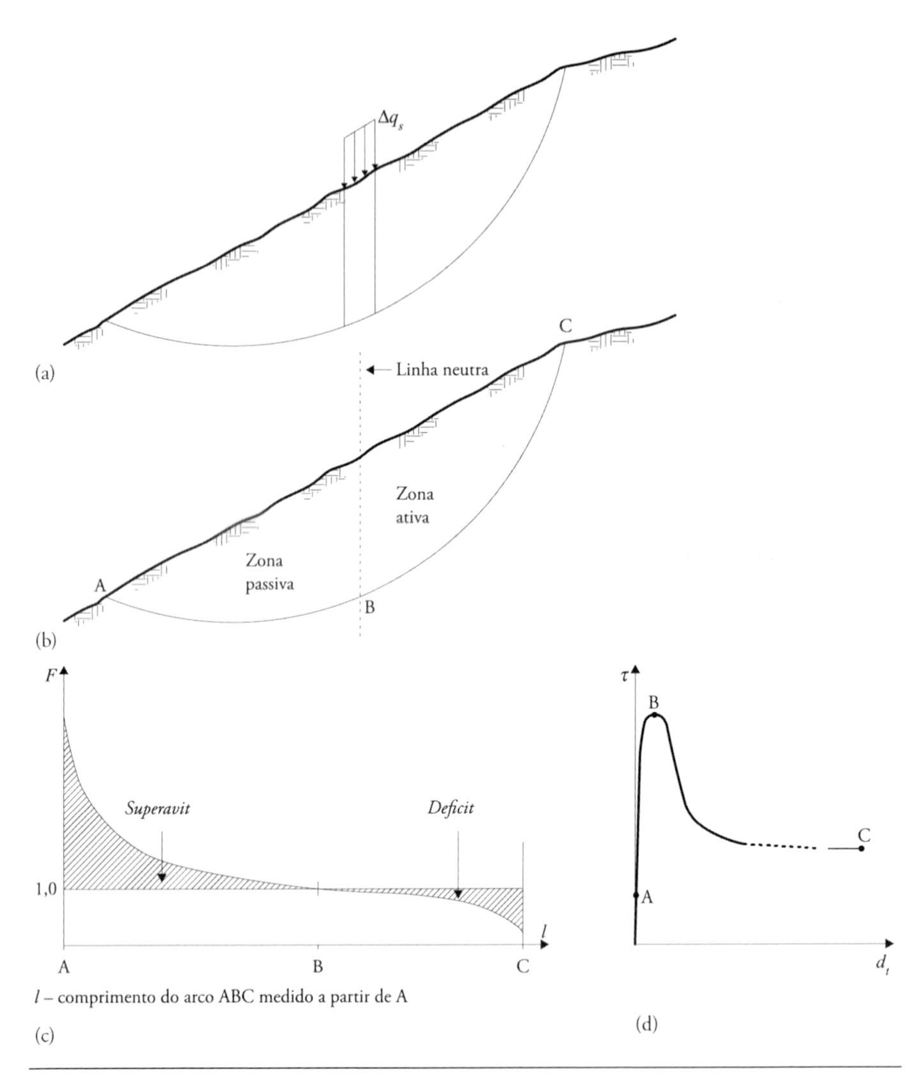

Fig. 6.22 *Massa genérica potencialmente instável: (a) pesquisa da linha neutra; (b) zonas divididas pela linha neutra; (c) evolução do coeficiente de segurança local ao longo da superfície potencial de deslizamento; (d) diagrama genérico tensão tangencial* versus *deslocamento tangencial na superfície potencial de deslizamento e níveis da resistência mobilizada em três pontos dela*

habitada, ocorrerão danos mais ou menos severos em construções, estradas, caminhos, o que dará origem ao processo de estudo do talude em questão.

Em boa parte dos casos, essas manifestações de instabilidade estão ligadas a condições excepcionalmente adversas da água no terreno, motivadas por períodos continuados de precipitação muito intensa. Logo que as condições adversas tenham sido atenuadas ou dissipadas, e não tendo o talude sofrido escorregamento global, este reassumirá condições de estabilidade ou uma taxa mais reduzida de deslocamentos durante um intervalo temporal maior ou menor. A Fig. 6.23 mostra, para um talude na região de Coimbra, Portugal, a correlação muito nítida entre os períodos de maior quantidade de precipitação e os maiores incrementos de deslocamento ao longo de um período de dezoito anos (Barradas, 1999).

Felizmente, os grandes taludes naturais revelam, de modo geral, sintomas de instabilidade bastante claros antes que seu escorregamento global esteja iminente, o que permite, na maioria dos casos, a ponderação e a execução a tempo de obras de estabilização deles.

Há exceções, todavia, que correspondem a grandes escorregamentos repentinos, muitas vezes associados a terríveis perdas de vidas. Tais catástrofes estão ou estiveram ligadas aos seguintes contextos:

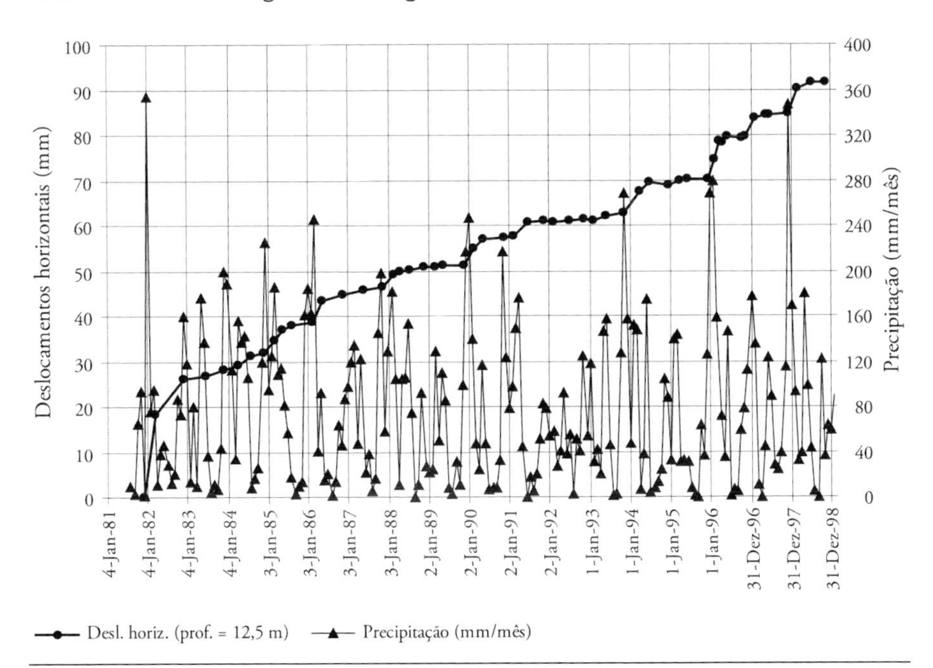

Fig. 6.23 *Evolução dos deslocamentos ao longo de dezoito anos (à profundidade de 12,5 m) de um talude natural na região de Coimbra e quantidades de precipitação no mesmo período*

Fonte: Barradas (1999).

- taludes em zonas inóspitas ou pouco desenvolvidas, que revelaram sintomas de instabilidade, os quais não foram observados e/ou interpretados como tal;
- taludes nos quais se instalaram condições que excederam significativamente aquelas mais desfavoráveis antes experimentadas.

Exemplos correspondentes a este último contexto são, entre outros: i) a ocorrência de um grande sismo; ii) a remoção, por escavação, de parte da zona passiva do talude, por exemplo, para inserir uma obra viária; iii) a subida do nível freático provocada pela construção de uma barragem de grande altura a jusante.

Sobre os dois últimos exemplos, importa referir que os projetos das estruturas em questão (a nova via ou a nova barragem) devem contemplar a avaliação da estabilidade dos taludes afetados pela construção. Como essa avaliação, quando a geologia é complexa, é muito difícil de ser efetuada de forma confiável, a cuidada instrumentação dos taludes afetados é processo a que normalmente se recorre, de modo a evitar deslizamentos catastróficos como os referidos.

6.4.3 Interpretação do mecanismo de ruptura em desenvolvimento

Nas considerações precedentes, fez-se sistematicamente menção à massa potencialmente instável representada, tendo como referência a Fig. 6.21. Não é cedo, porém, para fazer este (importante) reparo: muitas vezes, nos grandes taludes naturais de geologia complexa que revelam sinais de instabilidade, essa massa e a respectiva superfície potencial de escorregamento não são de todo conhecidas.

Aquilo que é constatado são manifestações *à superfície do terreno* em certos pontos (fendas, certos movimentos, danos estruturais em construções e estradas etc.), de modo geral concentradas na parte superior da encosta. O reconhecimento dessas manifestações não permite deduzir a *profundidade* e a *extensão* atingidas por toda a massa potencialmente instável.

Como se compreende, a interpretação do mecanismo de instabilidade em desenvolvimento é condição indispensável para um bem-sucedido projeto de estabilização, constituindo geralmente o primeiro estágio. A propósito, a

Fig. 6.24 resume as etapas típicas dos estudos de estabilização de taludes naturais.

Os estudos de interpretação vão envolver uma cuidada caracterização geológico-geotécnica do talude, o que geralmente vai obrigar a realização de diversas sondagens geotécnicas. Essas sondagens devem ser prolongadas em profundidade até atingirem determinada cota, para a qual não exista qualquer dúvida razoável de que é claramente inferior, em cada local, à da superfície potencial de deslizamento. Atualmente, em estudos similares, são preferidos equipamentos de perfuração que permitam recolha contínua dos terrenos

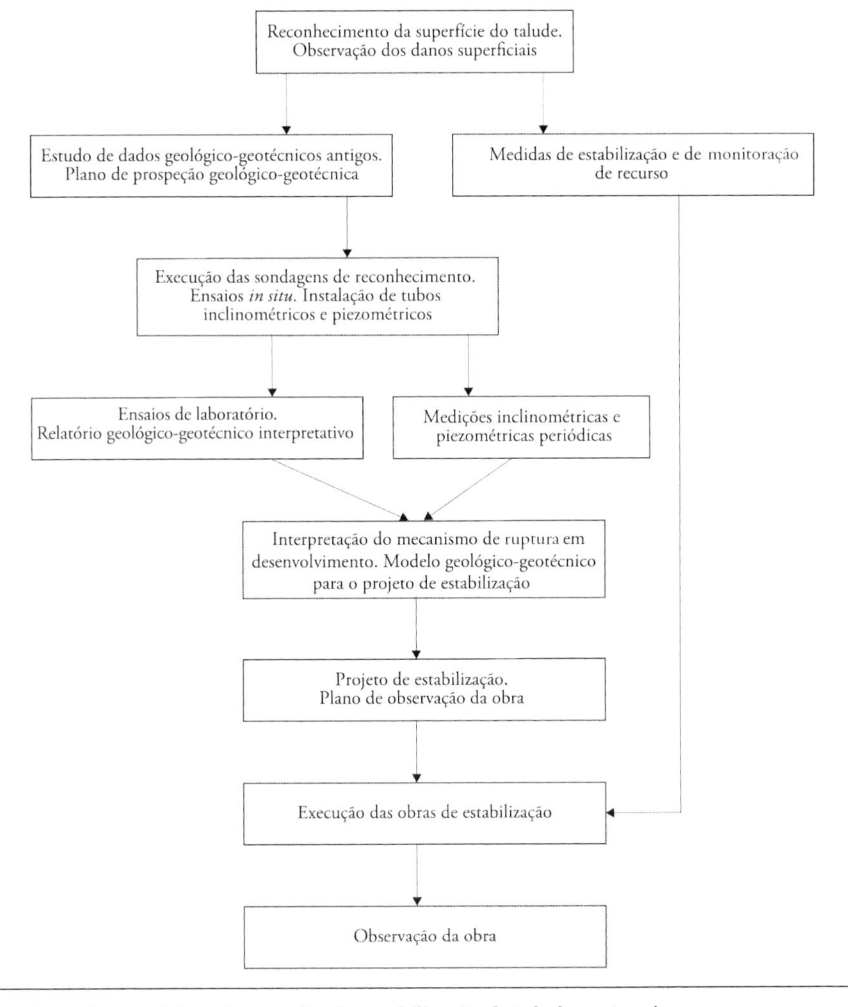

Fig. 6.24 *Etapas típicas dos estudos de estabilização de taludes naturais*

atravessados, o que permitirá uma interpretação geológica mais completa e confiável.

Em seguida, em alguns dos furos de sondagem são instalados *piezômetros* para caracterização das condições da água no terreno, enquanto em outros furos são instalados, ao longo de toda a sua extensão em altura, *tubos inclinométricos*. Esses tubos têm essa designação porque neles pode ser introduzido um aparelho, o *inclinômetro*, capaz de medir, a cada profundidade, o deslocamento horizontal do terreno. No Anexo A12 é possível encontrar a explicação do funcionamento de um inclinômetro e a interpretação de suas medições.

Como exemplo, a Fig. 6.25 representa os deslocamentos horizontais medidos num tubo inclinométrico numa seção de um talude ao longo de campanhas sucessivas à campanha inicial ou de referência. Geralmente, os registros representam deslocamentos praticamente nulos num segmento inferior, uma zona muito limitada em que o gradiente dos deslocamentos é muito elevado e, por fim, uma zona superior em que a evolução dos deslocamentos pode ser variável (praticamente constante, crescente ou decrescente em altura), mas em que o respectivo gradiente é relativamente pequeno ou nulo. O curto segmento onde o gradiente dos deslocamentos é muito elevado (na figura, a cerca de 18,0 m de profundidade) corresponde precisamente à interseção da superfície potencial de deslizamento, onde naturalmente se concentram os deslocamentos relativos da zona instável superior com a zona estável inferior.

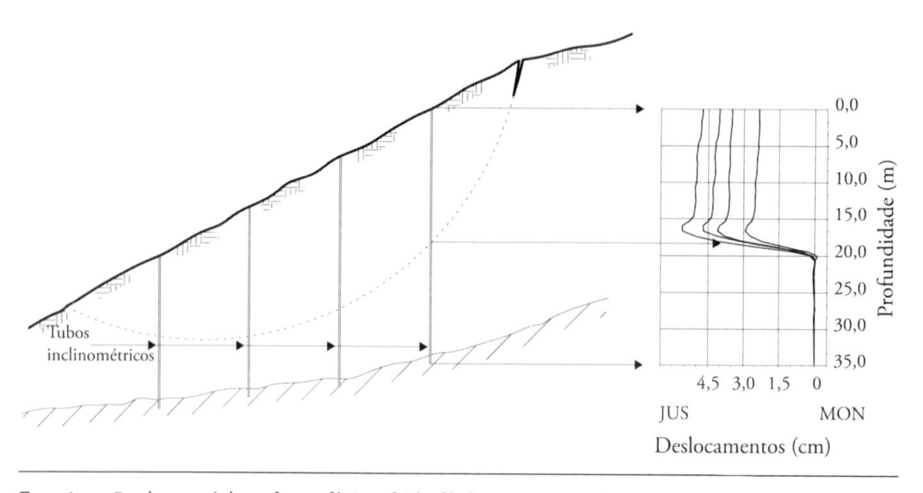

Fig. 6.25 *Registros típicos de medições do inclinômetro num talude natural conduzindo à identificação da superfície de deslizamento*

A caracterização da posição dessa superfície nos vários tubos instalados em diferentes pontos de uma mesma seção transversal do talude permite identificar, muitas vezes com razoável exatidão, a massa instável. Aspecto particularmente conveniente é confrontar a localização da superfície potencial de deslizamento com o terreno recolhido em cada sondagem à mesma profundidade a que aquela superfície foi detectada. Tal confronto é em geral particularmente esclarecedor acerca da formação geológica (camada) responsável pela instabilidade, e permitirá, especificamente, "prever" ou "extrapolar" a evolução daquela superfície na zona inferior, caso os registros dos inclinômetros nessa zona não sejam totalmente esclarecedores. Pelas razões anteriormente expostas, em regra os deslocamentos registrados são maiores nos tubos que interceptam a massa instável mais próxima do topo da encosta, bem como nestes é, em regra, mais nítida a interseção da superfície potencial de deslizamento.

O modelo geológico-geotécnico do talude que servirá de base ao projeto de estabilização é apontado ou ajustado considerando a interpretação das medições dos inclinômetros e dos piezômetros. O mesmo se afirma, naturalmente, acerca do mecanismo de ruptura em desenvolvimento.

6.5 Soluções de estabilização

O Quadro 6.1 apresenta um resumo das soluções de estabilização, que podem ser divididas em três grandes grupos: i) alteração da geometria; ii) medidas de natureza hidráulica; iii) medidas de natureza estrutural.

Para aprofundar o tema da estabilização de taludes, recomenda-se o estudo de Ortigão e Sayão (2004). Na sequência, tecem-se algumas considerações sucintas sobre as soluções de estabilização, acompanhadas de esquemas e fotografias. Recorde-se que o contexto diz respeito a taludes naturais e não à estabilização de escavações. Com frequência, os projetos de estabilização dos grandes taludes naturais envolvem combinações dos três tipos de medidas indicados.

6.5.1 Alteração da geometria

A alteração da geometria do talude, em particular o chamado retaludamento, com remoção de parte da zona ativa e redução da

Quadro 6.1 Resumo de medidas para estabilização de taludes naturais

Tipos de medida	Descrição	Vantagens	Observações
Alteração da geometria do talude	**Remoção de massa da zona ativa e (ou) redução da inclinação**	Reduz o peso da zona ativa; reduz a resistência mobilizada.	Pode ser inviável em zonas construídas; deve ser sempre processada de cima para baixo; em geral, é acompanhada de drenagem superficial e plantação de vegetação.
	Colocação de aterro na base	Aumenta o peso da zona passiva.	Pode ser inviável em zonas construídas; pode constituir medida de emergência; o material colocado tem que ser mais permeável do que o do talude.
Medidas de natureza hidráulica	**Drenagem superficial**. Rede de valetas distribuída à superfície para atenuar infiltração da água pluvial	Reduz a pressão na água dos poros, as forças de percolação e o peso do maciço; melhora a resistência dos solos muito plásticos.	É de modo geral complementada com proteção vegetal.
	Drenagem profunda. Galerias, valas e poços de drenagem	Idem (ver acima); mantém o nível freático afastado de parte ou da totalidade da zona instável.	A drenagem pode ser feita por gravidade ou por bombeamento.
	Preenchimento de fendas superficiais na zona ativa com material impermeável, como argila ou calda de cimento	Contraria a infiltração de água para o interior do talude e em especial para a superfície de deslizamento.	Em caso de emergência, pode ser substituída por cobertura do terreno com material sintético impermeável.
	Proteção da face do talude com vegetação, concreto projetado ou gabiões	Protege o terreno da erosão superficial.	O concreto projetado é pouco conveniente em termos paisagísticos; os gabiões têm o inconveniente de aumentar o peso da zona ativa.
Medidas de natureza estrutural	**Aplicação de forças exteriores por ancoragens** pré-esforçadas, ligadas a muros ou vigas de concreto armado na face do talude	A componente normal aumenta a força resistente na superfície de deslizamento; a componente tangencial atua como força exterior estabilizadora aplicada à massa instável.	As ancoragens têm as cabeças amarradas a elementos de concreto armado para distribuição das forças na face do talude; os bulbos de selagem têm que se situar fora da zona instável.
	Reforço do terreno na zona da superfície de deslizamento com grampos de aço, estacas de concreto armado ou colunas de *jet-grout*	Aumenta a resistência ao cisalhamento na superfície de deslizamento.	Os reforços precisam penetrar certo comprimento para além da superfície de deslizamento.

inclinação média, esquematizado na Fig. 6.26a, pode constituir medida muito apropriada, e é geralmente menos onerosa do que soluções eminentemente estruturais. Está muitas vezes fora de questão, todavia, quando se trata de taludes com construções e infraestruturas relevantes. Por sua vez, o aterro no pé, indicado na Fig. 6.26b, quando se trata de taludes naturais, envolverá grandes volumes, estando também fora de questão em zonas construídas, sendo complementar, no entanto, ao retaludamento anteriormente mencionado, como se compreenderá.

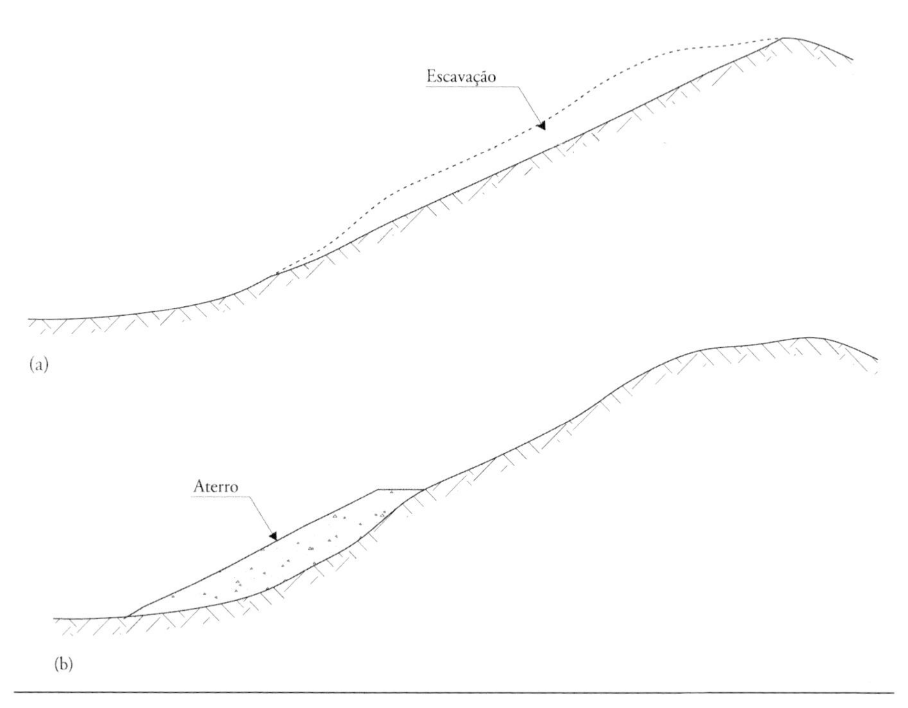

Fig. 6.26 *Esquemas de alteração da geometria de talude natural: (a) escavação na zona superior; (b) aterro na parte inferior*

Num talude instável, a aplicação de uma solução envolvendo remoção de parte da massa do talude precisará se iniciar sempre partindo das cotas mais elevadas para as cargas inferiores. O contrário, pelos motivos discutidos na seção 6.4.1, poderia conduzir a uma redução do coeficiente de segurança do talude prevalecente antes da intervenção. Tal redução, ainda que de natureza transitória, poderia conduzir à sua ruptura global.

6.5.2 Drenagem superficial e profunda

Sendo a água, pelas mais diversas vias, causa de grande parte dos escorregamentos de taludes naturais, compreende-se que a drenagem, tanto a superficial quanto a profunda, constitua uma das medidas mais eficazes de estabilização, podendo em certos casos dispensar soluções estruturais, com maior impacto paisagístico.

A drenagem superficial destina-se a minimizar a infiltração das águas pluviais. Para isso, é preciso conceber uma rede de canais ou valetas que evite que a água, depois de incidir num ponto do talude, percorra distâncias significativas escorrendo sobre a superfície dele antes de ser coletada e conduzida por gravidade para a sua base. A proteção dessa superfície, nas zonas não construídas, com vegetação é complemento essencial da rede de drenagem. A Fig. 6.27 mostra o aspecto parcial de um sistema de drenagem superficial num talude natural.

As Figs. 6.28 e 6.29 mostram duas soluções envolvendo drenagem profunda de taludes naturais. A solução da Fig. 6.28 consiste na abertura a partir da face do talude, na zona próxima do sopé dele, de *galerias de drenagem*. A abertura pode ser efetuada com recurso a equipamentos que executam microtúneis (túneis de pequeno diâmetro, geralmente visitáveis para inspeção e manutenção, nesse caso), sendo as galerias revestidas com um material permeável. A inclinação com que as galerias são executadas permite a drenagem por gravidade para a face do talude, onde se articula com a drenagem superficial. Geralmente o sistema de galerias é concebido, em particular no que

Fig. 6.27 *Fotografia mostrando sistema de drenagem superficial num talude natural*

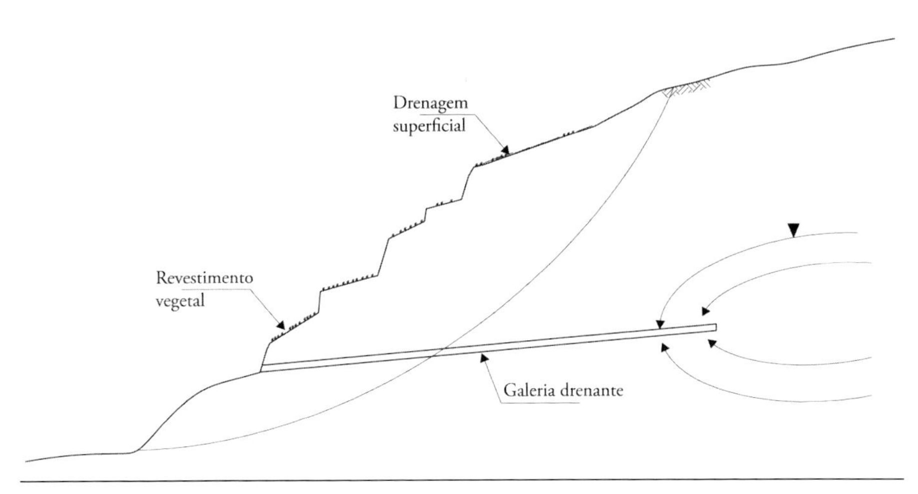

FIG. 6.28 *Drenagem profunda de taludes naturais – galerias sub-horizontais visitáveis*

diz respeito à implantação na face, ao comprimento e à inclinação, de modo a manter o nível freático o mais afastado possível da superfície do talude, logo, da própria zona potencialmente instável.

Solução alternativa, mas com objetivo semelhante, consiste na execução de uma *vala de drenagem*. Como ilustra a Fig. 6.29, trata-se de uma vala profunda preenchida com material muito permeável (brita, por exemplo), que provoca o abaixamento do nível aquífero a montante, impedindo que ele atinja a zona instável. A água que aflui à vala é escoada por gravidade através de um dreno transversal, construído a partir de um ponto inferior da encosta, usando tecnologia apropriada que assegura grande precisão. As valas são executadas com equipamentos normalmente usados para construir paredes-diafragma no terreno (Coelho, 1996).

Solução com efeito equivalente ao da vala de drenagem é uma bateria de *poços de drenagem*, com disposição em planta análoga à da vala. A drenagem pode ser feita à custa de bombeamento, acionado automaticamente quando a água nos poços atingir nível considerado perigoso, o que tem o inconveniente de exigir frequentes operações de manutenção do sistema. O escoamento da água por gravidade é também possível com os poços de drenagem, caso eles estejam ligados em sua base por um coletor, instalado com sistema similar ao anteriormente referido para o dreno transversal; esse coletor permite conduzir a água para um poço central, de onde será escoada de modo análogo ao da vala de drenagem (Collotta; Manassero; Moretti, 1988).

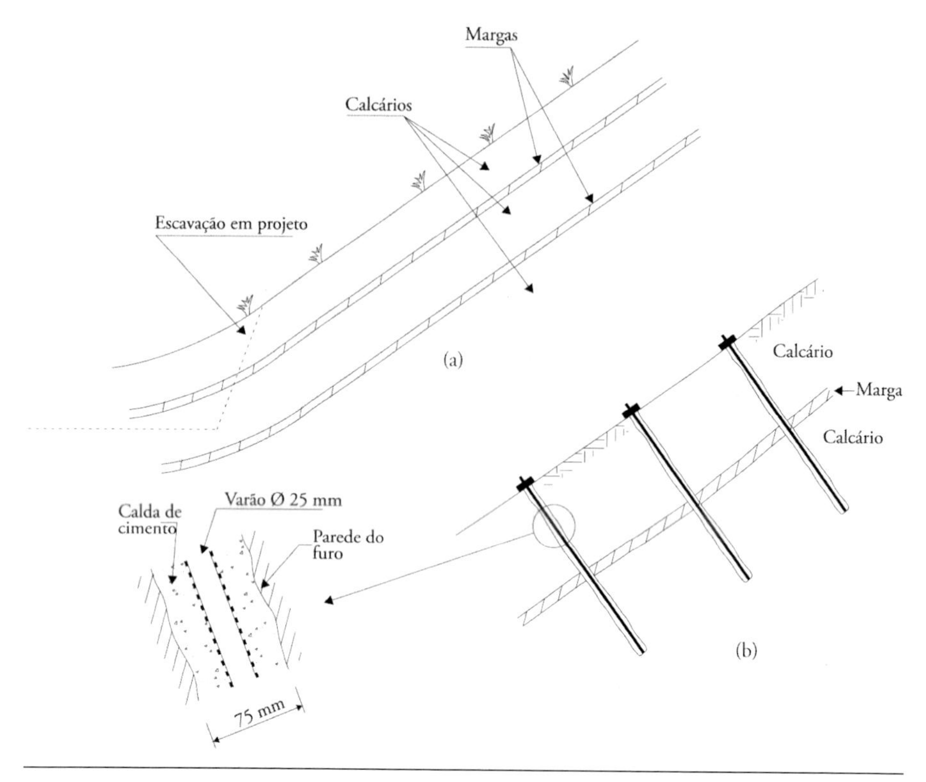

Fig. 6.33 *Estabilização de talude infinito em solos sedimentares através do reforço com grampos de aço funcionando por cisalhamento*

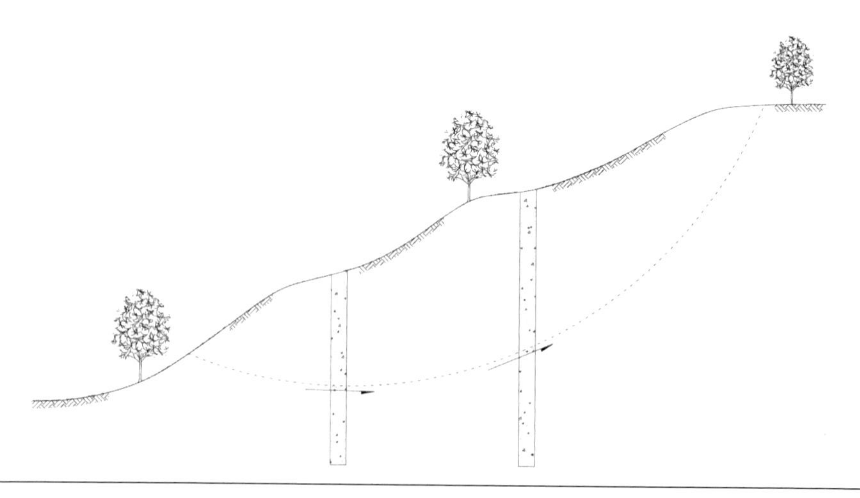

Fig. 6.34 *Estacas de concreto armado usadas para estabilizar um escorregamento profundo*

e movimentar em certos taludes naturais. Soluções de reforço com estacas de concreto armado são mais frequentes no suporte de escavações para obras viárias, associadas a um ou mais níveis de ancoragens pré-esforçadas.

A Fig. 6.35, referente a um caso real, mostra uma solução combinando estacas de concreto armado e ancoragens pré-esforçadas para estabilizar um escorregamento relativamente pouco profundo de depósitos de vertente sobre argilas do Jurássico. Nesse caso as estacas têm dupla função: i) distribuem as forças das ancoragens pelo terreno a estabilizar; ii) interceptam a superfície de deslizamento, funcionando também como reforços.

Fig. 6.35 *Cortina de estacas ancorada para estabilização de escorregamento na serra de Monsanto, Lisboa, junto ao acesso à Ponte 25 de Abril, ocorrido na década de 1960*
Foto: gentileza de Teixeira Duarte Engenharia e Construções.

6.5.4 Métodos de análise das soluções de estabilização

Para concluir, é oportuno sublinhar que os métodos de análise de estabilidade anteriormente estudados neste capítulo e ainda no Cap. 1 são peça fundamental no dimensionamento de qualquer sistema de estabilização. Com efeito, ao permitirem a consideração dos efeitos benéficos das obras de estabilização, esses métodos fornecem indicações quantitativas acerca da eficácia delas, por meio da comparação dos coeficientes de segurança do talude antes e após as obras.

É interessante observar que a utilidade dessa comparação não fica comprometida ainda que cada um daqueles coeficientes de segurança possa estar (e provavelmente estará!) afetado por erros significativos, decorrentes das limitações da caracterização geotécnica do maciço, especialmente complexa no caso de muitos taludes naturais. E isso porque parece razoável esperar que as limitações na caracterização afetem em grau não muito discrepante os resultados das análises de estabilidade com e sem as obras de estabilização.

6.6 Observação de taludes

6.6.1 Considerações gerais

Das considerações precedentes compreende-se a relevância que assume a monitoração dos taludes naturais no estágio dos estudos de estabilização. Nesse estágio, essa observação cumpre essencialmente dois objetivos. Antes de tudo, constitui medida básica para controlar a segurança do talude. Permitirá, caso os sinais de instabilidade se agravem substancialmente, prenunciando deslizamento iminente, desencadear medidas de emergência para salvaguarda de pessoas e bens móveis. Por outro lado, como foi discutido, a observação é fundamental para interpretar o mecanismo de ruptura em desenvolvimento, bem como para obter outros elementos necessários ao projeto de estabilização, especificamente a posição e a evolução do nível (ou níveis) freático(s) no corpo do talude.

Após a execução das obras de estabilização, a observação continua a ser da maior importância. Ela vai permitir verificar até que ponto aquelas obras foram eficazes ou, ao contrário, necessitam ser ajustadas ou reforçadas. Nos casos mais complexos o projeto é evolutivo, isto é, vai tendo diversos estágios ditados pelo comportamento revelado pelo talude. Esse procedimento tem longa tradição na Engenharia Geotécnica, sendo designado como *método observacional* (Peck, 1969). Desse modo, compreende-se que o plano de monitoração é parte fundamental do próprio projeto de estabilização.

Convém recordar, a propósito, que grande parte das instabilizações observadas nos taludes naturais se relaciona às condições excepcionalmente adversas da água no terreno, que ocorrem com determinados períodos de retorno, maiores ou menores. Isso explica por que um talude que revelou instabilidade num ano excepcionalmente chuvoso possa reassumir aparência de estabilidade durante longos anos, sem que qualquer obra de estabilização tenha sido realizada.

Pelo que foi referido, compreende-se que após determinadas obras de estabilização a verificação de sua eficácia acabará de fato por ser uma *prova de longo prazo*. Daí que a observação em longo prazo do talude seja indispensável. Essa observação permitirá, além disso, verificar se algum elemento relevante de reforço está deteriorado ou deixou por qualquer razão de estar ativo, exigindo obras de manutenção ou reparação. Tem-se, então, a seguinte regra: o talude que foi intervencionado após sinais de instabilidade não deve deixar de estar sob observação.

6.6.2 Plano de observação

O Quadro 6.2 resume, no que diz respeito às grandezas a medir e aos respectivos métodos de medição, equipamentos e locais de instalação, os elementos que constam de um plano típico de observação de um talude natural. O quadro não pretende ser exaustivo a respeito dos itens abordados, podendo, em certos casos especiais, ser aconselhável medir outras grandezas no próprio terreno (como deformações internas a vários níveis com extensômetros, por exemplo) ou em construções sobre o talude que experimentaram danos (como a largura de fendas com alongâmetro ou com fissurômetro).

Acerca dos deslocamentos horizontais ao longo de uma linha vertical no interior do talude (inclinômetro), foi enfatizada sua utilidade, sendo o funcionamento do inclinômetro abordado no Anexo A12. Sobre os deslocamentos da superfície, sua utilidade é também evidente, podendo ser, em alguns casos, difícil conseguir uma estação de referência conveniente nas proximidades do talude para observação topográfica.

A medição das forças nas ancoragens (nos casos em que tais elementos estruturais foram instalados, naturalmente) é muito importante por diversas razões. Estando as ancoragens seladas em zonas do terreno fora da massa instável, aumentos das forças registradas junto das cabeças resultarão, em princípio, de movimentos daquela massa. Desse modo, a análise conjunta das variações daquelas forças e dos deslocamentos nos tubos de inclinômetro é muitas vezes preciosa para a interpretação do comportamento do talude e de sua evolução. Reduções de forças nas ancoragens podem, por sua vez, resultar da relaxação do tirante, tanto por deficiências na cabeça quanto por fluência do terreno que envolve o bulbo, ou podem estar associadas à corrosão da armadura. Nessas circunstâncias, para que as ancoragens continuem a desempenhar sua função estabilizadora, precisarão ser retensionadas (no caso da relaxação) ou substituídas (no caso da corrosão). (Essa designação de fluência do terreno envoltório do bulbo não tem a ver com a instabilização do talude. É fenômeno que pode ocorrer especialmente em solos argilosos fortemente sobreadensados onde são seladas ancoragens; as tensões transmitidas pela ancoragem ao terreno através da interface bulbo de selagem-maciço podem ocasionar deformações muito lentas (fluência), que na prática conduzem a perdas de força na ancoragem; esse fenômeno é evitado por meio da limitação da força aplicada, sendo realizados ensaios de carga de longa duração na ancoragem para sua caracterização.) A Fig. 6.36 mostra a cabeça de uma ancoragem instrumentada com uma célula dinamométrica.

Os níveis da água no talude e as respectivas pressões na água dos poros podem ser medidos por meio de piezômetros tanto hidráulicos quanto elétricos. É de notar que nos grandes taludes de geologia complexa podem existir diversos níveis aquíferos sem continuidade na vertical. O Anexo A7 do Cap. 3 do Vol. 1 inclui esquemas de piezômetros.

Fig. 6.36 *Cabeça de ancoragem instrumentada com célula dinamométrica numa obra de estabilização de um talude*

Foto: Mariana Carvalho.

Por último, justifica-se um comentário em relação aos níveis de precipitação. O confronto ao longo do tempo da evolução dos deslocamentos registrados num dado talude com a precipitação na região é quase sempre esclarecedor da enorme influência das condições adversas da água no terreno na instabilidade dos taludes naturais, como bem ilustra a Fig. 6.23, anteriormente comentada.

Mas é preciso esclarecer o que se entende por precipitação, isto é, qual o período mais apropriado ao longo do qual importa contabilizar determinado volume de precipitação. Com efeito, precipitação muito intensa num período curto é preferencialmente associada a escorregamentos mais ou menos superficiais (ver seção 6.1, referente a cenários de taludes infinitos com cobertura terrosa), enquanto escorregamentos profundos envolvendo grandes taludes são geralmente associados a períodos relativamente longos, nos quais os valores médios de precipitação se mantiveram elevados (Lacerda, 1997; Leroueil, 2001; Barradas, 2010).

Devido à complexidade do problema, a associação, em termos quantitativos, da precipitação com escorregamentos de taludes só pode ser estabelecida com base em experiência local ou regional. Estudos razoavelmente conclusivos

Quadro 6.2 Plano básico de monitoração de um talude natural - grandezas a medir, métodos e equipamentos de medição e respectivos locais de instalação

Grandezas a medir	Equipamento/Método	Local de instalação	Observações
Deslocamentos horizontais em profundidade	Inclinômetro	Tubos inclinométricos instalados em furos de sondagem	Ver Anexo A12
Deslocamentos da superfície	Marcas e alvos topográficos	Pontos da superfície do talude ou de estruturas situadas sobre ele	-
Forças	Células dinamométricas	Cabeças das ancoragens	-
Pressões/Níveis de água no solo	Piezômetros hidráulicos ou elétricos	Instalados em furos de sondagem a diversas profundidades	Ver Anexo A7 (Vol. 1)
Níveis de precipitação	Pluviômetros	Pontos da região envolvente e do próprio talude	Também podem ser usados dados da rede nacional de meteorologia

longo dessa linha. Nesse furo é instalado um tubo (geralmente, de alumínio) designado como tubo inclinométrico, sendo preenchido o espaço entre o tubo e as paredes do furo com calda de cimento ou areia.

O inclinômetro possui dois pares de calhas situadas em geratrizes opostas fazendo entre si um ângulo de 90°. Essas calhas destinam-se a guiar o inclinômetro em profundidade, o qual tem, para esse efeito, dois pares de rodas, como mostram as Figs. A12.1 e A12.2a. Isso permite que o aparelho desça no tubo, suspenso pelo cabo, sem experimentar qualquer movimento de rotação.

Para proceder aos registros, o inclinômetro é descido até a base do furo e a partir deste é sucessivamente subido, procedendo-se ao registro de sua inclinação, $\delta\omega$, em intervalos regulares de valor L (geralmente, cerca de 0,60 m). Como mostra a Fig. A12.2b, a partir dos sucessivos registros da inclinação é possível calcular as distâncias na horizontal dos pontos a alturas L, $2L$, $3L$ etc. acima da base do tubo em relação à vertical que passa no centro dessa base, no plano vertical que contém o par de calhas ao longo do qual o inclinômetro se movimentou. Concluída essa operação, procede-se a operação similar introduzindo o inclinômetro no outro par de calhas, de modo a obter as distâncias referidas no plano vertical ortogonal.

Logo após a instalação dos tubos do inclinômetro é feita a campanha de leituras inicial ou de referência (leitura zero). Procedendo-se a campanhas de leituras em datas posteriores, a diferença das distâncias medidas, para cada cota e plano vertical, em relação à campanha inicial, representa o deslocamento horizontal do maciço entre as duas datas.

Para complemento dessa apresentação, há duas importantes observações complementares.

Em primeiro lugar, é preciso notar que o deslocamento horizontal mencionado não é absoluto, mas *em relação à vertical que passa pela base do tubo*. Contudo, estando essa base selada num terreno que se encontra fora da zona instabilizada, seu deslocamento pode ser tomado como nulo, o que significa que os deslocamentos horizontais medidos pelo inclinômetro são praticamente deslocamentos absolutos. Naturalmente, esses deslocamentos (absolutos no *espaço*) são relativos no *tempo*. Isto é, são referidos à campanha inicial de leituras. Campanhas sucessivas, após a primeira, irão permitir avaliar os deslocamentos horizontais incrementais em profundidade.

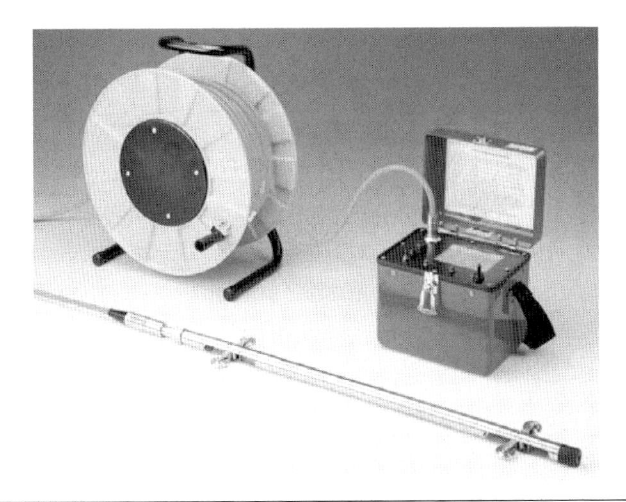

Fig. A12.1 *Inclinômetro e o restante equipamento*
Foto: gentileza de Geokon Inc.

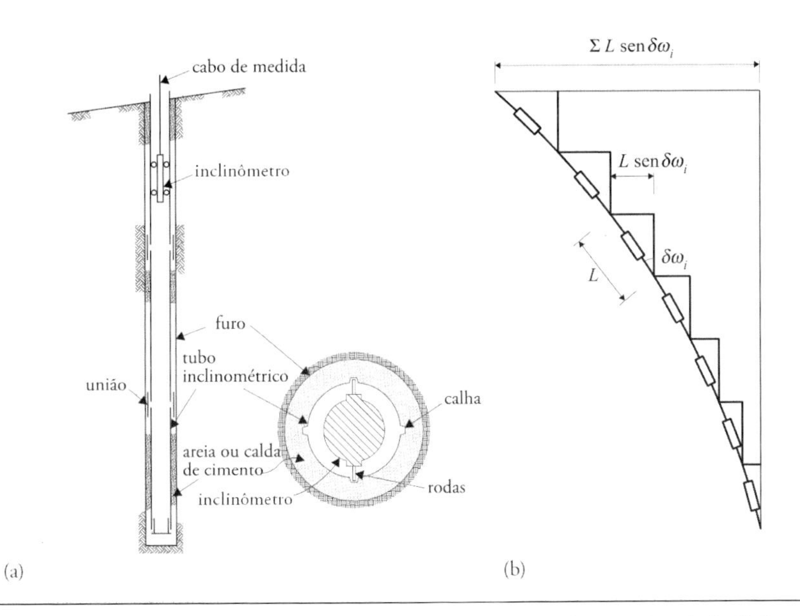

Fig. A12.2 *Princípio do funcionamento do inclinômetro: a) esquema do torpedo e do inclinômetro no tubo; b) interpretação das leituras do inclinômetro*
Fonte: adaptado de Pinelo (1980).

Em segundo lugar, deve-se recordar que os deslocamentos calculados, conforme foi mencionado, referem-se a dois planos verticais ortogonais (os planos das calhas do tubo). O deslocamento horizontal total será obtido a partir da soma vetorial dos dois anteriores. Acontece que, em muitos casos, nos problemas de estabilidade de taludes, é razoavelmente claro o plano vertical em que os deslocamentos serão predominantes. Por isso, é conveniente, quando da instalação do tubo no furo de sondagem, ter o cuidado de dispor um dos pares de calhas segundo a (presumível) direção de maior deslocamento do maciço (em princípio, segundo a linha de maior declive), ficando o outro par naturalmente na direção ortogonal (idealmente, segundo a linha de nível).

A instalação de tubos de inclinômetro é também usual em alguns elementos estruturais usados na estabilização de taludes. Por exemplo, quando para esse efeito são usadas cortinas de estacas de concreto armado (ver, por exemplo, a Fig. 6.35), os tubos de inclinômetro são instalados junto da armadura das estacas (sendo fundamental que sejam cuidadosamente obturados para evitar seu preenchimento com concreto quando da concretagem das estacas).

7 Compactação. Introdução às obras de aterro

A utilização do solo como material de construção é tão antiga como a Humanidade. Entre os modos de utilização do solo como material de construção destacam-se – pelo número, relevância técnica e volumes de terras envolvidos – as chamadas *obras de aterro*. Essas obras englobam, entre muitas outras, as barragens de aterro e os aterros para infraestruturas de transportes (estradas, vias férreas e aeroportos).

As Figs. 7.1 e 7.2 mostram seções transversais, respectivamente, da barragem de Furnas, no rio Grande (MG), com 127 m de altura e concluída em 1963, e da barragem de Itaúba, no rio Jacuí (RS), com 97 m de altura e concluída em 1978. A Fig. 7.3 mostra o corte transversal de um aterro para o Itinerário Complementar nº 5, no Douro Interior, Portugal, concluído em 2012.

O processo convencional de construção de aterros envolve, geralmente, os seguintes passos essenciais: i) a remoção, por escavação, do solo a usar como material de aterro de seu local natural de jazida, a chamada *área de empréstimo*; ii) o transporte do material para o local da obra; iii) a colocação em obra por

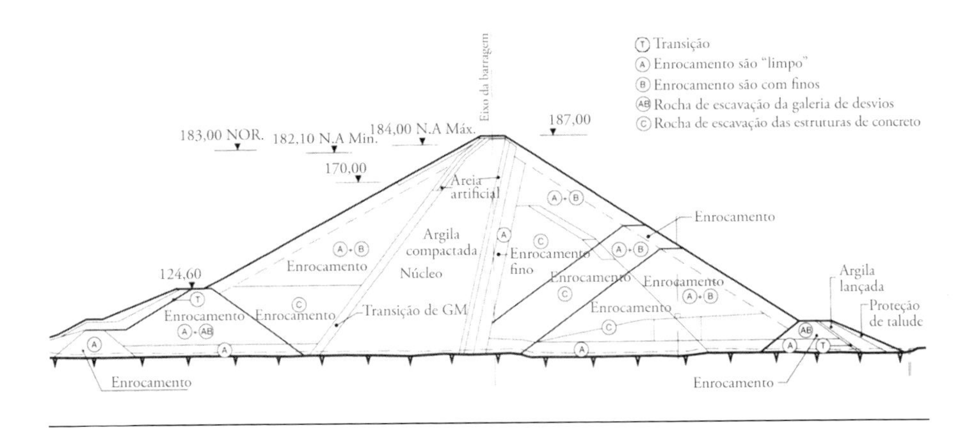

Fig. 7.1 *Barragem de Furnas: seção transversal típica*
Fonte: Cruz (1996).

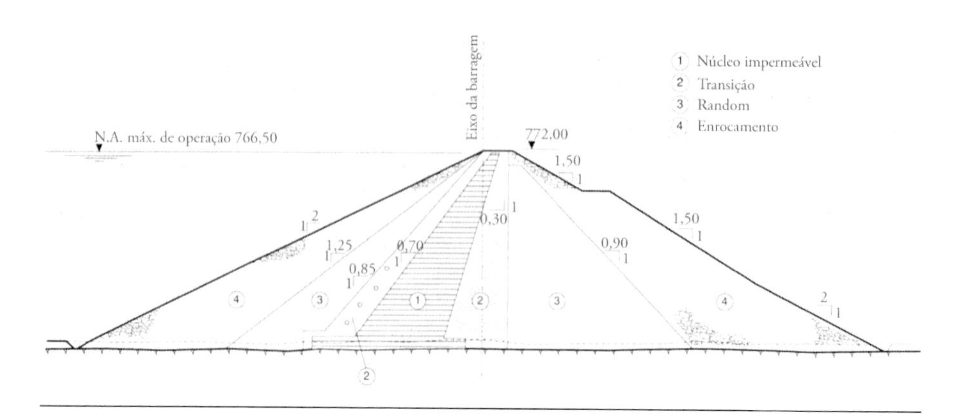

Fig. 7.2 *Barragem de Itaúba: seção transversal na Estaca 11*
Fonte: Cruz (1996).

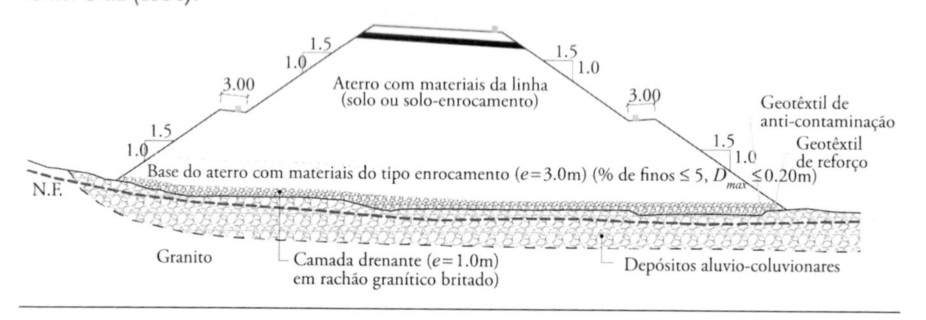

Fig. 7.3 *Aterro para o IC5, Carlão/Nó de Pombal: corte transversal ao PK 19+650*
Fonte: Estradas de Portugal/Ascendi/Norvia (2010).

meio do espalhamento em camadas de espessura predefinida; iv) a *compactação* das camadas através da passagem sobre elas, por determinado número de vezes, também predefinido, dos *rolos compactadores*.

O estágio fundamental da construção das obras de aterro é o de compactação, aquele em que se procura conferir ao material de aterro propriedades que satisfaçam os requisitos da obra a realizar. Este capítulo é dedicado essencialmente à compactação, e sobre ela procura-se esboçar, em termos simplificados, o cenário em que se enquadram o projeto e a construção das obras de aterro, que, como se verificará, é substancialmente distinto dos que se referem às obras tratadas nos capítulos anteriores. Esse aspecto é tratado com maior desenvolvimento na seção 7.4.

A compactação é o processo que, aplicado a uma massa de solo não saturada – logo, constituída por três componentes, sólida (partículas), líquida (água) e gasosa (ar) –, visa o aumento de sua compacidade por meio da redução do volume do ar, conseguida à custa da aplicação repetida de cargas. A compactação envolve uma expulsão de ar sem significativa variação da quantidade de água presente no solo. Assim, o teor de umidade é geralmente o mesmo para determinada massa de solo fofa e sem compactação e para a mesma massa num estado mais denso conferido pela compactação. Considerando que a quantidade de ar é reduzida sem variação do teor de umidade, o grau de saturação cresce com a compactação. No entanto, a expulsão de toda a fase gasosa por compactação não é possível, não se atingindo a saturação do solo.

As propriedades dos solos que interessa modificar quando eles são usados como materiais de aterro são a resistência ao cisalhamento, a rigidez e a permeabilidade. Em regra, a compactação aumenta a resistência e a rigidez e reduz a permeabilidade.

Em alguns casos, por exemplo, nos aterros para obras viárias, certas zonas são construídas usando material rochoso britado e não partículas minerais formadas pela Natureza. É também cada vez mais usual o aproveitamento de resíduos industriais, como as escórias das siderurgias. Embora alguns dos aspectos tratados neste capítulo sejam também aplicáveis aos aterros com esses tipos de material, o contexto dominante é o das obras de aterro empregando partículas de solos naturais.

Antes de encerrar esta introdução justifica-se notar que este capítulo trata apenas da compactação que se pode denominar convencional, isto é, do processo de densificação anteriormente descrito que acompanha a execução por camadas da obra de aterro. Outros tipos de compactação são aplicáveis a maciços naturais. É o caso da vibrocompactação e da compactação dinâmica, já abordados a propósito do tratamento dos solos arenosos naturais para evitar o fenômeno da liquefação (ver seção 5.4.3).

7.1 Equipamentos de compactação

O tratamento detalhado das propriedades dos equipamentos de compactação disponíveis no mercado ultrapassa o âmbito deste livro. Serão referidos apenas os tipos principais de equipamento e as situações em que seu emprego é o mais indicado.

Começa-se pelos chamados *rolos de pés de carneiro*, de que a Fig. 7.4 mostra dois exemplos. Eles existem no mercado com pesos que podem exceder

(a) (b)

Fig. 7.4 *Dois tipos de rolo de pés de carneiro: (a) rolo autopropulsionado; (b) rolo rebocado por trator*

40 tf e podem ser autopropulsores (Fig. 7.4a) ou puxados por tratores (Fig. 7.4b). As propriedades mais importantes dos rolos de pés de carneiro são seu peso e a pressão transmitida por cada "pé". A geometria dos pés (em particular, a altura e a seção normal ao eixo) variam de modelo para modelo, como é o caso dos dois rolos da Fig. 7.4.

São os compactadores ideais para solos argilosos ou para solos com um mínimo de 20% de finos. Nesses tipos de solo os rolos de pés de carneiro são muito convenientes para se opor à *laminação*, ou seja, à tendência (que se verifica, por exemplo, quando são usados rolos de pneus ou lisos) da superfície da camada que acabou de ser compactada ficar completamente lisa, o que prejudica a ligação à camada imediatamente superior, e assim sucessivamente. Esse fenômeno provoca naturalmente um decréscimo na resistência global do aterro – dividido por superfícies horizontais de baixa resistência – e um acréscimo considerável do coeficiente de permeabilidade horizontal do solo. A Fig. 7.4b é particularmente ilustrativa acerca do tratamento conferido à superfície das camadas compactadas pelo rolo de pés de carneiro.

Equipamentos do tipo da Fig. 7.5 são os chamados *rolos de pneus*, que podem atingir 35 tf de peso. A área de contato com o solo e a pressão transmitida são determinantes para a compactação e são função não apenas da carga transmitida por pneu, mas também da pressão do ar em seu interior. A carga transmitida por pneu pode ser ajustada por meio da utilização de lastro dentro de um depósito apropriado, que se pode observar na figura.

A compactação com rolos de pneus é, em regra, mais rápida e econômica do que a realizada com rolos de pés de carneiro, mas aqueles não são indicados para a compactação de solos argilosos plásticos. Por outro lado, os rolos de pneus são indicados para uma grande variedade de solos, desde as areias limpas até as argilas siltosas pouco plásticas.

Fig. 7.5 *Rolo de pneus*

Os *rolos lisos*, como o representado na Fig. 7.6, não são também indicados para solos coesivos, mas dão bons resultados na compactação de materiais grossos, por exemplo, enrocamentos.

Finalmente, cabe fazer referência aos *rolos vibradores*. Eles podem ser dos três tipos apresentados, mas possuem um vibrador acoplado às rodas compactadoras. O rolo liso representado na Fig. 7.6 é um rolo vibratório. Esses aparelhos são indicados para a compactação de materiais granulares de qualquer tamanho em que uma redução significativa do índice de vazios, implicando uma rearrumação das partículas, exige vibração do solo. Essa vibração, para ser adequada, exige força suficiente (peso próprio mais força vibratória) e determinadas amplitude e frequência. Por exemplo, rolos de peso elevado e com baixas frequências são aconselháveis para pedregulhos e enrocamentos, enquanto os rolos de peso reduzido a médio e altas frequências são mais apropriados para areias e siltes (não plásticos).

Fig. 7.6 *Rolo liso dotado de um vibrador*

7.2 Curvas de compactação. Ensaios de compactação em laboratório

7.2.1 Relação w - γ_d nos solos com fração fina

O primeiro ponto relevante no que se refere à compactação quando envolvidos solos com fração fina mais ou menos significativa é que o resultado em termos da compacidade atingida utilizando determinado equipamento e determinado procedimento de compactação depende, de modo considerável, do teor de umidade com que o solo é compactado.

Como exemplo, a Fig. 7.7 mostra a relação entre o teor de umidade, w, e o peso específico seco, γ_d, de um solo de granulometria extensa, envolvendo partículas grossas e finas, compactado por determinado processo e determinado equipamento. Diagramas como o representado são denominados *curvas de compactação*. Como se pode constatar, existe um valor do teor de umidade que conduz ao valor máximo do peso específico seco, isto é, ao valor máximo da compacidade do solo, para o processo e o equipamento de compactação utilizados. Esse valor do teor de umidade chama-se *umidade ótima*, w_{ot}. O ramo da curva de compactação para a esquerda do ponto ótimo é denominado *ramo seco*, enquanto o ramo à direita do ótimo se chama *ramo úmido*.

A ordenada do ponto correspondente a w_{ot} é geralmente denominada *peso específico seco máximo*, com o símbolo $\gamma_{d,max}$. Essa denominação, adotada

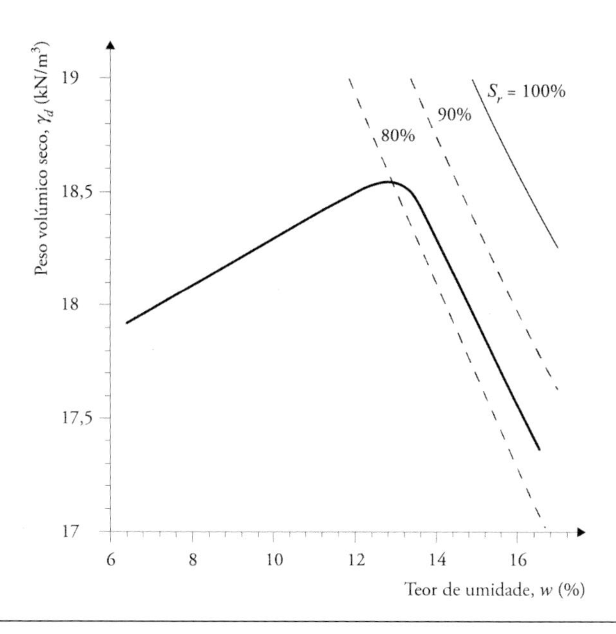

FIG. 7.7 *Curva de compactação de um solo com fração fina (solo residual do granito)*

a contragosto neste trabalho por coerência com a generalidade dos outros autores e normas, não é feliz porque pode conduzir a confusão. No Vol. 1 (seção 1.3), o peso específico seco máximo, $\gamma_{d,max}$, é definido como o peso específico seco de um solo granular limpo (isto é, sem finos) correspondente ao índice de vazios mínimo, e_{min}. É um *valor único* para cada solo granular. E assim será em seguida interpretado (ver seção 7.2.2) quando se abordar a compactação de solos granulares limpos. No contexto desta seção, dedicada a solos de granulometria extensa, logo, com substancial fração fina, $\gamma_{d,max}$ refere-se ao peso específico seco máximo de determinado solo compactado por determinado processo e determinado equipamento de compactação. Logo, como se compreende, não é um valor único para cada solo.

A explicação para a evolução de γ_d com w é controversa. A que reúne maior consenso entre os especialistas pode sintetizar-se por meio da seguinte citação (Hilf, 1990):

> [...] *É razoável admitir que uma massa de solo úmida preparada para ser compactada no campo ou em laboratório é constituída por "torrões" de partículas mantidas em conjunto por meio de tensões efetivas causadas pela capilaridade. Quanto mais seco estiver o solo, mais duros serão esses torrões. O processo de compactação tende a deformar esses torrões e a transformá-los numa massa unida e homogénea.*

Determinado esforço de compactação conseguirá mais facilmente fazer isso no caso de os torrões estarem moles, isto é, quando se lhes adiciona água, do que na situação em que a água é escassa e os torrões estão muito duros.

Verifica-se, porém, que quando se atinge a umidade ótima no solo, ocorre a oclusão das trajetórias por onde o ar é expulso, isto é, o ar presente nos poros do solo deixa de estar em continuidade com a atmosfera. A partir desse ponto deixa de ser possível expulsar eficientemente o ar presente no solo, desenvolvendo-se transitoriamente elevadas pressões no ar ocluso que resistem ao esforço de compactação. Sendo assim, o aumento do teor de umidade a partir desse ponto não pode deixar de ter como efeito uma redução da compacidade do solo, logo, de seu peso específico seco.

É possível verificar que a curva de compactação da Fig. 7.7 se aproxima, no lado úmido, da chamada *curva de saturação*, ou seja, da curva que relaciona, para o solo em questão, o teor de umidade com o peso específico seco caso todo o ar tenha sido expulso. A equação dessa curva é:

$$\gamma_d = \frac{G_S\ \gamma_w}{1 + G_S\ w} \tag{7.1}$$

sendo G_S a densidade das partículas sólidas e γ_w o peso específico da água. Essa curva, para determinado G_S, ou seja, para determinado solo, representa, num sistema de eixos (w, γ_d), uma hipérbole equilátera. Na mesma figura representam-se igualmente, a tracejado, as curvas que relacionam o teor de umidade com o peso específico seco para diversos valores fixos do grau de saturação, também elas hipérboles equiláteras.

A Fig. 7.8 mostra a curva relacionando w com γ_d do solo da Fig. 7.7 e ainda mais duas, correspondentes a solos mais plásticos do que o primeiro, mas compactados pelo mesmo processo e equipamento. Os solos estão denominados de acordo com as notações da Classificação Unificada (ver Vol. 1, Cap. 1), fundamentalmente usada nos problemas em que o solo é empregado como material de aterro. Torna-se evidente, do exame da figura, que cada solo apresenta sua própria curva de compactação.

É possível constatar que nos solos mais plásticos (com maior fração fina e/ou com esta mais plástica) a umidade ótima é maior, o que conduz a valores mais reduzidos do peso específico seco. Em termos gerais, pode-se dizer que a umidade ótima cresce com o caráter plástico do solo, não se situando, em regra, significativamente distante do índice de plasticidade (Sousa Pinto,

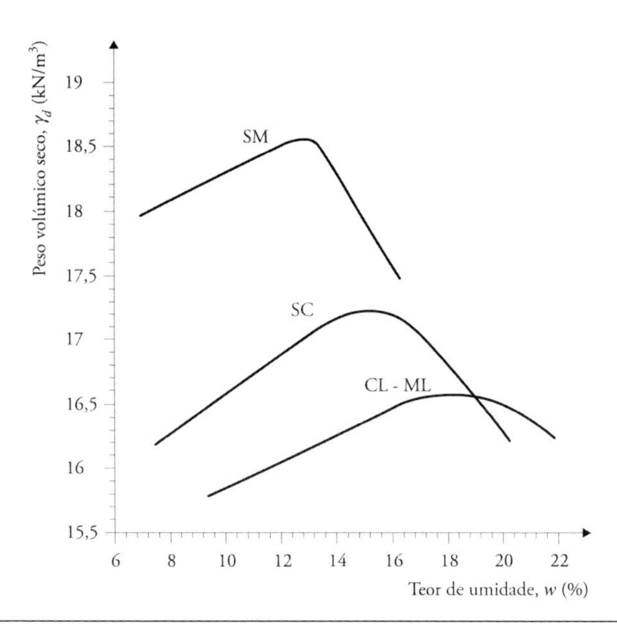

FIG. 7.8 *Curvas de compactação de três solos com fração fina, mas de diferente plasticidade*

2002). Por outro lado, solos mais plásticos ou menos bem graduados exibem curvas de compactação mais abertas (Novais-Ferreira, 1987).

É usual definir os resultados da compactação através do chamado *grau de compactação*, expresso pela razão:

$$GC = \frac{\gamma_d}{\gamma_{d,\max}} \times 100\,(\%) \tag{7.2}$$

em que γ_d representa o peso específico seco do solo compactado e $\gamma_{d,max}$ representa o valor máximo correspondente ao processo e ao equipamento de compactação utilizados. É também usual a denominação *compactação relativa* como alternativa a grau de compactação.

7.2.2 RELAÇÃO w-γ_d NOS SOLOS GRANULARES LIMPOS

Deve ser sublinhado que as considerações anteriores se referem a solos com determinada fração fina. Já os solos granulares limpos (areias e pedregulhos sem finos), pelo fato de serem bastante permeáveis, apresentam muito menor sensibilidade ao teor de umidade que possuem quando compactados. Assim, a curva w–γ_d com pico mais ou menos pronunciado, típica dos solos de granulometria extensa com fração fina, é mal definida ou não se verifica de todo nas areias e pedregulhos limpos. Constata-se que, como mostra a Fig. 7.9, nesses tipos de solo o peso específico seco que se consegue com determinado processo e equipamento de compactação é máximo quando o solo está completamente seco ou próximo da saturação, com valores menores para teores de umidade intermediários (Lambe; Whitman, 1979). Esse fato parece ser devido às tensões efetivas associadas à capilaridade que se desenvolvem para baixos valores do teor de umidade e que resistem aos esforços de compactação, dificultando o rearranjo dos grãos.

Nos materiais de aterro granulares, é útil considerar o conceito de *compactabilidade*, introduzido por Terzaghi (1925), de equação:

$$C = \frac{e_{max} - e_{min}}{e_{min}} \tag{7.3}$$

Este fator C é maior nos solos bem graduados, em que, como é sabido, o intervalo entre os índices de vazios extremos é relativamente grande e o índice de vazios mínimo é pequeno. De fato, os solos granulares bem graduados são materiais facilmente compactáveis e, sendo colocados com índice de vazios próximo do mínimo, constituem aterros de excelentes propriedades mecânicas.

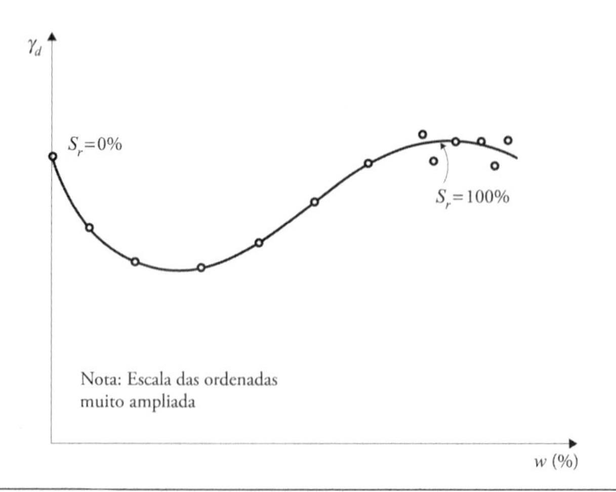

Fig. 7.9 *Curva de compactação de um solo granular limpo*
Fonte: Lambe e Whitman (1979).

Ao contrário, os solos granulares uniformes ou mal graduados são difíceis de compactar.

Nesses solos granulares, particularmente nos que não são bem graduados, sendo pequeno o intervalo $e_{max} - e_{min}$, a razão $\gamma_{d,min}/\gamma_{d,max}$ é bastante próxima da unidade, logo, a razão expressa pela Eq. 7.2 é sempre muito próxima de 100%, dificultando a sensibilidade na análise dos resultados da compactação. Por isso, é preferível exprimir a compactação atingida usando a compacidade relativa, de equação conhecida (ver Cap. 1, Vol. 1):

$$CR = \frac{e_{max} - e}{e_{max} - e_{min}} \times 100\% \tag{7.4}$$

É possível exprimir a compacidade relativa usando os pesos específicos secos (que se relacionam com o índice de vazios para partículas com dada densidade) por meio da equação:

$$CR = \frac{\gamma_{d,max}}{\gamma_d} \times \frac{\gamma_d - \gamma_{d,min}}{\gamma_{d,max} - \gamma_{d,min}} \times 100\,(\%) \tag{7.5}$$

7.2.3 EFEITO DA ENERGIA DE COMPACTAÇÃO

É de notar que a curva da Fig. 7.7 (como cada uma das curvas da Fig. 7.8 e a curva da Fig. 7.9) se refere à compactação utilizando *determinado equipamento e determinado procedimento*, isto é, comunicando ao solo determinada *energia de compactação*. Compreende-se que se forem comunicadas ao solo energias de compactação distintas, seu estado final não será o mesmo. Em outras palavras: existe uma curva $w - \gamma_d$ para cada energia de compactação comunicada ao solo.

Na Fig. 7.10 representa-se esquematicamente o aspecto das curvas de compactação do mesmo solo da Fig. 7.7 para duas energias de compactação normalizadas que serão apresentadas na seção 7.2.4. Como se verifica, o aumento da energia de compactação tem como efeito o decréscimo do teor de umidade ótimo e o aumento dos valores correspondentes do peso específico seco. Como se pode observar, as curvas de compactação aproximam-se, no respectivo lado úmido, da curva de saturação, mas não a atingem.

Como se compreende, o crescimento do máximo valor do peso específico seco com a energia de compactação é limitado: a partir de certo nível de energia, variável de solo para solo, o crescimento da energia de compactação tem efeito tendencialmente nulo no aumento de $\gamma_{d,max}$.

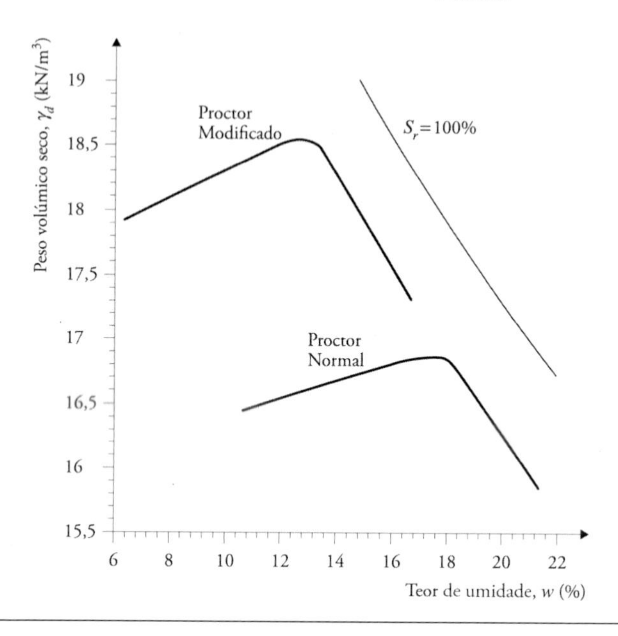

Fig. 7.10 *Efeito da energia de compactação na curva de compactação de determinado solo*

7.2.4 Ensaios de compactação em laboratório

Curvas de compactação como as apresentadas nas figuras anteriores podem ser obtidas em laboratório por meio dos chamados ensaios de Proctor (1933), autor que os introduziu nos anos 1930 nos EUA.

Esses ensaios consistem, basicamente, em compactar num molde cilíndrico uma amostra remoldada de solo, previamente seca ao ar e posteriormente misturada com água de modo a adquirir determinado teor de umidade homogêneo. A compactação é efetuada em várias camadas, sendo cada camada compactada com certo número de golpes com um soquete caindo de determinada altura. Naturalmente, todos os aspectos do ensaio se encontram normalizados.

Os ensaios são realizados com dois tipos de molde (pequeno ou grande), conforme a granulometria do solo, e com dois valores da *energia específica de compactação*, definida pela equação:

$$E_C = \frac{W\,h\,n\,c}{V} \tag{7.6}$$

em que W é o peso do soquete, h a altura de queda, n o número de golpes por camada de solo, c o número de camadas e V o volume do molde cilíndrico.

O ensaio no qual é empregada a energia de compactação mais baixa denomina-se Proctor Normal (ou leve) e o outro por Proctor Modificado (ou pesado). A Tab. 7.1 resume as modalidades de ensaio e a Fig. 7.11 apresenta o esquema do equipamento.

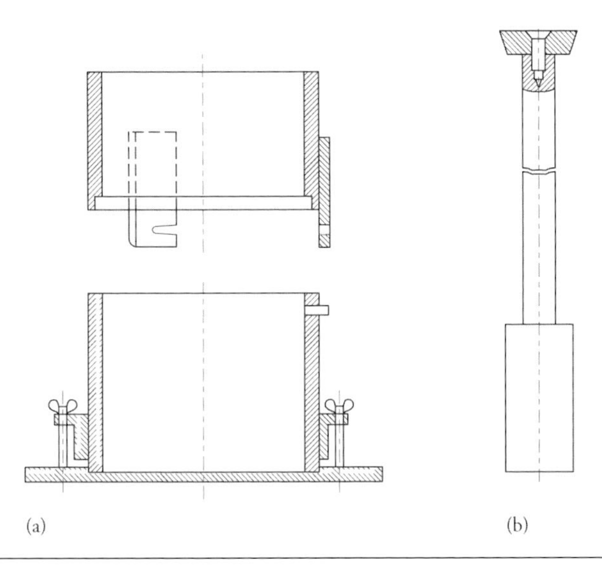

FIG. 7.11 *Esquema do equipamento usado para os ensaios de compactação de Proctor: (a) corte por um plano vertical do molde cilíndrico e da alonga; (b) soquete*

Como ilustra a Fig. 7.12, realizada a compactação do solo por qualquer das modalidades de ensaio referidas para vários valores do teor de umidade (no mínimo cinco), é possível tratar a curva de compactação e avaliar $\gamma_{d,max}$ e w_{ot} para a energia específica utilizada.

É importante acrescentar que as energias referidas não foram adotadas arbitrariamente. Com elas procura-se, de alguma forma, reproduzir em laboratório a compactação realizada na obra pelos equipamentos do empreiteiro. A utilização do ensaio de Proctor pesado nas últimas décadas reflete a necessidade de simular as maiores energias de compactação proporcionadas pelos equipamentos cada vez mais potentes e pesados disponíveis no mercado.

Justifica-se fazer ainda duas observações sobre os ensaios de Proctor.

Tab. 7.1 Elementos essenciais dos ensaios de compactação

Itens	Grandezas (unidades)	Ensaio Normal ASTM D698		Ensaio Modificado ASTM D1557		Proctor Normal NBR 7182/86		Proctor Modificado NBR 7182/86	
		Molde pequeno	Molde grande	Molde pequeno	Molde grande	Pequeno	Grande	Pequeno	Grande
Molde	Diâmetro interior (mm)	101,6	152,4	101,6	152,4	100	152,4	100	152,4
	Altura (mm)	116,4		127,3	114,3	127,3	114,3	127,3	114,3
	Volume (cm^3)	944	2124	944	2124	1000	2085	1000	2085
Soquete	Peso (kgf)	2,50		4,54		2,50	4,54	4,54	
	Altura de queda (cm)	30,5		45,7		30,5	45,7	45,7	
Golpes	N°/camada	25	56	25	56	26	12	27	55
	N° de camadas	3		5		3	5	5	
Energia específica	($N.cm/cm^3$)	60		270		-	-	270	

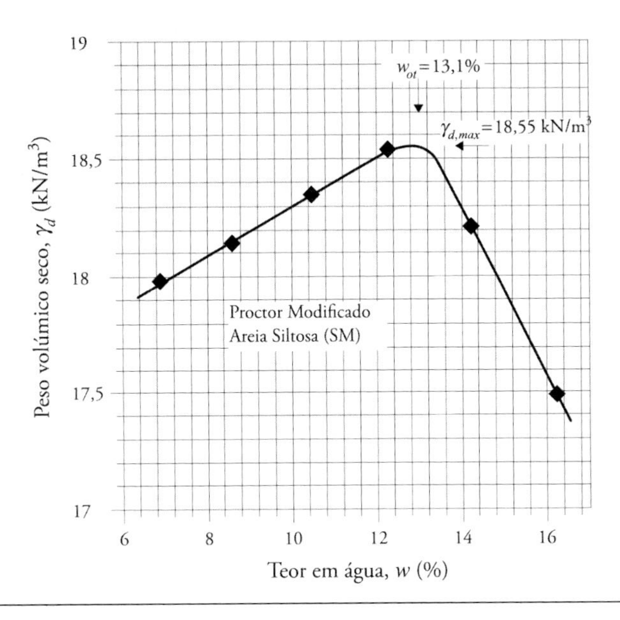

Fig. 7.12 *Resultados de um ensaio Proctor*

A primeira diz respeito à conveniência de que as diversas amostras compactadas necessárias para estabelecer a curva de compactação provenham todas da massa de terra amolgada em circunstâncias semelhantes e nenhuma delas provenha de outra amostra previamente compactada e em seguida destorroada para reutilização. (Como se compreende, a reutilização de material permite que o material coletado no empréstimo para estudo tenha menor volume – e peso, naturalmente –, logo, torna mais cômodo e econômico o processo de coleta, transporte, armazenamento e secagem em laboratório, daí a tendência para se utilizar esse recurso.) Massad (2010) afirma que a reutilização não é recomendável porque: i) a compactação prévia pode ter provocado a quebra de partículas, logo, a granulometria vem alterada na amostra reutilizada; ii) o ciclo de secagem-umedecimento associado à reutilização pode alterar as propriedades de certos solos, quer pela aglutinação de partículas, quer por transformações irreversíveis em certos minerais argilosos (como a haloisita), especialmente nos solos tropicais.

Nesse momento apresenta-se a segunda observação: em certos tipos de solo, em particular em solos residuais e solos tropicais, a secagem prévia pode conduzir a propriedades do solo compactado em laboratório significativamente distintas do aterro real no campo. A esse propósito, Sousa Pinto (2002) salienta que, nas obras de aterro, o solo vem para a obra proveniente da área de empréstimo com umidade muito próxima à umidade natural, procedendo-se na obra a ajustes, para mais ou para menos, de modo a compactá-lo com o teor de umidade especificado. Desse modo, o autor defende, com manifesta razão, que no laboratório se proceda de modo similar, evitando-se uma severa secagem do material. Esse procedimento foi consagrado na ABNT NBR 7.182.

7.3 Resistência ao cisalhamento de solos compactados

A resistência ao cisalhamento de determinado solo com fração fina compactado depende da compacidade do solo (ou seja, de γ_d) e do teor de umidade no instante em que se verifica o cisalhamento.

Em tais solos, depois da colocação em obra, devido à sua baixa permeabilidade, a resistência pode depender de condições não drenadas durante um período considerável. As pressões na água dos poros geradas quando o solo é solicitado por cisalhamento têm uma importância muito grande na resistência exibida pelo solo.

A experiência mostra que a resistência ao cisalhamento é máxima quando o solo é compactado do lado seco e não para o teor de umidade ótimo. Esse comportamento explica-se porque, quando o teor de umidade se aproxima ou iguala o ótimo, verifica-se um rápido crescimento dos excessos de pressão neutra positivos induzidos pelo cisalhamento, ocasionando uma redução da resistência.

Assim, a compactação com um teor de umidade sensivelmente abaixo do ótimo é favorável em termos de resistência ao cisalhamento, pois a ligeira redução no valor do ângulo de resistência ao cisalhamento (máximo para a máxima compacidade, logo, para $w = w_{ot}$) é largamente compensada com o decréscimo na pressão na água dos poros, logo, com o aumento das tensões efetivas (Maranha das Neves, 1971).

Na Fig. 7.13 representam-se os resultados (Lee; Haley, 1968) de ensaios triaxiais sobre dois corpos de prova de uma argila siltosa compactada, um deles um pouco do lado seco e o outro um pouco do lado úmido, mas com o mesmo peso específico seco. (Repare-se que a forma das curvas de compactação faz com que um mesmo peso específico seco seja atingido para dois valores do teor de umidade, um abaixo do ótimo e outro acima.) Os ensaios foram do tipo não drenado e sem o adensamento dos corpos de prova, isto é, nas exatas condições

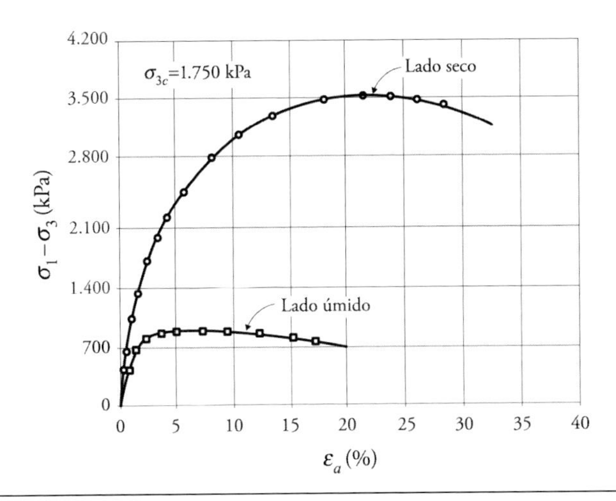

FIG. 7.13 *Efeito do teor de umidade de compactação na resistência ao cisalhamento de corpos de prova de uma argila siltosa submetidos a ensaios triaxiais não consolidados não drenados*

Fonte: Lee e Haley (1968).

em que eles saíram da compactação. Esses ensaios são denominados *não adensados não drenados* (ensaios UU) e usados nos estudos referentes a obras de aterro. Ao ensaiar o solo nas exatas condições em que a compactação o deixou e em condições não drenadas, pretende-se prever, por exemplo, o comportamento do aterro colocado quando solicitado pelo peso de novas camadas, quando o ritmo de construção é muito mais rápido do que o necessário para a dissipação dos eventuais excessos de pressão neutra gerados pelo carregamento.

Como facilmente se verifica pelo exame da figura, as diferenças no comportamento são notáveis, com o solo compactado do lado seco exibindo maior resistência.

Deve ser adiantado, todavia, que não se aproveita apenas o comportamento do solo nas condições correspondentes ao fim da compactação. Muitas vezes o solo é posteriormente saturado durante a vida útil da obra e é necessário considerar qual o comportamento dos solos compactados após a saturação.

A Fig. 7.14 representa os resultados de dois ensaios adensados não drenados sobre corpos de prova do solo anteriormente referido, com igual γ_d, um compactado do lado seco e outro do lado úmido, mas em que após o adensamento e antes do cisalhamento não drenado se procedeu à sua saturação. O exame da figura revela que: i) o solo compactado do lado seco teve um

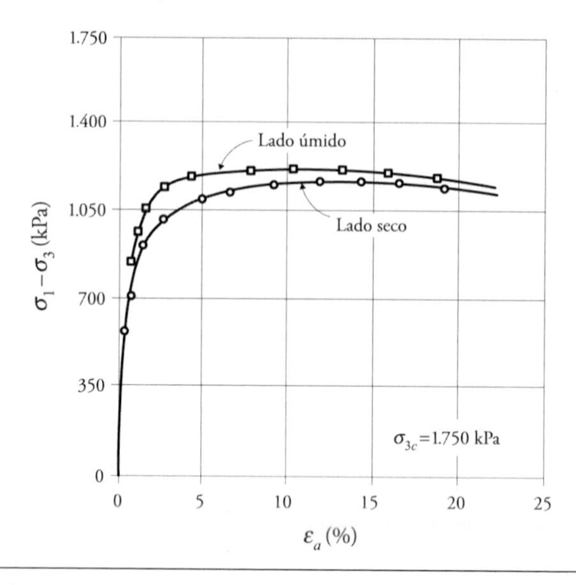

Fig. 7.14 *Efeito da saturação na resistência ao cisalhamento de corpos de prova de uma argila siltosa compactados do lado seco e do lado úmido e submetidos a ensaios triaxiais consolidados não drenados*

Fonte: Lee e Haley (1968).

grande decréscimo de resistência em relação aos ensaios anteriormente citados (repare-se que a tensão efetiva de confinamento foi mantida); ii) por outro lado, os dois corpos de prova exibem comportamentos muito semelhantes.

É possível concluir que determinado solo compactado do lado seco exibe resistência ao cisalhamento mais elevada nas condições correspondentes ao fim da compactação e, após saturação, sua resistência é muito semelhante à que exibiria nessa mesma situação caso fosse compactado do lado úmido.

Pelas razões apresentadas, a compactação sensivelmente abaixo do teor de umidade ótimo é frequentemente adotada nos maciços estabilizadores de barragens de aterro. De fato, num aterro compactado no teor de umidade ótimo ou acima deste, se a construção for rápida, as novas camadas do aterro tenderão a induzir nas inferiores excessos de pressão neutra positivos, podendo desencadear-se um deslizamento em estágio de construção.

Há todavia muitas exceções a esse procedimento. Por exemplo, a molhagem abundante durante a colocação do material é habitualmente adotada nos aterros de enrocamento. Se esses materiais forem colocados do lado seco, a submersão posterior poderá induzir grandes recalques, que poderão provocar graves avarias. Esse fenômeno é denominado *colapso* na bibliografia específica (Veiga Pinto, 1987; Maranha das Neves; Veiga Pinto, 1989).

Outra importante exceção diz respeito aos núcleos argilosos de barragens de aterro, como as representadas nas Figs. 7.1 e 7.2. Essa zona de barragem tem como função fundamental reduzir ao mínimo a vazão percolada através do corpo da barragem, enquanto a estabilidade é confiada às massas de solo que envolvem o núcleo, os chamados maciços estabilizadores, em regra constituídos por material mais grosso.

Um aspecto que pode pôr em sério risco a segurança da obra é a ocorrência de fissuras no núcleo, já que elas abrem fácil caminho à erosão interna das partículas finas sob a ação de elevados gradientes hidráulicos (ver as considerações apresentadas no Cap. 3, Vol. 1). A compactação do núcleo no ramo úmido é, sob esse ponto de vista, muito adequada, já que favorece sua ductilidade ou flexibilidade, tornando mais difícil a ocorrência das fissuras (Maranha das Neves, 1991).

Sousa Pinto (2002) apresenta uma forma muito conveniente de ilustrar a influência das propriedades de compactação nas propriedades mecânicas e hidráulicas dos solos. Diversos corpos de prova são compactados por meio do ensaio Proctor (Normal ou Modificado) e em seguida submetidos aos ensaios apropriados (de permeabilidade, edométricos, triaxiais etc.). Sobre um gráfico com a curva de compactação do solo, marca-se a posição (w, γ_d) de cada amostra ensaiada e, ao lado, o valor do parâmetro (resistência, rigidez, permeabilidade) cuja sensibilidade se pretende estudar. O exame dessa figura permite interpolar sobre o gráfico linhas de igual valor, logo, também a trajetória sobre o gráfico ao longo da qual o parâmetro em questão evolui da forma mais conveniente. A Fig. 7.15 ilustra o resultado desse exercício para solos brasileiros usados em barragens de aterro.

A última referência é sobre a resistência de solos compactados não coesivos (areias e pedregulhos limpos). Como seria de se esperar, nesses solos verifica-se que o teor de umidade de compactação tem influência muito menos marcante na resistência ao cisalhamento nas condições correspondentes ao fim da compactação. Verifica-se, por outro lado, que a saturação não acarreta quebra sensível na resistência, quer os solos tenham sido compactados no ramo seco, quer no ramo úmido. Para esses solos, aplica-se essencialmente o apresentado no Cap. 5 do Vol. 1.

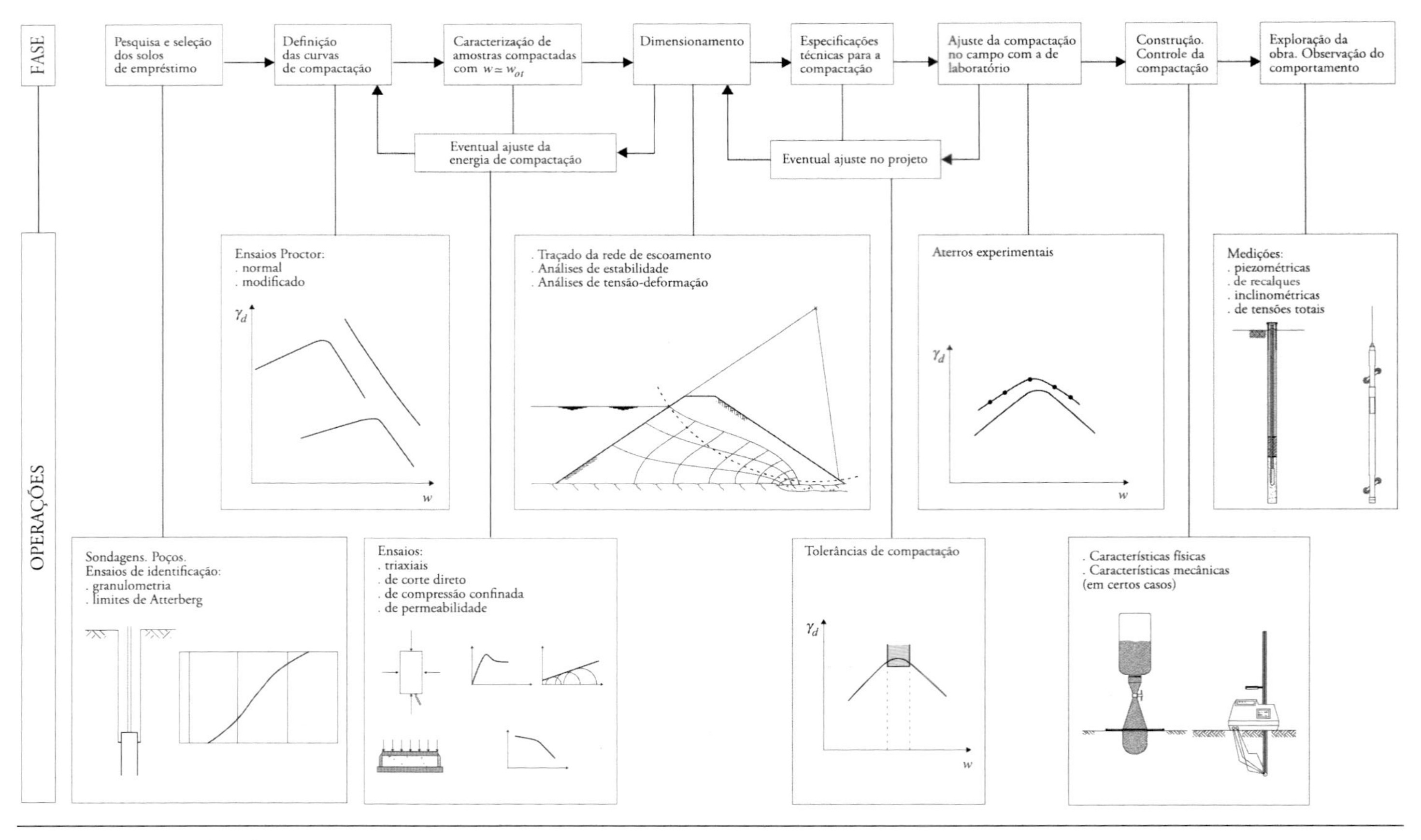

Fig. 7.16 *Etapas típicas dos estudos das grandes obras de aterro*

cas, parques industriais, aeroportos etc.), a *regra de ouro* no que diz respeito aos materiais para aterro é tanto quanto possível aproveitar os solos resultantes das escavações, de modo a evitar quer o recurso a empréstimos em áreas exteriores à obra, quer o recurso de depósito em bota-foras do material em excesso. Caso contrário, em ambos os casos, os custos econômicos e ambientais podem ser severos ou mesmo incomportáveis.

No caso das barragens de aterro, como se compreende, é conveniente que as zonas de empréstimo se situem tanto quanto possível na proximidade da obra e dentro da área que vai ser inundada pelo futuro reservatório.

O processo de seleção das áreas de empréstimo passa pela coleta (quer diretamente em poços, quer por meio de furos realizados com trados mecânicos ligeiros) de amostras amolgadas para serem submetidas a ensaios de identificação em laboratório (granulometria e limites de Atterberg). Como é sabido, esses ensaios permitem estabelecer a classificação do solo de acordo com a Classificação Unificada (ver Cap. 1, Vol. 1). A experiência permitiu associar a cada um dos 15 grupos dessa classificação determinadas expectativas de comportamento, como mostra o Quadro 7.1 (Lambe; Whitman, 1979).

Tratando-se de grande obra de aterro, esse processo terá geralmente diversas fases, que envolvem, depois da seleção dos solos mais convenientes, a avaliação cuidada dos volumes disponíveis, o que muitas vezes requer prospecção geofísica. Dificilmente existirá volume suficiente do material apontado como o mais conveniente pelos ensaios de identificação. O projeto da obra precisará lidar geralmente com diversos tipos de materiais (para além, simplesmente, da distinção entre materiais granulares para os maciços estabilizadores de montante e jusante e o material argiloso para o núcleo da barragem e os materiais de filtro) e combiná-los da melhor maneira.

7.4.2 Avaliação das propriedades de compactação. Caracterização mecânica e hidráulica

Depois da seleção dos materiais passa-se ao estágio de caracterização das respectivas curvas de compactação, geralmente para as duas energias-padrão.

Depois de identificada, para cada solo, sua sensibilidade ao teor de umidade quando compactado, o mesmo procedimento de compactação nos

Quadro 7.1 Tendências de comportamento dos grupos da Classificação Unificada quando usados em obras de aterro

Símbolo do grupo	Propriedades importantes			
	Permeabilidade quando compactado	**Resistência ao cisalhamento quando compactado e saturado**	**Compressibilidade quando compactado e saturado**	**Trabalhabilidade como material de construção**
GW	Permeável	Excelente	Desprezível	Excelente
GP	Muito permeável	Boa	Desprezível	Boa
GM	Semipermeável a impermeável	Boa	Desprezível	Boa
GC	Impermeável	Boa a razoável	Muito baixa	Boa
SW	Permeável	Excelente	Desprezível	Excelente
SP	Permeável	Boa	Muito baixa	Razoável
SM	Semipermeável a impermeável	Boa	Baixa	Razoável
SC	Impermeável	Boa a razoável	Baixa	Boa
ML	Semipermeável a impermeável	Razoável	Média	Razoável
CL	Impermeável	Razoável	Média	Boa a razoável
OL	Semipermeável a impermeável	Fraca	Média	Razoável
MH	Semipermeável a impermeável	Razoável a fraca	Alta	Fraca
CH	Impermeável	Fraca	Alta	Fraca
OH	Impermeável	Fraca	Alta	Fraca
Pt	–	–	–	–

Fonte: adaptado de Lambe e Whitman (1979).

moldes de Proctor passa a ser usado como meio de compactação de amostras para ensaios de caracterização mecânica e hidráulica. Naturalmente, essas amostras são compactadas com as energias que se prevê usar na obra e com teor de umidade próximo do respectivo ótimo (um pouco do lado seco ou do lado úmido, de acordo com as zonas do aterro, conforme anteriormente discutido). É com essas amostras, submetidas a ensaios triaxiais, de cisalhamento direto, de compressão confinada (edométricos), de permeabilidade e outros que são estimados os parâmetros de resistência, de rigidez e de permeabilidade dos diversos solos. Frequentemente, em função dos resultados obtidos, faz-se uma primeira opção acerca da energia de compactação a empregar. De fato, a energia de compactação a adotar depende das propriedades mecânicas e de permeabilidade pretendidas, que, por sua vez, são função dos solos disponíveis e do tipo de obra a construir. Por exemplo, um aterro para uma barragem de grande altura e um aterro para um parque de minério de uma siderurgia suportam tensões muito mais elevadas que as que solicita um aterro para a construção de um canal. Logo, é necessário que, para o mesmo solo, a energia de compactação a empregar seja mais elevada nos dois primeiros casos do que no último. Essa questão é muito importante, já que maior energia de compactação implica maiores custos e, quase sempre, maior tempo de execução.

7.4.3 Concepção e dimensionamento da obra de aterro

Selecionados diversos tipos de solo, desde os excelentes aos razoáveis, como frequentemente acontece, compete à equipe de projeto proceder ao desenho da obra dispondo os solos de forma criteriosa. Em particular, os solos de melhor comportamento mecânico serão reservados para as zonas onde o carregamento é mais desfavorável – nas barragens, em regra, o maciço de jusante e as camadas mais profundas –, enquanto os solos apenas razoáveis são reservados para outras zonas do aterro menos severamente solicitadas.

É nesse estágio que se procede a análises de estabilidade, usando métodos como os estudados nos Caps. 1 e 6. Para barragens, são estudados diversos cenários, em particular: i) o estágio de construção do aterro (é conveniente em certos casos admitir o carregamento não drenado de certas camadas mais profundas do aterro); ii) o estágio de pleno armazenamento do reservatório, com o correspondente regime de percolação permanente instalado, cenário normalmente crítico para o maciço de jusante; iii) o estágio de esvaziamento rápido do reservatório, cenário geralmente crítico para o maciço de montante. A combinação de um ou mais desses cenários, em particular do segundo, com a ocorrência de um evento sísmico, é naturalmente necessária. Algumas dessas análises de estabilidade requerem a consideração da percolação no corpo da barragem. Análises de percolação são igualmente necessárias, como se compreende, para a estimativa da vazão que atravessa a barragem.

Atualmente estão disponíveis no mercado programas de cálculo automático fundamentados no método dos elementos finitos que permitem simular todos os estágios relevantes de construção e de exploração da obra com grande detalhe, combinando análises de deformação, de estabilidade e de percolação, em condições estáticas e sísmicas.

Pode acontecer que, em face dos resultados das análises de projeto, se proceda à reavaliação da energia de compactação a empregar e até dos solos de empréstimo.

7.4.4 Especificações para a compactação no campo

Elaborado o projeto, nas especificações técnicas fornecidas ao empreiteiro são indicados os solos de empréstimo e, para cada um, o grau de compactação mínimo exigido (ver Eq. 7.1), bem como o teor de umidade do solo compactado tomando como referência o teor de umidade ótimo.

Por exemplo, são usuais especificações do tipo: "cada camada deve ser compactada até se obter um grau de compactação de 98% em relação ao ensaio Proctor Modificado e o teor de umidade antes e durante a compactação deve ser controlado de modo a situar-se entre o valor ótimo, w_{ot}, e w_{ot} ±1%". Na Fig. 7.17 ilustra-se, no diagrama *w versus* γ_d, a zona de aceitação dos resultados da compactação correspondente a esse exemplo. Pelas razões discutidas, esse tipo de especificação depende do tipo de obra, da zona em questão e do próprio material de aterro.

Convém salientar que a especificação de valores de γ_d e de w, como o exemplo anterior, visa essencialmente assegurar a *semelhança* do aterro a construir com as amostras compactadas em laboratório, cujas propriedades basearam o projeto. Em rigor, a especificação dos solos empregados e, para cada um, a especificação daqueles dois parâmetros físicos assegura a *semelhança física* entre as amostras e o aterro. Assegurada esta, é razoável esperar que as *semelhanças mecânica* (isto é, a resistência e a rigidez) *e hidráulica* (a permeabilidade), ou seja, as determinantes do desempenho do aterro, sejam asseguradas.

Desse modo, a especificação dos parâmetros físicos decorre apenas da maior facilidade (tempo e custo muito mais reduzidos) com que podem ser determinados durante a construção do aterro, em contraponto, particularmente, com as propriedades mecânicas, que exigem ensaios mais morosos e complexos.

De qualquer modo, em certas situações, o projeto pode especificar a realização de ensaios de campo para avaliação dos parâmetros mecânicos e hidráulicos do aterro e/ou a coleta de amostras indeformadas dele para comprovação, por meio de ensaios apropriados de laboratório, daqueles parâmetros (ver seção "Controle direto das propriedades mecânicas", p. 543). Essas situações podem estar associadas, por exemplo, a *materiais evolutivos* que, tanto com a escavação e o transporte quanto com a colocação em obra, experimentam alterações mais ou menos pronunciadas em relação às amostras ensaiadas em estágio de projeto (Folque, 1968).

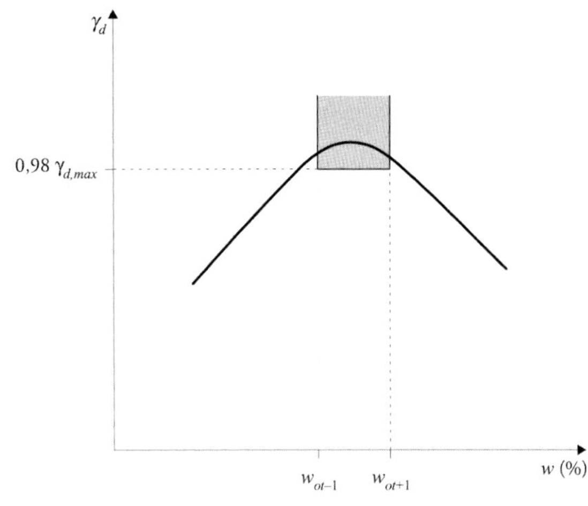

FIG. 7.17 *Curva de compactação de laboratório e exemplo de zona de aceitação dos resultados da compactação no campo*

7.4.5 COMPACTAÇÃO NO CAMPO

Passando para o estágio da construção, levanta-se a questão, verdadeiramente crucial, da reprodução no campo da compactação realizada em laboratório e que baseou o projeto.

Antes de tudo, explicita-se que o material recebido da área de empréstimo tem determinado teor de umidade que em regra não coincidirá com o especificado. Se o solo estiver mais seco do que o desejável, poderá ser facilmente umedecido. Ao contrário, se estiver mais úmido (o que naturalmente depende, muitas vezes, da precipitação ocorrida recentemente ou naquele momento), precisa-se aguardar sua secagem parcial. Depois da ocorrência de chuva, muitas vezes o solo é revolvido com grades de discos de modo a acelerar a evaporação da água em excesso. Dessa explicação compreende-se que as obras de aterro são muito dependentes das condições meteorológicas. Sempre que possível, o estágio de compactação deve ser planejado para uma estação onde a pluviosidade média seja reduzida.

Para determinado solo colocado em camadas com determinado teor de umidade, a compactação vai depender, essencialmente, das propriedades do equipamento compactador utilizado (ver seção 7.1), da espessura das camadas e do número de passagens do equipamento por camada. O *ajuste da curva de compactação de campo com a curva de compactação de laboratório* precisará ser feito por tentativas.

A experiência com determinado equipamento e tipo de solo facilita muito esse ajuste. Para a construção de grandes obras de terra devem ser realizados *aterros experimentais* que permitam a escolha do equipamento de compactação mais adequado, da espessura das camadas e do número de passagens que conduzirão à compactação pretendida com um mínimo de dispêndio por unidade de volume de aterro construído (Folque, 1968).

Para determinado equipamento e para determinado solo existe uma combinação ótima da espessura das camadas e do número de passagens do compactador que fornecerá a compactação desejada com a máxima economia. Existe também uma espessura máxima de cada camada que permite uma compactação adequada com determinado equipamento, independentemente de seu número de passagens. A espessura adotada é geralmente próxima desse máximo e oscilará entre uma dezena e meia de centímetros, para equipamentos leves, e mais de um metro para os modernos equipamentos pesados, atualmente empregados nas grandes obras envolvendo enrocamentos. O número de passagens não ultrapassa, em regra, 10 a 12.

Para o estabelecimento da curva de compactação por meio de aterros experimentais, reportando a experiência portuguesa na construção de barragens, Guedes de Melo (1987) descreve o aterro experimental constituído por 5 faixas (3 m a 5 m de largura, algumas dezenas de metros de comprimento) com diferentes valores do teor de umidade, desde o muito seco até o muito úmido, sendo um deles tanto quanto possível próximo do ótimo. A preparação desse aterro deve seguir todas as regras previstas para a obra e ser executada sobre uma ou mais camadas idênticas e nunca sobre qualquer outra superfície, mesmo que esta seja o terreno natural de fundação. Após as operações de deposição e umidificação das camadas do aterro experimental, esse autor recomenda proceder à compactação com determinado número de passagens do equipamento, em princípio menor que o previsível para a obra, e de imediato medir os valores dos parâmetros de controle, e em seguida, aumentar o número de passagens e realizar novos ensaios, e assim sucessivamente.

Desse estágio resulta geralmente, para cada solo, uma figura do tipo da Fig. 7.18, em que as curvas de compactação de laboratório e de campo se confrontam, estando a segunda vinculada a determinado procedimento essencialmente definido pelo equipamento, pela espessura das camadas e pelo número de passagens por camada.

Muitas vezes poderão surgir dificuldades, como verificar que a compactação é demasiado onerosa para as propriedades mecânicas ou de permeabilidade exigidas ou ocorrerem modificações nas propriedades do solo, como as referidas (ver seção 7.4.4), em relação às amostras de laboratório. Nesses casos poderá ser necessário reajustar o projeto, adotando outras propriedades mecânicas ou de permeabilidade ou ponderar o recurso a novas áreas de empréstimo. Por isso, nesse tipo de obras, o estágio de projeto não fica concluído antes do término da própria construção.

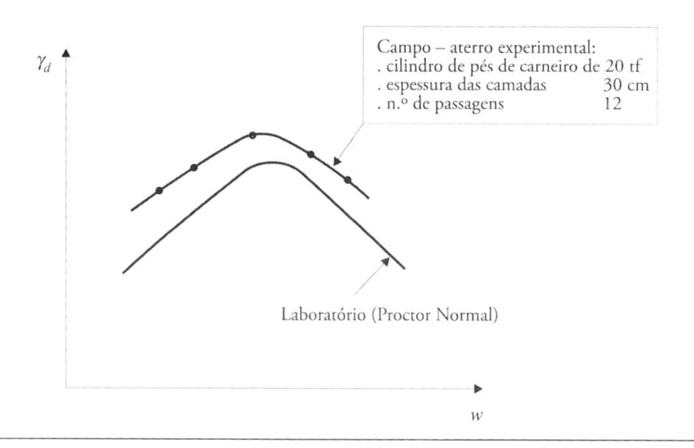

Fig. 7.18 *Exemplo de curvas de compactação de laboratório e de campo*

7.4.6 Controle da compactação

Controle das propriedades físicas

Como foi mencionado, a compactação realizada durante a construção precisa ser controlada de modo a assegurar a correta reprodução à escala da obra das amostras que, ensaiadas, basearam o projeto.

chamada de *curva dos pesos específicos convertidos*, que, a menos de um fator de escala constante, embora desconhecido, representa igualmente a evolução de γ_d com Z. Essa relação é válida em particular para o máximo da curva:

$$\gamma_{d,max}\left(1+w_{\text{aterro}}\right)=f_{1,max}\left(Z\right) \tag{7.12}$$

Dessa forma, o grau de compactação do aterro, isto é, a razão do peso específico seco do aterro, $\gamma_{d,aterro}$, pelo peso específico seco máximo de Proctor (Eq. 7.2) vale:

$$GC=\frac{\gamma_{d,\text{aterro}}}{\gamma_{d,max}}=\frac{\gamma_{d,\text{aterro}}\left(1+w_{\text{aterro}}\right)}{\gamma_{d,max}\left(1+w_{\text{aterro}}\right)} \tag{7.13}$$

ou, atendendo às Eqs. 7.9 e 7.12:

$$GC=\frac{\gamma_{\text{aterro}}}{f_{1,max}\left(Z\right)} \tag{7.14}$$

Portanto, o grau de compactação pode ser obtido dividindo o peso específico (total) do aterro, γ_{aterro}, pela ordenada do ponto máximo da curva dos pesos específicos convertidos.

É de se notar que a abscissa Z pode ser positiva ou negativa. Neste último caso, isso corresponde a retirar um determinado peso de água do material retirado do aterro, o que torna o método mais moroso. Todavia, em particular para os aterros compactados relativamente perto do ótimo, isso pode vir a ser indispensável para obter uma boa definição da curva dos pesos específicos convertidos. Em regra, são recomendados quatro pontos para a definição da curva, sendo três o número mínimo de pontos, em conjugação com a hipótese de que a curva tem forma de parábola na vizinhança do pico.

Avaliação do desvio do teor de umidade em relação ao teor de umidade ótimo

Denominando Z_{max} a abscissa do pico da curva dos pesos específicos convertidos, ela corresponde ao teor de umidade ótimo. Logo, considerando a Eq. 7.8:

$$w_{ot}-w_{\text{aterro}}=Z_{max}\left(1+w_{\text{aterro}}\right) \tag{7.15}$$

Considerando a Eq. 7. 10, é possível escrever:

$$1+w_{\text{aterro}}=\frac{\gamma}{\gamma_d}\frac{1}{1+Z} \tag{7.16}$$

ou ainda:

$$1 + w_{\text{aterro}} = \frac{1 + w}{1 + Z} \tag{7.17}$$

que para $Z = Z_{max}$ se escreve:

$$1 + w_{\text{aterro}} = \frac{1 + w_{ot}}{1 + Z_{max}} \tag{7.18}$$

Combinando a Eq. 7.18 com a Eq. 7.15, obtém-se:

$$w_{ot} - w_{\text{aterro}} = Z_{max} \frac{1 + w_{ot}}{1 + Z_{max}} \tag{7.19}$$

Nesta equação, para além de w_{aterro}, também w_{ot} é, em rigor, desconhecido, já que se trata do teor de umidade ótimo da curva de campo e não da curva de laboratório. Todavia, a diferença das abscissas dos picos das duas curvas é, em regra, reduzida, e verifica-se também que um erro de poucos pontos percentuais no valor de w_{ot} introduzido no segundo membro da equação afeta de forma praticamente desprezível o valor do primeiro membro, isto é, do desvio do teor de umidade do aterro em compactação em relação ao respectivo valor ótimo.

A qualidade dessa estimativa pode ser ainda aprimorada usando como complemento o ábaco representado na Fig. 7.22, que, com base em resultados de cerca de 1.300 solos, relaciona o teor de umidade ótimo com o peso específico (total) para o mesmo teor de umidade. Note-se que esse peso específico vale $f(Z_{max})$ na Fig. 7.21.

Informações práticas complementares para aplicação desse método em obra podem ser encontradas nos trabalhos de Guedes de Melo (1987) e de Hilf (1990).

Frequência das operações de controle e tratamento dos resultados

Como parece razoável, a frequência de determinação dos parâmetros de controle por qualquer uma das metodologias apresentadas deve ser maior no estágio inicial da obra, podendo se tornar mais esparsa quando os procedimentos estiverem mais apurados e a própria sensibilidade da equipe técnica mais afinada. Para esse estágio, Guedes de Melo (1987) propõe, como regra de orientação geral para barragens, a realização de um ensaio de controle a cada 1.500 m^3 de aterro, mas sempre com um mínimo de um ensaio por camada.

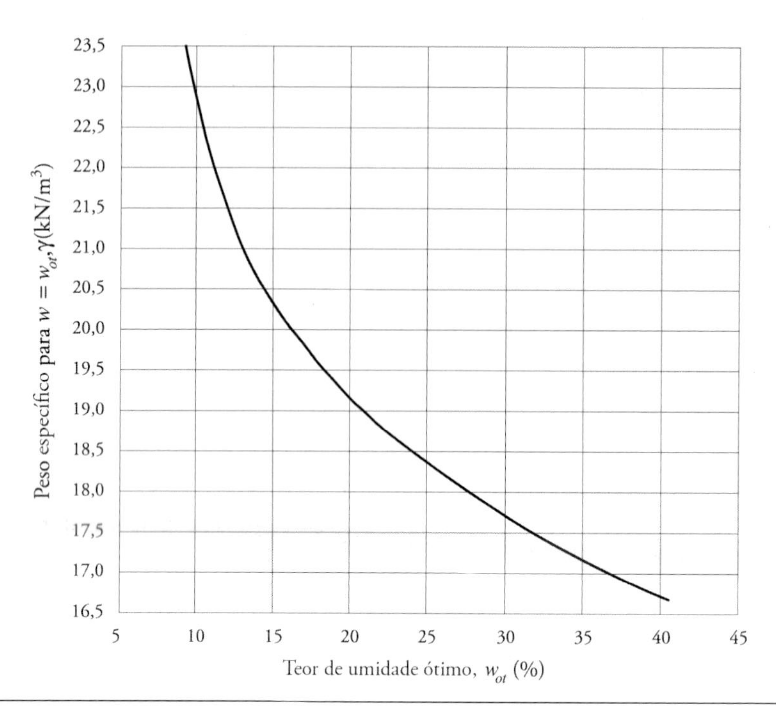

Fig. 7.22 *Teor de umidade ótimo versus peso específico calculado para teor de umidade igual ao ótimo (curva fundamentada em 1.300 resultados experimentais)*
Fonte: adaptado de Hilf (1959).

Esse autor sugere que maior frequência deve ser adotada em determinadas zonas sensíveis, especificamente zonas em que as condições de trabalho podem propiciar menor qualidade da compactação, tais como: i) zonas de ligação do aterro com os encontros (vertentes do vale) e com a fundação; ii) aterros de preenchimento de valas e corta-águas; iii) locais onde é usual proceder à inversão da marcha dos rolos compactadores; iv) zonas onde, por qualquer motivo, se suspeite terem ocorrido desvios em relação ao material aplicado e/ou ao processo de compactação especificado.

Nas grandes obras o número de operações de controle é muito elevado, sendo os resultados objeto de tratamento estatístico. É conveniente que as especificações acerca das propriedades físicas no caderno de encargos estejam ajustadas a esse tipo de tratamento. A Tab. 7.2 mostra um exemplo dessas especificações para uma barragem de terra (Hilf, 1990).

As camadas que não atendam às especificações precisam ser objeto de correção, o que pode envolver sua remoção (total ou parcial), o retrabalho ou a

TAB. 7.2 EXEMPLO DE ESPECIFICAÇÕES PARA OS RESULTADOS DO CONTROLE DA COMPACTAÇÃO DE UMA BARRAGEM DE TERRA

Parâmetro	Especificação
Teor de umidade, w (%)	$w_{ot} - 3{,}5 \leqslant w \leqslant w_{ot} + 1{,}0$ (todos os resultados) $w \leqslant w_{ot} - 3{,}0$ (máximo de 20% dos resultados) $w_{ot} + 0{,}5 \leqslant w$ (máximo de 20% dos resultados) $w_{ot} - 1{,}0 \leqslant w_{\text{med}} \leqslant w_{ot} - 0{,}5$ (w_{med} - valor médio)
Grau de compactação, $GC = \gamma_d / \gamma_{d,\max}$	$GC \geqslant 96\%$ (todos os resultados) $GC \geqslant 97\%$ (mínimo 80% dos resultados) $GC_{med} \geqslant 100\%$ (GC_{med} - valor médio)

Fonte: Hilf (1990).

combinação das duas medidas anteriores. O retrabalho significa que as camadas em questão podem ser revolvidas para arejamento (caso o teor de umidade seja excessivo) ou para umedecimento (caso contrário), combinadas com nova passagem dos rolos compactadores. Em regra, as camadas previamente rejeitadas são objeto, após as operações de correção, de controle mais rigoroso do que o de rotina.

Controle direto das propriedades mecânicas

Ensaios de carga em placa e ensaios com penetrômetros dinâmicos

Na seção 7.4.4 é mencionado que, em certas situações, é imposta a realização de ensaios de campo no próprio aterro compactado e/ou de ensaios em laboratório sobre amostras indeformadas para verificação da adequação do aterro construído ao previsto no projeto.

Fora do âmbito das barragens, a imposição de determinado nível de rigidez a ser diretamente verificado no aterro construído vem sendo crescentemente adotada, em particular nas modernas obras ferroviárias. Com efeito, os trens de alta velocidade são extremamente exigentes em relação ao desempenho da plataforma da via (terreno natural de fundação mais o aterro que constitui o chamado subleito) em termos de rigidez. É, assim, frequente que os cadernos de encargos daquelas obras especifiquem para a plataforma determinado valor mínimo do módulo de deformabilidade, medido por meio de ensaio de carga em placa. Esse módulo é geralmente chamado EV_2, medido num segundo ciclo de carga naquele ensaio (AFNOR, 2000; Gomes Correia, 2001).

Em combinação com o ensaio de carga em placa podem ser realizados, nos mesmos locais, ensaios com penetrômetro dinâmico, muito mais rápidos e econômicos (ver seção 2.2.3, Cap. 2). A realização dos dois tipos de ensaio tem como objetivo o estabelecimento de correlação entre os respectivos resultados. Caso tal correlação possa ser estabelecida com razoável consistência, será possível basear o essencial da verificação da rigidez por meio desses ensaios mais rápidos, sem dispensar totalmente os primeiros.

Fortunato, Pinelo e Matos Fernandes (2009) reportam o uso desse procedimento nas obras de renovação da Linha do Norte, a principal linha férrea em Portugal, construída em grande parte no século XIX. Nesse contexto, o procedimento descrito é particularmente apropriado porque, mantendo-se a linha férrea em operação durante os estudos e as obras de renovação, isso limita drasticamente o recurso aos ensaios de carga em placa.

Controle de compactação em contínuo

Com o objetivo de executar uma compactação que conduza a uma distribuição de rigidez tanto quanto possível uniforme ao longo da obra de aterro, são desenvolvidos métodos que permitem proceder ao *controle de compactação em contínuo* (CCC), por meio da avaliação da rigidez das camadas compactadas, utilizando sistemas de medição incorporados no próprio equipamento de compactação.

Para o cálculo dessa rigidez é necessário conhecer a força de interação entre o compactador e o solo (que depende do valor das massas associadas à solicitação, das propriedades do excitador e da aceleração do sistema, a qual é medida ao longo do tempo), a velocidade de translação do equipamento e o coeficiente de amortecimento do material compactado (que usualmente é arbitrado). Conhecendo o valor da rigidez do solo, determina-se o módulo de deformabilidade atendendo às propriedades físicas do rolo compactador (Mooney; Adam, 2007).

O conhecimento em tempo real da resposta do maciço às solicitações dinâmicas associadas à compactação permite ajustar os parâmetros previamente estabelecidos (frequência de vibração, número de passagens, teor de umidade, espessura das camadas). Dependendo da tecnologia utilizada, é possível proceder à alteração automática das propriedades da excitação vibratória em função da resposta que as camadas exibem à aplicação da solicitação.

A otimização do esforço de compactação, o controle contínuo da rigidez em toda a área compactada, a capacidade de integrar maior profundidade de aterro compactado na própria análise da compactação (quando comparada com o tradicional método do frasco de areia ou mesmo com o ensaio de carga com placa) e ainda o fato de fornecer, em tempo útil, indicadores da resposta das camadas compactadas à solicitação imposta são apontados como as principais vantagens da utilização desses métodos (Brandl, 2001).

Referências bibliográficas

ABOSHI, H.; ICHIMOTO, E.; HARADA, K.; EMOKI, M. The composer: a method to improve characteristics of soft clays by inclusion of large diameter sand columns. In: COLLOQUE INT. RENFORCEMENT DES SOLS, ENPC-LCPC. Paris, 1979. v. 1, p. 211-216.

ABSI, E. Équilibre limite des massifs. In: INSTITUT TECHNIQUE DU BÂTIMENT ET DES TRAVAUX PUBLICS. *Annales*... Sept. 1962.

AFNOR. *Formation level bearing capacity.* Part 1: plate test static deformation module (EV2). NF P 94-117-1 – Soils: investigation and testing. Paris: Association Française de Normalisation, 2000.

AGI. The leaning tower of Pisa. Present situation. In: EUR. CONF. ON SOIL MECHANICS AND FOUNDATION ENGINEERING, 10. Firenze: Associazione Geotecnica Italiana, 1991a.

AGI. The contribution of geotechnical engineers to the preservation of Italian historical sites. In: EUR. CONF. ON SOIL MECHANICS AND FOUNDATION ENGINEERING, 10. Firenze: Associazione Geotecnica Italiana, 1991b.

ALONSO, E. Risk analysis of slopes and its application to slopes in Canadian sensitive clays. *Géotechnique*, v. 26, n. 3, p. 453-472, 1976.

ALONSO, E. E.; PINYOL, N. M.; PUZRIN, A. M. *Geomechanics of failures*: advanced topics. London: Springer, 2010.

ALMEIDA, M. S.; MARQUES, M. E. *Aterros sobre solos moles*: projeto e desempenho. São Paulo: Oficina de Textos, 2010.

AMBRASEYS, N. N. Engineering seismology. *Earthquake Engineering and Structural Dynamics*, v. 17, n. 1, p. 1-105, 1988.

ANTÃO, A. N.; GUERRA, N. C. *Comunicação pessoal*. 2009.

AOKI, N.; VELLOSO, D. An approximate method to estimate the bearing capacity of piles. In: PANAMERICAN CONFERENCE ON SOIL MECHANICS AND FOUNDATION ENGINEERING, 5., Buenos Aires. *Proceedings*... 1975. v. 1, p. 367-376.

ATKINSON, J. *An introduction to the mechanics of soils and foundations*. London: Mc-Graw-Hill, 1993.

AZZOUZ, A. S.; BALIGH, M. M.; LADD, C. C. Corrected field vane strength for embankment design. *Journal of Geotechnical Engineering*, ASCE, v. 109, n. 5, p. 730-734, 1983.

BAECHER, G. B.; CHRISTIAN, J. T. *Reliability and statistics in geotechnical engineering*. Chichester: John Wiley, 2003.

BALIGH, M. M.; LEVADOUX, J. N. Consolidation after undrained piezocone penetration. II: interpretation. *Journal of Geotechnical Engineering*, ASCE, v. 112, n. 7, p. 727-745, 1986.

BARGHOUTHI, A. F. Active earth pressure on walls with base projection. *Journal of the Geotechnical Engineering Division*, ASCE, v. 116, n. 10, p. 1570-1575, 1990.

BARRADAS, J. *Comportamento a longo prazo de um talude natural escavado na sua base*. Curso de curta duração. Estabilização de taludes; experiência brasileira em maciços de solos residuais. Casos de obra portugueses. FEUP, Porto, 1999.

BARRADAS, J. Contribuição para o estabelecimento de métodos de avaliação da segurança de taludes usando resultados da sua observação. In: CONGRESSO LUSO-BRASILEIRO DE GEOTECNIA, COBRAMSEG, 5. *Anais*... 2010. CD-ROM.

BARREIROS MARTINS, J. *Capacidade de Carga de Fundações*. Tese (Doutorado) – FEUP, Porto, 1965.

BECKER, D. E. Eighteenth Canadian Geotechnical Colloquium: limit states design for foundations. Part I. An overview of the foundation design process. *Canadian Geotechnical Journal*, v. 33, n. 6, p. 956-983, 1996a.

BECKER, D. E. Eighteenth Canadian Geotechnical Colloquium: limit states design for foundations. Part II. Development for the National Building Code of Canada. *Canadian Geotechnical Journal*, v. 33, n. 6, p. 984-1007, 1996b.

BERGDAHL, U.; OTTOSSON, E.; MALMBORG, B. S. *Eurocode 7- Geotechnical design*. Part 2: Ground investigation and testing. CEN, 1993.

BISHOP, A. W. The use of slip circle in the stability analysis of earth slopes. *Géotechnique*, v. 5, n. 1, p. 7-17. 1955.

BISHOP, A. W.; BJERRUM, L. The relevance of the triaxial test to the solution of stability problems. In: CONF. ON SHEAR STRENGTH OF COHESIVE SOILS, Boulder. *Proceedings*... ASCE, 1960. p. 437-501.

BJERRUM, L. Allowable settlement of structures. In: EUR. CONF. ON SOIL MECHANICS AND FOUNDATION ENGINEERING, 3., Wiesbaden. *Proceedings*... 1963. v. 2, p. 135-137.

BJERRUM, L. Embankments on soft ground. In: CONF. ON PERFORMANCE OF EARTH AND EARTH-SUPPORTED STRUCTURES, Lafayette. *Proceedings*... ASCE, 1972. v. 2, p. 1-54.

BORGES, J. F.; CASTANHETA, M. *Structural safety*. Lisboa: LNEC, 1968.

BORGES, J. M. L. *Aterros sobre solos moles reforçados com geossintéticos*. Tese (Doutorado) – FEUP, Porto, 1995.

BOUSSINESQ, J. *Application des potentiels à l'étude de l'équilibre et du mouvement des solides élastiques*. Paris: Gauthier-Villars, 1885.

BRAND, E. W. Predicting the performance of residual soil slopes. In: INT. CONF. ON SOIL MECHANICS AND FOUNDATION ENGINEERING, 11., San Francisco. *Proceedings...* 1985. v. 5, p. 2541-2578.

BRANDL, H. The importance of optimum compaction of soil and other granular materials. In: CORREIA, A. G.; BRANDL, H. *Geotechnics for Roads, Rail Tracks and Earth Structures*: outcome of European Technical Committee n. 11 (ECT 11). Rotterdam: A. A. Balkema; International Society for Soil Mechanics and Geotechnical Engineering, 2001. p. 3-11.

BRINCH HANSEN, J. *Earth pressure calculation*. Copenhagen: The Danish Technical Press, 1953.

BRINCH HANSEN, J. Limit state and safety factors in soil mechanics. *Bulletin of the Danish Geotechnical Institute*, n. 1, 1956.

BRINCH HANSEN, J. A general formula for bearing capacity. *Bulletin of the Danish Geotechnical Institute*, n. 11, p. 38-46, 1961.

BRINCH HANSEN, J. A revised and extended formula for the bearing capacity. *Bulletin of the Danish Geotechnical Institute*, n. 28, p. 5-11, 1970.

BRINCH HANSEN, J.; CHRISTENSEN, N. H. Discussion on theoretical bearing capacity of very shallow footings. *Journal of the Soil Mechanics and Foundation Division*, ASCE, v. 95, n. 6, p. 1568-1572, 1969.

BUISMAN, A. S. *Grondmechanica*. Delft: Waltman, 1940.

BURLAND, J. B. Small is beautiful. The stiffness of soils at small strains. *Canadian Geotechnical Journal*, v. 26, n. 4, p. 499-516, 1989.

BURLAND, J. B.; WROTH, C. P. Allowable and differential settlement of structures including damage and soil-structure interaction. In: CONF. ON SETTLEMENT OF STRUCTURES. *Proceedings...* Cambridge: Pentech Press, 1974. p. 611-654.

BURLAND, J. B.; BURBIDGE, M. C. Settlement of foundations on sand and gravel. In: INSTITUTION OF CIVIL ENGINEERS. *Proceedings...* 1985. v. 78, part 1, p. 1325-1381.

BURLAND, J. B.; JAMIOLKOWSKI, M. Leaning Tower of Pisa: behaviour after stabilization operations. *International Journal of Geoengineering Case Histories*, v. 1, n. 3, p. 156-169, 2009.

BURLAND, J. B.; BROMS, B. B.; De MELLO, V. F. Behaviour of foundations and structures. State-of-the-art report. In: INT. CONF. ON SOIL MECHANICS AND FOUNDATION ENGINEERING, 9., Tokyo. *Proceedings...* 1977. v. 2, p. 495-546.

BURLAND, J. B.; JAMIOLKOWSKI, M.; LANCELLOTTA, R.; LEONARDS, G. A.; VIGGIANI, C. Leaning Tower of Pisa: what is going on. *International Society for Soil Mechanics and Foundation Engineering News*, v. 20, n. 2, 1993.

BURLAND, J. B.; JAMIOLKOWSKI, M.; LANCELLOTTA, R.; LEONARDS, G. A.; VIGGIANI, C. Pisa update – behaviour during counterweight application. *International Society for Soil Mechanics and Foundation Engineering News*, v. 21, n. 2, 1994.

CAQUOT, A. *Équilibre des massifs à frottement interne*. Paris: Gauthier-Villars, 1934.

CAQUOT, A.; KÉRISEL, J. *Traité de mécanique des sols*. Paris: Gauthier-Villars, 1949.

CAQUOT, A.; KÉRISEL, J. Sur le terme de surface dans le calcul des fondations em milieu pulvérulent. In: INT. CONF. ON SOIL MECHANICS AND FOUNDATION ENGINEERING, 3., Zurich. *Proceedings...* 1953. v. 1, p. 336-337.

CARDOSO, A. S. *Apontamentos de apoio à disciplina de Modelos e Segurança em Geotecnia*. Monografia (Licenciatura) – FEUP, Porto, 1990.

CARDOSO, A. S. Segurança e fiabilidade. In: CONGRESSO NACIONAL DE GEOTECNIA, 8., Lisboa. *Actas...* 2002. v. 4, p. 2263-2294.

CARDOSO, A. S. Modelação e segurança. In: CONGRESSO NACIONAL DE GEOTECNIA, 9., Aveiro. *Actas...* 2004. v. 4, p. 133-176.

CARDOSO, A. S.; MATOS FERNANDES, M.; BRITO, J. M. Application of the structural eurocodes to gravity retaining wall seismic design conditioned by base sliding. In: INT. CONF. ON EARTHQUAKE GEOTECHNICAL ENGINEERING, 2., Lisboa. *Proceedings...* 1999. v. 1, p. 413-420.

CARDOSO, A. S.; MATOS FERNANDES, M. Characteristic values of ground parameters and probability of failure in the design according to Eurocode 7. *Géotechnique*, v. 51, n. 6, p. 519-531, 2001.

CARDOSO, A., S.; GUERRA, N. C.; ANTÃO, A. N.; MATOS FERNANDES, M. Limit analysis of anchored concrete soldier-pile walls in clay under vertical loading. *Canadian Geotechnical Journal*, v. 43, n. 5, p. 516-530, 2007.

CARVALHO, M. R. *Ancoragens pré-esforçadas em obras geotécnicas*: construção, ensaios e análise comportamental. Tese (Doutorado) – FEUP, Porto, 2009.

CAVALCANTE, E. H. *Investigação teórico-experimental sobre SPT*. Tese (Doutorado) – COPPE/UFRJ, Brasil, 2002.

CAVALCANTE, E. H.; DANZIGER, F. A. B.; DANZIGER, B. R.; BEZERRA, R. L. Medida de energia do SPT: instrumentação para registos de força e de velocidade nas hastes. In: COBRAMSEG – I CLBG – III SBMR, 12., São Paulo. *Actas...* 2002. v. 1, p. 97-106.

CHRISTIAN, J. T. Geotechnical Engineering reliability: how well do we know what we are doing? *Journal of Geotechnical and Geoenvironmental Engineering*, ASCE, v. 130, n. 10, p. 985-1003, 2004.

CHU, S. C. Rankine's analysis of active and passive pressures in dry sands. *Soils and Foundations*, v. 31, n. 4, p. 115-120, 1991.

CINTRA, J. C.; AOKI, N. *Fundações por estacas*: projeto geotécnico. São Paulo: Oficina de Textos, 2010.

CLAYTON, C.R.I.; MATTHEWS, M.C.; SIMONS, N.E. *Site investigation*. 2. ed. London: Blackwell Science, 1995.

CODUTO, D. P. *Foundation design*: principles and practice. 2. ed. New Jersey: Prentice Hall, 2001.

COELHO, S. A. *Tecnologia de fundações*. Lisboa: Edições EPGE, 1996.

COLLOTTA, T.; MANASSERO, V.; MORETTI, P. C. An advanced technology in deep drainage of slopes. In: INT. SYMP. ON LANDSLIDES, 5., Lausanne. *Proceedings...* 1988. v. 2, p. 887-892.

CORREIA, R. P. *Aplicação de modelos matemáticos ao estudo de aterros construídos sobre solos argilosos moles*. Trabalho de Conclusão de Curso (Especialização) – LNEC, Lisboa, 1982.

CORREIA, R. P. A limit equilibrium method for slope stability analysis. In: INT. SYMP. ON LANDSLIDES, 5., Lausanne. *Proceedings...* 1988. v. 1, p. 595-598.

CORREIA DE ARAÚJO, F. *Estudo dos maciços terrosos e dos seus suportes*. Porto: Edições Lopes da Silva, 1942.

COULOMB, C. R. Essai sur une application des règles des maximis et minimis à quelques problèmes de statique rélatifs à l'architecture. *Memoires de Mathematique et de Physique, presentees a l'Academie Royale des Sciences par Divers Savants et Lus Dans ses Assemblees*, Paris, v. 7, p. 343-382, 1773.

CRUZ, N. *Modelling Geomechanics of Residual Soils with DMT Tests*. Tese (Doutorado) – FEUP, Porto, 2010.

CRUZ. P. T. *100 Barragens Brasileiras:* casos históricos, materiais de construção, projeto. São Paulo: Oficina de Textos, 1996.

CULMANN, C. *Die Graphische Statik*. Zurich: Meyer and Zeller, 1875.

CUR - CENTRE FOR CIVIL ENGINEERING RESEARCH AND CODES. *Building on Soft Soils.*, Rotterdam: Balkema, 1996.

DAVIES, T. G.; RICHARDS Jr., R. Passive pressure during seismic loading. *Journal of Geotechnical Engineering*, ASCE, v. 112, n. 4, p. 479-483, 1986.

DE BEER, E. E. Experimental determination of the shape factors and the bearing capacity factors of sand. *Géotechnique*, v. 20, n. 4, p. 387-411, 1970.

DE MELLO, V. F. B. Standard penetration test. In: PAN-AMERICAN CONF. ON SOIL MECHANICS AND FOUNDATION ENGINEERING, 4., San Juan. *Proceedings...* 1971. v. 1, p. 1-86.

DE MELLO, V. F.; SASAKI, E. K.; QUINTANILHA, R.; SAKAMOTO, L. Reconstruindo bases para a Geotecnia prática comparativa difundindo estatística-probabilidades (E. P.) simples e convidativas para tudo. In: CONGRESSO BRASILEIRO DE MECÂNICA DOS SOLOS E ENGENHARIA GEOTÉCNICA, 12., São Paulo. *Anais*... 2002. v. 2, p. 1271-1294.

DÉCOURT, L. SPT, CPT, pressuremeter testing and recent developments in in-situ testing – Part 2: the standard penetration test. State-of-the-Art Report. In: INT. CONF. ON SOIL MECHANICS AND FOUNDATION ENGINEERING, 12., Rio de Janeiro. *Proceedings*... 1989. v. 4, p. 2405-2416.

DÉCOURT, L.; QUARESMA, A. R. Capacidade de carga de estacas a partir de valores do SPT. In: CONGRESSO BRASILEIRO DE MECÂNICA DOS SOLOS E ENGENHARIA DE FUNDAÇÕES, 6., Rio de Janeiro. *Anais*... 1978. p. 45-53.

DiBIAGIO, E.; BJERRUM, L. Earth pressure measurements in a trench excavated in stiff marine clay. In: INT. CONF. SOIL MECHANICS AND FOUNDATION ENGINEERING, 4. *Proceedings*... London, 1957. v. 2, p. 196-202.

DRUCKER, D. C. Limit analysis of two and three-dimensional soil mechanics problems. *J. Mech. Phys. Solids*, v. 1, p. 217-226, 1953.

DUNCAN, J. Factors of safety and reliability in Geotechnical Engineering. *Journal of Geotechnical and Geoenvironmental Engineering*, ASCE, v. 126, n. 4, p. 307-316, 2000.

DUNCAN, J.; BUCHIGNANI, A. L. *An Engineering manual for settlement studies*. Berkeley: University of California, Department of Civil Engineering, Institute of Transportation and Traffic Engineering, 1976.

DUPUIT, J. *Études theoriques et pratiques sur le mouvement des eaux dans les canaux decouverts et a travers les terrains permeables*. Paris: Dunod, 1863.

ELMS, D. G.; RICHARDS Jr., R. Seismic design of retaining walls. In: CONF. ON DESIGN AND PERFORMANCE OF EARTH RETAINING STRUCTURES, New York. *Proceedings*... ASCE, 1990. p. 854-871.

EN 1997-2 *Eurocode 7*: Geotechnical design. Part 2: Ground investigation and testing. CEN. 2007.

ESTRADAS DE PORTUGAL;ASCENDI; NORVIA. *Projecto de Execução*. Concessão do Douro Interior. Lanço: IC5 – Murça (IP4)/Nó de Pombal. 2010.

FANG, H.-Y. *Foundation engineering handbook*. Springer, 1991.

FELLENIUS, W. *Erdstatische berechnungen mit reibung und kohaesion*. Berlin: Ernst, 1927.

FELLENIUS, W. Calculation of the stability of earth dams. In: CONGRESS ON LARGE DAMS, 2.,Washington. *Transactions*... 1936. v. 4, p. 445.

FERREIRA, C. F. *The use of seismic wave velocities in the measurement of stiffness of a residual soil*. Tese (Doutorado) – FEUP, Porto, 2008.

FINN, W.D.L. Earthquake engineering. In: *Geotechnical and Geoenvironmental Engineering Handbook*. R. K. Rowe (Ed.). Boston: Kluwer Academic Publishers, 2001. p. 615-659.

FISHMAN, K.L.; RICHARDS Jr.; R.; YAO, D. Inclination factors for seismic bearing capacity. *Journal of Geotechnical and Geoenvironmental Engineering*, ASCE, v. 129, n. 9, p. 861-865, 2003.

FOLQUE, J. *Anotações sobre barragens de terra*. Memória n. 321. Lisboa: LNEC, 1968.

FOLQUE, J. *Introdução ao curso mecânica dos solos*: equilíbrios limite e estados críticos. Lisboa: LNEC, 1975.

FOLQUE, J. *Introdução à Mecânica dos Solos*. Lisboa: LNEC, 1987.

FORTUNATO, E. M. C. *Renovação de plataformas ferroviárias*: estudos relativos à capacidade de carga. Tese (Doutorado) – FEUP, Porto, 2005.

FORTUNATO, E.; PINELO A.; MATOS FERNANDES, M. *In situ* characterization of an old railway platform with DCP. In: INT. CONF. ON SOIL MECHANICS AND GEOTECHNICAL ENGINEERING, 17., Alexandria. *Proceedings*... 2009. v. 2, p. 919-952.

FOTTI, S.; LAI, C.; LANCELLOTTA, R. Porosity of fluid-saturated porous media from measured seismic wave velocities. *Géotechnique*, v. 52, n. 5, p. 359-373, 2002.

FRANK, R. Quelques développements récents sur le comportement des fondations superficielles. In: EUR. CONF. ON SOIL MECHANICS AND FOUNDATION ENGINEERING, 10., Firenze. *Proceedings*... 1991. v. 3, p. 1003-1030.

FRANK, R. *Calcul des foundations superficielles et profondes*. Presses de l´École Nationale des Ponts et Chaussées: Paris, 2003.

FRANK, R. ; MAGNAN, J.P. A few thoughts about ultimate limit states verification following Eurocode 7. In: WORKSHOP ON EUROCODES, EUR. CONF. ON SOIL MECHANICS AND GEOTECHNICAL ENGINEERING, 12., Amsterdam. *Workshop*... 1999. 5 p.

GATTEL - GABINETE DA TRAVESSIA DO TEJO EM LISBOA; LNEC - LABORATÓRIO NACIONAL DE ENGENHARIA CIVIL. *Nova travessia rodoviária sobre o Tejo em Lisboa*. Caderno de Encargos. Lisboa, 1993a. Anexo II – v.2, Geologia e Geotecnia. Tomo II.2 – Ensaios sísmicos entre furos.

GATTEL - GABINETE DA TRAVESSIA DO TEJO EM LISBOA; LNEC - LABORATÓRIO NACIONAL DE ENGENHARIA CIVIL. *Nova travessia rodoviária sobre o Tejo em Lisboa*. Caderno de Encargos. Lisboa. 1993b. Anexo II – v.2, Geologia e Geotecnia. tomo II.3 – Ensaios com o pressiómetro autoperfurador.

GERSCOVICH. D. M. *Estabilidade de taludes*. São Paulo: Oficina de Textos, 2012.

GOMES CORREIA, A. Soil mechanics in routine and advanced pavement and rail track rational design. In: *Geotechnics for road, rail tracks and Earth structures*. Rotterdam: Balkema, 2001. p. 165-187.

GRECO, V. R. Discussion to "active earth pressure on walls with base projection". *Journal of Geotechnical Engineering*, ASCE, v. 118, p. 825-827, 1992.

GRECO, V. R. Active earth thrusts on cantilever walls in general conditions. *Soils and Foundations*, v. 39, n. 6, p. 65-78, 1999.

GRECO, V. R. Active earth thrust on cantilever walls with short heel. *Canadian Geotechnical Journal*, v. 38, n. 2, p. 401-409, 2001.

GUEDES DE MELO, F. *Compactação de aterros de barragens de terra*. In: Controle da Construção de Obras de Terra, S249., Lisboa. LNEC, 1987.

GUERRA, N. C. *Análise de estruturas geotécnicas*. Texto de apoio à disciplina com o mesmo nome. Mestrado em Engenharia Civil. ISTUTL, Lisboa. 2008.

GUIMARÃES, R. C.; CABRAL, J. A. S. *Estatística*. 2. ed.. Lisboa: Verlag Dashofer, 2010.

HACHICH, W. C. Segurança das fundações e escavações. In: HACHICH, W. C. et al. (Ed.). *Fundações*: teoria e prática. São Paulo: Pini, 1996.

HATANAKA, M.; UCHIDA, A. Empirical correlation between penetration resistance and effective friction of sandy soil. *Soils and Foundations*, v. 36, n. 4, p. 1-9, 1996.

HENRIQUES, A. A. *Aplicação de novos conceitos de segurança no dimensionamento de betão estrutural*. Tese (Doutorado) – FEUP, Porto, 1998.

HILF, J. W. A rapid method of construction control for embankments of cohesive soil. *Engineering Monographs*, Bureau of Reclamation, Denver, n. 26, 1959.

HILF, J. W. Compacted fill. In: FANG, H.-Y. (Ed.). *Foundation engineering handbook*. Boston: Kluwer Academic Publishers, 1990. p. 249-316.

HJIAJ, M.; LYAMIN, A. V.; SLOAN, S. W. Numerical limit analysis solutions for the bearing capacity factor N_γ. *Int. Journal of Solids and Structures*, v. 42, p. 1681-1704, 2005.

HOEK, E.; BRAY, J. W. *Rock slope engineering*. 3. ed. London: E & FN Spon, 1981.

HUTCHINSON, J. N. Assessment of effectiveness of corrective measures in relation to geological conditions on types of slope movements. *Bulletin of the IAEG*, n. 16, p. 131-155, 1977.

HVORSLEV, M. J. *Subsurface exploration and sampling of soils for civil engineering purposes*. Vicksburg: U.S. Army Corps of Engineers, Waterways Experiment Station, 1948.

HVORSLEV, M. J. Time lag and soil permeability in ground water observations. *Bulletin*, U.S. Waterways Experiment Station, n. 36, Vicksburg, 1951.

ISSMFE - INTERNATIONAL SOCIETY OF SOIL MECHANICS AND FOUNDATION ENGINEERING - *Standard penetration test (SPT)*: international reference test procedure. ISSMFE Technical Committee in Penetration Testing, SPT Working Party. In: ISOPT-1, Orlando. *Proceedings...* 1988. v. 1, p. 3-26.

ISSMFE - INTERNATIONAL SOCIETY OF SOIL MECHANICS AND FOUNDATION ENGINEERING - *Report of the ISSMFE Technical Committee on Penetration Testing of Soils*. TC 16 with Reference Test Procedures, CPT-SPT-DP-WST. Information 7. Stockholm: Swedish Geotechnical Society, 1989.

JAKY, J. The coefficient of earth pressure at rest. *Journal of Hungarian Architects and Engineers*, out., p. 355-358, 1944.

JAMIOLKOWSKI, M. The leaning Tower of Pisa. In: LIÇÃO MANUEL ROCHA, 14. 1999. n. 85, p. 7-42.

JAMIOLKOWSKI, M.; LADD, C. C.; GERMAINE, J. T.; LANCELLOTTA, R. New developments in field and laboratory testing of soils. In: INT. CONF. ON SOIL MECHANICS AND FOUNDATION ENGINEERING, 11. *Proceedings...* San Francisco, 1985. v. 1, p. 57-153.

JANBU, N. *Stability analysis of slopes with dimensionless parameters*. Cambridge: Harvard University, 1954. (Harvard Soil Mechanics Series, n. 46).

JGS - JAPANESE GEOTECHNICAL SOCIETY. *Remedial measures against liquefaction*: from investigation and design to implementation. A. A. Balkema, 1998.

JIMENEZ SALAS, J. A.; JUSTO ALPAÑES, J. L.; SERRANO GONZALEZ, A. A. *Geotecnia y cimientos II, Mecanica del suelo y de las rocas*. Madrid: Editorial Rueda, 1976.

KEAVENY, J.; MITCHELL, J.K. Strength of fine-grained soils using the piezocone. In: CLEMENCE, S. P. (Ed.). *Use of In-situ tests in geotechnical engineering*. Reston: ASCE, 1986. p. 668-685. (Geotechnical Special Publication, n. 6).

KRAHN, J. The 2001 R. M. Hardy Lecture: The limits of the limit equilibrium analyses. *Canadian Geotechnical Journal*, v. 40, n. 3, p. 643-660, 2003.

KRAMER, S. L. *Geotechnical earthquake engineering*. New Jersey: Prentice Hall, 1996.

L'HERMINIER, R. *Mécanique des sols et des chaussees*. Paris: Société de Diffusion des Techniques du Bâtiment et des Travaux Publics, 1967.

LACERDA, W. A. Stability of natural slopes along the tropical coast of Brazil. In: INT. SYMP. ON RECENT DEVELOPMENTS IN SOIL AND PAVEMENT MECHANICS. *Proceedings...* Rio de Janeiro: Almeida, 1997. p. 17-40.

LACERDA, W. A. The behaviour of colluvial slopes in a tropical environment. In: INT. SYMP. ON LANDSLIDES, 9., Rio de Janeiro. *Proceedings...* 2004. v. 2, p. 1315-1342.

LADD, C. C. Stability evaluation during staged construction. *Journal of Geotechnical Engineering*, ASCE, v. 117, n. 4, p. 540-615, 1991.

LAMBE, T. W.; WHITMAN, R. V. *Soil mechanics, SI Version*. New York: John Wiley & Sons, 1979.

LANCELLOTTA, R. Analytical solution of passive earth pressure. *Géotechnique*, v. 52, n. 8, p. 617-619, 2002.

LAW, K. T. Use of field vane test under earth structures. In: INT. CONF. ON SOIL MECHANICS AND FOUNDATION ENGINEERING, 11., San Francisco. *Proceedings...* 1985. v. 2, p. 893-898.

LEE, K. L.; HALEY, S. C. Strength of compacted clay at high pressure. *Journal of the Soil Mechanics and Foundation Division*, ASCE, v. 94, n. 6, p. 1303-1329, 1968.

LEFEBVRE, G. ; PARE, J. J. ; DASCAL, O. Undrained shear strength in the superficial weathered crust. *Canadian Geotechnical Journal*, v. 24, n. 1, p. 23-34, 1987.

LEFRANC, E. Procédé de mesure de la perméabilité des sols. *Génie Civil*, p. 306-307, 1936.

RANKINE, W.J. On the stability of loose earth. *Transactions Royal Society*, London, v. 147, part 1, p. 9-27, 1857.

REIS, C.; RAMOS, R. A Geo Leca e a solução aterro leve. In: SEMINÁRIO SOBRE A UTILIZAÇÃO DE AGREGADOS LEVES LECA EM GEOTECNIA, Lisboa. LNEC, 2009.

REISSNER, H. *Zum Erddruckproblem*. In: INT. CONF. ON APPLIED MECHANICS, 1., Delft. *Proceedings...* 1924. p. 295-311.

RÉSAL, J. *Poussée des terres, premiere partie*: stabilite des murs de soutenement. Paris: Béranger, 1903.

RÉSAL, J. *Poussée des terres, deuxieme partie*: theorie des terres coherentes. Paris: Béranger, 1910.

RICHARDS Jr. R.; ELMS, D. Seismic behaviour of gravity retaining walls. *Journal of the Geotechnical Engineering Division*, ASCE, v. 105, n. 4, p. 449-464, 1979.

ROBERTSON, P. K. Soil classification using the cone penetration test. *Canadian Geotechnical Journal*, v. 27, n. 1, p. 151-158, 1990.

ROBERTSON, P. K. Evaluating soil liquefaction and post-earthquake deformations using CPT. In: VIANA DA FONSECA; MAYNE (Ed.). *Proc. ISC-2 on Geotechnical and Geophysical Site Characterization*. Rotterdam: Millpress, 2004. v. 1, p. 233-249.

ROBERTSON, P. K.; CAMPANELLA, R. G. Interpretation of cone penetration tests. Part I: sand. *Canadian Geotechnical Journal*, v. 20, n. 4, p. 718-733, 1983.

ROBERTSON, P. K.; CAMPANELLA, R. G. Liquefaction potential of sands using the CPT. *Journal of Geotechnical Engineering*, ASCE, v. 111, n. 3, p. 384-403, 1985.

ROBERTSON, P. K.; CAMPANELLA, R. G. *Guidelines for geotechnical design using CPT and CPTU data*. Report n. FAWA-PA-87-014-84-24. Washington D.C.: Federal Highway Administration, 1988.

ROBERTSON, P. K.; WRIDE, C. E. Evaluating cyclic liquefaction potential using the CPT. *Canadian Geotechnical Journal*, v. 35, n. 3, p. 442-459, 1998.

ROBERTSON, P. K.; CAMPANELLA, R. G.; WIGHTMAN, A. SPT-CPT correlations. *Journal of Geotechnical Engineering*, ASCE, v. 109, n. 11, p. 1449-1458, 1983.

ROBERTSON, P. K.; CAMPANELLA, R. G.; GILLESPIE, D.; RICE, A. Seismic CPT to measure *in situ* shear wave velocity. *Journal of Geotechnical Engineering*, ASCE, v. 112, n. 8, p. 791-803, 1986.

ROBERTSON, P. K.; SULLY, J. P.; WOELLER, D. J.; LUNNE, T.; POWELL, J. J.; GILLESPIE, D. G. Estimating coefficient of consolidation from piezocone tests. *Canadian Geotechnical Journal*, v. 29, n. 4, p. 539-550, 1992.

RODRIGUES, C. *Apontamentos sobre ensaios in situ no domínio da Mecânica dos Solos*. Disciplina de projecto assistido por ensaios I. Curso de Mestrado em Mecânica dos Solos e Engenharia Geotécnica - Universidade de Coimbra, 140 páginas, 2006.

RODRIGUES, C.; CRUZ, J.; CRUZ, N.; SILVA, D.; LOPES, M.; VIEIRA SIMÕES, E. Avaliação da eficácia energética do ensaio SPT. Um caso prático. In: CONGRESSO NACIONAL DE GEOTECNIA, 12., Guimarães. *Actas*... 2010. v. resumos, p. 101-102. CD-ROM.

RUVER, C. A.; CONSOLI, N. C. Estimativa do módulo de elasticidade em solos residuais através de resultados de sondagens SPT. In: COBRAMSEG, 13., Curitiba. *Anais*... 2006. v. 2, p. 601-606.

SALENÇON, J. *Théorie de la plasticité pour les applications à la Mécanique des Sols*. Paris: Eyrolles, 1974.

SALGADO, R. *The engineering of foundations*. New York: Mc Graw-Hill, 2008.

SANDRONI, S. Young metamorphic residual soils. General Report. In: PANAMERICAN CONF. SOIL MECHANICS AND FOUNDATION ENGINEERING, 9., Viña del Mar. *Proceedings*... 1991. v. 4, p. 1771-1778.

SANDRONI, S. S. Sobre a prática brasileira de projetos geotécnicos de aterros rodoviários em terrenos com solos muito moles. In: CONGRESSO BRASILEIRO DE MECÂNICA DOS SOLOS E ENGENHARIA GEOTÉCNICA, 13., Curitiba. *Anais*... 2006. 13 p. CD-ROM.

SANDRONI, S. S.; LACERDA, W.; BRANDT, J. Método dos volumes para controle de campo da estabilidade de aterros sobre solos moles. *Solos e Rochas*, v. 27, n. 1, p. 25-35, 2004.

SANTOS, J. A. *Caracterização de solos através de ensaios dinâmicos e cíclicos de torção*: aplicação ao estudo do comportamento de estacas sob acções horizontais estáticas e dinâmicas. Tese (Doutorado) – ISTUTL, Lisboa, 1999.

SAYÃO, A. S.; SANDRONI, S. S.; FONTOURA, S. A.; RIBEIRO, R. C. Considerations on the probability of failure of mine slopes. *Soils & Rocks*, v. 35, n. 1, p. 31-38, 2012.

SCHMERTMANN, J. H. Static cone to compute settlement over sand. *Journal of the Soil Mechanics Engineering Division*, ASCE, v. 96, n. 3, p. 1011-1043, 1970.

SCHMERTMANN, J. H.; HARTMAN, J. P.; BROWN, P. R. Improved strain influence factor diagrams. *Journal of Geotechnical Engineering*, ASCE, v. 104, n. 8, p. 1131-1135, 1978.

SCHNAID, F.; ODEBRECHT, E. *Ensaios de campo e suas aplicações à engenharia de fundações*. São Paulo: Oficina de Textos, 2012.

SCHNEIDER, H. Definition and determination of characteristic soil properties. In: INT. CONF. ON SOIL MECHANICS AND FOUNDATION ENGINEERING, 14., Hamburg. *Proceedings*... 1997. v. 4, p. 2271-2274.

SEED, H. B.; WHITMAN, R. V. Design of earth retaining structures for dynamic loads. In: CONF. ON LATERAL STRESSES IN THE GROUND AND DESIGN OF EARTH RETAINING STRUCTURES, New York. *Proceedings*... ASCE, 1970. p.103-147.

SEED, H. B.; IDRISS, I. M. Simplified procedures for evaluation of soil liquefaction potential. *Journal of the Soil Mechanics and Foundations Division*, ASCE, v. 107, n. 9, p. 1249-1274, 1971.

SEED, H. B.; IDRISS, I. M.; ARANGO, I. Evaluation of liquefaction potential using field performance data. *Journal of Geotechnical Engineering*, ASCE, v. 109, n. 3, p. 458-482, 1983.

SEED, H. B.; IDRISS, I. M.; MAKDISI, F.; BANERJEE, N. *Representation of irregular stress time histories by equivalent uniform stress series in liquefaction analyses*. EERC 75-29. Univ. California, Berkeley, Earthquake Engineering Research Center, 1975.

SEED, H. B.; TOKIMATSU, L. F.; HARDER, M.; RILEY, M. C. Influence of SPT procedures in soil liquefaction resistance evaluations. *Journal of Geotechnical Engineering*, ASCE, v. 111, n. 12, p. 1425-1445, 1985.

SEMENZA, E. *La Storia del Vaiont Raccontata del Geologo che ha Scoperto la Frana. Tecomproject*. Ferrara: Editore Multimediale, 2001.

SHERIF, M. A.; ISHIBASHI, I.; LEE, C. D. Earth pressures against rigid retaining walls. *Journal of the Geotechnical Engineering*, ASCE, v. 108, n. 5, p. 679-695, 1982.

SILVER, M. L.; SEED, H. B. Volume changes in sands during cyclic loading. *Journal of the Soil Mechanics and Foundations Division*, ASCE, v. 97, n. 9, p. 1171-1182, 1971.

SIMPSON, B.; DRISCOLL, R. *Eurocode 7, a commentary*. U.K.: Building Research Establishment, 1998.

SKEMPTON, A. W. The bearing capacity of clays. In: BUILDING RESEARCH CONGRESS, London. *Proceedings...* 1951. Div. 1, p. 180-189.

SKEMPTON, A. W.; Mc DONALD, D. H. Allowable settlement of buildings. In: INSTITUTION OF CIVIL ENGINEERS. *Proceedings...* 1956. v. 3, n. 5, p. 727-768.

SKEMPTON, A. W. Long term stability of clay slopes. *Géotechnique*, v. 14, n. 2, p. 77-101, 1964.

SKEMPTON, A. W. Residual strength of clays in landslides, folded strata and the laboratory. *Géotechnique*, v. 35, n. 1, p. 3-18, 1985.

SKEMPTON, A. W. Standard penetration test procedures and the effects in sands of overburden pressure, relative density, particle size, ageing and overconsolidation. *Géotechnique*, v. 36, n. 3, p. 425-447, 1986.

SOUSA COUTINHO, A. G. Teoria de interpretação de ensaios com pressiómetro autoperfurador. *Geotecnia*, n. 49, p. 49-77, 1987.

SOUSA PINTO, C. *Curso básico de Mecânica dos Solos*. São Paulo: Oficina de Textos, 2002.

SOWERS, G. F. Fondations superficielles. In: LEONARDS, G.A (Ed.). *Les Foundations*. Paris: Dunod, 1968. p. 529-641.

SPENCER, E. A method of analysis of the stability of embankments assuming parallel inter-slice forces. *Géotechnique*, v. 17, n. 1, p. 11-26, 1967.

STEEDMAN, R. S.; ZENG, X. The influence of phase on the calculation of pseudo-static earth pressure on a retaining wall. *Géotechnique*, v. 40, n. 1, p. 103-112, 1990.

TATSUOKA, F; SHIBUYA, S. *Deformation characteristics of soils and rocks from field and laboratory tests*. Report of the Institute of Industrial Science, Univ. Tokyo. 1992. v. 37, n.1, p. 1-136.

TAVENAS, F.; LEROUEIL, S. The behavior of embankments on clay foundations. *Canadian Geotechnical Journal*, v. 17, n. 2, p. 236-260, 1980.

TAYLOR, D. W. Stability of earth slopes. *Journal of Boston Society of Civil Engineers*, v. 24, p. 197, jul. 1937.

TAYLOR, D. W. *Fundamentals of Soil Mechanics*. New York: John Wiley & Sons, 1948.

TEH, C. I.; HOULSBY, G. T. An analytical study of the cone penetration test in clay. *Géotechnique*, v. 41, n. 1, p. 17-34, 1991.

TEIXEIRA, A. H.; KANJI, M. A. Estabilização do escorregamento da encosta da Serra do Mar na área da cota 500 da Via Anchieta. In: CONGRESSO BRASILEIRO DE MECÂNICA DOS SOLOS E ENGENHARIA DE FUNDAÇÕES, 4., Rio de Janeiro. ABMS, 1970. v. 1, tema 1, p. 33-53.

TELFORD, W. M., GELDART, L. P.; SHERIFF, R. E. *Applied geophysics*. 2. ed. Cambridge University Press, 1990.

TERZAGHI, K. Old earth-pressure theories and new test results. *Engineering News-Record*, v. 85, n. 14, p. 632-637, 1920.

TERZAGHI, K. *Erdbaumechanik*. Wein: Franz Deuticke, 1925.

TERZAGHI, K. Large retaining wall tests. I. Pressure of dry sand. *Engineering News-Record*, v. 112, n. 5, p. 136-140, 1934.

TERZAGHI, K. *Theoretical soil mechanics*. New York: John Wiley & Sons, 1943.

TERZAGHI, K.; PECK, R. B. *Soil mechanics in engineering practice*. New York: John Wiley & Sons, 1948.

TERZAGHI, K.; PECK, R. B. *Soil mechanics in engineering practice*. 2. ed. New York: John Wiley & Sons, 1967.

TOKIMATSU, K.; SEED, H. B. Evaluation of settlements in sands due to earthquake shaking. *Journal of Geotechnical Engineering*, ASCE, v. 113, n. 8, p. 861-878, 1987.

TOPA GOMES, A. M. *Poços elípticos pelo método de escavação sequencial na vertical*: o caso do metrô do Porto. Tese (Doutorado) – FEUP, Porto, 2008.

TORSTENSSON, B. A. *The pore pressure probe*. Paper 34. Nordiske Mote, bergemekanikk. Oslo, 1977. p. 48-54.

US ARMY CORPS OF ENGINEERS. *Technical engineering and design guides as adapted from the US Army Corps of Engineers, n. 7*: bearing capacity of soils. ASCE, 1993.

VAUGHAN, P.; WALBANCKE, J. Pore pressure changes and the delayed failure of cutting slopes in overconsolidated clay. *Géotechnique*, v. 23, n. 4, p. 531-539, 1973.

VEIGA PINTO, A. *Previsão do comportamento estrutural de barragens de enrocamento*. Trabalho de Conclusão de Curso (Especialização) – LNEC, Lisboa, 1983.

VEIGA PINTO, A. *Research applied to rockfill materials*. Relatório 23/87. Lisboa: LNEC, 1987.

VESIĆ, A. *Bearing capacity of deep foundations in sand*. National Academy of Sciences, National Research Council, Highway Research Record, 1963. v. 39, p. 112-153.

VESIĆ, A. Bearing capacity of shallow foundations. In: Winterkorn, H. F.; FANG, H. Y. (Ed.). *Foundation engineering handbook*. New York: Van Nostrand Reinhold, 1975. p. 121-147.

VIANA DA FONSECA, A. *Geomecânica dos solos residuais do granito do Porto*: critérios para o dimensionamento de fundações directas. Tese (Doutorado) – FEUP, Porto, 1996.

VIANA DA FONSECA, A. Load tests on residual soils: settlement prediction for shallow foundation design. *Journal of Geotechnical and Geoenvironmental Engineering*, v. 127, n. 10, p. 869-883, 2001.

VIANA DA FONSECA, A.; MATOS FERNANDES, M.; CARDOSO, A. S. Interpretation of a footing load test on a saprolitic soil from granite. *Géotechnique*, v. 47, n. 3, p. 633-651, 1997.

VUCETIC, M.; DOBRY, R. Effect of soil plasticity on cyclic response. *Journal of Geotechnical Engineering*, ASCE, v. 117, n. 1, p. 89-107, 1991.

WESTERGAARD, H. M. Water pressures on dams during earthquakes. *Transactions of the American Society of Civil Engineers*, v. 98, 1933.

WHITMAN, R. V. Evaluating calculated risk in Geotechnical Engineering. *Journal of Geotechnical Engineering*, ASCE, v. 110, n. 2, p. 145-188, 1984.

WHITMAN, R. V.; BAILEY, W. A. Use of computers for slope stability analysis. *Journal of the Soil Mechanics and Foundation Division*, ASCE, v. 93, n. 4, p. 475-498, 1967.

WINDLE, D.; WROTH, C. P. The use of a self-boring pressuremeter to determine the undrained properties of clays. *Ground Engineering*, v. 10, n. 6, p. 37-46, 1977.

WROTH, C. P.; HUGHES, J. An instrument for the *in situ* measurement of the properties of soft clay. In: INT. CONF. ON SOIL MECHANICS AND FOUNDATION ENGINEERING, 9., Tokyo. *Proceedings...* 1973. v. 1, p. 487-494.

YOUD, T. L.; IDRISS, I. M. Liquefaction resistance of soils: summary report from the 1996 NCEER and 1998 NCEER/NSF Workshops on evaluation of liquefaction resistance of soils. *Journal of Geotechnical and Geoenvironmental Engineering*, ASCE, v. 127, n. 4, p. 297-313, 2001.

YU; H. S. *In situ* soil testing: from mechanics to interpretation. In: VIANA DA FONSECA; MAYNE (Ed.). *Proc. ISC-2 on Geotechnical and Geophysical Site Characterization*. Rotterdam: Millpress, 2004. v. 1, p. 3-38.

Índice remissivo